高 等 学 校 教 材

现代无机化学

展树中　主编
邓远富　任颜卫　副主编

化学工业出版社
·北京·

内 容 提 要

《现代无机化学》将理论知识与实践融合在一起，把不断出现的新理论、新反应、新方法，以及反映化学前沿领域的新成果引入课程建设过程中，结合大量鲜活的案例、专题与前沿进展，帮助学生应用所学知识解决遇到的问题，对科学研究的过程和方法有一个初步了解。该书除了强调无机化学的基本理论和概念外，还涉及现代无机化学的研究前沿，以及无机化学与理论化学、材料、生物等学科的交叉领域。主要内容包括：配位化合物及应用、有机金属化合物及应用、原子簇、无机合成技术与制备、无机物常用表征方法、现代化学电源及其关键无机材料、氢气与氢能源利用、金属有机骨架材料、生物无机化学。各章后给出了练习题。

《现代无机化学》可供高等院校化学、化工、材料、生物等专业高年级学生和研究生使用，也可供化学、化工、材料、生物等领域科技人员参考。

图书在版编目（CIP）数据

现代无机化学/展树中主编．—北京：化学工业出版社，2020.9

ISBN 978-7-122-37116-4

Ⅰ.①现… Ⅱ.①展… Ⅲ.①无机化学-高等学校-教材 Ⅳ.①O61

中国版本图书馆 CIP 数据核字（2020）第 091849 号

责任编辑：杜进祥　马泽林　　文字编辑：朱　允　陈小滔

责任校对：王素芹　　装帧设计：韩　飞

出版发行：化学工业出版社（北京市东城区青年湖南街 13 号　邮政编码 100011）

印　　刷：北京京华铭诚工贸有限公司

装　　订：三河市振勇印装有限公司

787mm×1092mm　1/16　印张 16½　字数 426 千字　2020 年 9 月北京第 1 版第 1 次印刷

购书咨询：010-64518888　　售后服务：010-64518899

网　　址：http://www.cip.com.cn

凡购买本书，如有缺损质量问题，本社销售中心负责调换。

定　　价：45.00 元

前言

随着时代的不断前进和科学的迅猛发展，研究成果层出不穷。如何更好地反映化学学科发展的新成就，使化学的教学更能适应化学的可学性和新世纪人才培养的需要，是高等学校的使命和工作目标。随着高等学校教学改革的进一步深入，尤其是近年来开始的大类招生，高校无机化学课程的教学时数不断被压缩，例如，有些学校只有32学时。这种情形对老师的教和学生的学都带来非常大的冲击，一方面，老师难以传授系统的无机化学知识；另一方面，化学、化工、材料和生物等专业的学生获取的无机化学知识既不全面，又没有深度，无法满足将来学习和工作的需要。因此，我们为化学、化工和材料等专业的学生编写了《现代无机化学》。本教材编写的目的是帮助学生在已有知识的基础上，对化学学科有一个系统的认识，对科学研究的过程和方法有一个初步了解。

考虑到教材的编写和课程建设的质量直接影响到学生的学习积极性和学习效率，在汲取国内外同类课程优点的同时，《现代无机化学》的编写更突出以下特点：

1. 适应学科发展，更新教材内容，把不断出现的新理论、新反应、新方法，以及反映化学前沿领域的新成果引入课程建设过程中。例如，电池材料的研究及高效电池的组装是当今研究的热点，该教材系统地介绍了电池的类型和性能、电池材料的研究现状以及电池的组装过程等内容。

2. 传统的化学教材中，往往把专题内容单独设章节编写，不利于学生正确运用理论知识。新编教材中，化学原理中融入专题内容，使学生能真正掌握和理解化学，并把化学基础知识应用到专业领域中。把周围的实际事例引入到新编教材中，有助于学生建立应用的概念，提高学生学习的积极性。例如，有机金属化合物一章中编入该物种在催化有机反应中的应用实例等，使理论知识与实践有机地结合在一起。

全书共9章，可分为三个部分。由“配位化合物及应用”“有机金属化合物及应用”和“原子簇”三章组成的第一部分系统地介绍了配位化学和有机金属化学方面的基础理论，并通过“案例”引入详细说明了如何将这些基础知识应用于实践，特别是催化机理的解释等。第二部分由“无机合成技术与制备”和“无机物常用表征方法”两章组成，系统地介绍了无机物的合成方法以及表征手段，展现了无机化学的特点。第三部分是“前沿”，提炼出对工业、材料科学和生物学有重大意义的若干课题，由“现代化学电源及其关键无机材料”“氢气与氢能源利用”“金属有机骨架材料”和“生物无机化学”四章组成。通过“前沿”的学习，学生能更好地将理论与实践相结合。

本教材由展树中任主编，邓远富和任颜卫任副主编。具体内容的选定由编写组商议确定，全书定稿由展树中完成。参加编写的人员有：展树中（第1、2章）、詹君正（第3章）、邓远富（第4、6、7章）、任颜卫（第5、8章）、王湘利（第9章）。

本书参考了兄弟院校教材和公开发表的有关内容，在此对有关的作者和出版社深表感谢。

书中难免有疏漏和不足之处，敬请广大读者批评指正。

编者于华南理工大学

2020年03月

目录

第1章

配位化合物及应用

配位化学是无机化学学科的一个重要分支，随着各个学科的高度融合，它的地位越来越重要。如今，配位化合物（简称配合物）已经广泛应用于有机化学、材料化学、生物化学等领域的研究，尤其是机理方面的探索。结合配位化学基础、研究成果和实际应用，本章以一种新的视角来审视这一分支。

1.1 配合物的基本概念

1.1.1 配合物的定义

配合物是由含有孤对电子或π键的分子或离子（称为配体）与具有空的价电子轨道的原子或离子（称为中心体）按一定的组成和空间构型合成的结构单元。例如，$K_4[Fe(CN)_6]$、$[Ni(CO)_4]$ 和 $K[(C_2H_4)PtCl_3]$等。

1.1.2 配合物的构成

1.1.2.1 中心体

中心体为配合物的核心，是配合物的形成体，例如 $[Ni(CO)_4]$ 中的 Ni。传统上，中心体要有可以接受孤对电子的空轨道，常见的中心体多为过渡金属（离子或原子）。当然其他金属也可以承担中心体的任务，例如叶绿素 a 中的 Mg 离子（图 1-1），通过配体中的离域

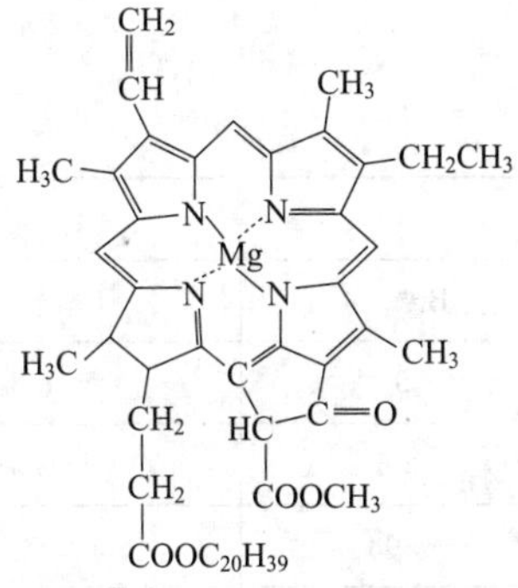

图 1-1 叶绿素 a 的结构示意图

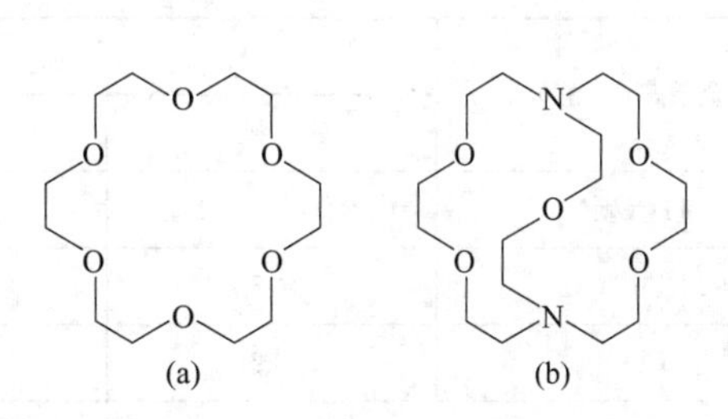

图 1-2 18-冠-6（a）和 2.2.1-穴（b）的结构示意图

电子来稳定 Mg 离子（中心体）。另外，冠醚和穴醚（图 1-2）也能稳定一些 s 区金属离子，形成大环配合物，也叫超分子。

1.1.2.2　配体和配位原子

在配合物中和中心体结合的单元称为配体（ligand），例如，$[Fe(NCS)_6]^{3-}$ 中的 NCS^-。配体中与中心体直接结合的原子称为配位原子。配位原子提供孤对电子给中心体的空轨道，从而形成配位键。例如，NCS^- 中的 N 原子。CN^- 的情况比较特殊，C 原子和 N 原子均能与中心体结合，这类物质称为桥配体，它们可以把多个中心体组装在一起。例如，CN^- 能把 Mo 和 Cu 两个中心体连起来（图 1-3）。

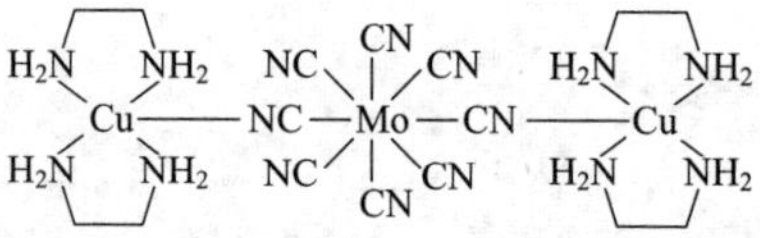

图 1-3　$[(en)_2Cu^{II}\text{-}NC\text{-}Mo^{IV}(CN)_6\text{-}CN\text{-}Cu^{II}(en)_2]$ 的结构示意图
[en 代表乙二胺，资料来源于文献（Acta Cryst. 2006，*E62*，m1845-m1846.）]

根据一种配体中所含配位原子数目的不同，配体可分为单齿配体和多齿配体。

单齿配体：只含有一个配位原子的配体，如 NH_3 和 PH_3 等。

多齿配体：含有两个或两个以上配位原子的配体，如 $H_2\ddot{N}-CH_2-CH_2-\ddot{N}H_2$(乙二胺，en)、$H_2\ddot{N}-CH_2-CO\ddot{O}H$（氨基乙酸）、$(H\ddot{O}OC-CH_2)_2\ddot{N}-CH_2-CH_2-\ddot{N}(CH_2-CO\ddot{O}H)_2$（乙二胺四乙酸，EDTA）等。当形成配合物时，这些配位原子可同时与中心体形成配位键。

1.1.2.3　软配体和硬配体

配体的性质和数量对于调控金属的电子、空间环境以及配合物的反应性能都是至关重要的。多齿配体的配位原子能够可靠地以特定的排列方式被引入，如 $H_2\ddot{N}-CH_2-CH_2-\ddot{N}H_2$ 中两个氮原子是顺式成键的。根据配体是倾向于形成离子键还是共价键的不同可以分类为硬配体或软配体。同样地，金属也有软硬之分。硬配体和硬金属间的组合、软配体和软金属间的组合是有利的匹配，而硬-软组合则是不利的。

表 1-1 列出了不同金属离子(酸)-卤素离子(碱)间的形成系数，正的数越大表示其所对应的金属离子和卤素离子间的成键作用越强。F^- 是卤素离子中最硬的碱，其体积小，难极化，主要形成离子键。它和硬酸 H^+ 是一个良性匹配，因为 H^+ 的体积也很小，难极化。因此，这种硬-硬组合是一个稳定的组合，HF 是一个弱酸。

表 1-1　一些酸和碱的形成系数

金属离子(酸)	配体(碱)			
	F^-(硬)	Cl^-	Br^-	I^-(软)
H^+(硬)	3	−7	−9	−9.5
Zn^{2+}	0.7	−0.2	−0.6	−1.3
Cu^{2+}	1.2	0.05	−0.03	—
Hg^{2+}(软)	1.03	6.74	8.94	12.87

I^-是卤离子中最软的碱，其体积大、易变形，主要形成共价键；而Hg^{2+}同样体积大、易极化（软酸），两者是最佳组合。因此，易极化和易变形意味着成键双方易于形成共价键。Hg^{2+}/I^-这种软-软组合也是非常好的组合，主要形成共价键。

在元素周期表中，软碱是处于第二周期以后，有孤对电子的基团（如Cl^-、Br^-），或具有双键或三键结构（如CN^-、C_2H_4等）。在周期表中的软酸也可以是第二周期后的离子（如Hg^{2+}），或含有某些相对电正性结构（如BH_3），或金属原子和低价（≤2）金属离子（如Ni、Re^+、Pt^{2+}）。

1.1.2.4 配位数

在配合物中，直接与中心体生成配位键的配位原子的总数，称为该中心体的配位数。例如：在$[Ag(NH_3)_2]^+$中，Ag^+的配位数为2；在$[Cu(en)_2]^{2+}$中，Cu^{2+}的配位数为4；在$[Fe(CO)_5]$中，Fe的配位数为5；在$[CoCl_3(NH_3)_3]$中，Co^{3+}的配位数为6。目前已证实，在配合物中，中心体的配位数可以从2到12，例如，Mo的配位数可达8个（图1-3）而Ce(Ⅲ)配合物$[Ce(\eta^2\text{-}NO_3)_6]^{3-}$中Ce的配位数为12（图1-4）。当然，配合物中最常见的配位数是4和6。中心体配位数的多少，与中心体和配体的性质（电荷、半径和电子层结构等）有关，另外还与配合物的空间构型有关。

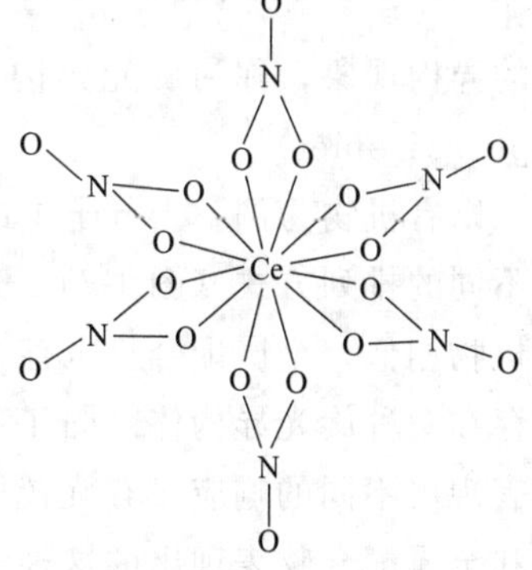

图1-4 $[Ce(\eta^2\text{-}NO_3)_6]^{3-}$的结构示意图

1.2 配合物的异构现象

类似于一般的异构现象，配合物的异构现象是指化学组成相同而原子间的连接方式或排列方式不同而引起的配合物结构和性质不同的现象。配合物有很多种异构现象，其中较常见的是几何异构现象和旋光异构现象。

1.2.1 配合物的几何异构现象

几何异构现象是由配体在空间的位置不同而产生的，例如空间构型为平面正方形的铂(Ⅱ)配合物$[PtCl_2(NH_3)_2]$有两种几何异构体（图1-5）。

同种配体处于相邻的位置，称为顺式异构体；同种配体处于对角的位置，称为反式异构体。这两种异构体互称为顺反异构体。它们结构的不同导致其性质也有明显的差异，顺式$[PtCl_2(NH_3)_2]$呈棕黄色，偶极矩$\mu>0$，在水中的溶解度为0.25g/100g，与乙二胺反应生成$[Pt(NH_3)_2(en)]Cl_2$；反式$[PtCl_2(NH_3)_2]$呈淡黄色，偶极矩$\mu=0$，在水中的溶解度为0.037g/100g，不能与乙二胺反应。特别指出，顺式$[PtCl_2(NH_3)_2]$具抗癌活性，能干扰DNA的复制，而反式$[PtCl_2(NH_3)_2]$不具有这种性能。

配位数为6的八面体构型的配合物也会有顺反异构体，例如$[CoCl_2(NH_3)_4]^+$（图1-6）。

除几何异构现象外，配合物还有其他类型的异构现象。例如，$[Co^{Ⅲ}SO_4(NH_3)_5]Br$（红色）和$[Co^{Ⅲ}Br(NH_3)_5]SO_4$（绿色），钴离子周围的配位原子不同而产生的异构现象。

1.2.2 配合物的旋光异构现象

因不对称分子中原子或原子团在空间的不同排布，而对平面偏振光的偏振面产生不同响

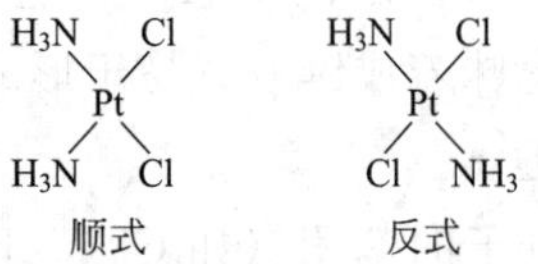

图 1-5 $[PtCl_2(NH_3)_2]$ 的两种几何异构体的示意图

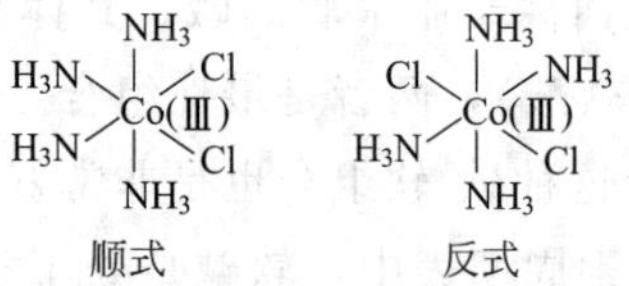

图 1-6 $[CoCl_2(NH_3)_4]^+$ 的两种几何异构体的示意图

应的异构现象，称为旋光异构（optical isomerism），它所产生的异构体，称为旋光异构体（optical isomer）。

以有机物为例，当分子中的一个碳原子与四个不同的基团连接时，这种化合物可以有两种不同的排列方式（图 1-7）。这两种化合物的不同表现在对平面偏振光的不同响应上。与有机物相似，金属配合物也存在着旋光异构现象，例如顺式钴(Ⅲ) 配合物 $[Co(en)_2Cl_2]^+$ 就存在两种旋光异构体（图 1-8）。它们的物理性质和化学性质是完全相同的，但对偏振光却表现出不同的响应，有旋转偏振光的能力，且两者对偏振光的旋转方向却相反。上述有机物和金属配合物表现出的这种性能叫旋光性或光学活性。

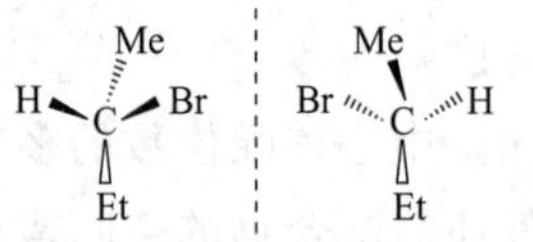

图 1-7 一对旋光异构体示意图

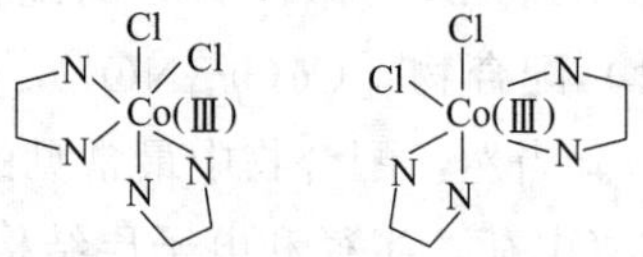

图 1-8 顺式 $[Co(en)_2Cl_2]^+$ 的两种旋光异构体（H 原子未标出）

基于具有光学活性的配合物的应用很广泛，这类物质的设计与研究也是一个热门课题，可通过具有光学活性的配合物作为催化剂，由非光学活性的原料来制备具有光学活性的物质。例如，在具有旋光性的 Rh(Ⅰ) 配合物 $[Rh(dipamp)]^+$ 的催化作用下，手性药物 L-多巴被合成出来（图 1-9）。

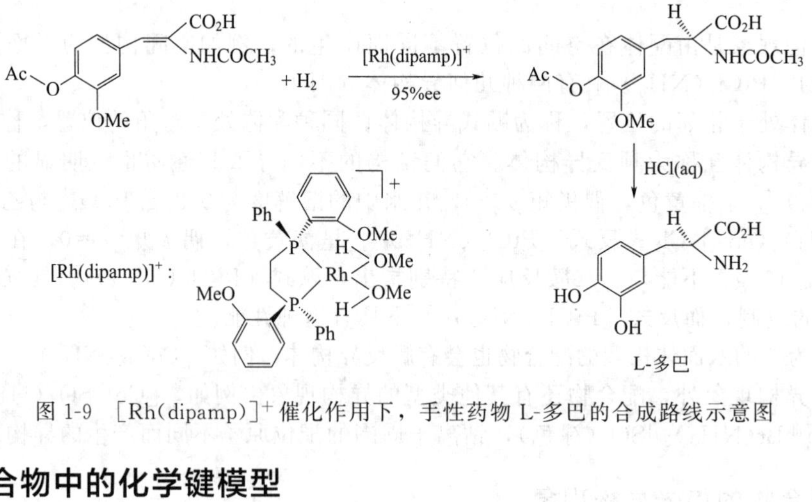

图 1-9 $[Rh(dipamp)]^+$ 催化作用下，手性药物 L-多巴的合成路线示意图

1.3 配合物中的化学键模型

作为一个重要的化学分支，配位化学也有其自身的理论体系。目前应用较多的模型包括

价键模型和晶体场模型。下面对这两种模型作具体描述。

1.3.1　价键模型

人们在利用模型描述简单分子（例如 CH_4）空间构型的基础上，又把该模型应用在配合物的空间构型分析上。

1.3.1.1　价键模型的要点

① 中心体与配体形成配合物的过程中，首先中心体与配体孤对电子数相等的空的价层轨道进行杂化，接下来，以空的杂化轨道与配体的充满孤对电子的原子轨道相互重叠，接受配体提供的孤对电子，从而形成配位键（M←：L）。

② 用中心体的杂化轨道模型描述配合物的空间构型。

1.3.1.2　价键模型在配合物空间构型描述中的应用

类似于 CH_4 分子空间构型的杂化轨道模型的描述，现以一些有着不同配位数的配合物为例，来说明如何应用杂化轨道模型描述配合物的成键和空间构型情况。

1. 配位数为 2 的配合物

这种类型的配合物数量不多，一般存在于 Ag^+、Cu^+ 和 Hg^{2+} 形成的配合物中。例如，$[Ag(CN)_2]^-$ 的空间构型是直线型的，自然而然会想到要用 sp 杂化模型来描述。具体过程如下：

$[Ag(CN)_2]^-$ 中，中心体 Ag^+ 的价层电子结构为：

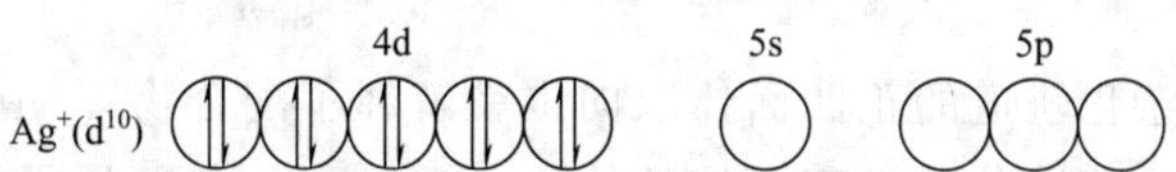

其能级相近的 5s 和 5p 轨道是空的。当 Ag^+ 与 2 个 CN^- 结合为 $[Ag(CN)_2]^-$ 时，Ag^+ 的 1 个 5s 和 1 个 5p 空轨道进行杂化，形成 2 个能量相同的 sp 杂化轨道，用来接受 2 个 CN^- 中的 C 原子提供的 2 对电子而形成 2 个配位键。所以，$[Ag(CN)_2]^-$ 的价电子分布为（虚线内杂化轨道中的共用电子对由配位原子提供）：

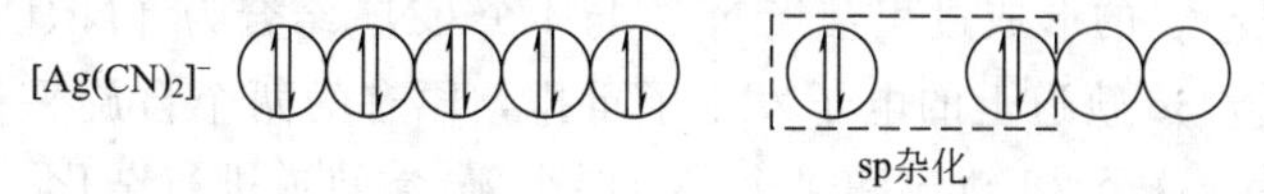

因此，中心体 Ag^+ 2 个 sp 杂化轨道的直线型取向也就解释了银(Ⅰ) 配合物 $[Ag(CN)_2]^-$ 的空间构型为直线型的事实。

2. 配位数为 3 的配合物

这种类型的配合物数量较少，一般存在于 Cu^+ 形成的配合物中。例如，$[Cu(CN)_3]^{2-}$ 的空间构型是平面三角形，可以用 sp^2 杂化模型来描述。具体过程如下：

$[Cu(CN)_3]^{2-}$ 中，中心体 Cu^+ 的价层电子结构为：

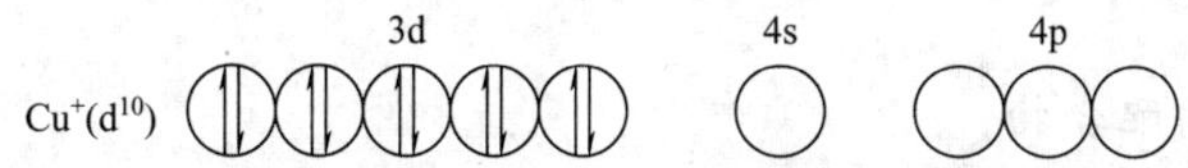

当 Cu^+ 与 3 个 CN^- 结合为 $[Cu(CN)_3]^{2-}$ 时，Cu^+ 的 1 个 4s 和 2 个 4p 空轨道进行杂化，形成 3 个能量相同的 sp^2 杂化轨道，用来接受 3 个 CN^- 中的 C 原子提供的 3 对电子而形成 3 个配位键。所以，$[Cu(CN)_3]^{2-}$ 的价电子分布为（虚线内杂化轨道中的共用电子对由配位原子提供）：

因此，中心体 Cu^+ 3 个 sp^2 杂化轨道的平面三角形取向也就解释了铜(Ⅰ) 配合物 $[Cu(CN)_3]^{2-}$ 的空间构型为平面三角形的事实。

3. 配位数为 4 的配合物

这种类型的配合物数量比较多，普遍存在于 Cu^{2+}、Cd^{2+}、Ni^{2+} 和 Zn^{2+} 等形成的配合物中。不过它们的空间构型也不完全一样，有四面体构型，也有平面四边形构型。选择何种杂化模型来描述配合物的空间构型，还需要其他支撑信息，例如该配合物的磁行为如何？对于镍(Ⅱ) 配合物 $[Ni(NH_3)_4]^{2+}$ 和 $[Ni(CN)_4]^{2-}$，尽管中心体 Ni^{2+} 的价层电子构型都为：

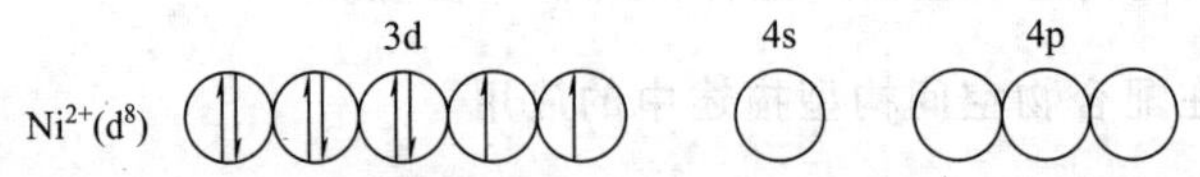

由于配体不同，两种镍(Ⅱ) 配合物的空间构型也不一样，$[Ni(NH_3)_4]^{2+}$ 是四面体构型，而 $[Ni(CN)_4]^{2-}$ 是平面四边形构型。根据实验测试结果，可以这样描述 $[Ni(NH_3)_4]^{2+}$ 的形成过程和空间构型：当 Ni^{2+} 与 4 个 NH_3 结合成 $[Ni(NH_3)_4]^{2+}$ 时，Ni^{2+} 的 1 个 4s 和 3 个 4p 空轨道进行杂化，形成 4 个 sp^3 杂化轨道，用来接受 4 个 NH_3 分子中的 N 原子提供的 4 对电子，形成 4 个配位键。所以 $[Ni(NH_3)_4]^{2+}$ 的价电子分布为：

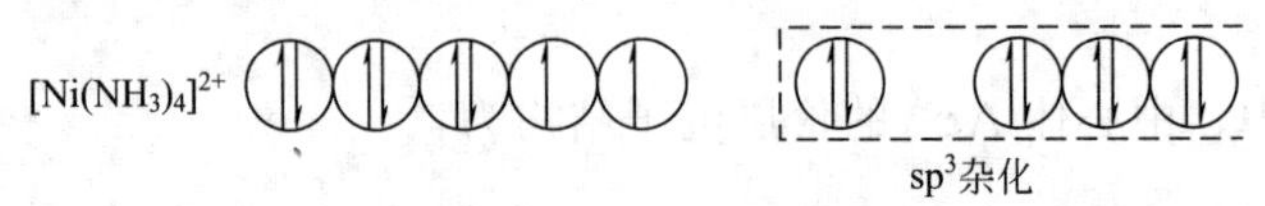

中心体 Ni^{2+} 4 个 sp^3 杂化轨道的正四面体取向也就解释了配合物 $[Ni(NH_3)_4]^{2+}$ 的空间构型为正四面体的事实，Ni^{2+} 位于正四面体的体心，4 个配位的 N 原子在正四面体的 4 个顶角上。

由于 CN^- 的配位能力比 NH_3 强，配合物 $[Ni(CN)_4]^{2-}$ 和 $[Ni(NH_3)_4]^{2+}$ 的空间构型相比发生了变化。基于 $[Ni(CN)_4]^{2-}$ 是抗磁性物质和空间构型是平面正方形的事实，可以这样描述 $[Ni(CN)_4]^{2-}$ 的形成过程：当 Ni^{2+} 与 4 个 CN^- 结合为 $[Ni(CN)_4]^{2-}$ 时，Ni^{2+} 在配体 CN^- 的影响下，3d 轨道上的电子发生了重排，原有的两个自旋平行的成单电子配对，空出一个 3d 空轨道，这个 3d 轨道和 1 个 4s、2 个 4p 空轨道进行杂化，形成 4 个 dsp^2 杂化轨道，用于接受 4 个 CN^- 中的 C 原子提供的 4 对电子，形成 4 个配位键：

中心体 Ni^{2+} 4 个 dsp^2 杂化轨道的平面正方形取向也就解释了配合物 $[Ni(CN)_4]^{2-}$ 的空间构型为平面正方形的事实。Ni^{2+} 位于平面正方形的中心，4 个配位的 C 原子位于平面正方形的 4 个顶角上。

4. 配位数为 5 的配合物

这种类型的配合物主要存在于零价金属配合物中，例如，$[Fe(CO)_5]$。基于 $[Fe(CO)_5]$ 是抗磁性物质，空间构型是三角双锥的事实，可以这样描述 $[Fe(CO)_5]$ 的形成过程：当 Fe 原子与 5 个 CO 结合为 $[Fe(CO)_5]$ 时，Fe 在配位能力强的配体 CO 的作用下，3d 和 4s 轨道上的电子发生重排，空出一个 3d 轨道和一个 4s 轨道，这个 3d 轨道和 1 个 4s、3 个 4p 空

轨道进行杂化，形成 5 个 dsp^3 杂化轨道，用于接受 5 个 CO 中的 C 原子提供的 5 对电子，形成 5 个配位键：

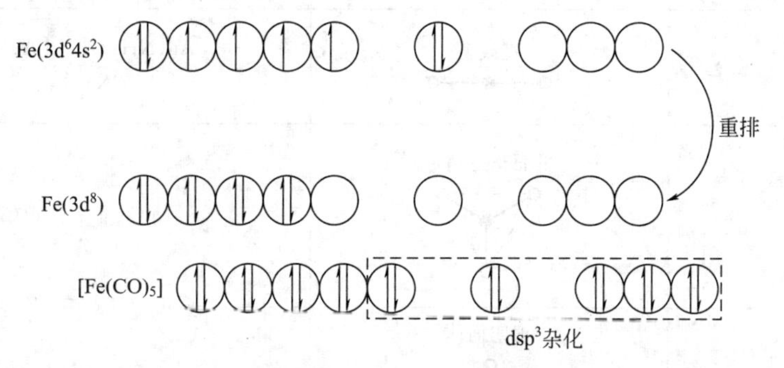

中心体 Fe 的 5 个 dsp^3 杂化轨道的三角双锥取向也就解释了 Fe 配合物 $[Fe(CO)_5]$ 的空间构型为三角双锥的事实。Fe 位于三角双锥的中心，5 个配位的 C 原子在三角双锥的 5 个顶角上。

5. 配位数为 6 的配合物

这种类型配合物的数量特别大，空间构型为八面体。不过配体配位能力的差异导致其配位键的类型不同。例如，铁(Ⅲ) 配合物 $[FeF_6]^{3-}$ 和 $[Fe(CN)_6]^{3-}$ 的空间构型尽管都为八面体，但铁离子与配体（F^- 和 CN^-）的结合方式不同，性质也不相同。基于磁行为的测试结果，这两种铁(Ⅲ) 配合物的形成过程可以这样描述。自由中心体 Fe^{3+} 的价电子层结构为：

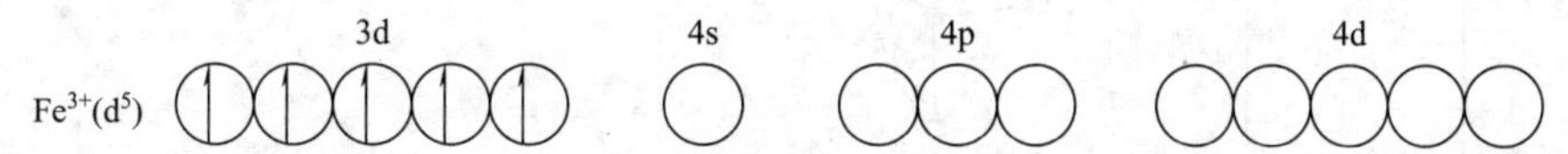

当 Fe^{3+} 与 6 个 F^- 结合为 $[FeF_6]^{3-}$ 时，Fe^{3+} 的 1 个 4s、3 个 4p 和 2 个 4d 空轨道进行杂化，形成 6 个 sp^3d^2 杂化轨道，接受由 6 个 F^- 提供的 6 对电子，形成 6 个配位键：

$[FeF_6]^{3-}$

sp^3d^2杂化

中心体 Fe^{3+} 的 6 个 sp^3d^2 杂化轨道的八面体取向也就解释了铁(Ⅲ) 配合物 $[FeF_6]^{3-}$ 的空间构型为八面体的事实。Fe^{3+} 位于正八面体的体心，6 个参与配位的 F^- 位于八面体的 6 个顶角上。

然而，在 Fe^{3+} 与 6 个 CN^- 结合形成 $[Fe(CN)_6]^{3-}$ 的过程中，Fe^{3+} 在配位能力强的配体 CN^- 的影响下，3d 轨道上的电子发生了重排，空出 2 个 3d 轨道，这 2 个 3d 轨道和 1 个 4s 轨道、3 个 4p 轨道进行杂化，形成 6 个 d^2sp^3 杂化轨道，接受 6 个 CN^- 中的 C 原子提供的 6 对电子，形成 6 个配位键：

$[Fe(CN)_6]^{3-}$

d^2sp^3杂化

中心体 Fe^{3+} 的 6 个 d^2sp^3 杂化轨道的八面体取向就能解释配合物 $[Fe(CN)_6]^{3-}$ 的空间构型为八面体的事实。

常见配合物的杂化轨道类型与配合物空间构型列于表 1-2 中。

表 1-2 杂化轨道类型与配合物的空间构型

杂化轨道类型	配位数	空间构型	实例
sp	2	直线型	$[Ag(NH_3)_2]^+$、$[Ag(CN)_2]^-$、$[Cu(CN)_2]^-$、$[CuCl_2]^-$
sp^2	3	平面正三角形	$[CuCl_3]^{2-}$、$[Cu(CN)_3]^{2-}$
sp^3	4	正四面体	$[Zn(NH_3)_4]^{2+}$、$[Ni(NH_3)_4]^{2+}$、$[Ni(CO)_4]$
dsp^2	4	平面正方形	$[Ni(CN)_4]^{2-}$
dsp^3	5	三角双锥体	$[Fe(CO)_5]$
sp^3d^2 d^2sp^3	6	正八面体	$[FeF_6]^{3-}$、$[CoF_6]^{3-}$、$[Co(NH_3)_6]^{2+}$、$[Co(NH_3)_6]^{3+}$、$[Fe(CN)_6]^{3-}$、$[Fe(CN)_6]^{4-}$

注：● 为中心体；○ 为配体。

1.3.1.3 价键模型在配合物磁性能描述中的应用

物质的磁性是物质内部结构的一种宏观表现。过渡元素的原子或离子中可能有未成对的 d 电子，电子的自旋决定了原子或分子的磁性。不被磁场吸引的物质叫抗磁性物质，在这种物质中正自旋电子数和反自旋电子数相等，电子自旋产生的磁效应都互相抵消了。物质磁性的强弱可以用有效磁矩（μ_{eff}）表示。$\mu_{eff}=0$ 的物质，说明其中电子都已成对，物质具有抗磁性。$\mu_{eff}\neq 0$ 的物质，说明其中有未成对电子，物质具有顺磁性。顺磁性物质中，正反自旋电子数不相等，一种自旋电子数多于另一种，总磁效应不能互相抵消，多出的一种自旋使原子或分子作为整体表现出像是一个磁偶极［图 1-10(a)］。能被磁场较强吸引的物质叫做铁磁性物质，它们在固态下有顺磁性物质间的相互作用而表现出强磁性［图 1-10(b)、(c)］。

$$\mu_{eff}=2.828\sqrt{\chi_M T} \tag{1-1}$$

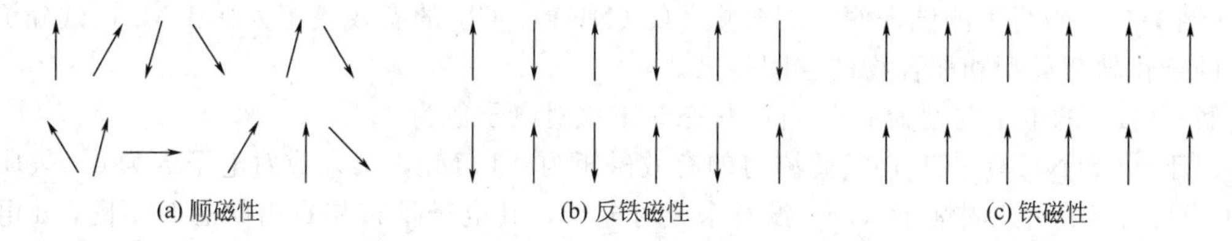

图 1-10　物质的磁行为

配合物的磁行为可以用磁天平和超导量子干涉仪（superconducting quantum interference device，SQUID）测定，把某一温度下的摩尔磁化率（χ_M）代入式(1-1) 中，便可得到该温度下某一种配合物的有效磁矩。结合式(1-2)，配合物中未成对电子数就能推断出来。

$$\mu_{eff}=\sqrt{n(n+2)} \tag{1-2}$$

式中，n 为未成对电子数；有效磁矩 μ_{eff} 的单位为玻尔磁子，B. M.。

配合物的有效磁矩的理论值与其未成对电子数 n 的关系列于表 1-3 中。

表 1-3　配合物的有效磁矩的理论值与其未成对电子数 n 的关系

n	1	2	3	4	5
μ_{eff}/B. M.	1.73	2.83	3.87	4.90	5.92

基于配合物的有效磁矩与其内部的未成对电子数有直接的关系，通过实验测定配合物的有效磁矩，根据式(1-2) 就可以计算出配合物中未成对电子数 n，从而可以推断出中心体在形成配合物过程中其 d 轨道上的电子是否发生重排，进一步表征该配合物的成键情况。

[例 1-1]　实验测得 $K_3[FeF_6]$ 和 $K_3[Fe(CN)_6]$ 的有效磁矩分别为 5.3 B. M. 和 2.3 B. M.，试推断中心体的杂化轨道类型和配合物的空间构型。

解：Fe^{3+} 的电子构型为 d^5，自由状态时未成对电子数为 5。

对于 $K_3[FeF_6]$，实验测得的有效磁矩为 5.3 B. M.，根据式(1-2)，可得：

$$\mu_{eff}=\sqrt{n(n+2)}=5.3 \qquad n\approx 5$$

表明在 $K_3[FeF_6]$ 中，中心体 Fe^{3+} 有 5 个未成对电子，其电子排布与自由状态时相同。

$K_3[FeF_6]$

sp^3d^2杂化

所以，中心体 Fe^{3+} 的杂化轨道类型可描述为 sp^3d^2，铁(Ⅲ) 配合物 $K_3[FeF_6]$ 的空间构型为正八面体。

对于 $K_3[Fe(CN)_6]$，实验测得的有效磁矩为 2.3 B. M.，可得：

$$\mu_{eff}=\sqrt{n(n+2)}=2.3 \qquad n\approx 1$$

表明在 $K_3[Fe(CN)_6]$ 中，中心体 Fe^{3+} 只有 1 个未成对电子，其电子排布与自由状态时不同，d 轨道上的电子在配体 CN^- 的影响下发生了重排。

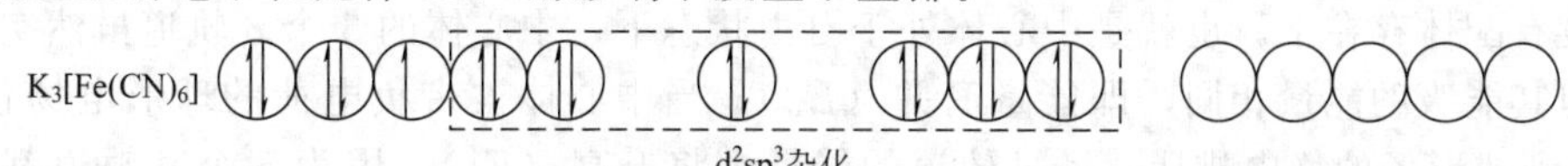

因此，中心体 Fe^{3+} 的杂化轨道类型可描述为 d^2sp^3，$K_3[Fe(CN)_6]$ 的空间构型为正八面体。

从例 1-1 的解析看出，对于同一中心体，不同性能配体形成的配合物的磁行为也会不同。

[例 1-2] 磁行为测试表明，配合物 $[Co(NH_3)_6]Cl_3$ 的有效磁矩为 0 B. M.，试分析中心体的杂化轨道类型和配合物的空间构型。

解： Co^{3+} 的电子构型为 d^6，自由状态时未成对电子数为 4。

对于 $[Co(NH_3)_6]Cl_3$，实验测得的有效磁矩为 0 B. M.，其未成对电子数为 0。表明在 $[Co(NH_3)_6]Cl_3$ 中，中心体 Co^{3+} 没有未成对电子，其电子排布与自由状态时不同，d 电子在配体的影响下发生了重排。

因此，中心体 Co^{3+} 的杂化轨道类型可描述为 d^2sp^3，$[Co(NH_3)_6]Cl_3$ 的空间构型为正八面体。

有效磁矩的测定与分析是确定配位类型的一种较有效的方法，不过配合物，特别是多核配合物的磁行为表征是一个复杂的过程，因为金属之间的电子转移也能导致磁行为发生改变。总之，要对某一种配合物的成键情况做全面和深入的表征，还需要其他测试手段的引入，例如晶体结构的测试与分析等。

价键模型能成功地描述金属配合物的空间构型、配位数和磁行为等问题。而且该模型的概念简单明确，易于接受，因此，在配位化学的发展过程中，起到了非常重要的推动作用。不过，与其他模型一样，价键模型也有其局限性，如它不能解释为什么过渡金属配合物一般会有特征颜色等。因此，随着晶体场模型和分子轨道模型的发展和应用，目前已很少用单一的价键模型来表征配合物的性能。

1.3.2 晶体场模型

为解决价键模型无法解释的问题，1929 年，H. Bethe 等提出了晶体场理论模型。晶体场模型以静电理论为基础，把配体看作是点电荷或偶极子，再考虑它们对中心体的最外层电子的影响。早期这个理论应用于物理学的某些领域的研究，直到 20 世纪 50 年代，才开始广泛应用于金属配合物结构的表征。

1.3.2.1 晶体场模型的要点

① 在配合物中，中心体和配体（阴离子或极性分子）之间为静电作用，并将配体看作为点电荷。

② 中心体的 5 个简并的 d 轨道受周围配体（负电场）的排斥作用，能级发生分裂，有些轨道能量升高，有些则降低。

③ 由于 d 轨道能级的分裂，d 轨道上的电子将重新分布，系统的总能量降低。

1.3.2.2 中心体 d 轨道的能级分裂

在没有配体存在下，也就是中心体处于自由状态下，中心体的 5 个 d 轨道虽然空间取向不同，但其能级的能量相同，即能量简并（E_0）。当中心体被带负电荷的球形电场包围时，d 轨道受到球形场的静电排斥，各 d 轨道的能量都将升高（E_s）。因为 5 个 d 轨道都垂直地指向球壳，受到的静电排斥力是相同的，所以能级并不发生分裂，如图 1-11 所示。

对于空间构型为正八面体的配合物，6 个配体分别占据八面体的 6 个顶点，由此产生的静电场叫做八面体场。6 个配体各沿着 $\pm x$、$\pm y$、$\pm z$ 坐标轴的方向，接近中心体（图 1-12）形成八面体配合物时，中心体 d 轨道上的电子受到配体负电场的排斥，5 个 d 轨道的能量相对

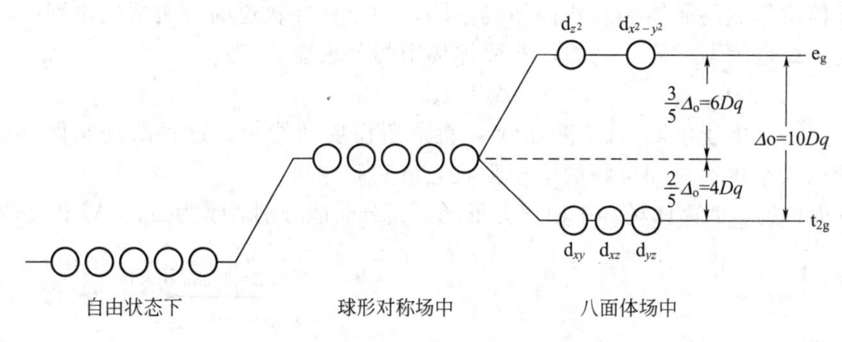

图 1-11　不同环境下，5个d轨道能级的能量变化情况

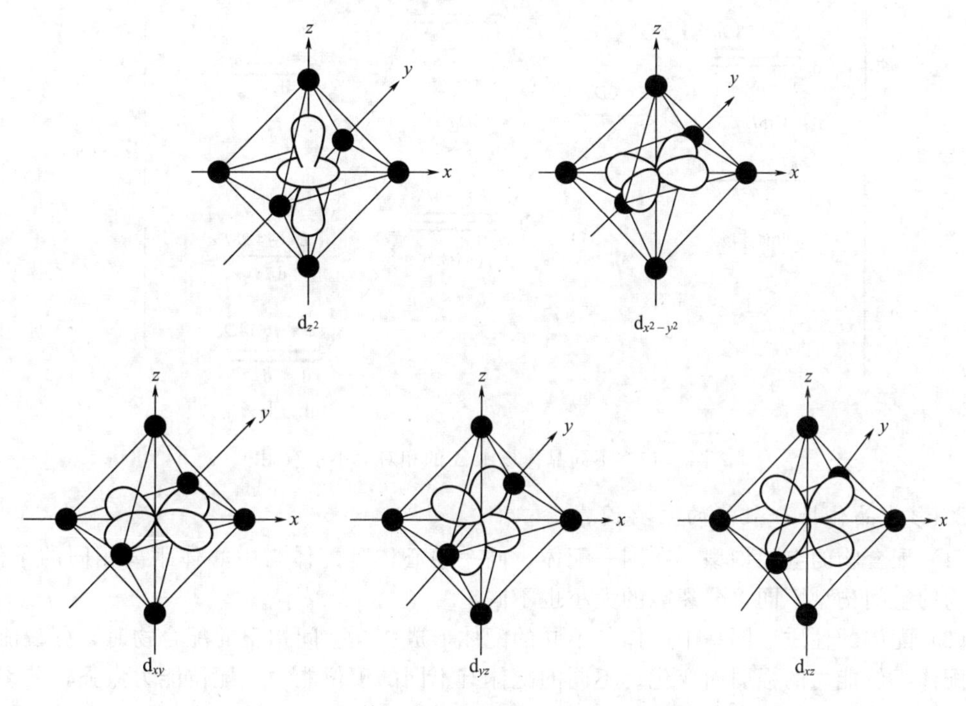

图 1-12　正八面体配合物中5个d轨道与配体的相对位置

于自由离子状态都将升高。但是，升高的程度不同。由于 d_{z^2} 和 $d_{x^2-y^2}$ 轨道与配体处于“迎头相碰”的位置，所以这两个轨道中的电子受到的静电排斥力较大，能量升高较多。而 d_{xy}、d_{yz} 和 d_{xz} 轨道却正好处在配体的空隙中间，所以这3个d轨道中的电子受到的静电排斥力较小，它们的能量比前两个轨道的能量要低，但仍然要比中心离子处于自由状态时d轨道的能量高。这样，在八面体场配体的影响下，原来能级相等的5个d轨道分裂为两组（图1-11）。一组为能量较高的 d_{z^2} 和 $d_{x^2-y^2}$ 轨道，这组轨道记为 e_g 轨道；另一组为能量较低的 d_{xy}、d_{yz} 和 d_{xz} 轨道，这组轨道记为 t_{2g} 轨道。这种能级分裂的现象称为晶体场分裂。

1.3.2.3　晶体场分裂能及其影响因素

1. 晶体场分裂能

中心体的d轨道在不同的配合物中，不仅能级分裂的情况不同，而且分裂的程度也不同。在八面体场作用下，d轨道分裂后的最高能级和最低能级之间的能量差被称为八面体晶体场分裂能，表示为 Δ。其他空间构型的配合物，如正四面体、平面正方形、三角双锥体等，由于配体所形成的晶体场与八面体场不同，中心体 d 轨道的分裂情况也不同，分裂的程度也就不同，Δ 也就不一样。例如，八面体场中的分裂能 Δ_o为：

$$\Delta_o = E_{e_g} - E_{t_{2g}} \tag{1-3}$$

这相当于一个电子由 t_{2g} 轨道跃迁到 e_g 轨道所需要的能量。这种跃迁叫做 d-d 跃迁。晶体场分裂能的大小可通过配合物的电子吸收光谱实验测得。

对于八面体场、四面体场和平面正方形场，其分裂能分别表示为 Δ_o、Δ_t 和 Δ_s（图 1-13）。

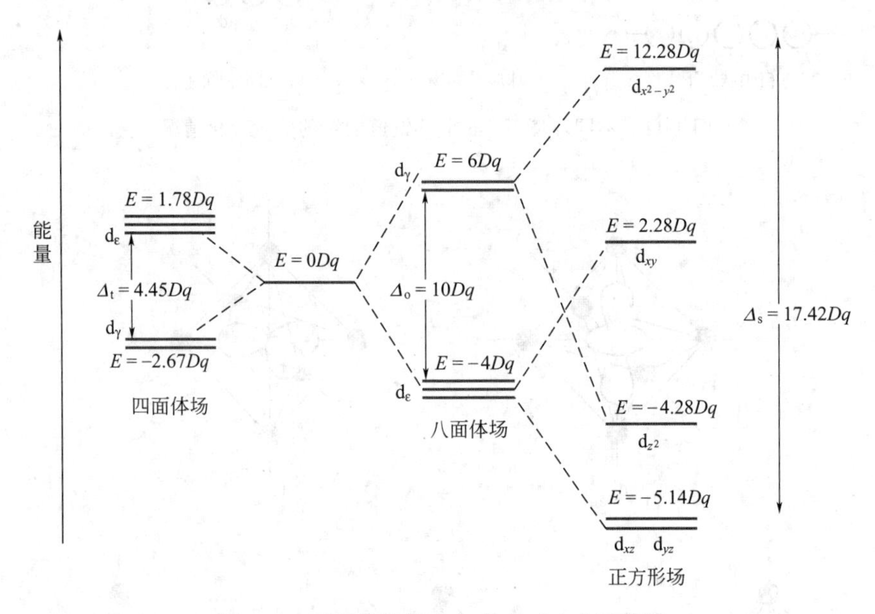

图 1-13　不同晶体场中 Δ 的相对大小示意图

2. 影响晶体场分裂能的主要因素

（1）配合物的空间构型　在同一配体、同一中心体且配体与中心体距离相同的条件下，配合物的空间构型不同，分裂能的大小也不同。

（2）配体的性质　同一中心体与不同的配体形成相同空间构型的配合物时，分裂能的大小随配体配位能力的强弱而变化。不同的配体有不同的配位能力，配位能力愈强，分裂能愈大。例如，Cr^{3+} 与不同配体形成八面体配合物时的分裂能列于表 1-4 中。

表 1-4　不同配体（Cr^{3+} 配合物）的晶体场分裂能

配合物	$[CrCl_6]^{3-}$	$[CrF_6]^{3-}$	$[Cr(H_2O)_6]^{3+}$	$[Cr(NH_3)_6]^{3+}$	$[Cr(en)_3]^{3+}$	$[Cr(CN)_6]^{3-}$
Δ_o/cm^{-1}	13600	15300	17400	21600	21900	26300

（3）中心体的电荷　同一过渡金属与同种配体形成相同空间构型的配合物时，高氧化态配合物比低氧化态配合物的分裂能大。这是由于随着中心体正电荷数的增加，配体更靠近中心体，从而对中心体的 d 轨道产生的排斥更大。第四周期过渡金属的某些 M(Ⅱ) 和 M(Ⅲ) 配合物的分裂能列于表 1-5 中。

表 1-5　部分金属形成的 $[M^{II}(H_2O)_6]^{2+}$ 和 $[M^{III}(H_2O)_6]^{3+}$ 的晶体场分裂能

单位：cm^{-1}

中心体	V	Cr	Mn	Fe	Co
$[M^{II}(H_2O)_6]^{2+}$	12600	13900	7800	10400	9300
$[M^{III}(H_2O)_6]^{3+}$	17700	17400	21000	13700	18600

（4）中心体所属的周期数　相同氧化态的同族过渡金属离子与同种配体形成相同空间构型的配合物时，分裂能随中心体在周期表中所属周期数的增加而增大，这主要是由于与3d轨道相比，4d、5d轨道伸展得较远，与配体更接近，受配体排斥力更大。例如：

	$[Cr^{III}Cl_6]^{2+}$	$[Mo^{III}Cl_6]^{3-}$
Δ_o/cm^{-1}	13600	19200
	$[Rh^{III}Cl_6]^{3-}$	$[Ir^{III}Cl_6]^{3-}$
Δ_o/cm^{-1}	20300	24900

1.3.2.4　晶体场理论在配合物颜色分析中的应用

d-d跃迁的能量和分裂能相当。对八面体构型的配合物，Δ_o一般为$5.0\times10^4\sim1.5\times10^5cm^{-1}$，此能量范围恰好落在可见光区，所以，具有1～9个d电子的中心体所形成的配合物大多是有颜色的。

以具有1个d电子的Ti(Ⅲ)的配合物$[Ti(H_2O)_6]^{3+}$为例，$[Ti(H_2O)_6]^{3+}$的分裂能$\Delta_o=20300cm^{-1}$，当白光照射含有$[Ti(H_2O)_6]^{3+}$的溶液时，其中能量为$20300cm^{-1}$（相当于波长约500nm）的蓝绿色光被Ti(Ⅲ)配合物吸收，同时发生d-d跃迁，如图1-14所示，所以$[Ti(H_2O)_6]^{3+}$呈现出与蓝绿光相对应的互补色——紫红色。

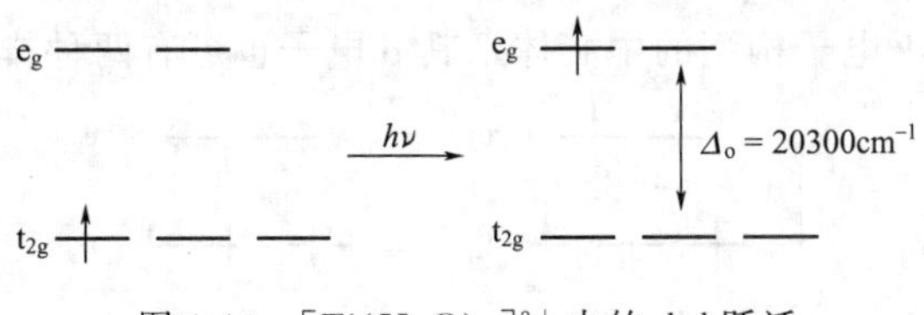

图1-14　$[Ti(H_2O)_6]^{3+}$中的d-d跃迁

对于不同的中心体或不同的配体，Δ值不相同，d-d跃迁时吸收的可见光的波长不同，故不同的配合物显现出不同的颜色。如果中心体的d轨道全空（d^0）或全满（d^{10}），则不能发生这种d-d跃迁，其配合物呈现无色。

1.3.2.5　晶体场模型在配合物磁行为分析中的应用

比较价键模型对配合物磁行为的描述，晶体场模型从另一个角度表征配合物的磁行为。同一中心体与不同配体所形成的配合物中，其分裂能的大小不同，这种差别有时会使某些中心体的d电子产生不同的排布方式，导致未成对电子数不相同，配合物的磁行为也就不同。在八面体场中，d轨道分裂为t_{2g}和e_g两组，中心体的d电子在t_{2g}和e_g轨道中的排布同样遵循能量最低原理、泡利不相容原理和洪特规则。不同的电子排布方式会导致配合物展现出不同的磁行为。

对于具有$d^1\sim d^3$电子构型的中心体，当其形成八面体型配合物时，d电子优先排布在能量较低的t_{2g}轨道上，且自旋平行，所以d电子的排布方式只有一种。例如Cr^{3+}（d^3）：

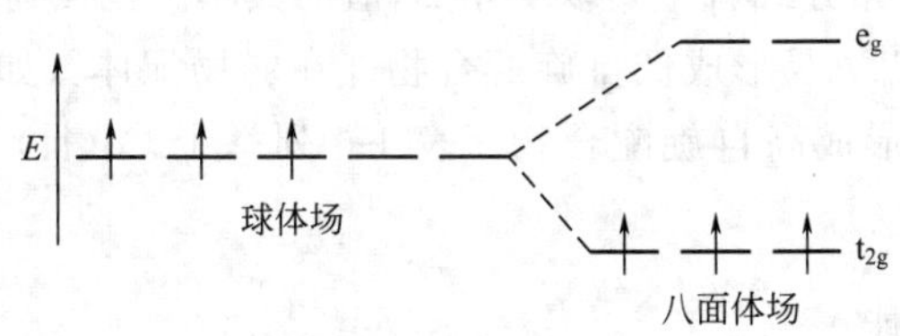

Cr^{3+}（d^3）在八面体场中d电子的排布方式可表示为$t_{2g}^3e_g^0$。

对于具有$d^4\sim d^7$电子构型的中心体，在八面体场中，d电子可有两种排布方式。

以 d^4 电子构型的中心体（如 Cr^{2+}、Mn^{3+}）为例说明这两种排布方式。第一种排布方式，其第 4 个电子进入 e_g 轨道，此时需要克服分裂能 Δ_o，这种排布方式为 $t_{2g}^3e_g^1$，未成对电子数相对较多，有效磁矩较大，称为高自旋排布，对应的配合物被称为高自旋配合物。第二种排布方式，其第 4 个电子进入 t_{2g} 轨道，此时需要克服两个电子相互排斥而消耗的能量，称为电子成对能（E_p），这种排布方式为 $t_{2g}^4e_g^0$，未成对电子数相对较少，有效磁矩较小，称为低自旋排布，相应的配合物被称为低自旋配合物。

中心体 d 轨道上的电子究竟按何种方式排布，取决于分裂能 Δ_o 和电子成对能 E_p 的相对大小。

若 $\Delta_o < E_p$，电子难成对，而优先进入 e_g 轨道，保持较多的成单电子，形成高自旋排布。

若 $\Delta_o > E_p$，电子尽可能占据能量低的 t_{2g} 轨道而配对，成单电子数减少，形成低自旋排布。

同样地，d^5、d^6、d^7 电子构型的中心体，其 d 电子也可有两种排布方式：

而对于具有 $d^8 \sim d^{10}$ 电子构型的中心体，与 $d^1 \sim d^3$ 电子构型的中心体一样，不管分裂能的大小，其 d 电子的排布只有一种方式，没有高低自旋之分。

E_p 的大小可以从自由状态的中心体的光谱实验数据得到，不同的中心体的 E_p 值有所不同，但相差不大。Δ_o 值的大小却随着中心体的不同，尤其是随配体的不同而有很大的变化。这样，中心体 d 电子的排布方式就主要取决于 Δ_o 值的大小。在强场配体（如 CN^-）作用下，分裂能较大，此时 $\Delta_o > E_p$，易形成低自旋配合物。在弱场配体（如 F^-）作用下，分裂能较小，此时 $\Delta_o < E_p$，则易形成高自旋配合物。表 1-6 列举了 Co(Ⅲ) 配合物 $K_3[Co(CN)_6]$ 和 $K_3[CoF_6]$ 的一些相关信息。

1.3.2.6 晶体场稳定化能

根据晶体场对 d 轨道的能级分裂，可以计算八面体场中 e_g 轨道和 t_{2g} 轨道的相对能量。

表1-6 配合物 $K_3[Co(CN)_6]$ 和 $K_3[CoF_6]$ 的一些相关信息

配合物	$K_3[Co(CN)_6]$	$K_3[CoF_6]$
Δ_o/J	6.75×10^{-19}	2.58×10^{-19}
E_p/J	3.52×10^{-19}	3.52×10^{-19}
中心体的电子构型	$3d^6$	$3d^6$
八面体场中心体电子组态	$t_{2g}^6e_g^0$	$t_{2g}^4e_g^2$
未成对电子数	0	4
有效磁矩/B. M.	0	5.62
自旋状态	低	高
价键模型的描述	d^2sp^3	sp^3d^2
晶体场模型的描述	强场	弱场

一个中心体由球形场转入八面体场，d轨道在分裂前后的总能量应当保持不变。以球形场中d轨道的能量 E_s 为相对标准，可令 $E_s=0$，则

$$2E_{e_g}+3E_{t_{2g}}=5E_s=0 \tag{1-4}$$

又

$$E_{e_g}-E_{t_{2g}}=\Delta_o$$

联合二式，可得：

$$E_{e_g}=+\frac{3}{5}\Delta_o=+0.6\Delta_o$$

$$E_{t_{2g}}=-\frac{2}{5}\Delta_o=-0.4\Delta_o$$

即在八面体场中，d轨道能级分裂的结果与球形场中未分裂前相比较，e_g 轨道的能量升高了 $0.6\Delta_o$，而 t_{2g} 轨道的能量则降低了 $0.4\Delta_o$。这样，d电子进入分裂后的轨道与进入未分裂的轨道相比，系统的总能量会有所降低，这个能量降低的总值被称为晶体场稳定化能(crystal field stabilization energy，CFSE)。

例如，Cr^{3+}（d^3）在八面体场中，其电子排布为 t_{2g}^3，则晶体场稳定化能为：

$$CFSE=3E_{t_{2g}}=3\times(-0.4\Delta_o)=-1.2\Delta_o$$

又如，Co^{2+}（d^7）在弱场中为高自旋排布 $t_{2g}^5e_g^2$。考虑电子成对能 E_p 对稳定化能的影响，$t_{2g}^5e_g^2$ 排布中有2对电子配对，而7个d电子进入未分裂的d轨道时同样也有2对电子成对，所以它们正好互相抵消。因此：

$$CFSE=5E_{t_{2g}}+2E_{e_g}=5\times(-0.4\Delta_o)+2\times(+0.6\Delta_o)=-0.8\Delta_o$$

在强场中，Co^{2+} 为低自旋排布 $t_{2g}^6e_g^1$。因为 $t_{2g}^6e_g^1$ 排布中有3对电子配对，比在未分裂的d轨道中排布时多出一对，所以，需多付出一对电子成对所需要的能量 E_p。因此：

$$CFSE=6E_{t_{2g}}+E_{e_g}+E_p=6\times(-0.4\Delta_o)+0.6\Delta_o+E_p=-1.8\Delta_o+E_p$$

由此可见，晶体场稳定化能与中心体的d电子数有关，也与晶体场的强度有关，此外还与配合物的空间构型有关。中心体的d电子在八面体场中的排布及对应的晶体场稳定化能列于表1-7中。

由表1-7可见，$d^4\sim d^7$ 构型的中心体，在弱场和强场配体作用下，d电子的排布方式有高、低自旋之分，其对应的晶体场稳定化能也是不同的。对 $d^1\sim d^3$ 和 $d^8\sim d^{10}$ 构型的中心体，无论是弱场还是强场情况，d电子的排布方式均只有一种。不过，虽然d电子的排布方式相同，但由于配体的配位强度不同，分裂能 Δ_o 值不同，因此，不同配合物的晶体场稳定化能也有差别。

表 1-7　中心体的 d 电子在八面体场中的排布及对应的晶体场稳定化能

d^n	弱场				强场			
	d 电子排布方式		未成对电子数	CFSE	d 电子排布方式		未成对电子数	CFSE
	t_{2g}	e_g			t_{2g}	e_g		
d^1	1		1	$-0.4\Delta_o$	1		1	$-0.4\Delta_o$
d^2	2		2	$-0.8\Delta_o$	2		2	$-0.8\Delta_o$
d^3	3		3	$-1.2\Delta_o$	3		3	$-1.2\Delta_o$
d^4	3	1	4	$-0.6\Delta_o$	4		2	$-1.6\Delta_o+E_p$
d^5	3	2	5	$0.0\Delta_o$	5		1	$-2.0\Delta_o+2E_p$
d^6	4	2	4	$-0.4\Delta_o$	6		0	$-2.4\Delta_o+2E_p$
d^7	5	2	3	$-0.8\Delta_o$	6	1	1	$-1.8\Delta_o+E_p$
d^8	6	2	2	$-1.2\Delta_o$	6	2	2	$-1.2\Delta_o$
d^9	6	3	1	$-0.6\Delta_o$	6	3	1	$-0.6\Delta_o$
d^{10}	6	4	0	$0.0\Delta_o$	6	4	0	$0.0\Delta_o$

在相同条件下，晶体场稳定化能值越负（代数值越小），系统的能量越低，配合物越稳定。

1.3.2.7　姜-泰勒效应

电子在简并轨道中的不对称占据会导致分子的几何构型发生畸变，从而降低了分子的对称性和轨道的简并度，使体系的能量进一步下降，这种效应称为姜-泰勒效应（Jahn-Teller effect）。

姜-泰勒效应不能准确指出究竟应该发生哪种几何畸变，但实验证明，Cu^{2+} 的六配位配合物几乎都是拉长的八面体，原因是在没有其他能量因素影响的条件下，形成两条长键和四条短键比形成两条短键和四条长键的总键能要大。

对于具有六配位的过渡金属离子来说，其中 d^0、d^3、d^5、d^{10} 以及低自旋的 d^8 离子，它们之中被电子所占据的各个轨道叠合在一起时，所表现出来的整个 d 轨道壳层电子云在空间的分布对称。但其他金属离子，尤其是 d^9 和 d^4 离子，它们 d 轨道壳层电子云的空间分布不对称。

以 Cu^{2+}（d^9）的六配位配合物为例说明姜-泰勒效应产生的影响。在正八面体场作用下，其简并的 5 个 d 轨道就要分裂为 t_{2g} 和 e_g 两组，此时的电子组态为 $t_{2g}^6e_g^3$，而 e_g 轨道上的 3 个电子也有两种不同排列方式：

（1）$t_{2g}^6(d_{z^2})^2(d_{x^2-y^2})^1$　由于 $d_{x^2-y^2}$ 轨道上的电子比 d_{z^2} 轨道上的电子少一个［图 1-15(a)］，则在 xy 平面上 d 电子对中心体核电荷的屏蔽作用就比在 z 轴上的屏蔽作用小，中心体对 xy 平面上的四个配体的吸引大于对 z 轴上的两个配体的吸引，从而使 xy 平面上的四个键缩短，z 轴方向上的两个键伸长，成为拉长的八面体［图 1-15(b)］。

（2）$t_{2g}^6(d_{z^2})^1(d_{x^2-y^2})^2$　由于 d_{z^2} 轨道上缺少一个电子，在 z 轴上 d 电子对中心体的核电荷的屏蔽效应比在 xy 平面的小，中心体对 z 轴方向上的两个配体的吸引大于对 xy 平面上的四个配体的吸引，从而使 z 轴方向上两个键缩短，xy 面上的四条键伸长，成为压扁的八面体［图 1-15(c)］。

无论采用哪一种几何畸变，都会引起能级的进一步分裂，降低简并，其中一些能级降低，获得额外的稳定化能，这也就是 Cu^{2+} 经常形成平面四边形配合物的原因之一。

晶体场模型能较好地解释配合物的颜色、磁性、稳定性等问题。然而无法说明为什么像

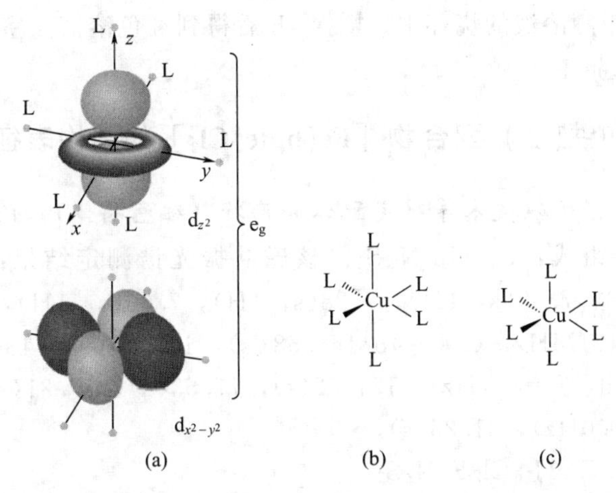

图 1-15　发生在铜(Ⅱ) 配合物中的姜-泰勒效应示意图

[$Fe(CO)_5$] 这样一类中心体为（电）中性原子的配合物也能稳定存在，为什么中性的 NH_3 分子的配位能力比卤素阴离子强。这些问题的解决还需要引入分子轨道模型以及几种模型的综合使用。不过分子轨道模型的具体内容不在本书介绍。

1.4　配合物的设计、合成与表征过程的案例分析

为了改善和优化过度说教和抽象的教材模式，为了能使学生更好地掌握、理解和应用所学的知识，下面通过案例介绍配合物合成、结构分析及相关表征的方法、手段和过程，以及科学研究的路径与思想。考虑到 Fe^{2+} 和 Fe^{3+} 在水介质中不易形成配合物，例如它们与氨水作用都不能形成配合物，而是生成氢氧化物 $Fe(OH)_2$ 和 $Fe(OH)_3$ 沉淀，而且 Fe^{2+} 很容易被氧化为 Fe^{3+}。为此，通过一种含有 N 和 S 配位原子的四齿配体 *S*,*S'*-双(2-甲基吡啶)-1,2-硫代乙烷(bpte) 的设计来稳定 Fe^{2+}（图 1-16），并利用现代技术手段对合成得到的配合物进行分析与表征。由于篇幅限制，本书中没有把具体的实验仪器、实验方法、实验操作和测试过程等写入。

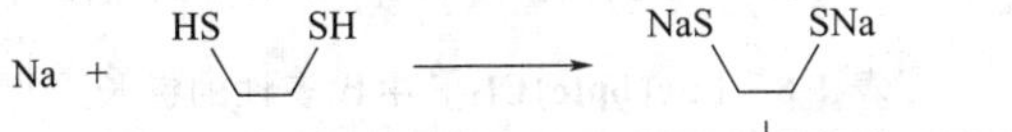

图 1-16　配体 bpte 和铁(Ⅱ) 配合物 [$Fe(bpte)Cl_2$] 的合成路线示意图

1.4.1　铁(Ⅱ) 配合物 [$Fe(bpte)Cl_2$] 的合成过程

把含有配体 bpte（0.28g，1.0mmol）的 10mL 甲醇溶液加入含 5mL $FeCl_2 \cdot 4H_2O$

(0.20g，1.0mmol) 甲醇溶液的烧杯中，搅拌 1h 后得到红色溶液。室温下，放置一段时间后，析出 0.314g 红色晶体。

1.4.2 配体 bpte 和铁(Ⅱ) 配合物 [Fe(bpte)Cl_2] 的结构表征

1. 利用元素分析、核磁技术等确定配体和产物（红色晶体）的分子组成

配体 bpte 的分子组成：$C_{14}H_{16}N_2S_2$。核磁共振光谱测定结果：^1H NMR(400MHz，$CDCl_3$)δ 8.43(s，1H)，7.55(s，1H)，7.28(s，1H)，7.06(s，1H)，3.75(s，2H)，2.61(s，2H)；^{13}C NMR(101MHz，$CDCl_3$)δ 158.58(s)，149.19(s)，136.75(s)，123.08(d，J=5.3Hz)，121.99(d，J=8.1Hz)，121.52(s)，77.53(s)，77.21(s)，76.89(s)，39.92(s)，38.03(d，J=30.0Hz)，31.25(s)。

产物的分子组成：$C_{14}H_{16}Cl_2FeN_2S_2$

2. 利用 X 射线单晶衍射技术对产物的结构进行解析

从晶体结构图（图 1-17）知道：产物（红色晶体）是一种六配位的铁配合物，Fe 分别与两个 N 原子、两个 S 原子和两个 Cl 原子键合。空间构型是一个畸变的八面体。从键长的大小（表 1-8）也能看出，N 原子的配位能力比 Cl 及 S 的强。

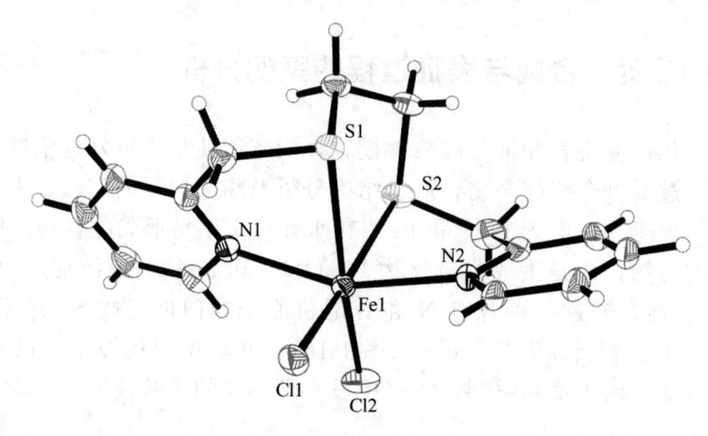

图 1-17 铁(Ⅱ) 配合物 [Fe(bpte)Cl_2] 的晶体结构

表 1-8 [Fe(bpte)Cl_2] 中代表性的键长

键	键长/Å	键	键长/Å
Fe1—N2	2.198	Fe1—N1	2.209
Fe1—Cl1	2.3582	Fe1—Cl2	2.3903
Fe1—S1	2.6242	Fe1—S2	2.6425

3. 利用 X 射线光电子能谱（XPS）技术确定铁的氧化态

铁有多种氧化态，例如+2 和+3。为了确定该铁配合物中铁的氧化态，利用 XPS 技术对其进行测定，结果见图 1-18。从图 1-18(a) 看出，合成得到的铁配合物中含有 C、S、N、Fe 和 Cl。图 1-18(b) 为其高分辨 XPS 光谱，722.3eV 和 709.0eV 处的谱峰分别归属于 Fe^{2+} 的 $2p_{1/2}$ 和 $2p_{3/2}$，证明配合物中 Fe 的氧化态为+2。

4. 铁(Ⅱ) 配合物 [Fe(bpte)Cl_2] 的磁行为调查

尽管 XPS 光谱的测试结果证明了 Fe 的氧化态为+2，但作为电子构型为 d^6 的铁(Ⅱ) 配合物，

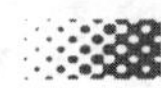

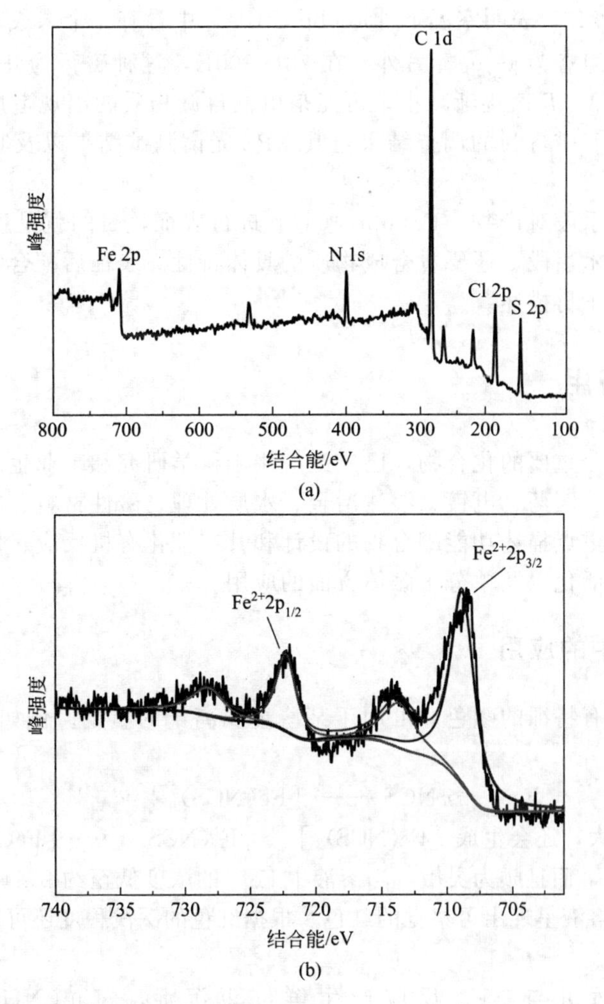

图 1-18　铁（Ⅱ）配合物［Fe(bpte)Cl_2］的 XPS 光谱（a）和［Fe(bpte)Cl_2］的高分辨 XPS 光谱（b）

既可能是高自旋的物质，也可为低自旋物质，为此需要调查其磁行为。图 1-19 展示了铁(Ⅱ) 配合物［Fe(bpte)Cl_2］的变温磁行为，在 300K 时，$\chi_M T$ 值为 3.53$cm^3 \cdot mol^{-1} \cdot K$，即有效磁

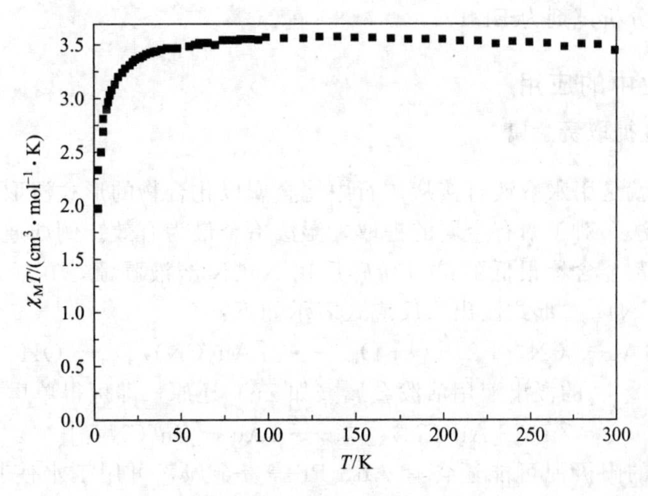

图 1-19　铁(Ⅱ）配合物［Fe(bpte)Cl_2］的摩尔磁化率乘以温度（$\chi_M T$）在不同温度下的变化情况

矩（μ_{eff}）为5.31 B.M.，表明室温下［$Fe(bpte)Cl_2$］中含有4个未成对电子，铁离子处于高自旋状态，其电子组态为$t_{2g}^4e_g^2$。另外，在73～300K，这种磁行为几乎保持不变。然而，当温度小于73K后，$\chi_M T$值逐渐减小，可能是由低自旋物质的出现造成的。由此可见，室温下，［$Fe(bpte)Cl_2$］磁行为的调查结果与其XPS光谱测试结果以及其晶体结构的分析结果都是一致的。

以上是通过三种手段对产物［$Fe(bpte)Cl_2$］进行表征，目的就是证明合成产品的真实性。具体选用何种技术手段，还要看合成物质的具体特性。表征后配合物的性质及性能的进一步调查在本教材中不再描述。

1.5 配合物的应用

配合物是一类十分重要的化合物，已广泛应用于科学研究和工业生产中的许多领域，如化学分析、生物化学、医药、电镀、湿法冶金、水质处理、磁性材料、染料等。在简单介绍几方面应用的同时，重点描述功能配合物的设计和其在催化有机反应、催化氮气活化、催化产氢、催化二氧化碳活化以及单分子磁体方面的应用。

1.5.1 化学分析中的应用

许多配合物都具有特征的颜色，可用于某些金属离子的鉴定。例如Fe^{3+}和NCS^-可形成深红色的配合物：

$$Fe^{3+}+nNCS^- \longrightarrow [Fe(NCS)_n]^{-(n-3)}$$

若NCS^-浓度较大，还会生成［$Fe(NCS)_2$］$^+$、［$Fe(NCS)_3$］……［$Fe(NCS)_6$］$^{3-}$等配离子。这个反应可鉴定Fe^{3+}，而且颇为灵敏，当溶液中Fe^{3+}的浓度低至约$2\times10^{-4}mol\cdot L^{-1}$时，所形成的配离子仍能使溶液呈现出可察觉的红色。根据红色的深浅程度还可以通过比色法测定溶液中Fe^{3+}的含量。

此外，丁二酮肟可与Ni^{2+}反应产生鲜红色沉淀，［$Cu(NH_3)_4$］$^{2+}$为深蓝色，［$Co(NCS)_4$］$^{2-}$在丙酮中显鲜蓝色，这些特征颜色的产生都可以作为鉴定相关离子存在的依据。

在定量分析中，配位滴定法是重要的分析方法之一，所依据的原理就是配合物的形成和相互转化，常用的分析试剂为EDTA。

1.5.2 冶金工业中的应用

1.5.2.1 湿法冶金提取贵金属

所谓湿法冶金就是用水溶液直接从矿石中将金属以化合物的形式浸取出来，然后再进一步还原成金属的方法。对于稀有金属的提取，湿法冶金最为有效。例如通过形成配合物可从矿石中提取金。将黄金含量很低的矿石粉碎后用NaCN溶液浸渍，并通入空气，可以将矿石中的金以［$Au(CN)_2$］$^-$形式浸出。反应式表示如下：

$$4Au+8CN^-+2H_2O+O_2 \longrightarrow 4[Au(CN)_2]^-+4OH^-$$

再将含有［$Au(CN)_2$］$^-$的浸出液用活泼金属（如Zn）还原，即可得单质金：

$$Zn+2[Au(CN)_2]^- \longrightarrow 2Au+[Zn(CN)_4]^{2-}$$

再如，电解铜的阳极泥可能还含有Au、Pt等贵金属，可用王水使其生成配合物而溶解，然后再从溶液中分离、回收这些贵金属。

$$Au+HNO_3+4HCl \longrightarrow H[AuCl_4]+NO+2H_2O$$
$$3Pt+4HNO_3+18HCl \longrightarrow 3H_2[PtCl_6]+4NO+8H_2O$$

1.5.2.2 制备高纯金属

几乎所有的过渡金属都能生成羰基化合物，有些金属甚至可以直接与CO反应生成羰基化合物。而这些羰基化合物的熔点和沸点一般比相应金属化合物的低，易挥发，受热易分解为金属和CO，因此可用于分离或提纯金属。通常是先制成金属羰基化合物，与杂质分离开，最后加热分解羰基化合物，即可得到高纯度的金属。

例如，利用此法可制备用于制造磁铁芯和催化剂的高纯铁粉：

$$Fe+5CO \xrightarrow[20MPa]{200℃} Fe(CO)_5 \xrightarrow{200\sim250℃} Fe+5CO$$

1.5.2.3 从含银废液中提取银

源于电镀、制镜、胶片处理等场所的废液中含银量一般为 $10\sim12g \cdot L^{-1}$，常以 $[Ag(NH_3)_2]^+$、$[Ag(S_2O_3)_2]^{3-}$、Ag^+ 等形式存在。废液中提取金属银既能减少水的污染，又能节约资源，为此利用配合物的形成与解离原理，设计出含银废液提取银的方案（图1-20）。首先，将含有银的废液中引入氯离子，使其以氯化银沉淀形式从液相中分离出来。接下来，用氨水浸渍，以 $[Ag(NH_3)_2]^+$ 形式浸出。反应式可表示为：

$$Ag^+ + Cl^- \longrightarrow AgCl$$
$$AgCl+2NH_3 \longrightarrow [Ag(NH_3)_2]^+ + Cl^-$$

再将含有 $[Ag(NH_3)_2]^+$ 的浸出液用锌还原，即可得金属银。

$$Zn+2[Ag(NH_3)_2]^+ \longrightarrow 2Ag+[Zn(NH_3)_4]^{2+}$$

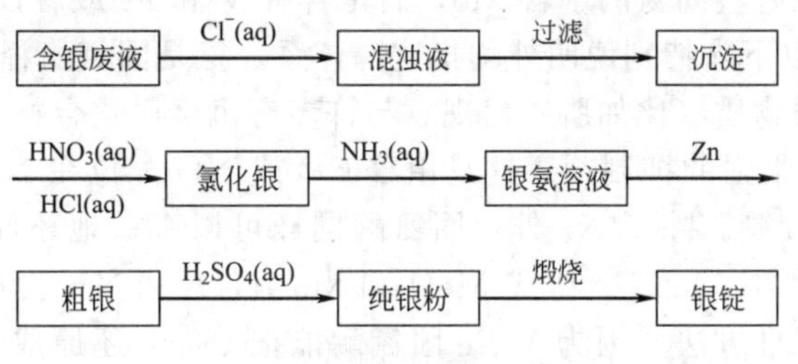

图1-20 含银废液提取银的工艺流程图

1.5.3 元素分离中的应用

有些元素的性质十分相似，用一般的方法难以分离。但可利用它们形成配合物稳定性的差别和溶解度的不同来进行分离。

例如，Zr和Hf的离子半径几乎相等，性质相似，用一般的方法很难分离。但用KF作为配位剂，可使Zr(Ⅳ)和Hf(Ⅳ)分别生成配合物 $K_2[ZrF_6]$ 和 $K_2[HfF_6]$，基于 $K_2[HfF_6]$ 的溶解度比 $K_2[ZrF_6]$ 大两倍，便可将它们分离开来。

1.5.4 生物和医药方面的应用

金属配合物在生物化学中起着广泛而重要的作用。生物体中的许多酶其本身就是金属中心体的配合物，生物体内的各种代谢、能量的转换、传递，很多是通过金属离子与有机体生成复杂配合物而起作用的。例如，与生物体的呼吸作用有密切关系的血红蛋白就是Fe^{2+}和球蛋白以及H_2O所形成的配合物，其中配位的H_2O分子可与O_2进行交换：

$$血红蛋白 \cdot H_2O(aq) + O_2(g) \rightleftharpoons 血红蛋白 \cdot O_2(aq) + H_2O(l)$$

血红蛋白在肺部与O_2结合，然后随着血液循环将O_2释放给其他需要O_2的细胞组织。当有CO气体存在时，CO会与血红蛋白中的Fe^{2+}生成更稳定的配合物，血红蛋白中的O_2被CO置换而失去输氧功能，这就是煤气（含CO）中毒的原理。又如，植物中的叶绿素是以Mg^{2+}为中心体的配合物，它能进行光合作用，将CO_2、H_2O合成为糖类，把太阳能转变为化学能。

在医药领域中，配合物作为药物，是治疗某些疾病的一种重要方法。例如，EDTA（H_4Y）和钙形成的配合物是铅中毒的高效解毒剂。这是因为$[CaY]^{2-}$解离出来的Y^{4-}可与有毒的Pb^{2+}形成更稳定的配合物，并随尿液从人体排出。

1.5.5 固定和活化氮气分子

从事农业生产的人们从古代就开始注意到了某种植物的存在可以促进庄稼生长的现象。在早期人们对这种现象的一个生动解释是植物中存在一位肥沃女神。实际上是植物的根被各种特定的土壤细菌所感染，为它们提供了新家和必需的能量，它们通过金属酶-固氮酶“固定”大气中的N_2形成NH_3。产生的氨不仅提供给宿主植物肥料同时也会跑到周围环境刺激庄稼的生长。在化肥出现之前几乎所有的人类营养中的氮都来自生物固氮。而现在大多数是通过哈伯过程来固定和分解N_2。

$$N_2 + 3H_2 \xrightarrow{铁催化剂} 2NH_3$$

早在1930年，人们就认识到，钼是生物固氮中必不可少的元素，同时也要求有铁和镁的存在。最近研究发现有些固氮酶不含Mo，而是含有V和Fe或者仅含有Fe。研究得最多的是Mo-Fe固氮酶，以下除特别说明外均指这一体系。氨是固氮酶释放的第一个还原产物，没有迹象表明有其他的物质（比如肼）出现。与许多有机金属化合物一样，固氮酶对空气很敏感，CO和NO便是很强的抑制剂。这是由于CO或NO配位在N_2结合的位置，这个位置是一个低价的Fe-Mo簇。除了N_2外，固氮酶同样可以有效地还原一些其他底物，比如C_2H_2（只还原成C_2H_4）、MeNC（生成MeH和$MeNH_2$）和N^{3-}。通常，乙炔的还原反应被作为分析固氮酶的标准方法。因为V-Fe固氮酶能把C_2H_2还原成C_2H_6，不过经典的分析方法不能检测到该反应。

Mo固氮酶由两部分组成：①含有Fe和S（每个蛋白上分别含有4个这种原子）的铁蛋白；②含有Mo和Fe（1个Mo原子，32个Fe原子）两种金属的Mo-Fe蛋白质。它们都含有S^{2-}（大约每个铁有一个）作为金属的桥连配体。蛋白质中含有特定的Fe-S簇，叫做P簇合物。与其他没有Fe-S簇的蛋白质类似，P簇合物有显示顺磁共振信号。可以从固氮酶中分离出一个可溶性的不含蛋白质的Mo-Fe簇合物。这个Mo-Fe辅因子或Fe-Mo-co大约有1个Mo、7～8个Fe、4～6个S^{2-}和一个高柠檬酸离子。多年来关于P簇合物Fe-Mo-co的结构一直没有统一的看法。纯的Fe-Mo-co可以结晶，可以恢复因缺少Fe-Mo-co而失活的突变性固氮酶样品的N_2还原活性。

1992年人们获得了固氮酶的晶体结构，对于揭开笼罩在固氮酶上的一些神秘面纱起到了很重要的作用，Fe-Mo-co的分子结构示意图展示在图1-21。让人感到意外的是Mo是六配位的，它不太可能是N_2的结合点位。可是多年来的模拟研究均集中在该元素上。Mo可能并不介入N_2的结合现象也说明，生物无机模拟化学有时也存在着方法学上的风险，即生

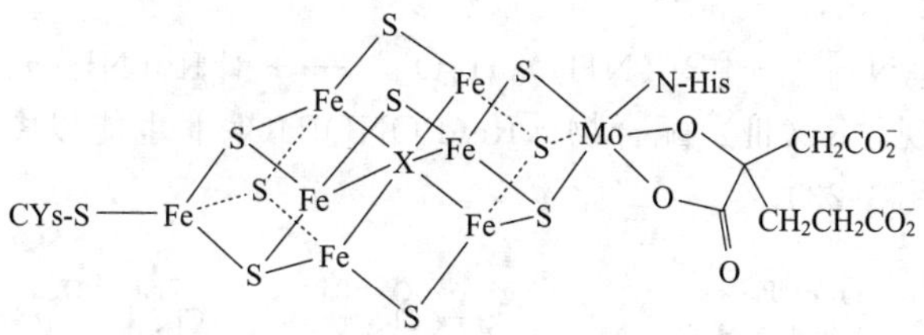

图 1-21 固氮钼-铁酶的分子结构示意图（X 可能是 N^{3-}）

物系统的数据可能需要重新阐释，一些模拟研究的重要性或关联性也需要重新评价。例如，在早期的结构优化中，X 被当成是空位点，辅助因子中的 6 个 Fe 原子有很低的配位数（3），不过，最新的研究发现，可以放一个轻原子（可能是 N）在分子簇的中心上。

$$N_2 + 8H^+ + 8e^- \longrightarrow 2NH_3 + H_2 \tag{1-5}$$

当提供反应式(1-5) 所需求的电子源（如 $Na_2S_2O_4$）时，分离出的固氮酶能还原 N_2 和其他底物。此外，虽然在生理条件下式(1-5) 的总体过程是放出能量的，但同样也消耗了 5′-三磷酸腺苷（ATP）。因此 ATP 一定提供了额外的能量来加速反应。Mo-Fe 蛋白质结合 N_2 时，铁蛋白从外部还原剂获得电子并把电子传递给 Mo-Fe 蛋白质。当没有 N_2 时，固氮酶就起到氢化酶的作用把质子还原成 H_2，甚至有 N_2 存在时也有 H_2 的生成。

N_2 的化学性质非常不活泼，很少有体系能够利用固氮酶在温和的条件下催化还原它。N_2 能够与 Li 和 Mg 起反应生成氮化物，但是在温和条件下 N_2 的非生物反应只有 N_2 配合物的形成反应。已知的 N_2 配合物中，大多含有 Fe 或 Mo 元素。在大多数情况下，N_2 是通过其中一个 N 原子以端基方式与金属结合 [图 1-22(a)]。N_2 和 CO 是等电子体，因此两个配体间的比较是很有用的。CO 中的 C 原子存在 σ 孤对电子，可以与金属形成 σ 键，而空的 π^* 轨道可形成反馈 π 键。N_2 也有 σ 孤对电子，但是它的轨道能量比相应的 CO 的 π^* 轨道能量低。可能是 N 的电负性比 C 大，因此 N 是弱的 σ 给体。N_2 也有空的 π^* 轨道，尽管它的能量较低，比 CO 的 π^* 轨道更容易接近，但是它平均分布在两个 N 原子之间，因此 M—N 的 π^* 重叠反而比 M—CO 更少，因为后者的 π^* 主要定域在碳原子上，导致 N_2 与金属结合的能力没有 CO 强。在两个 M—N 键的相互作用中，反馈 π 键对于分子的稳定更重要，只有能形成强的 π 键的金属才能结合 N_2。因为 N_2 的两端一样，N_2 分子相对来讲更容易作为两个金属之间的桥联配体 [图 1-22(b)]。如果反馈作用大，N_2 可以还原成肼配合物。它主要以两种共振体 [图 1-22(c) 和 (d)] 存在，而侧方成键模式很少。

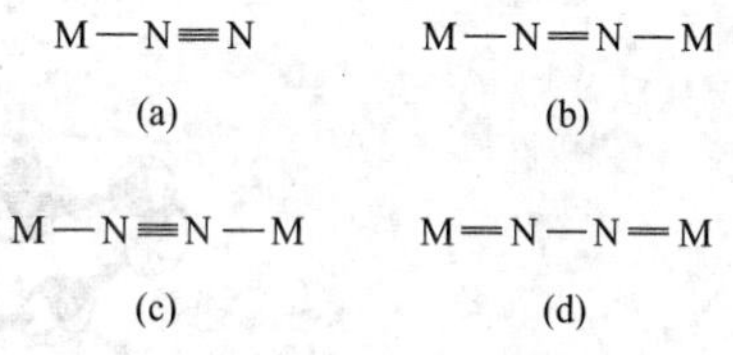

M—N≡N (a)　　M—N═N—M (b)

M—N≡N—M (c)　　M═N—N═M (d)

图 1-22 N_2 配合物的可能成键方式

$[Ru(NH_3)_5N_2]^{2+}$ 是最早发现的氮分子金属配合物，这种 N_2 配合物中 N—N 间的距离（1.05～1.16Å）与自由 N_2 中 N—N 间的距离（1.1Å）仅稍微不同。该单核配合物很重要的一个性质是在 1920～2150cm^{-1} 处有强的 N—N 键的伸缩振动红外吸收。自由 N_2 在红外光谱中是没有信号的，当与金属结合后会对分子产生强极化作用，这就导致了 N—N 伸缩振动的红外活性和 N_2 分子的不同。

N_2 作为两个金属之间的桥联基的一个例子见式(1-6)。钌的情况看起来像图 1-22(c) 显示的方式，其 μ-N_2 的 N—N 键长与 $[Ru(NH_3)_5N_2]^{2+}$ 中末端 N_2 差别很小。一些氮分子配合物的 N_2 呈现显著的碱性，再次说明金属对 N_2 的强极化作用。这样就可以在 N_2 上与路易斯酸结合生成加合物。有些配合物的 N—N 伸缩振动频率很低，其结构似乎与图 1-22(c) 显示的方式相近。

$$[Ru(NH_3)_5N_2]^{2+}+[Ru(NH_3)_5H_2O]^{2+}\longrightarrow\{[Ru(NH_3)_5]_2(\mu\text{-}N_2)\} \quad (1\text{-}6)$$

近期，又有新发现，Re(Ⅲ) 配合物 [Re(PONOP)Cl_3] 也能以图 1-22(c) 显示的方式进行氮分子的固定（图 1-23）。

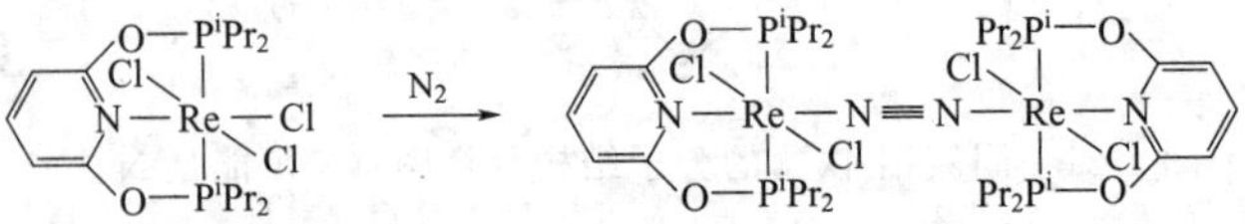

图 1-23 [Re(PONOP)Cl_3] 的固氮过程

[PONOP 为 2,6-双（二异丙基亚磷酸基）吡啶，资料来源于文献（*J. Am. Chem. Soc.*，2019，141，20198-20208.）]

1.5.6 单分子磁体

单分子磁体（single-molecule magnets，SMMs）是一种特殊的金属配合物，由独立的单个分子构成，可以在某一温度下和没有外部磁场的状态下长时间保持磁化强度。在特定的低温下，它可以像微小磁铁一样，在分子取向顺磁场方向和分子取向逆磁场方向两个状态之间进行转换，可以用来存储信息。与常规磁体相比，单分子磁体显然小得多，这就意味着通过这种磁体制成的存储设备具有更强的数据存储能力。不是每一种金属配合物都能成为单分子磁体，需要中心体和配体之间有强相互作用，接下来以一种钴(Ⅱ) 配合物 [Co(bptb)Br_2]（bptb=S,S'-双(2-甲基吡啶)-1,2-硫代苯，图 1-24）为例介绍单分子磁体磁行为的特征。

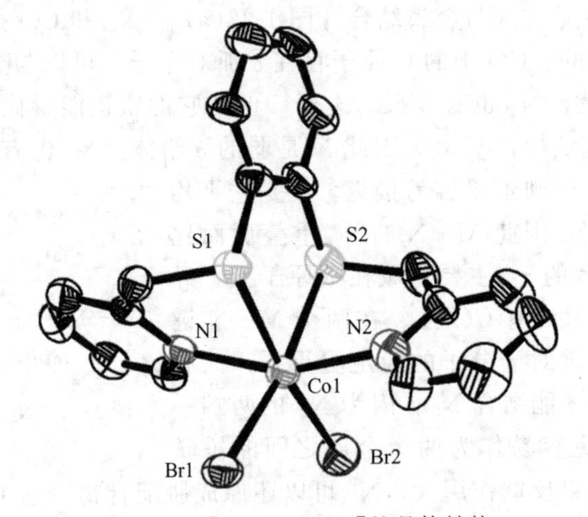

图 1-24 [Co(bptb)Br_2]的晶体结构

图 1-25 展示了钴(Ⅱ) 配合物 [Co(bptb)Br_2] 的变温磁行为。当温度为 300K 时，实测的 $\chi_M T$ 值为 2.91$cm^3 \cdot mol^{-1} \cdot K$（$\mu_{eff}$=4.83B.M.），比高自旋的自由状态下 Co^{2+} 的理论 $\chi_M T$ 值 1.875$cm^3 \cdot mol^{-1} \cdot K$（$\mu_{eff}$=3.87B.M.）还要高许多。这种现象可归因于高自旋 Co^{2+} 的各向异性。温度从 300K 降至 130K 的过程中，$\chi_M T$ 值小幅度减少；然而，当温度进一步降低，$\chi_M T$ 值的降幅增大。

为了进一步理解钴(Ⅱ) 离子磁行为的各向异性，又分别在 2.0K、3.0K 和 5.0K 温度下和不同磁场强度情况下对 [Co(bptb)Br_2] 的磁行为进行测试，结果见图 1-25 中的插图。例如，在磁场强度为 7T 条件下，[Co(bptb)Br_2] 的磁化强度（M）小于理论值 3NμB。这一结果归因于 [Co(bptb)Br_2] 磁行为的各向异性，也与其变温磁行为的测试结果一致。

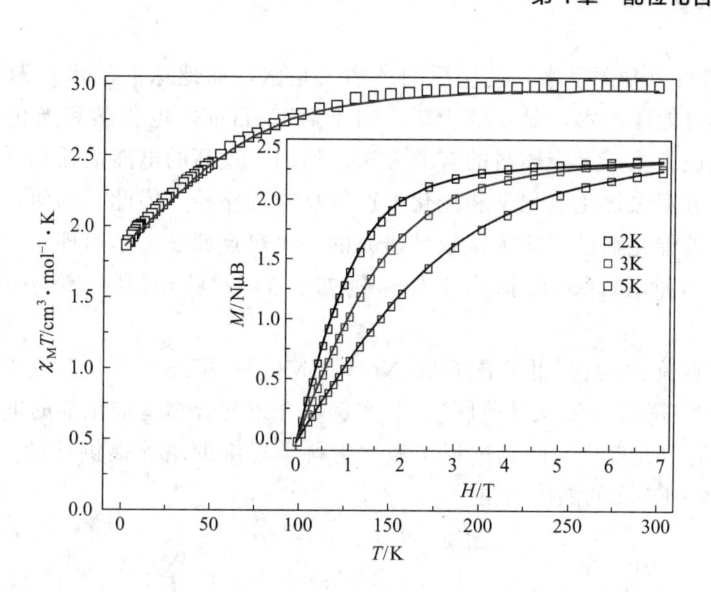

图 1-25 钴(Ⅱ)配合物[Co(bptb)Br_2]的摩尔磁化率×T($\chi_M T/cm^3 \cdot mol^{-1} \cdot K$)随温度($T$)变化的响应

[插图为分别在 2K、3K 和 5K 下，磁化强度(M)对磁场强度(H)的关系图。虚线图为实验所得，实线为用哈密顿算符(1-7)解析公式的作图。资料来源于文献(*Inorg. Chim. Acta.*，2020，503，119400.)]

为了从理论层面上描述[Co(bptb)Br_2]的上述磁行为，用哈密顿算符(1-7)的解析公式对实验结果进行理论拟合，结果见图 1-25 中的实线部分。

$$H=D\left(S_z^2-\frac{S(S+1)}{3}\right)+E(S_x^2-S_y^2)+\mu_B gSH \tag{1-7}$$

式中，D、E、S、H 和 μ_B 分别代表轴向零场分裂(zero field splitting，ZFS)参数、横向零场分裂参数、自旋量子数、磁场矢量和玻尔磁子。

拟合结果：$D=69.88cm^{-1}$，$E=8.19$，$g_x=g_y=2.62$，$g_z=2.39$。这些结果表明，[Co(bptb)Br_2]是一种单分子磁体。

理论角度上，单分子磁体的出现使得以纳米尺度磁性配合物作为基本单元研制存储器件成为可能。然而，就目前来说，只有利用液氦冷却至极端低温条件下才能使单分子磁体表现出磁记忆效应，展现其使用价值。这一现象阻碍了单分子磁体的发展和应用，也是目前亟待解决的问题。

1.5.7 配合物的催化性能与应用

催化行为是配合物拥有的独特优势，已广泛应用于多领域的实践中，通过优化反应途径使反应向设计的方向快速进行。基于催化反应常常发生在金属中心上，所以选取的金属应该具有多种氧化态，例如，具有多变氧化态的铁和钼等都是很好的选择，而金属锌一般不作为催化剂的选择对象。与此同时，要设计的配合物要么是配位不饱和的，要么在催化过程中产生了配位不饱和物质，这样才可以给催化反应腾出空位，当然具有平面构型的配合物最理想。接下来，介绍几种典型的催化应用。

1.5.7.1 在催化氢能源发展方面的应用

氢气可作为燃料用于生产与生活，但面临的最大问题是如何可持续地得到和存储氢气。

氢气中的H元素可以来源于水，使用后的产物又是水，而地球上的水资源非常丰富。所以理论上讲，作为氢能源的水，是“取于斯，归于斯”。目前，电化学和光化学方法驱动水分解产生氢气已经成为生产无碳燃料的有效方法。然而，过高的电能消耗和低效率的光能利用促使人们设计新方案去优化电化学和光化学产氢反应的路径。因此，如何设计廉价、高效的催化水分解制氢的催化剂已经成为该领域研究的一个热点课题，华南理工大学展树中课题组在这方面已做了全面和深入的探索工作（例如，*Appl. Cata. B*：*Environ.*，2017，219，353-361.）。

现通过一种四配位的镍(Ⅱ)配合物Ni-ATSM［H_2ATSM＝双乙酰-2-(4-*N*-甲基-3-缩氨基硫脲)-3-(4-*N*-氨基-3-缩氨基硫脲)］为实例，介绍配合物基催化剂的电化学催化（电催化）和光化学催化（光催化）产氢过程，为学生科学思维的培养提供帮助。图1-26为镍(Ⅱ)配合物Ni-ATSM·DMF的晶体结构。

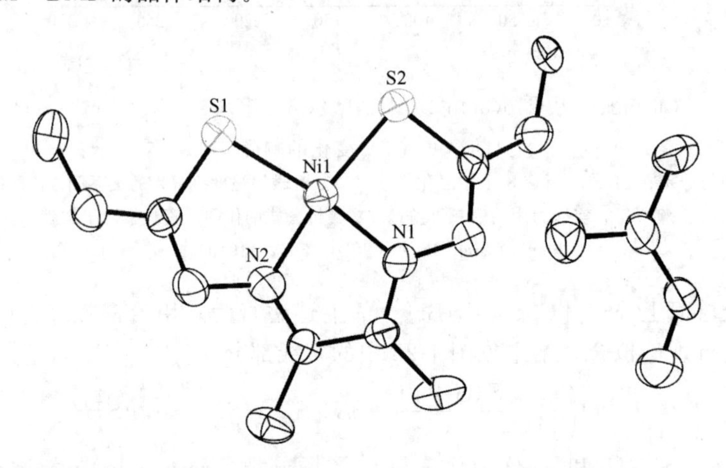

图1-26　镍(Ⅱ)配合物Ni-ATSM·DMF的晶体结构

1. 电催化氢质子还原产氢过程

基于多方面的测试与分析（由于篇幅限制，本书中没有把具体的实验仪器、实验方法、实验操作、测试过程、测试结果和分析等写入），Ni-ATSM的电催化产氢机理展现在图1-27。在负电条件下，获得一个电子后，Ni-ATSM被还原成为一价镍物质［Ni-ATSM］$^-$。氢质子（来源于酸或水）的引入产生一种镍(Ⅲ)-氢物质［H^--Ni-ATSM］。进一步获得电子后，［H^--Ni-ATSM］被还原为镍(Ⅱ)-氢物质［H^--Ni-ATSM］$^-$（不稳定）。氢质子的再次引入便形成了氢气，而镍(Ⅱ)配合物得以复原，完成一个催化产氢周期。

2. 光催化氢质子还原产氢过程

与电化学催化产氢比较，光化学催化产氢更具有实际意义，因为电解还是要付出能耗，而太阳光是一种天然的能量资源。利用相关电化学、光化学和光物理等技术，对由Ni-ATSM（催化剂）、CdS（光敏剂）和抗坏血酸（H_2A，牺牲剂）组成的光催化系统的产氢过程进行了追踪、测试与分析，给出光催化产氢机理。如图1-28所示，在光照的条件下，光敏剂CdS释放出电子（e^-），同时留下空穴（h^+）。得到CdS释放出的电子后，Ni-ATSM被还原为Ni(Ⅰ)物质［Ni-ATSM］$^-$，而留下的空穴由抗坏血酸（H_2A）进行补充。接下来，氢质子（H_3O^+）的引入产生了一种镍(Ⅲ)-氢中间体［H^--Ni-ATSM］。氢质子的进一步引入导致氢气的生成和Ni-ATSM的复原，完成一个催化周期。

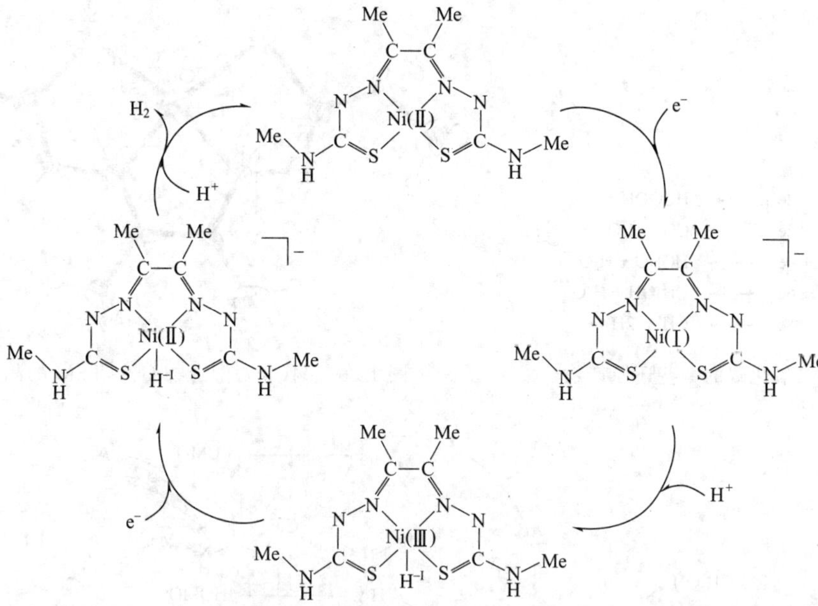

图 1-27　镍(Ⅱ)配合物 Ni-ATSM 电催化氢质子还原产氢的反应机理
［资料来源于文献（*Inorg. Chem. Commun.*，2019，102，5-9）］

$$CdS \xrightarrow{h\nu} h^+ + e^-$$
$$[Ni(ATSM)] + e^- \longrightarrow [Ni(ATSM)]^-$$
$$[Ni(ATSM)]^- + H_3O^+ \longrightarrow [H^-\text{-}Ni(ATSM)]$$

$$h^+ \xrightarrow{H_2A} \text{氧化}$$
$$[H^-\text{-}Ni(ATSM)] + e^- \longrightarrow [H^-\text{-}Ni(ATSM)]^-$$
$$2[H^-\text{-}Ni(ATSM)]^- + 2H_2O \longrightarrow 2H_2 + 2[Ni(ATSM)] + 2OH^-$$

图 1-28　由 Ni-ATSM、CdS 和 H_2A 组成的光催化系统的产氢机理

1.5.7.2　在催化二氧化碳活化与还原方面的应用

为降低二氧化碳大量排放导致的“温室效应”，把二氧化碳还原转化为有用的化学品是最理想的解决方案，也是当今非常热的研究课题。由于二氧化碳具有高稳定性，因此其活化及还原需要引入催化剂才能完成。二氧化碳的还原往往会形成含有甲酸、一氧化碳、甲醛、甲醇等组分的混合物（图 1-29），使得这种二氧化碳转化的实际意义大大降低。为了获得单一产品，引入高效和专一的催化剂是必须的。研究已证明，一种铜(Ⅱ)配合物 Cu-ATSM（图 1-30）就能胜任这项工作，它与 Au-CdS 和 H_2A 组成的光催化系统能很好地将二氧化碳还原，并高效地转化为甲醇（一种便于储存和运输的化学品）。

基于相关的测试与分析结果，提出了由 Cu-ATSM（催化剂）、Au-CdS（光敏剂）和抗坏血酸（H_2A）组成的光催化系统还原二氧化碳的机理。如图 1-31 所示，在光照条件下，光敏剂 Au-CdS 释放出电子进入其导带（conduction band，CB），同时留下空穴于价带（valance band，VB）上。但是，Au-CdS 释放出电子还不足以活化惰性的二氧化碳，部分原因是激发到导带上的电子又回流到价带填充空穴。肩负光敏剂和催化剂双重身份的 Cu-ATSM 的引入正好能提供用于二氧化碳还原所需的电子。图 1-31 显示，Cu-ATSM 的从

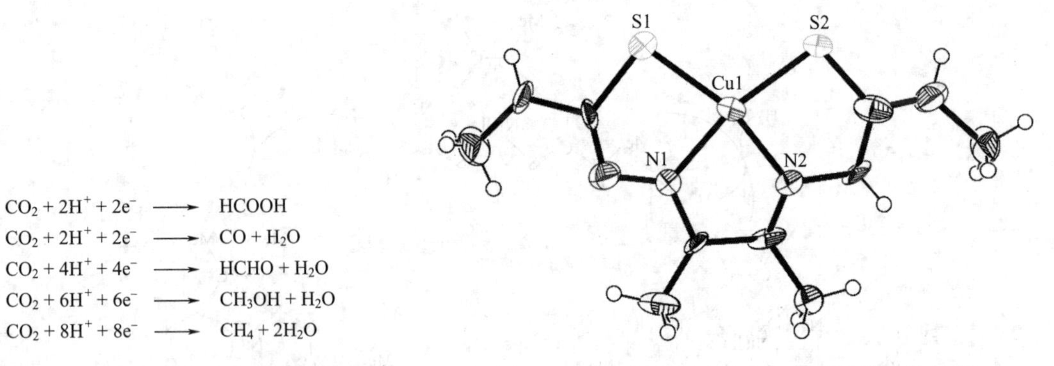

图 1-29　二氧化碳的一些还原产物

图 1-30　铜(Ⅱ)配合物 Cu-ATSM 的晶体结构

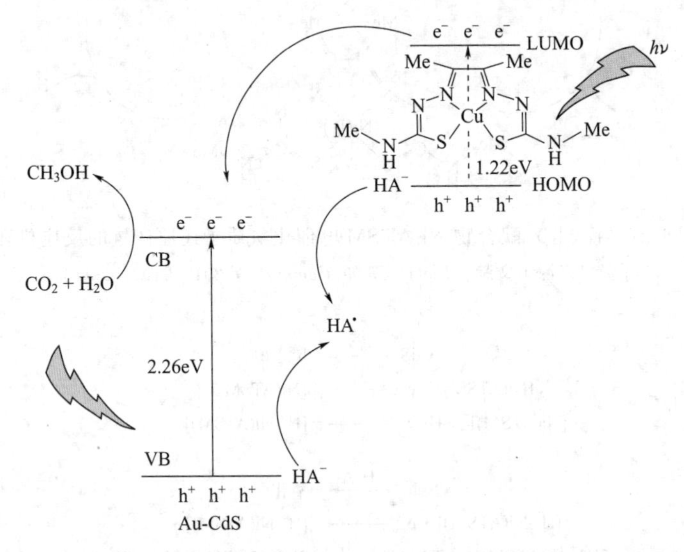

图 1-31　由 Cu-ATSM、Au-CdS 和抗坏血酸（H_2A）组成的光催化系统催化二氧化碳还原为甲醇的过程示意图

[资料来源于文献（*New J. Chem.*，2020，44，2721-2726.）]

最高占有轨道（HOMO）到最低未占轨道（LUMO）的能垒只有 1.22eV，表明可见光照射很容易使电子从 HOMO 跃迁至 LUMO，随后快速转移到光敏剂 Au-CdS 的导带上，而 HOMO 上留下的空穴由抗坏血酸来填充，并使 Cu-ATSM 复原。水介质条件下，Au-CdS 导带上充裕的电子便能使二氧化碳获得 6 个电子后被还原为甲醇（图 1-32）。基于不同催化剂的能垒不同，给光敏剂导带上输送电子的能力就不同，二氧化碳的还原产物也就不同。因此，想要获得目标的产物，可以通过具有催化性能和适当能垒配合物的设计来实现，也叫精准施策，这也是研究配合物的巧妙方法。

$$6H_2O \longrightarrow \begin{cases} 6OH^- \\ 6H^+ + CO_2 + 6e^- \longrightarrow CH_3OH + H_2O \end{cases}$$

图 1-32　二氧化碳还原生成甲醇的过程示意图

配位化学是一门物质丰富、发展迅速、集多学科智慧的学科，既拥有自身独特的理论体系，又能延伸、融合于多领域中。通过该章内容的学习，既能提升学生的知识水准，为其他学科的学习夯实基础；又能培养学生的科学思维。

练习题

1. 举例说明配合物是如何形成的，阐述湿法提取金的过程。

2. 简述配合物有哪些类型的异构现象。

3. 概述价键模型的要点。

4. 杂化轨道类型与配合物空间构型的关系如何？

5. 概述晶体场模型的要点。与价键模型比较，各有何特点？

6. 晶体场分裂能的大小与哪些因素有关？

7. 为什么过渡金属形成的配合物往往带有颜色？

8. $ZnCl_2$ 的水溶液为何是无色的？

9. 当 $CuCl_2$ 的浓溶液被稀释时，溶液的颜色变化为黄→黄绿→蓝，试解释这种现象。

10. 解释下列各组概念。

弱场配体和强场配体　高自旋和低自旋　t_{2g}轨道和 e_g 轨道　晶体场分裂能和晶体场稳定化能

11. 下列配合物中，可能产生 Jahn-Teller 效应的是（　　）。

(A) $[Cr(H_2O)_6]^{2+}$；(B) $[CuCl_6]^{4-}$；(C) $[Ni(H_2O)_6]^{2+}$；(D) $[MnCl_6]^{4-}$；
(E) $[ZnCl_4]^{2-}$

12. 下列配合物中，具有顺磁性的是（　　）。

(A) $[Cr(NH_3)_6]^{3+}$；(B) $[Co(NH_3)_6]^{3+}$；(C) $[Ni(CO)_4]$；
(D) $[Fe(CN)_6]^{4-}$；(E) $[Zn(NH_3)_4]^{2+}$

13. 下列配合物中，属于高自旋构型的是（　　）。

(A) $[CoCl_4]^{2-}$；(B) $[Co(NH_3)_6]^{3+}$；(C) $[PdCl_4]^{2-}$；
(D) $[Fe(CN)_6]^{4-}$；(E) $[Co(NO_2)_6]^{4-}$

14. 根据实验测得的有效磁矩（μ_{eff}），用价键模型判断下列配合物中中心体的未成对电子数、杂化轨道类型、配合物的空间构型和配合物的类型（高自旋或低自旋）。

(1) $[CoF_6]^{3-}$　　5.2 B. M.
(2) $[Co(NH_3)_6]^{3+}$　　0 B. M.
(3) $[Fe(H_2O)_6]^{3+}$　　5.4 B. M.
(4) $[Mn(CN)_6]^{4-}$　　1.8 B. M.

15. 实验测得配合物 $K_2[MnBr_4]$ 和 $K_3[Mn(CN)_6]$ 的有效磁矩（μ_{eff}）分别为 5.9 和 2.8B. M.，试根据价键模型推断这两种配合物中的未成对电子数、杂化轨道类型、价电子分布以及它们的空间构型（高自旋或低自旋）。

16. 假定配合物 $[PtCl_4(NH_3)_2]$ 的中心体以 d^2sp^3 杂化轨道和配体形成配位键，指出其空间构型，并画出其可能存在的几何异构体。

17. 已知配合物 $K_3[FeF_6]$ 的分裂能小于电子成对能，问中心体的 d 电子在 t_{2g}、e_g 轨道上的排布方式如何？估计其有效磁矩为多少？该铁配合物是高自旋还是低自旋的？

18. 已知配合物 $K_4[Fe(CN)_6]$ 的分裂能大于电子成对能，问中心体的 d 电子在 t_{2g}、e_g 轨道上的排布方式如何？估计其有效磁矩为多少？该铁配合物是高自旋还是低自旋的？

19. 根据实验测得的有效磁矩，用晶体场模型判断下列配合物中 d 电子在分裂后的 d 轨道上的排布，属高自旋还是低自旋，并计算配合物的晶体场稳定化能。

(1) $K_3[CoF_6]$　　5.2 B. M.

(2) $[Co(NH_3)_6]Cl_3$　　　　0 B. M.

(3) $[Fe(H_2O)_6](ClO_4)_3$　　　　5.4 B. M.

(4) $K_4[Mn(CN)_6]$　　　　1.8 B. M.

20. 电子构型为 d^1 到 d^{10} 的过渡金属离子，在八面体配合物中，哪些有高、低自旋之分？哪些没有？为什么？

21. 用晶体场模型定性说明 Fe^{2+} 和 Fe^{3+} 的水合离子的颜色不同的原因。

22. 试解释下列各实验现象。

(1) $[Co(H_2O)_6]^{3+}$ 能氧化水，生成 O_2。

(2) $[Co(NH_3)_6]^{3+}$ 在水溶液中是稳定的。

(3) $[Co(CN)_6]^{4-}$ 能还原水，生成 H_2。

23. 想制备具有高自旋性能的配合物，哪些因素需要考虑？举例并设计方案解决之。

24. 实验测得，$K_3[CoF_6]$ 是顺磁性的，而 $K_3[Co(CN)_6]$ 是抗磁性的，请解释。

25. 解释：$K_3Fe(CN)_6$ 为弱顺磁性，$[Fe(H_2O)_6](ClO_4)_3$ 是强顺磁性。类似地，$K_2[Ni(CN)_4]$ 是抗磁性的，而 $K_2[Ni(Cl)_4]$ 为顺磁性，并有两个未成对电子。

26. Ni 和 Pt 为同族元素，但 $[NiCl_4]^{2-}$ 和 $[PtCl_4]^{2-}$ 的几何构型、颜色和磁性均不同，用相关知识来解释这些现象。

27. 阅读相关文献，综述金属配合物在催化产氢方面的应用。

28. 电化学研究表明，镍(Ⅱ)配合物 $K_2[Ni(i\text{-mnt})_2]$（图 1-33）具有电化学催化氢质子还原产氢的性能，尝试绘制其电催化机理。

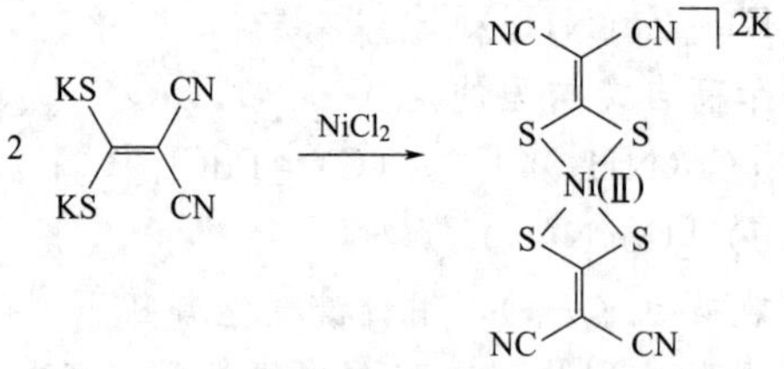

2 KS(KS)C=C(CN)CN —NiCl₂→ [(NC)₂C=C(S)₂Ni(Ⅱ)(S)₂C=C(CN)₂] 2K

图 1-33　镍(Ⅱ)配合物 $K_2[Ni(i\text{-mnt})_2]$ 的合成过程示意图

29. 阅读相关文献，综述金属配合物在催化二氧化碳活化与还原方面的应用。

30. 阅读相关文献，综述金属配合物在催化固氮和催化氮气分子活化方面的应用。

第2章

有机金属化合物及应用

传统的有机金属化合物是一类至少含有一个金属-碳键的化合物。不过氰基-金属化合物不在其列，例如 $K_3[Fe(CN)_6]$。从无机化学角度考虑，有机金属化合物是一类特殊的配位化合物。随着 1827 年蔡斯（W. C. Zeise）发现了第一个有机金属化合物 $K[(C_2H_4)PtCl_3]$，见式(2-1)，以及无机化学和有机化学相互渗透和融合，有机金属化学自然而然地发展起来了。它是研究有机金属化合物的化学分支，是当今无机化学最为活跃的研究领域之一。

$$PtCl_2+C_2H_5OH \xrightarrow{HCl} KPtCl_3 \cdot C_2H_4 \quad (2\text{-}1)$$

主族金属形成的有机金属化合物，例如有机锂、有机镁、有机锌和有机铝化合物，能提供稳定的和活泼的碳负离子，这些碳负离子可用作亲核试剂或强碱，对有机化学的发展产生过革命性的影响。到 20 世纪，这些有机金属化合物已被广泛应用到不同类型的有机化学反应中。

然而，过渡金属形成的有机金属化合物给化学反应却带来了不同的影响。主族金属有机化合物通常是化学反应的原料，而过渡金属有机化合物则通常用作催化剂。这些作为催化剂的过渡金属有机化合物有许多优点，它们不但能提高已知反应的选择性，而且也为复杂分子的合成提供了新的合成路线。主族金属有机化合物参与的反应常常会产生相应的废弃物，而过渡金属有机化合物（催化剂）参与的反应则能避免这些废弃物的产生，对绿色化学的发展有重要贡献。

有机金属化合物的应用可追溯到 19 世纪 80 年代。路德维希·蒙德（Ludwig Mond）发现，可以通过镍和一氧化碳反应形成 $[Ni(CO)_4]$，然后再通过热分解来提纯镍，见式(2-2)。20 世纪 30 年代，人们又利用 $[Co_2(CO)_8]$ 催化氢甲酰化反应。到后来，基于过渡金属催化剂应用的工业也发展起来了，其中著名的有：烯烃聚合得到聚乙烯和聚丙烯、尼龙制造过程中丁二烯的氢氰化反应、醋酸生产中甲醇和一氧化碳的反应以及与硅树脂材料相关的氢硅化反应等。这些反应的重要特征之一便是原子的经济性。例如，直接将甲醇和一氧化碳转化成醋酸的反应，反应物中的所有原子都转化为产物，理论原子经济性达到 100%。

$$Ni+4CO \rightleftharpoons [Ni(CO)_4] \quad (2\text{-}2)$$

2.1 有机金属化合物的理论基础和成键规律

Sidgwick 提出：稳定的有机金属化合物应该符合“金属原子的电子总数加上所有配体

提供的电子数等于同周期的稀有气体的原子序数”。这便是有效原子序数（effective atomic number，EAN）规则。具体操作过程中，又分为 8 电子和 18 电子规则。

（1）8 电子规则　对于主族元素来讲，每个主族金属原子的价电子数加上所有配体提供的电子数等于 8。

（2）18 电子规则　对于过渡金属来讲，每个过渡金属原子的价电子数加上所有配体提供的电子数等于 18。

2.1.1 常见配体的电子数和齿合度

EAN 规则的使用过程中，配体提供的电子数也有相应的规定。自由基可提供 1 个电子，例如，$\cdot CH_3$、$\cdot CH_2R$、$\cdot Cl$ 和 $\cdot Br$ 等。CO、R_3P 和 R_3As 提供 2 个电子。NO 提供的电子数为 3。常见配体提供的电子数和齿合度列于表 2-1。

表 2-1　常见配体提供的电子数和齿合度

配体(L)	配体(L)提供的电子数	齿合度(η)	M-L 的结构形式
烷基(H、X)	1	η^1	M-CR_3
烯烃($CH_2=CH_2$)	2	η^2	M
炔烃($CH\equiv CH$)	2	η^2	M
亚烷基	2	η^1	$M=CR_2$
次烷基	3	η^1	$M\equiv CR$
π-烯丙基(C_3H_5)	3,1	η^3，η^1	H C H_2C CH_2 M
1,3-丁二烯(C_4H_6)	4	η^4	M
环丁二烯(C_4H_4)	4	η^4	M
环戊二烯基(C_5H_5)	5	η^5，η^3	M　M
苯(C_6H_6)	6	η^6	M

2.1.2 EAN 的计算

简单的无机化合物或有机化合物遵循 8 电子规则，而典型有机金属化合物趋于遵循 18 电子规则。例如，CH_4遵循 8 电子规则，见式(2-3)，而 $[Ni(CO)_4]$ 则遵循 18 电子规则，见式(2-4)。

$$\underset{4e^-}{C} + \underset{4e^-}{4H} = \underset{8e^-}{CH_4} \tag{2-3}$$

$$\underset{10e^-}{Ni} + \underset{8e^-}{4CO} = \underset{18e^-}{[Ni(CO)_4]} \tag{2-4}$$

对于过渡金属形成的有机金属化合物，尤其是低氧化态的有机金属化合物，当中心原子 M 周围的 d 电子、s 电子与配体提供的电子的总数为 18 时，便能稳定存在（18 电子规则），如表 2-2 所示。

表 2-2　一些常见羰基金属有机化合物

羰基金属有机化合物	中心原子		CO 配体提供的电子总数	电子总数	稳定性
	价层电子结构	提供电子数			
$[Ni(CO)_4]$	$3d^8 4s^2$	10	2×4=8	18	稳定
$[Fe(CO)_5]$	$3d^6 4s^2$	8	2×5=10	18	稳定
$[Co(CO)_4]$	$3d^7 4s^2$	9	2×4=8	17	不稳定

其中，$[Co(CO)_4]$ 的 EAN 只有 17，不满足 18 电子规则，所以不能稳定存在，但可以以二聚体 $[Co(CO)_4]_2$ 的形式存在。

推而广之，如果从奇电子金属着手，通过加上 CO 这样的 2 电子配体，永不可能达到偶数 18。在不同情况下，稳定体系可以以不同的方式来解决这个问题。例如，在 $[V(CO)_6]$ 中，化合物中只含有 17 个电子，不能稳定存在，但可通过获得一个电子被还原为 18 电子型的阴离子 $[V(CO)_6]^-$ 的方式来实现。另一个 17 电子单元 $[Mn(CO)_5]$ 却通过二聚途径实现稳定存在，这可能是因为，作为一个 5 配位的物质，有更多的空间形成 M—M 金属键。因为在成键过程中每个单元中未成对的电子彼此共享，使得每个金属都能达到稀有气体的构型，好似 7 电子甲基自由基二聚形成 8 电子化合物乙烷一样。在另一类具有 17 电子的 $[Co(CO)_4]$ 单元中，却采用桥联方式来形成稳定的 18 电子物质（图 2-1）。不过，这对 18 电子规则电子没有影响，因为无论成键方式如何，CO 桥对整个金属簇来讲都是个 2 电子配体，依然需要一个金属键（M—M）的形成来达到 18 电子规则的要求。偶电子金属可以在没有 M—M 键的形成情况下达到 18 电子状态，并且在每种情况下它们可通过结合适当数目的 CO 达到 18 电子，而奇电子金属则需要形成 M—M 键。

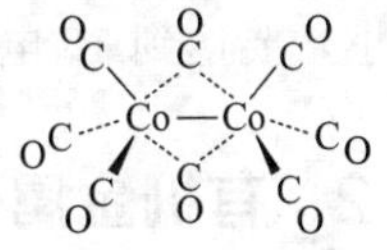

图 2-1　$[Co_2(CO)_8]$ 的稳定形式

2.1.3　有机金属化合物的命名

有机金属化合物的命名也遵循一般配位化合物的命名规则[1]。

① 阴离子在前，阳离子在后。

② 配体在前，中心体在后。

③ 配体中，先列阴离子，后列中性分子。不同的配体之间以“-”隔开，最后一个配体后面缀以“合”字。

④ 同类配体的名称，按配位原子元素符号的英文字母次序排列。

[1] 关于配合物的更为严格和完整的定义，请参阅《无机化学命名原则》(1980 年)。

⑤ 配体的个数用倍数词头二、三、四等表示。

⑥ 中心体的氧化态用带圆括号的罗马数字表示。

例如，① η^5-CpMn(CO)$_3$：三羰基-eita-5-环戊二烯基合锰（0）。

② η^6-C_6H_6Fe-η^4-CpH：Eita-6-苯-eita-4-环戊二烯基合铁（0）。

2.1.4 EAN 规则的应用

应用 EAN 规则可以预测有机金属化合物能否稳定存在，推出其结构等。

例如，利用 EAN 规则预测［Mn(CO)$_5$］能否稳定存在，可能稳定存在的形式是什么。

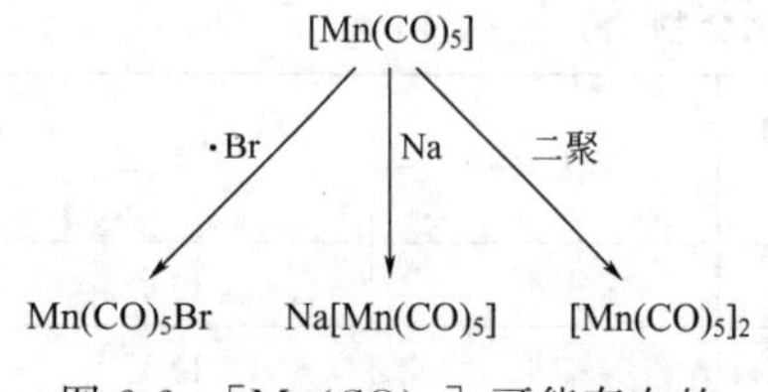

图 2-2 ［Mn(CO)$_5$］可能存在的稳定形式

解：EAN＝7＋10＝17，不符合 18 电子规则，所以［Mn(CO)$_5$］不能稳定存在。三种情况可以使其稳定存在（图 2-2）。

① 得到一个电子。

② 与一个自由基结合。

③ 含有奇数电子的物质彼此结合为二聚体，而且两金属间形成 M—M 键。

2.1.5 18 电子规则的局限

18 电子规则适用于常见的有机金属化合物，不过还有一些稳定的有机金属化合物的电子数不是 18。有些小于 18 电子，如：MeTiCl$_3$，8 电子；Me$_2$NbCl$_3$，10 电子；［WMe$_6$］，12 电子；［Pt(PCy$_3$)$_2$］，14 电子；$[M(H_2O)_6]^{2+}$（M＝V，15 电子；M＝Cr，16 电子；M＝Mn，17 电子；M＝Fe，18 电子）。还有些大于 18 电子，如：［CoCp$_2$］，19 电子；［NiCp$_2$］，20 电子。要使用 18 电子规则，应该清楚什么时候遵守该规则，什么时候不能遵守该规则。该规则对氢化物和羰基化物最为适用，因为它们是位阻小的配体。由于它们的体积小，要达到 18 电子通常需要尽可能多地成键。

2.2 有机金属化合物的分类及成键情况

催化剂的推广与广泛应用导致了有机金属化学领域的迅猛发展，大量的有机金属化合物已经被设计并合成出来。有机金属化合物的分类方式多种多样，不过，从化学键的成键方式考虑，可以把有机金属化合物分为三类。

1. 以 σ 键形成的有机金属化合物

在碳原子作为 σ 电子给体的有机金属化合物中，配位大都为阴离子基团，例如烷基和苯基等。图 2-3 和图 2-4 展示了以 σ 键形成的两种有机金属化合物。

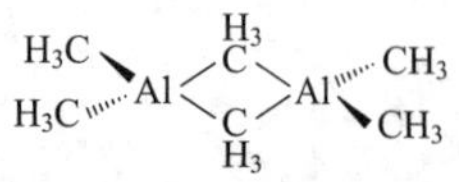

图 2-3 ［Al$_2$(CH$_3$)$_6$］

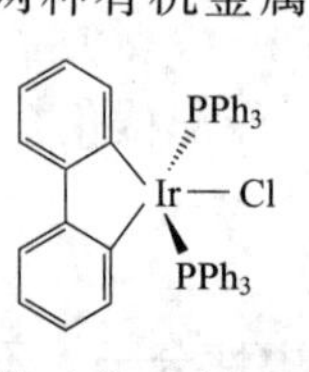

图 2-4 ［Ir(η^2-diph)(PPh$_3$)$_2$Cl］
［氯·二-三苯基磷·eita-2-联苯合铱(Ⅲ)］

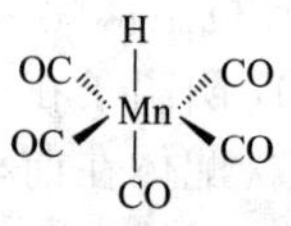

图 2-5 ［Mn(H)(CO)$_5$］

2. 以 σ 和 π 键形成的有机金属化合物

在碳原子既作为 σ 电子给体又作为 π 电子受体的有机金属化合物中，配体大都为中性基

团，例如 CO 等。图 2-5 展示了此类有机金属化合物。

3. 以 π 键形成的有机金属化合物

在碳原子作为 π 电子给体的有机金属化合物中，其配体可能为不饱和烃，如烯烃或炔烃；也可能为具有离域 π 键的环状基团，如环戊二烯基（Cp）和苯基等。图 2-6 和图 2-7 展示了 π 键形成的两种有机金属化合物。

图 2-6　[$Mn(\eta^5\text{-}Cp)_2$]　　图 2-7　[$Cr(\eta^6\text{-}C_6H_6)_2$]

2.2.1　金属-烷基化合物、金属-芳基化合物及相关的 σ 键有机金属化合物

主族金属元素与碳通过 σ 键形成的有机金属化合物很多，也是最简单的有机金属化合物，例如烷基锌、有机锂和格氏（Grignard）试剂等。而过渡金属元素与碳通过单一 σ 键形成的有机金属化合物数量少。最早的金属-烷基化合物起源于主族元素。1848 年，爱德华・弗兰克兰（Edward Frankland）在试图用乙基碘化物和金属锌制备乙基自由基的过程中，得到了一种无色液体，后来被证实为二乙基锌 [$ZnEt_2$]。[$ZnEt_2$] 被认为是第一个含有金属-碳键的分子，而弗兰克兰也被认为是有机金属化学的奠基人。然而直到 1900 年维克多・格林尼亚（Victor Grignard）发现了烷基卤化镁试剂（RMgX），有机金属化学才开始在有机合成中得到应用并产生重大影响。后来舒伦克（Schlenk，1914）和齐格勒（Ziegler，1930）相继发展了有机锂试剂，同时 Ziegler 还在有机铝试剂的发展和应用方面发挥了重要作用。

格氏试剂是从卤代烷获得的烷基亲核试剂 $R^{\delta-}$，它和烷基亲电试剂 $R^{\delta+}$ 形成互补。作为离子型试剂，金属-烷基化合物由烷基阴离子和金属阳离子结合而成。因此，烷基阴离子的稳定性很大程度上由金属的电负性决定。1～2 族金属-烷基化合物，以及 Al 和 Zn，通常被称为极性有机金属试剂，其中烷基阴离子被轻微稳定化，具有与自由阴离子类似的强亲核性和碱性。极性金属-烷基试剂遇湿极易水解，M—R 水解为 M—OH 并释放 RH；空气氧化也很容易发生，因此离子型金属-烷基试剂必须隔离空气和水保存。前过渡金属-烷基试剂，如 Ti 和 Zr，也对水和空气相当敏感，但是当沿着元素周期表向右下移动时，随着金属电负性的增大，金属-烷基试剂的活性逐渐降低；当到达 Hg 时，Hg—C 键是非常稳定的，以至于 [Me—Hg]$^+$ 可以在硫酸水溶液中且有空气存在下保持稳定。从典型离子型的 NaMe，到极性共价型的 Li、Mg 烷基试剂，再到共价型后过渡金属-烷基化合物，亲核性依次减弱，显示了金属变换产生的影响。

R 基团自身的稳定性也起着重要作用。作为 sp^3 杂化离子，CH_3^- 最活泼。随着 s 轨道成分的增加，从 sp^2 杂化的 $C_6H_5^-$ 到 sp 杂化的 $RC\equiv C^-$，其阴离子孤对电子越来越稳定，内在的反应活性降低。该变化趋势使得相应的碳氢化合物酸性增强，如 CH_4（$pK_a\approx50$）、C_6H_4（$pK_a\approx43$）、$RC\equiv CH$（$pK_a\approx25$），后面的阴离子稳定性增强，而反应活性则降低。

随着主族金属有机试剂的成功合成，人们开始试图合成过渡金属有机试剂。1909 年，蒲柏（Pope）和皮奇（Peachey）合成的含有 d 轨道的有机金属化合物 Me_3PtI，是早期的例子，但却是一个孤立的例子。20 世纪 20 年代到 40 年代这段时间里，合成含有 d 轨道的其他有机金属化合物的进一步尝试却没有成功，这在当时是令人费解的一件事情，因为当时几乎所有的非过渡金属都能形成稳定的金属-烷基化合物。经历了这些失败后人们认为过渡金属-碳之间的键非常弱。此后的很长一段时间，很少有人再尝试去寻找过渡金属-烷基化合物。事实上，今天已经知道此类M—C键其实相当稳定，键能通常为30～65kcal·mol^{-1}（1kcal=4.184kJ）。过渡金属-烷基化合物之所以不容易得到是因为很容易发生分解反应，之前的合成失败应归咎于动力学而非热力学因素，幸运的是通过控制体系来阻断分解途径要比增加键强容易得多。

2.2.2 缺电子型化合物及多中心键

对于Be、Li、Mg、B和Al等几种元素的烷基化合物和氢化物，其单分子体不稳定，多数情况下以多聚物存在。例如，Be常形成有机金属聚合物（图2-8），其中存在有三中心两电子（3c-2e）桥键（图2-9）；甲基锂以四聚体［Li_4Me_4］形式存在（图2-10），含有四中心两电子（4c-2e）键（图2-11）。

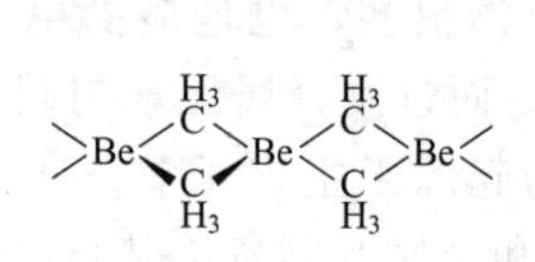

图2-8 ［$Be(CH_3)_2$］$_n$

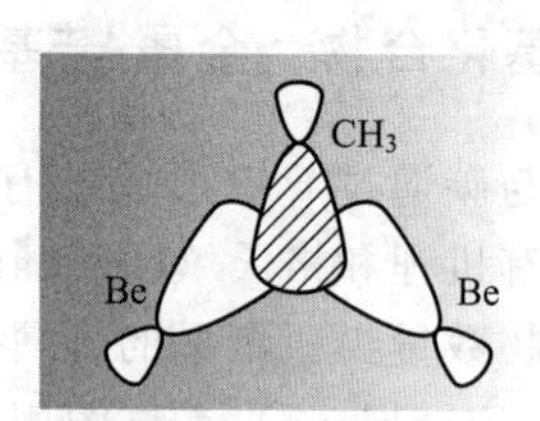

图2-9 ［$Be(CH_3)_2$］$_n$中的3c-2e桥键

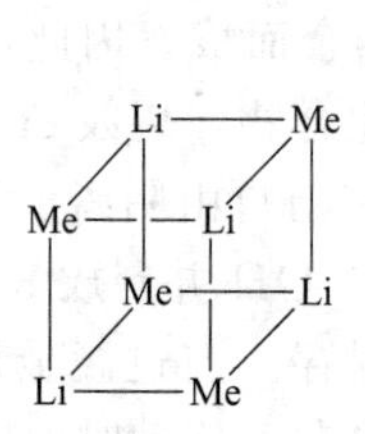

图2-10 甲基锂四聚体［Li_4Me_4］

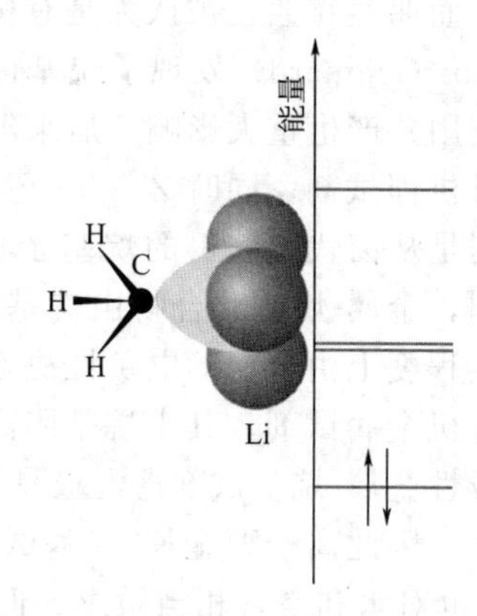

图2-11 甲基和Li的成键示意图（四中心两电子，4c-2e）

2.2.3 烯烃-金属化合物及成键情况

1827年，Zeise从K_2PtCl_4和EtOH的反应中得到一种假定为KCl·$PtCl_2$·EtOH的新物质。直到20世纪50年代才确定蔡斯盐的真实结构是K[$PtCl_3(C_2H_4)$]·H_2O。该结构含有一个乙烯分子和一个结晶水，其中参与配位的乙烯是由乙醇脱水形成的。如图2-12所示，在金属Pt与乙烯的成键过程中，烯烃的π轨道和金属Pt的dsp^2杂化轨道重叠，电子由烯烃的π键轨道流向金属Pt的杂化空轨道，形成σ键。与此同时，金属Pt的d轨道和烯烃的π^*反键轨道的对称性匹配，电子又由金属Pt的d轨道流向烯烃的空轨道，并形成π键(图2-12)。

2.2.4 金属-羰基化合物及其反馈π键

1884年，Ludwig Mond的一个偶然发现为镍精制工业带来重大影响。当发现部分镍阀

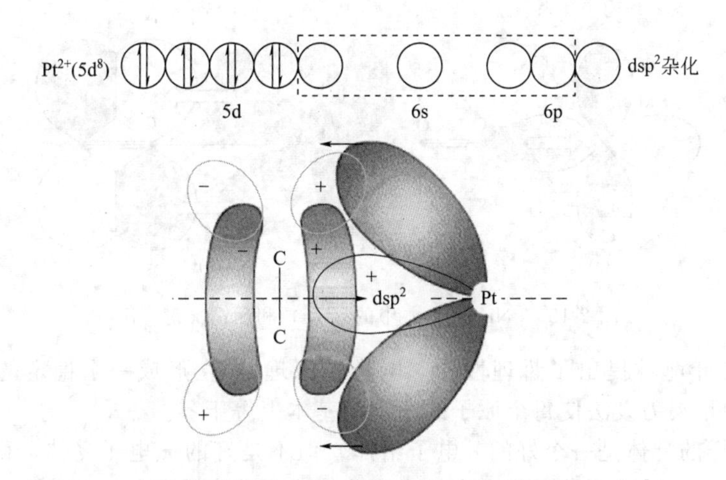

图 2-12 [$PtCl_3(C_2H_4)$]$^-$ 的成键情况

门会被一氧化碳气体侵蚀时，他特意将镍粉放在一氧化碳气流中加热得到了一个易挥发液体[$Ni(CO)_4$]，这也是首个金属羰基化合物。镍的精制过程就是基于上面的事实：分离得到的羰基化物可通过再次加热分解得到纯的镍。

与烷基不同，CO 含有碳氧多重键，是一个不饱和配体。CO 能够通过反馈的方式接受金属的 d 电子，也就是说，此类配体是 π 电子受体。CO 既是重要的 σ 电子给体又是 π 电子受体配体，它和过渡金属形成稳定的羰基化合物不仅数量大，而且结构特殊。例如，[$Ni(CO)_4$]中的 Ni—C 键长是 182pm，而共价半径之和为 198pm。说明 Ni 原子与 CO 分子之间存在稳定的化学键。在金属 Ni 与 CO 的成键过程中，CO 的 σ 轨道（图 2-13）和金属 Ni 的 sp^3 杂化轨道（图 2-14）重叠，电子由 CO 的 σ 轨道流向金属 Ni 的杂化空轨道，形成 σ 键。金属 Ni 的 d 轨道和 CO 的 π^* 反键轨道的对称性匹配，电子又由金属 Ni 的 d 轨道流向 CO 的 π^* 反键轨道形成 π 键，也就是常说的反馈 π 键（图 2-15）。

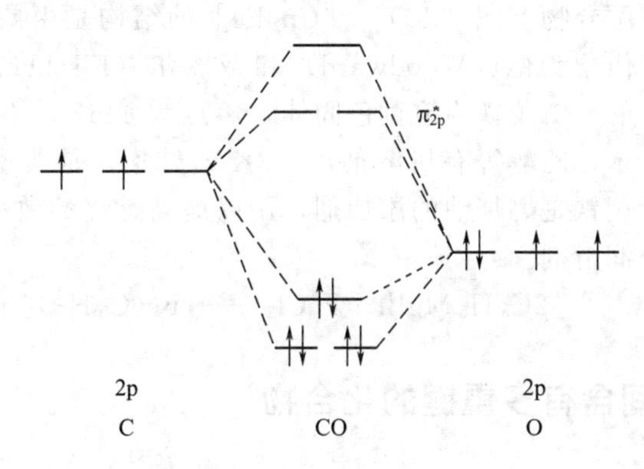

图 2-13 CO 的形成示意图

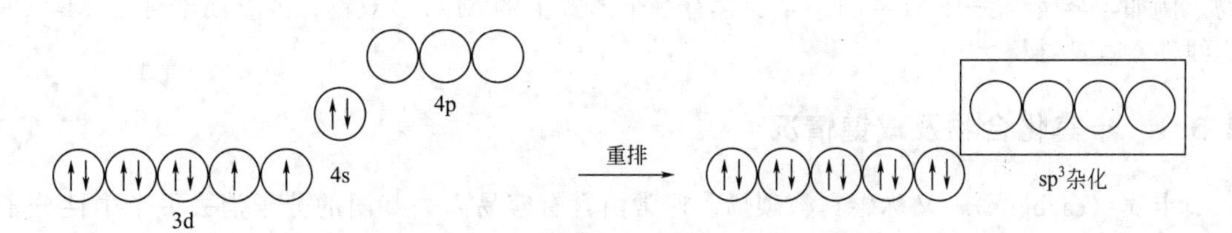

图 2-14 [$Ni(CO)_4$] 中 Ni 的杂化轨道示意图

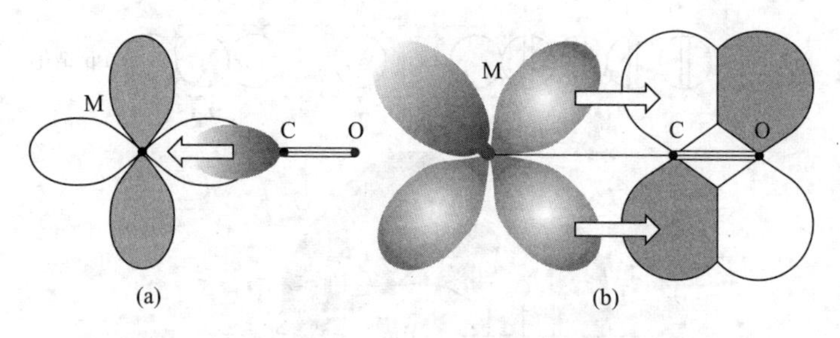

图 2-15 [$Ni(CO)_4$] 中的 σ (a) 和反馈 π 键 (b)

于是，1948 年鲍林提出了哲理性的“电中性原理”：在形成一个稳定的分子或配合物时，其电子结构是竭力设法使每个原子的净电荷基本上等于零。

像 NH_3 这样的配体是一个好的 σ 电子给体，但不是好的 π 电子受体，而 CO 却是一个好的 π 电子受体。这种类型的配体在有机金属化学中是非常重要的，作为配位能力很强的配体，与金属中心可以形成强 M—L 键。同时，这些配体还有与金属 d 轨道对称性匹配的空轨道，能与金属的 d 轨道发生重叠。如 CO 与金属 d 轨道对称性匹配的轨道是 CO 的 π^* 轨道（图 2-13）。基于金属-羰基化合物具有独特的结构和催化性能，金属-羰基化学引起人们越来越强烈的兴趣。

2.2.5 环戊二烯基化合物

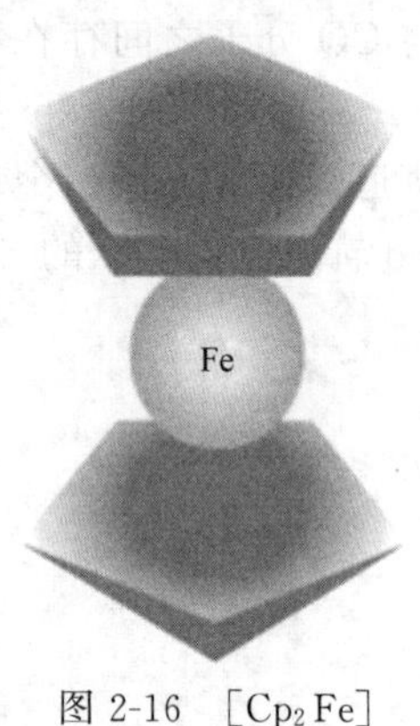

图 2-16 [Cp_2Fe] 的夹心结构

环戊二烯基（Cp）是一种重要的多烯基。它能与亲核或者亲电试剂结合，这使得它在 [$CpML_n$]（n=2、3 或者 4）中是一个可靠的配体。金属茂 [Cp_2M] 在有机金属化学的发展中是非常重要的。特别值得提及的便是二茂铁 [Cp_2Fe]。溴化环戊二烯镁与 $FeCl_2$ 在有机溶剂中反应生成了环戊二烯基铁配合物。这是一种夹心结构的配合物（图 2-16）。[Cp_2Fe] 的结构是由威尔金森（Wilkinson）、伍德沃德（Woodward）和费歇尔（Fischer）于 1954 年推断出来的。二茂铁为橙黄色固体，熔点为 446K，不溶于水，易溶于乙醚、苯、乙醇等有机溶剂，373K 即升华，是典型的共价型化合物。二茂铁是燃烧油的添加剂，用以提高燃烧的效率和去烟，也可作高温润滑剂。

$$2C_5H_5MgBr + FeCl_2 \longrightarrow Fe(C_5H_5)_2 + MgBr_2 + MgCl_2$$

2.3 金属-配体之间含有多重键的化合物

前面介绍的都是金属-碳配体单一键化合物，下面开始了解金属-配体间具有多重键的化合物。例如，金属卡宾 $L_nM{=}CR_2$ 至少含有一个形式上的 M=C 双键；或金属卡拜 $L_nM{\equiv}CR$ 为线性 M≡C 结构。

2.3.1 卡宾化合物及成键情况

卡宾（carbene），又称碳宾、碳烯。通常由含有容易离去基团的分子消去一个中性分子而形成。与碳自由基一样，卡宾属于不带正负电荷的中性活泼中间体。卡宾是 H_2C：及其取代衍生物的通称。卡宾中含有一个电中性的二价碳原子，在这个碳原子上有两个未成键的电子。

卡宾有两种结构类型，在光谱学上分别称为单线态（↑↓）和三线态（↑↑）。它们是自旋异构体，具有不同的 H—C—H 键角，不属于简单的共振式（共振式通常具有相同的自旋状态）。对于单线态卡宾，可理解为：中心碳原子采取 sp^2 杂化，两个 sp^2 杂化轨道分别与两个基团成键，R_1—C—R_2 的键角大约为 100°～110°，第三个 sp^2 杂化轨道容纳一对未成键电子；而未参与杂化的 p_z 轨道垂直于具有平面构型的 sp^2 杂化轨道，该 p_z 轨道没有电子填充［图 2-17(a)］。对于三线态卡宾，可理解为：中心碳原子采取 sp^2 杂化，两个 sp^2 杂化轨道分别与两个基团成键，第三个 sp^2 轨道容纳一个电子；而未参与杂化的 p_z 轨道垂直于具有平面构型的 sp^2 杂化轨道，该 p_z 轨道也有一个电子填充［图 2-17(b)］。不同于一般有机配体，游离态卡宾很少能稳定存在，如亚甲基卡宾（∶CH_2）是一个不稳定的中间体，能和多种物质快速反应，甚至与烷烃也能进行反应。热力学和动力学的不稳定性使得卡宾和金属原子间具有非常强的成键作用。正如单线态亚甲基卡宾（∶CH_2）可以二聚得到抗磁性的CH_2═CH_2，三线态亚甲基卡宾通常也能够与一个三线态 ML_n 片段反应形成抗磁性的配合物［H_2C═ML_n］。

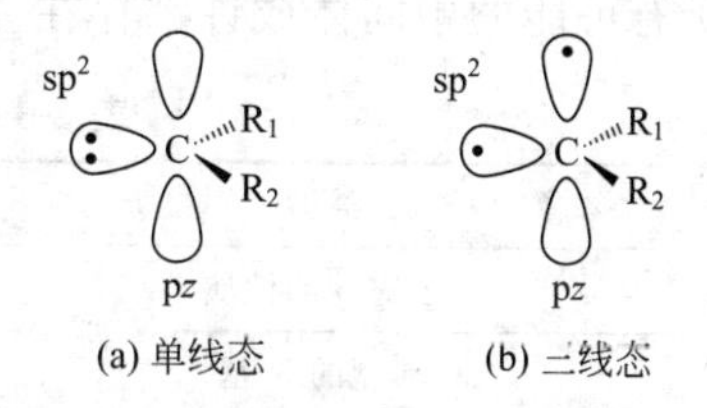

图 2-17 卡宾的两种自旋状态

卡宾配位的两种极端类型为 Fischer 卡宾和 Schrock 卡宾。两者分别代表 CR_2 基团与金属原子间不同的成键方式，实际情况介于两者之间。低氧化态、后过渡金属的卡宾（L_nM═CR_2）有 Fischer 卡宾的特点，该卡宾具有 π-吸电子配体 L，卡宾碳上连有 π-给电子取代基 R，如—OMe 或—NMe_2。这类卡宾像是带有正电荷，是亲电的。通常由单线态卡宾衍生得到的是 Fischer 卡宾，CR_2 可被看作是具有孤对电子给体配体（L 型）。Schrock 卡宾金属的氧化态更高，且一般是前过渡金属，有非 π-吸电子配体和非 π-给电子取代基 R。这种情况下，卡宾是一个亲核体，带有负电荷。Schrock 卡宾的 CR_2 配体一般被看作是 X_2 型的双烷基，形式上是由三线态的卡宾衍生而来的。介于两种极端状态之间的例子中，最为常见的是 M═C(Hal)$_2$（Hal 代表卤素），因为卤素原子的 π-给电子强度介于—H 和—OMe 之间。

卡宾碳的活性也由成键性质来控制。Fischer 卡宾（单线态衍生物）主要是一类带孤对电子的 L 型 σ 给体，但其碳原子上空的 p 轨道也是一个弱的电子受体，它能接受金属中心 d 轨道的电子形成反馈 π 键［图 2-18(a)］。由于 C→M 的给电子作用受到 M→C 反馈作用的部分补偿，因此形成的是亲电卡宾。Schrock 卡宾通过三线态的 CR_2 部分和金属的两个未成对电子间的相互作用形成两个共价键［图 2-18(b)］，是一种 X_2 型配体。由于 C 比 M 的电负性强，所以每个 M—C 键的极化方向朝向 C，形成的卡宾碳具有亲核性。

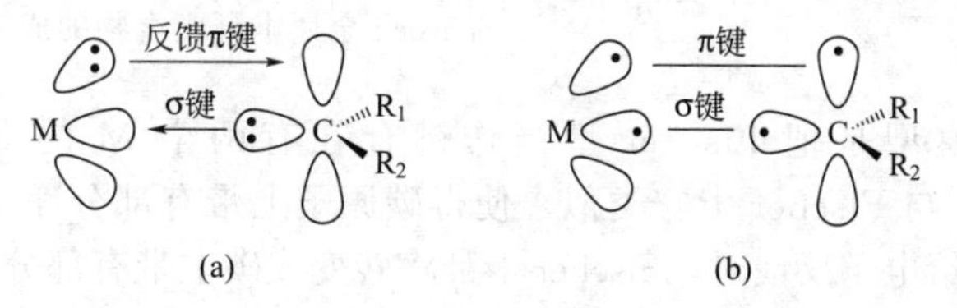

图 2-18 (a) Fischer 卡宾，直接的 C→M 给电子作用占主体，碳带有部分正电荷；
(b) Schrock 卡宾，有两个共价键形成，每个键的极化方向指向碳原子，碳原子带负电荷

假如把 Schrock 卡宾看作是由反馈 π 键作用进一步增强了的 Fischer 卡宾，极端情况是：原来在 M 的 d 轨道上的两个电子转移到 C 的 p_z 轨道上，金属被氧化，氧化态升高两个单位，同时形成一个 CR^{2-} 型配体。因此，这一体系可以看成是一个金属稳定的碳负离子，该

碳负离子对金属而言既是一个σ电子给体又是一个π电子给体。金属的这种氧化将 Schrock 卡宾转化成 X_2 型配体。

总之，Fischer 卡宾和 Schrock 卡宾可以分别看作是 L 模型和 X_2 模型的极端形式。这与烯烃配合物相似，烯烃也是两个电子的给体，但是它既能采取 L（烯类配合物）又能采取 X_2（金属环丙烷）极端形式，后者的金属也被氧化而提高了两个价态。以上两种情况下，所有可能的中间体或许都存在。表 2-3 列举了两种类型卡宾的比较。

表 2-3　Fischer 卡宾和 Schrock 卡宾 $L_nM{=}CR_2$

类型	Fischer 卡宾	Schrock 卡宾
卡宾碳的性质	亲电	亲核
典型的 R 基	π电子给体(—OR)	烷基、H
典型的金属	Mo(0)、Fe(0)	Ta(Ⅴ)、W(Ⅵ)
典型的配体	好的π电子受体(CO)	Cl、Cp、烷基
电子数(共价形式)	2(L)	2(X_2)
电子数(离子形式)	2	4
CR_2 加成到 L_nM 时氧化态的改变	0	+2

2.3.2　卡拜化合物及成键情况

虽然金属卡拜化合物 M≡CR 也有 Fischer 和 Schrock 卡拜的极端形式，但是它们的区别没有卡宾那么明显。在只形成一个键的情况下，自由卡拜可认为有双线态的 Fischer 和四线态的 Schrock 形式（图 2-19）。因 sp 杂化轨道中有一对孤对电子，双线态卡拜成为一个 2 电子给体，也可形成一个额外的共价π键［图 2-20(a)］。碳上的一个 p 轨道是空的，能够接受 M 的 d 轨道给予的反馈电子。基于一个四线态卡拜能与有三个未成对电子的金属形成三个共价键，其可看作一个 X_3 配体［图 2-20(b)］。

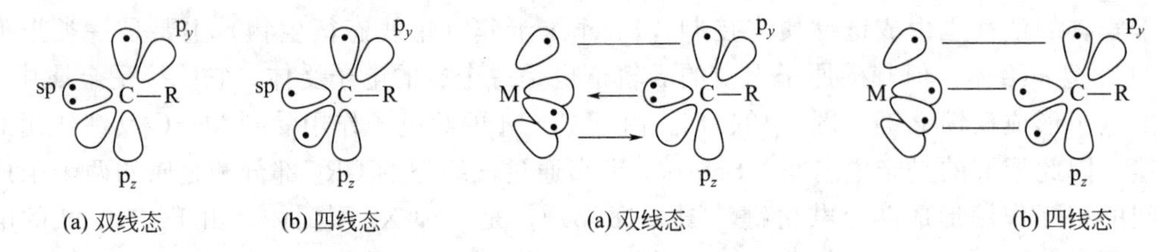

图 2-19　卡拜的两种自旋状态

图 2-20　Fischer 金属卡拜配合物的成键示意图（a）和 Schrock 金属卡拜配合物的成键示意图（b）

另一个常用的模型是把 Fischer 型当作键合在有两个 M 的 d 轨道弱反馈作用的 $[L_nM]^-$ 上的 CR^+。与 Fischer 卡宾类似，使得碳原子上带有部分净正电荷。按照此结构模式，当存在非常强的给电子反馈时，Fischer 卡拜将转变成碳上带有部分净负电荷的 Schrock 卡拜。金属中心具体的氧化态是多少要看卡拜的类型。例如，Fischer 卡拜［$Br(CO)_4W{\equiv}CR$］中是 W(Ⅱ)；Schrock 卡拜［$Br_3L_2W{\equiv}CR$］中是 W(Ⅳ)。

2.4　有机金属化学中的基本反应

大多数有机金属化合物可以采用多种方式进行反应，这也是它们作为催化剂使用的主要原因。在前面的章节中，介绍了配体与金属中心的结合过程。本节中，将讨论配体进一步参与反应的情形，并选取几种具有代表性的反应进行说明。

2.4.1　配体的取代反应

有机金属化合物中配体的替换与配位化合物中配体的替换非常相似，遵循金属原子的价电子数不超过 18 的 EAN 规则。配体的空间位阻能增加解离的速率，降低缔合速率。

羰基配合物中 CO 取代反应的研究揭示了其反应机理、反应速率及反应规律，并为有机金属化合物反应的研究提供了理论基础。在经典配位化合物中，反应常常是通过结合、解离或交换等途径进行的。同样地，有机金属化合物中的某一配体也可换成另一种配体。

取代反应最简单的例子是用另一个电子对给体（如磷化氢）取代一个 CO。这种反应常常要经过一个过渡态，例如中间体 $[Cr(CO)_5(THF)]$ 就能被检测到，然后，这种中间体通过双分子过程与进入基团相结合。

$$[Cr(CO)_6]+sol \longrightarrow [Cr(CO)_5(sol)]+CO$$

$$[Cr(CO)_5(sol)]+L \longrightarrow [Cr(CO)_5L]+sol$$

当中间体的价电子数大于 18 时，意味着形成中间体时电子要占据高能级的反键轨道，这也能预期金属羰基化合物将发生取代反应。

化合物 $[Ni(CO)_4]$ 很容易解离其第一个 CO 基团而发生取代反应，例如，在室温下就能很快被取代；而对于ⅥB 族金属形成的羰基化合物，金属与 CO 之间较强的结合力使得配体不易解离，往往需要热或光的引入才能发生取代反应。例如，CH_3CN 取代 CO 要在回流乙腈的情况下才能进行，同时还要用氮气清除掉一氧化碳，才能使反应趋于完全。

2.4.2　氧化加成和还原消除反应

氧化加成：当一个 X—Y 分子引到金属中心上时，伴随着 X—Y 键的断裂和新型 M—X 和 M—Y 键的形成。氧化加成过程会导致金属中心体的配位数和氧化数都增加 2 个单位。还原消除反应则是氧化加成反应的逆过程。

例如，当金属与氢气分子反应生成两个负氢离子物质时，金属原子的氧化数增加 2 个单位：

$$M(N_{ox})+H_2 \longrightarrow [M(N_{ox}+2)(H)_2]$$

式中的 N 为金属的氧化数。金属氧化数增加 2 个单位，是因为氢分子被看成为中性配体，而氢离子配体被视为 H^-。金属的这种氧化似乎仅仅显示在计算电子的方式上，事实上，金属中心上的两个电子已经被用来和氢成键，而这两个电子已经不能再用于其他键的形成。这种类型的反应是相当普遍的，被称为氧化加成。一般来说，任何一个 X—Y 分子引到金属中心 M 上生成 M(X)(Y) 的过程都叫氧化加成过程。相似地，金属配合物 $[ML_n]$ 与 HCl 反应生成 $[ML_n(H)(Cl)]$ 的过程也是一种氧化加成过程。

氧化加成反应导致金属中心增加了两个配体，同时金属氧化数也增加 2 个单位。因此，氧化加成反应通常需要一个配位不饱和的金属中心，具有 16 电子构型的平面四方形金属配合物最为常见。

$$Me_2Pt(II)(PPh_3)_2 \xrightarrow{MeI} Me_3Pt(IV)(PPh_3)_2I$$

16电子　　　　18电子

氢的氧化加成是一种协同反应。首先氢气分子与金属结合形成σ键，然后提供电子的金属与H作用导致H—H键的裂解和顺式双氢金属配合物的形成。

Cl, PPh₃, Rh(Ⅰ), Ph₃P, PPh₃ —H_2→ H—H, Cl, PPh₃, Rh(Ⅰ), Ph₃P, PPh₃ → H, Cl, PPh₃, Rh(Ⅲ), Ph₃P, H, PPh₃

16电子　　18电子　　18电子

其他分子，如烷烃和芳基卤化物，也是以协同方式进行反应的。这种情况下，两个参与金属配位的配体彼此处于顺位。

还有一些氧化加成反应不遵循协同机理，而是通过自由基或S_N2取代反应途径进行的。自由基氧化加成反应很少见，这里不再进一步讨论。在S_N2氧化加成反应中，金属上的一对孤对电子攻击X—Y分子，将Y—取代，接下来Y—再键合到金属上。

Cl, PPh₃, Ir(Ⅰ), Ph₃P, CO —MeI→ [Me, Cl, PPh₃, Ir(Ⅲ), Ph₃P, CO]⁺ → Me, Cl, PPh₃, Ir(Ⅲ), Ph₃P, CO, I

16电子　　16电子　　18电子

与氧化加成相反，金属中心上的两个配体发生耦合后离开金属中心的反应叫还原消除。

H, Ph₃P, Me, Pt(Ⅳ), I, Me, PPh₃ → Ph₃P, PPh₃, Pt(Ⅱ), I, Me + CH_4

18电子　　16电子

还原消除反应要求消除的物质彼此相互处于顺位，最好理解为氧化加成的逆反应。原则上，氧化加成和还原消除反应是可逆的，然而，实际上，一个方向通常在热力学上比另一个方向发生的可能性更大。

2.4.3 σ键复分解反应

σ键复分解反应是一种不发生氧化加成反应的协同过程，这种反应常发生在前d区金属配合物中，原因是金属中没有足够的电子参与氧化加成。例如，16电子化合物［$(Cp)_2ZrHMe$］不能与H_2反应生成三氢化合物，因为Zr的所有电子都参与了与现有配体成键。在这种情况下，采用四元过渡状态，成键、断键的协同过程生成甲烷。

$(Cp)_2Zr(H)(Me)$ —H_2→ H—H, Zr—Me → H┈H, Zr┈Me → $(Cp)_2Zr(H)(H)$ + CH_4

2.4.4 1,1-迁移插入反应

1,1-迁移插入反应是指一种物质，如氢化物或烷基，迁移到相邻配体上，生成金属中心上少两个电子的金属配合物的反应。

发生1,1-迁移插入反应的一个例子是迁移到η^1-CO配体上：

X, M—C≡O → M—C(X)=O

该反应之所以被称为1,1-迁移插入反应，是因为与金属中心一键之隔的X基团最终结合在与金属中心也是一键之隔的原子上。通常X基团是烷基或芳基类，产物则含有一个酰基。这种反应导致金属中心上的电子数量减少 2，其氧化数没有发生变化。因此，引入可作为配体的另一个物质，可以诱导 1,1-迁移插入反应的发生：

$$[Mn(CH_3)(CO)_5]+PPh_3 \longrightarrow [Mn(CH_3CO)(CO)_4PPh_3]$$

2.4.5 1,2-迁移插入和 β-H 消除反应

1,2-迁移插入反应常见于 η^2 配位的配体上，例如乙烯或炔烃。反应生成具有 η^1 配位的配体，金属的氧化数不变。β-H 消除反应是 1,2-迁移插入反应的逆反应。

一个 1,2-迁移插入反应的实例如下：

$$X-M(\eta^2\text{-}CH_2{=}CH_2) \longrightarrow M-CH_2-CH_2-X$$

该反应之所以被称为 1,2-迁移插入反应，是因为起始物中的 X 基团与金属中心只有一键之隔，产物中则位于与金属中心相距两个化学键的原子上。X 基团通常是 H^-、烷基或芳基等。在这种情况下，产物含有一个烷基基团。与 1,1-迁移插入反应相似，这一反应导致金属中心上的电子数量减少 2，氧化数没有发生变化。假如上述反应中的 X 为 H，另外一个配体为乙烯，则得到的乙基基团能够通过迁移方式生成丁基：

$$H-M(\eta^2\text{-}CH_2{=}CH_2) \longrightarrow M-CH_2-CH_2-X \xrightarrow{H_2C=CH_2} (H_2C{=}CH_2)M-Et \longrightarrow M-CH_2-CH_2-Et$$

上述过程的重复便可以获得聚乙烯，这也是工业生产中的重要反应。1,2-迁移插入反应的逆过程也可能会发生，但这是情况比较少，除非 X 为 H。当 X 为 H 时，该反应被称为β-H消除反应。

$$M-CH_2-CH_2-H \longrightarrow H-M(\eta^2\text{-}CH_2{=}CH_2)$$

实验结果表明，1,2-迁移插入和 β-H 消除反应都是通过顺式中间体实现的：

$$F_3C-C{\equiv}C-CF_3 + M-H \longrightarrow [F_3C-C{\equiv}C-CF_3 \cdots M\cdots H] \longrightarrow (M)(F_3C)C{=}C(CF_3)(H)$$

2.5 有机金属化合物的应用

有机金属化合物在多方面有着广泛的应用，这里着重介绍在一些重要反应中的催化作用。应当指出，与大多数机理描述一样，随着更清晰的实验信息的提供，原先设计的催化机理可以得到进一步完善。与简单的反应不同，催化过程通常包含许多步骤，实验者对这些步骤几乎没有控制力。为了能有目的地控制催化反应的进行，催化机理的探索与研究是必须的。有机金属化合物催化有机反应包括加氢、氧化和一系列其他过程。通常，同一族金属形成的配合物都会在特定的反应中表现出催化活性，但 4d 金属配合物往往优于其上方和下方金属配合物的催化活性。另外，贵金属形成的有机金属化合物比贱金属形成的有机金属化合物具有更优的催化性能。

2.5.1 烯烃复分解反应

烯烃复分解反应是有机金属化合物在均相系统中催化进行的，该有机金属化合物能很好

地控制产物的生成。反应机理的一个关键步骤是配体从金属中心解离出来，给烯烃腾出可与金属中心配位的空位。

类似于交叉复分解反应，烯烃复分解反应能使碳-碳双键重排：

用于催化烯烃复分解反应的催化剂种类多种多样，现以 Grubbs 催化剂为例说明其作用机理。Grubbs 催化剂是一种亚烷基钌有机金属化合物：

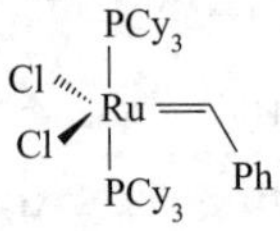

Grubbs 催化剂催化烯烃复分解反应要经历金属环丁烷中间体：

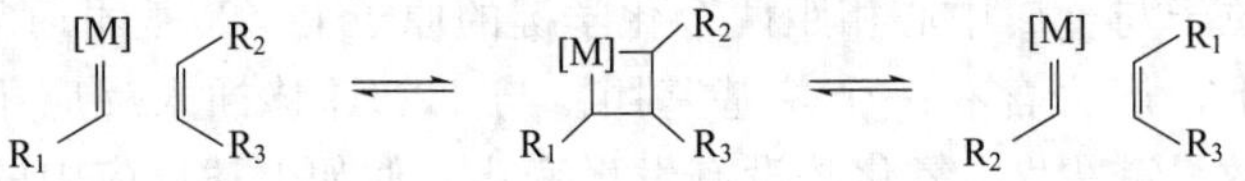

该催化反应的一个关键步骤是配体 PCy_3 从金属中心 Ru 解离出来，给烯烃腾出可与 Ru 配位的空位。

2.5.2 烯烃加氢反应

热力学角度考虑，烯烃加氢形成烷烃的反应过程是可行的，例如乙烯转化为乙烷的自由能变为$-101kJ \cdot mol^{-1}$。然而，在没有催化剂参与的情况下，这种反应的反应速率可以忽略不计。许多高效的均相和多相烯烃加氢催化剂已为人们所熟悉，并在人造黄油、药品和石化等领域得到应用。其中研究最多的烯烃加氢催化剂之一是钌基催化剂［$RhCl(PPh_3)_3$］，它通常被称为威尔金森（Wilkinson）催化剂。常温常压下，这种催化剂能催化多种烯烃和炔烃加氢。图 2-21 展示了威尔金森催化剂催化端烯烃加氢的反应过程。

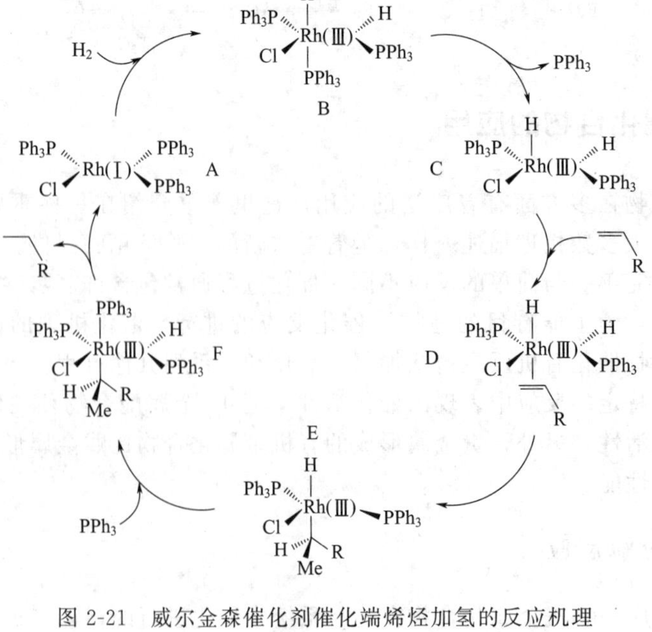

图 2-21 威尔金森催化剂催化端烯烃加氢的反应机理

首先，氢气分子的引入导致了具有 16 电子的四配位有机金属化合物 A[$RhCl(PPh_3)_3$] 转化为 18 电子的六配位二氢有机金属化合物 B，同时 Rh 的氧化态由+1 上升至+3（即氧化过程）。接下来，B 解离掉一个 PPh_3 变为五配位的 C，为烯烃的引入腾出位置。进来后的烯烃作为配体与 Rh 形成六配位的有机金属化合物 D。然后，配位氢的迁移产生了一个 16 电子的烷基中间体 E（非稳态）。E 与 PPh_3 作用形成六配位的有机金属化合物 F，最后，氢原子迁移至碳导致烷基发生还原消除并重新生成 A，完成一个催化循环。

2.5.3　氢甲酰化反应

一般认为，氢甲酰化反应机理涉及一个预平衡。预平衡中八羰基二钴（0）在高压下与氢结合生成一种单核物质，正是这个单核物质参与了氢甲酰化反应。

在氢甲酰化反应中，烯烃、CO 和 H_2 反应生成比原来烯烃多一个碳原子的醛：

$$RCH=CH_2+CO+H_2 \longrightarrow RCH_2CH_2CHO$$

“氢甲酰化”一词源于这样一种观点：产物是由甲醛（HCHO）加合于烯烃而获得的。尽管实验结果显示此类反应具有不同的反应过程，但该名称却被沿用下来。一个不太常见但更合适的名称应该叫氢羰基化。钴和铑的有机金属化合物均可催化氢甲酰化反应。

综合熟悉的有机金属化学反应，Heck 和 Breslow 于 1961 年提出了由钴的羰基化合物催化氢甲酰化反应的机理，整个过程展示在图 2-22 中。尽管这种机理常被引用，但每一步都比较难发生。一般认为，氢甲酰化反应机理涉及一个八羰基二钴（0）与四羰基钴（A）之间的预平衡。

$$[Co_2(CO)_8]+H_2 \longrightarrow 2[Co(CO)_4H]$$

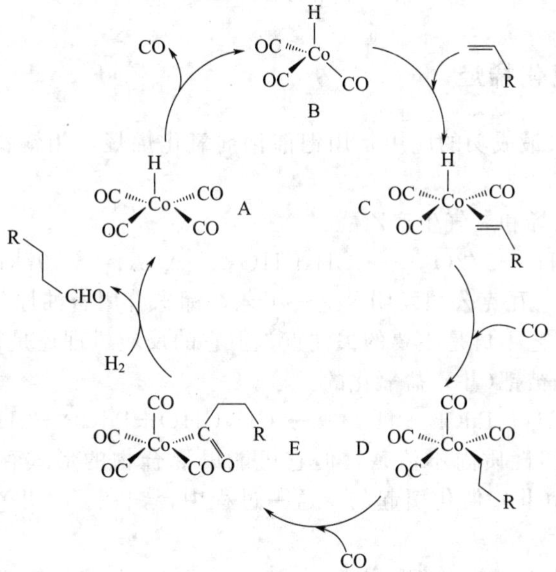

图 2-22　羰基钴催化烯烃氢甲酰化反应的机理

设想的这种钴化合物失去一个 CO 后形成配位不饱和的 [$Co(CO)_3H$](B)：

$$[Co(CO)_4H] \longrightarrow [Co(CO)_3H]+CO$$

一般认为，[$Co(CO)_3H$] 与烯烃反应形成 C，和钴配位的氢原子迁移到烯烃上，CO 再次与钴配位。接下来便产生了烷基钴配合物 D。在高压、CO 存在条件下，D 发生迁移插入并与另一个 CO 配位生成酰基配合物 E，通过红外光谱已经捕捉到 E。产物醛一般认为是通

过 H_2 进攻而产生的，同时形成［$Co(CO)_4H$］或［$Co_2(CO)_8$］，这两种化合物中的任何一种都会再次产生不饱和的［$Co(CO)_3H$］。

在钴催化的氢甲酰化反应过程中也生成支链醛。这可能是由于 C 可形成 2-烷基钴中间体，继而形成 D 的异构体，接下来氢的引入便产生支链醛（图 2-23）。

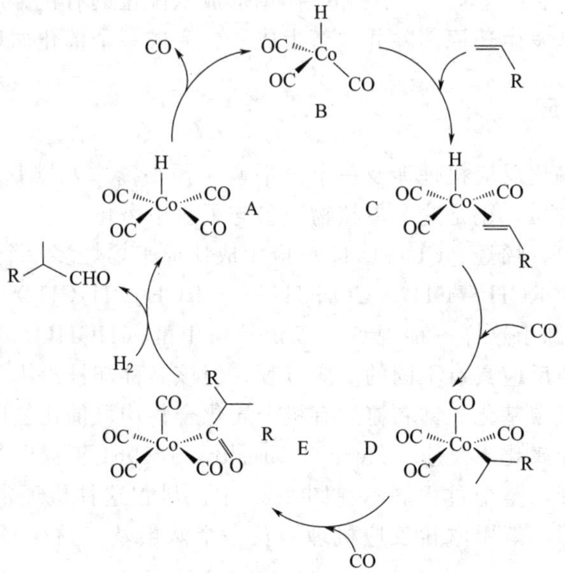

图 2-23　羰基钴催化烯烃氢甲酰化反应的机理（烷基不是以末端方式与钴结合情况下形成支链醛）

2.5.4　Wacker 法氧化烯烃

瓦克（Wacker）法最成功的应用是用钯催化剂氧化烯烃，用铜作为第二催化剂将钯重新氧化。

瓦克法主要用于乙烯和氧气生产乙醛：

$$CH_2{=}CH_2 + 1/2O_2 \longrightarrow CH_3CHO \qquad \Delta_r G^{\ominus} = -197\text{kJ}\cdot\text{mol}^{-1}$$

20 世纪 50 年代末，瓦克公司发明了这一工艺，标志着用石油原料生产化学品时代的开始。现在，虽然瓦克工艺不再是主要的关注点，但它的反应机理还是很有意义的。

目前所知，乙烯是被钯(Ⅱ）盐氧化的：

$$C_2H_4 + PdCl_2 + H_2O \longrightarrow CH_3CHO + Pd(0) + 2HCl$$

尽管 Pd(0) 的确切性质尚不清楚，但它可能以混合物的形式存在。Pd(0) 被氧化回 Pd(Ⅱ）是由加入的 Cu(Ⅱ）催化引起的。这一过程中，铜在 Cu(Ⅱ）和 Cu(Ⅰ）之间来回变化：

$$Pd(0) + 2[CuCl_4]^{2-} \longrightarrow Pd^{2+} + 2[CuCl_2]^{-} + 4Cl^{-}$$

$$2[CuCl_2]^{-} + 1/2O_2 + 2H^{+} + 4Cl^{-} \longrightarrow 2[CuCl_4]^{2-} + H_2O$$

总的催化机理如图 2-24 所示。相关方面的研究表明，烯烃-Pd(Ⅱ）配合物 B 通过溶液中的水分子进攻配位乙烯，而不是通过配位羟基的插入发生水合的。形成水合产物 C 后又通过两步将配位了的醇异构化：第一步通过 β-H 消除反应生成 D；接着发生氢迁移反应得到 E。消除乙醛和质子后生成 Pd(0)，后者又被 Cu(Ⅱ）催化的空气氧化辅助循环转化成 Pd(Ⅱ)。机理的设计过程中又引入了一个标记实验来验证，当反应在 D_2O 存在的情况下进行时，最终产物中没有发现氘的存在。这一发现表明，或许是中间体D的寿命太短，Pd-H来不及被Pd-D取代；也或许是中间体C直接发生重排生成E。

配位于Pt(Ⅱ)的烯烃配体同样容易受到亲核进攻，但只有钯能建立起成功的催化系统。钯呈现出这种独特行为的主要原因可能是与5d的Pt(Ⅱ)配合物相比，4d的Pd(Ⅱ)配合物更具有动力学活泼性。此外，Pd(0)氧化为Pd(Ⅱ)的电极电势比相应的Pt电对的电极电势更有利。

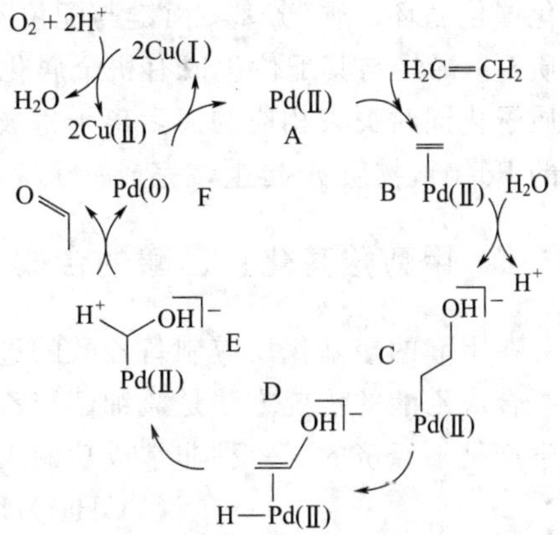

图2-24　钯催化烯烃氧化为醛的机理

2.5.5　钯催化的C—C键形成反应

这类反应都是通过试剂对金属中心的氧化加成，接着发生两个碎片的还原消除。存在许多钯催化的C—C键的形成反应（又叫偶联反应），其中包括与卤代芳烃的偶联反应、Heck偶联反应、Stille偶联反应和Suzuki偶联反应：

Heck偶联反应

Suzuki偶联反应：$E = B(OH)_2$

Stille偶联反应：$E = SnR_3$

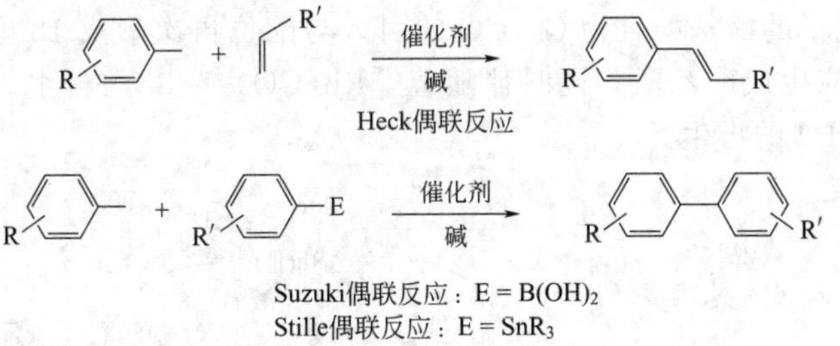

由于在钯催化偶联反应领域做出了重大贡献，Richard Heck、Akira Suzuki 和 Ei-ichi Negishi获得了2010年的诺贝尔化学奖。

尽管多种钯配合物都具有催化活性，不过通常还是使用Pd(Ⅱ)配合物，例如$[PdCl_2(PPh_3)_2]$。尽管精确的反应途径还不清楚（可能因每个Pd/配体/底物的组合的不同而不同），但所有这些反应显然都遵循相似的催化循环过程。图2-25展示出用于乙烯基与卤代芳烃偶联时的理

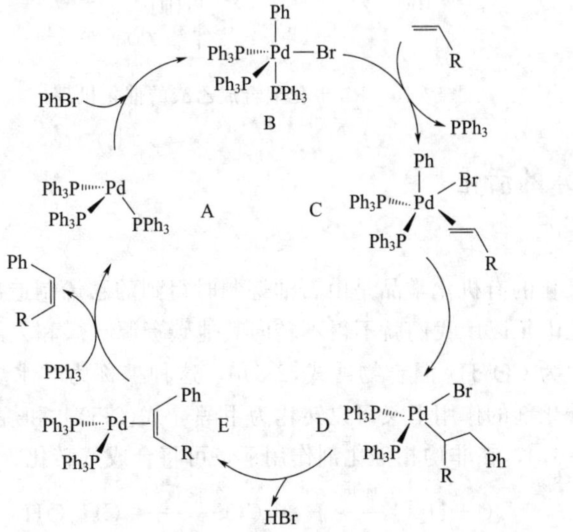

图2-25　Heck反应中乙烯基与卤代芳烃偶联的催化机理

想化催化循环。碳(芳基)-卤键与配位不饱和的 Pd(0) 配合物 A 发生氧化加成形成 Pd(Ⅱ) 物质 B；烯烃与其配位生成有机金属化合物 C；通过 1,2-迁移插入得到烷基配合物 D，后者去质子化同时失去相应的卤素离子生成与 Pd 结合的有机产物 E。接下来，PPh_3 的引入使起始的 Pd(0) 物质 A 再生，完成一个完整的催化循环。

2.5.6 甲醇羰基化：乙酸的合成

在甲醇的羰基化反应制备乙酸的过程中，铑和铱的配合物具有很好的活性和选择性。

合成乙酸的传统方法是氧细菌与乙醇溶液作用。然而，这一方法作为工业中高浓度乙酸的生产是不经济的。一种非常成功的工业生产方法是通过甲醇的羰基化反应来实现。

$$CH_3OH + CO \longrightarrow CH_3COOH$$

Ⅷ族的三种元素（Co、Rh 和 Ir）都能催化这种反应。最初使用的是钴配合物，后来开发了 Rh 基催化剂，通过降低反应压力，大大降低了生产成本，Rh 配合物参与这种反应的催化机理可通过图 2-26 来描述。在适当的反应条件下，第一步是碘离子与甲醇发生反应得到碘甲烷。催化循环始于四配位的 16 电子配合物 $[Rh(CO)_2I_2]^-$（A），随后通过碘甲烷的氧化加成反应生成六配位的 18 电子配合物 $[Rh(Me)(CO)_2I_3]^-$（B）。接下来发生甲基迁移，形成一个 16 电子的酰基配合物 C。CO 的引入与配位再次形成 18 电子的配合物 D，然后通过还原消除反应生成碘乙酰，同时伴随着 $[Rh(CO)_2I_2]^-$ 的再生。最后，碘乙酰水解生成乙酸，并完成 HI 的再生。

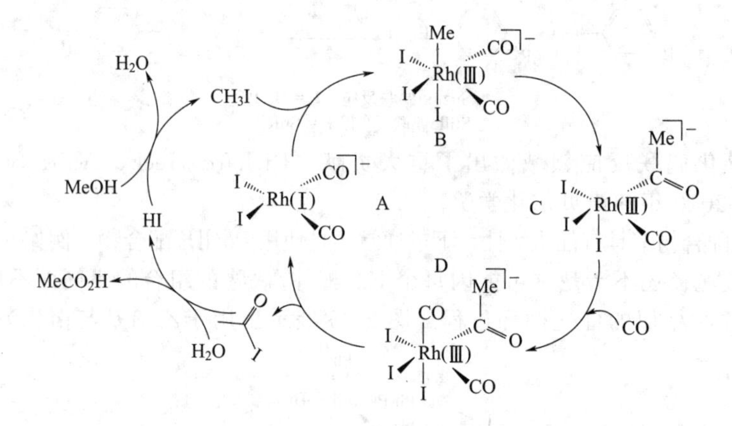

图 2-26 Rh 催化剂合成乙酸的催化机理

2.5.7 CO 和 CO_2 的活化

2.5.7.1 CO 的活化

现在大多数商品化的有机化学品是由石油炼制时得到的乙烯制造出来的。随着石油资源的日益消耗，可能在几十年以后我们就不得不转向其他碳资源。煤和天然气（甲烷）都能与空气及水蒸气作用，转化为 CO/H_2 混合物［式(2-5)］，这种被称为“水煤气”或“合成气”的混合物在各种非均相催化剂的作用下又可以转化为甲醇［式(2-5)］和烷烃燃料。特别是 Fischer-Tropsch 反应［式(2-6)］，在非均相催化剂作用下，可将合成气转化为长链烷烃和醇。

$$C + H_2O \xrightarrow{\text{加热}} H_2 + CO \xrightarrow{\text{催化剂}} CH_3OH \tag{2-5}$$

$$H_2 + CO \xrightarrow{\text{催化剂}} CH_3(CH_2)_nCH_3 + CH_3(CH_2)_nOH + H_2O \tag{2-6}$$

改变合成气中 CO 与 H_2 的比例通常很有用，可以通过水煤气变换反应来完成［式(2-7)］。反应可用非均相催化剂催化，如 Fe_3O_4 或 Cu/ZnO；也可以用均相催化剂，如［$Fe(CO)_5$］或［$Pt(i\text{-}Pr_3P)_3$］。式(2-7) 中的反应物和产物具有相当的自由能，故反应能向正反两个方向进行。这样反应既可以看作是 CO 活化，也可以看作是 CO_2 活化。

$$CO + H_2O \rightleftharpoons H_2 + CO_2 \tag{2-7}$$

在推测的均相铁催化反应循环机理（图 2-27）中，CO 与金属键合而被活化，OH^- 再亲核进攻活化了的 CO 中的碳原子。生成的金属羧酸经 β-消除脱羧的可能性较小，因为这需要先失去 CO 以产生一个空的中心；然而，这一物质却可以先失去质子后再失去 CO_2，接着金属再质子化得到［$HFe(CO)_4$］$^-$。这一阴离子氢化物质子化释放出 H_2，催化剂从而得以再生。Pt 催化剂更加有趣（图 2-28），它同时活化水和 CO，所以不需要加入碱。这是因为 Pt 配合物具有足够的碱性，能使水脱去质子而生成一个阳离子氢化物配合物。阳离子电荷使 CO 活化，被氢氧根亲核进攻而得到金属羧酸（M-COOH）。水和［$TpIr(CO)_2$］反应［式(2-8)，Tp＝三吡唑基硼酸盐］也能得到类似的一个稳定中间体。但最终产物［$TpIr(H)_2(CO)$］不能释放出 H_2，所以该体系不能用作催化剂。

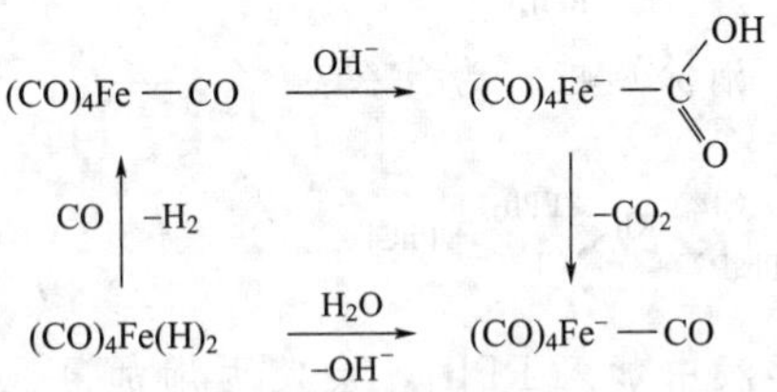

$(CO)_4Fe—CO \xrightarrow{OH^-} (CO)_4Fe^-—C(=O)OH \xrightarrow{-CO_2} (CO)_4Fe^-—CO \xrightarrow[-OH^-]{H_2O} (CO)_4Fe(H)_2 \xrightarrow[CO]{-H_2} (CO)_4Fe—CO$

图 2-27 ［$Fe(CO)_5$］催化水煤气变换反应的循环机理

$[PtL_3] \xrightarrow[-L]{H_2O,\ CO} [L_2(CO)Pt(H)]^+OH^- \longrightarrow L_2HPt—C(=O)OH \xrightarrow{-CO_2} [L_2Pt(H)_2] \xrightarrow[L]{-H_2} [PtL_3]$

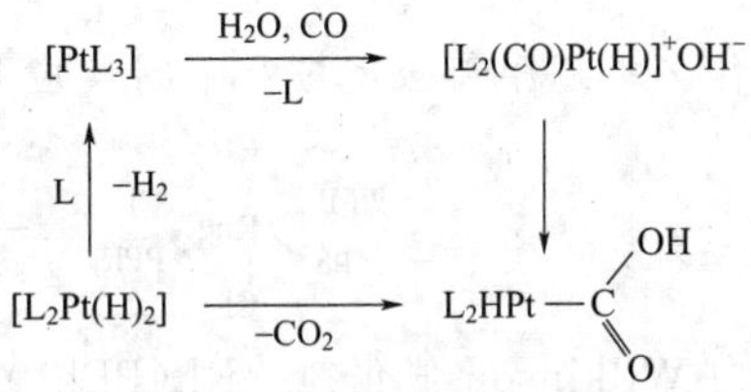

图 2-28 ［PtL_3］催化水煤气变换反应的循环机理（L＝$i\text{-}Pr_3P$）

$$[TpIr(CO)_2] \xrightarrow{H_2O} [TpIr(H)(COOH)(CO)] \xrightarrow{-CO_2} [TpIr(H_2)(CO)] \tag{2-8}$$

2.5.7.2 CO_2 的活化

二氧化碳在大气中的浓度不断增高被认为是引起全球变暖（温室效应）的原因之一。由于二氧化碳在热力学上非常稳定，因此只有很少产品具有以二氧化碳为原料通过放热工艺生产的潜力。例如可以利用氢气通过水煤气变换反应将二氧化碳还原为一氧化碳，再通过一氧化碳合成出各种碳化合物，不过这一方法的缺点是氢气太昂贵。实际上，目前制备氢气要消耗煤或者天然气，而它们都是有用的碳源。

$$CH_4 + H_2O \longrightarrow 3H_2 + CO$$
$$C + H_2O \longrightarrow H_2 + CO$$
$$H_2 + CO_2 \longrightarrow CO + H_2O$$

光合作用是最重要的二氧化碳活化过程，能使二氧化碳还原为碳水化合物，同时还伴随着氧气的生成。这些过程涉及很多金属酶；其中一种能“固定”二氧化碳的酶叫磷酸羧化酶，该酶中的一个烯醇阴离子能进攻二氧化碳的碳原子。这种酶活性中心含有 Cu^{2+}，Mn^{2+} 和 Mg^{2+} 等金属离子，其中之一可能是通过一个 η^1-OCO 配合物对二氧化碳产生极化作用的。

练习题

1. 判断下列化合物哪些是有机金属化合物。

(1) NaCN；(2) Bu_2SnCl_2；(3) $EtCO_2K$；(4) [Et_3Al]；(5) [$Co_2(CO)_8$]

2. 计算下列化合物的 EAN。

(1) [$ClMn(CO)_5$]；(2) [$(\eta^5\text{-}C_5H_5)_2Fe$]；(3) [$Re(CO)_5(PF_3)$]$^+$；

(4) [$Cr(CO)_6$]；(5) [$IrBr_2(CH_3)(CO)(PPh_3)$]；(6) [$Cr(\eta^5\text{-}C_5H_5)(\eta^6\text{-}C_6H_6)$]

3. 命名下列金属有机化合物。

(1) K[$(CH_2CH_2)PtCl_3$]·H_2O；(2) [$\eta^5\text{-}CpMn(CO)_3$]；(3) [$\eta^5\text{-}Cp_2ZrCl_2$]；

(4) [$IrCl(CO)(PPh_3)_2$]

4.(1) 可以认为 $Ph_3P{=}CH_2$ 是一个主族元素的卡宾配合物。它具有 Fischer 还是 Schrock 特征？利用图 2-18 原理解释之。

(2) 把 O 看成卡宾∶CH_2的等电子体时，[$Re({=}O)Cl_3(PPh_3)_2$] 也可以认为是卡宾，利用图 2-18 的原理能否推断出 M═O 的亲核性比相应的 M═CH_2 是强还是弱？

5. 什么叫氧化加成反应？下列反应是否是氧化加成反应？为什么？

$$(Ph_3P)_2Rh(PPh_3)(CCMe) \xrightarrow{MeCCH} (Ph_3P)(MeCC)Rh(H)(PPh_3)(PPh_3)(CCMe)$$

6. 什么叫还原消除反应？下列反应是否是还原消除反应？为什么？

$$(Ph_3P)(Ph)RhCl_3(PPh_3) \longrightarrow (Cl)(Ph_3P)Rh(PPh_3)(Cl) + PhCl$$

7. 向 Wilkinson 催化剂 [$Rh(PPh_3)_3Cl$] 的溶液中加入 PPh_3，会使丙烯加氢反应的效率降低，从机理角度解释这种现象。

8. 在 Monsanto 制备醋酸的工艺条件下，如何让 $MeCO_2Me$ 与 CO 反应生成醋酸酐？

9. 设计并绘出利用 1-丙烯生产丁醛的催化循环示意图。

10. 在 CO 存在条件下，Pt 催化反应 $2H^+(aq)+2e^- \longrightarrow H_2(g)$ 的效率大大降低，解释之。

第3章

原子簇

原子簇为无机化学中较为前沿的领域，同时涵盖了非金属与金属元素。非金属原子簇中，研究较早、较为成熟的一类是硼原子簇，包括硼烷及其衍生物。20 世纪 80 年代，以富勒烯、碳纳米管为代表的碳原子簇的发现为碳化学的发展开辟了新的研究领域。基于这种碳原子簇独特的结构与性质以及潜在的应用价值，该领域的探索已成为近年来无机化学及相关学科的研究热点。除硼、碳外，磷、硫、砷等非金属元素也可以形成原子簇，但相关的研究较为分散，因此非金属原子簇部分将以硼、碳原子簇为主要内容。与非金属原子簇相比，金属原子簇化合物的结构和类型更丰富，性质更奇特，本章也分门别类地进行介绍。

3.1 非金属原子簇

3.1.1 硼原子簇（硼烷）

3.1.1.1 硼烷的命名和性质

硼可以形成多种氢化物，硼氢化物统称为硼烷（borane）。硼不仅能形成 B_2H_6、B_4H_{10}、B_6H_{10} 等中性硼氢化物，还可以形成一系列如 BH_4^-、$B_3H_8^-$、$B_{11}H_{14}^-$、$B_nH_n^{2-}$（$n=6\sim12$）等硼氢阴离子。

硼烷的命名原则与烷烃类似：硼原子数在 10 以内的，用干支表示词头，超过 10 的用数字表示，氢原子数用阿拉伯数字表示在括号中。例如，B_4H_{10} 称为丁硼烷（10），B_6H_{12} 称为己硼烷（12），$B_{14}H_{18}$ 称为十四硼烷（18）。

目前发现的最简单硼烷为乙硼烷(B_2H_6)。甲硼烷 BH_3 虽然存在于 $H_3B\cdot NH_3$、$H_3B\cdot PH_3$、$H_3B\cdot CO$ 等 Lewis 酸-碱加合物中，但到目前为止仍未分离出 BH_3。

大多数硼烷不稳定，容易发生水解、氧化等反应。其中研究最多的是乙硼烷以及稳定性好的癸硼烷（$B_{10}H_{14}$）。

乙硼烷气体有剧毒，遇水立即水解生成硼酸，并释放出氢气：

$$B_2H_6+6H_2O \longrightarrow 3H_3BO_3+6H_2\uparrow$$

乙硼烷遇到如氯气等强氧化剂时，则反应生成相应的卤化物：

$$B_2H_6+6Cl_2 \longrightarrow 2BCl_3+6HCl$$

纯乙硼烷室温下相对稳定，但是在燃烧时会放出大量的热，曾设想用作火箭燃料：

$$B_2H_6+3O_2 \longrightarrow B_2O_3+3H_2O \qquad \Delta H=-2137.7\text{kJ}\cdot\text{mol}^{-1}$$

乙硼烷作为一种 Lewis 酸，和某些 Lewis 碱反应时，会发生两种不同类型的分裂，在加热时，两者均可形成环状化合物，通常情况下，与 NH_3 等体积较小的 Lewis 碱反应时发生异裂：

$$B_2H_6 \xrightarrow{2NH_3} [H_2B(NH_3)_2]^+[BH_4]^- \xrightarrow{\triangle} (HBNH)_3$$

$$B_2H_6 \xrightarrow{(CH_3)_2PH} [(CH_3)_2PH][BH_3] \xrightarrow{\triangle} [HBP(CH_3)_2]_3$$

此外，乙硼烷在有机反应中也常见到，例如硼氢化反应，即乙硼烷与不饱和烃反应生成烃基硼烷。烃基硼烷作为重要的合成中间体，广泛用于 C—H、C—O、C—X、C—N 键的形成，如：

$$C_2H_4 \xrightarrow{B_2H_6} (C_2H_5)_3B \xrightarrow{H_3O^+} C_2H_6$$

$$C_2H_4 \xrightarrow{B_2H_6} (C_2H_5)_3B \xrightarrow{H_2O_2} C_2H_5OH$$

乙硼烷和氢化锂反应，生成硼氢化锂。在有机合成中，硼氢化锂可作为选择性还原剂，将醛、酮还原为醇。

$$B_2H_6 + 2LiH \xrightarrow{Et_2O} 2LiBH_4$$

3.1.1.2 硼烷的制备

20 世纪初，德国化学家 Alfred Stock 在实验室通过酸与硼化镁作用，制备出 B_4H_{10}、B_5H_9、B_6H_{10}、$B_{10}H_{14}$ 等一系列硼烷及其衍生物。鉴于硼烷本身具有挥发性、易燃性、活泼性，且对空气敏感，所以在制备过程中需要运用真空技术。到了 20 世纪 50 年代，人们发展了一种采用甲基硼酸酯与氢化钠反应制备硼氢化钠的方法：

$$B(OCH_3)_3 + 4NaH \xrightarrow{\triangle} 2NaBH_4 + 3NaOCH_3$$

然后由硼氢化钠与三氟化硼反应制备乙硼烷：

$$3NaBH_4 + 4BF_3 \xrightarrow{(C_2H_5)_2O} 2B_2H_6 + 3NaBF_4$$

实验室制备少量乙硼烷时还可以采用将硼氢化钠小心地加入浓硫酸或磷酸中：

$$2NaBH_4 + 2H_2SO_4 \longrightarrow B_2H_6 + 2NaHSO_4 + 2H_2$$

乙硼烷还可以在铝和三氯化铝存在下，直接由氢化三氧化二硼来制备：

$$B_2O_3 + 2Al + 3H_2 \xrightarrow{AlCl_3} B_2H_6 + Al_2O_3$$

由乙硼烷热解，可以进一步制备其他高级硼烷：

$$2B_2H_6 \xrightarrow{120℃} B_4H_{10} + H_2$$

$$5B_4H_{10} \xrightarrow{120℃} 4B_5H_{11} + 3H_2$$

3.1.1.3 硼烷的结构

硼烷有三种典型结构，分别是闭式（closo）、开式（nido）和网式（arachno），其他还有敞网式（hypho）等结构类型。

闭式硼烷阴离子具有 $[B_nH_n]^{2-}$（$n=6\sim12$）的通式，常见骨架如图 3-1 所示。

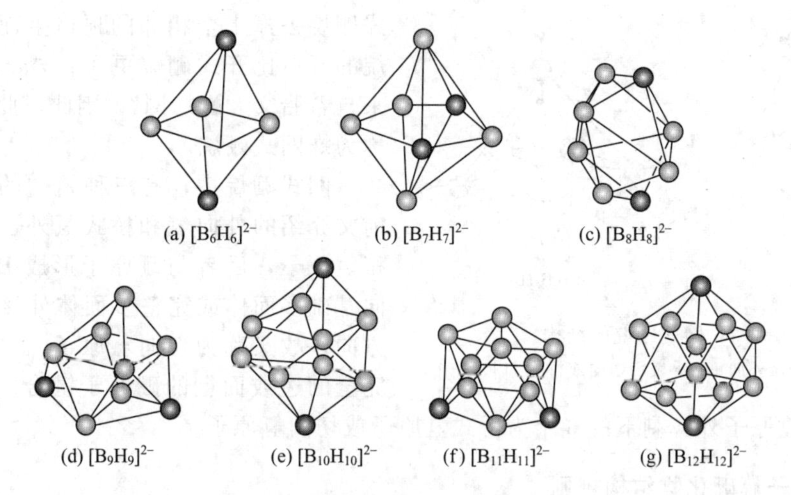

图 3-1 闭式硼烷阴离子的结构

闭式硼烷阴离子结构中，n 个硼原子构成多面体骨架，均由三角面组成，硼原子占据顶点。由于这种骨架多面体形状与笼子接近，故有笼形硼烷之称。每个硼原子均有一端梢氢原子与之键合，这种端梢 B—H 键由 B_n 组成的多面体骨架的中心向四周散开，又称为外向 B—H 键。

研究表明，$[B_nH_n]^{2-}$ 骨架的稳定性有很大的差异。例如，$[B_{12}H_{12}]^{2-}$ 不易水解，不与强碱作用，且热稳定性高，甚至 $K_2B_{12}H_{12}$ 加热到 700℃以上才分解，而 $[B_7H_7]^{2-}$ 遇水即缓慢水解放出氢气。Wade 等又利用 EHMO（extended Hückel molecular orbital）方法，从理论层面上对其稳定性进行描述。综合理论和实验结果，$[B_6H_6]^{2-}$、$[B_{10}H_{10}]^{2-}$ 和 $[B_{12}H_{12}]^{2-}$ 稳定性较高，其中 $[B_{12}H_{12}]^{2-}$ 最稳定；$[B_7H_7]^{2-}$、$[B_8H_8]^{2-}$、$[B_9H_9]^{2-}$ 和 $[B_{11}H_{11}]^{2-}$ 稳定性差，其中 $[B_7H_7]^{2-}$ 最不稳定。

开式硼烷可以用 B_nH_{n+4} 通式表示，部分开式硼烷的结构如图 3-2 所示。

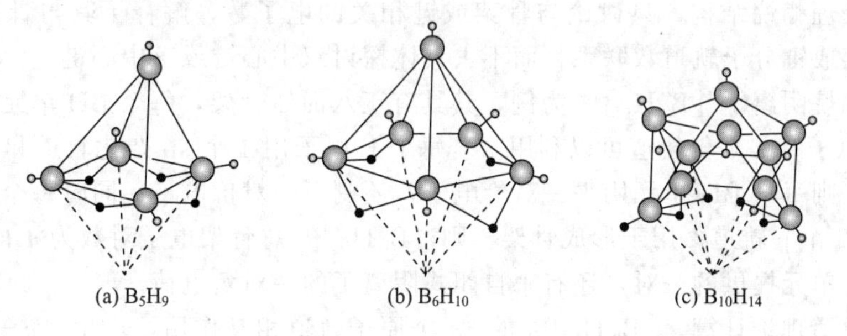

图 3-2 开式硼烷的结构
[∘表示外向 H，•表示桥式 H]

开式硼烷的骨架，可以看成由闭式硼烷阴离子的多面体骨架去掉一个顶衍生而来，是开口、不完全或缺顶的多面体。因这种结构的形状与鸟窝相似，故又称为巢式硼烷。

在开式硼烷中，有两种结构不同的氢原子，其中一种和闭式硼烷阴离子类似，属于端梢的外向氢原子。另一种处于氢桥位置，属于桥式氢原子。B_nH_{n+4} 中，除 n 个外向氢原子外，剩下的 4 个均为桥式氢原子。

网式硼烷可以用 B_nH_{n+6} 通式表示，部分网式硼烷的结构如图 3-3 表示。

网式硼烷的骨架，可以看成由闭式硼烷阴离子骨架去掉 2 个相邻的顶衍生而来，或由开

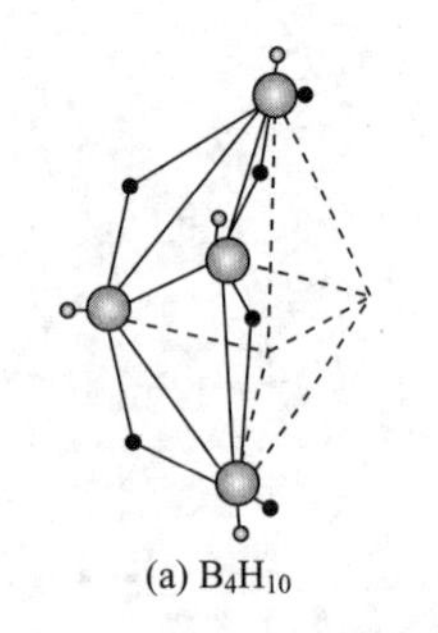

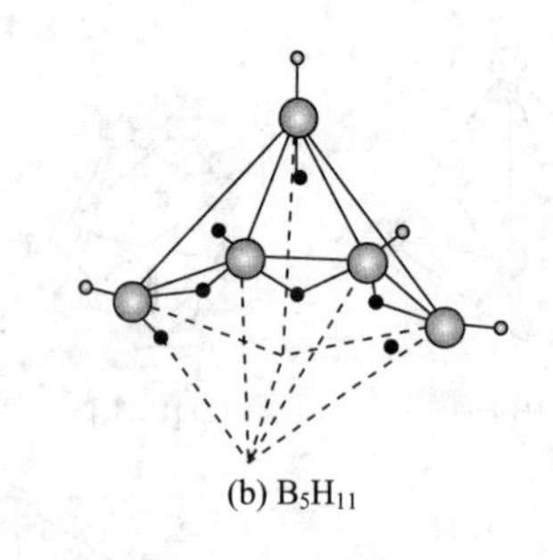

图 3-3 网式硼烷的结构
[∘表示外向 H，•表示切向或桥式 H]

式硼烷去掉 1 个相邻的顶衍生而来。网式硼烷的开口比开式硼烷更大。“arachno”一词来自希腊文“蜘蛛网”，因此，此类硼烷又被称为蛛网式硼烷。

网式硼烷中，有三种结构的氢原子。除前文介绍的外向氢和桥式氢外，还有一种端稍氢原子，后者与硼原子形成 B—H 键，指向基础多面体或完整多面体外接球面的切线方向，故又称为切向氢原子。它们与处于不完全的边或面上的硼原子键合。B_nH_{n+6} 中，除 n 个外向氢原子外，剩下的 6 个为桥式氢原子或切向氢原子。

3.1.1.4 原子簇硼化物结构规则

1. 多中心规则

原子簇硼化物通常是缺电子分子，总价电子数比各原子对的成键轨道数的两倍要少。B 原子的电子组态为 [He]$2s^2 2p^1$，它的 2s 轨道与 2p 轨道可形成 sp^3 杂化轨道。以 B_2H_6 为例，按 6 个 B—H、1 个 B—B 共 7 个成键轨道计算，应有 14 个价电子，而 B_2H_6 只有 12 个。实际情况是形成了两个 B—H—B 三中心两电子键，参见图 3-4。B 原子采取 sp^3 杂化，位于一个平面的 BH_2 原子团，以三中心两电子键连接；位于该平面上、下且对称的 H 原子与硼原子分别形成三中心两电子键，称为氢桥键。

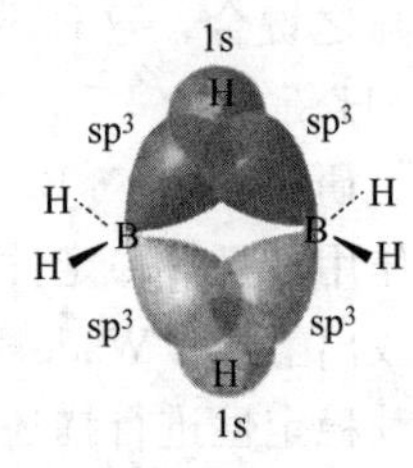

图 3-4 B_2H_6 的成键示意图

2. Wade 规则

1976 年，K. Wade 提出多面体骨架电子对理论（polyhedral skeletal electron pair theory，PSEPT）即 Wade 规则。它借助半经验分子轨道法处理硼烷结构，只讨论与骨架或键相关的电子数，解释了其与骨架构型间的关系，并与骨架成键分子轨道数联系，而不去具体探讨双中心键或三中心键。

以闭式硼烷阴离子 $[B_6H_6]^{2-}$ 为例，其具有正八面体骨架，每个 BH 单元具有 4 个价电子，每个 B 原子有 4 个价轨道可以利用。若每个 B 原子用 1 个 sp 杂化轨道和氢原子形成外向 B—H 键，则每个 BH 单元用去一对价电子，还剩下一对价电子；同时每个 B 原子还有 1 个 sp 轨道和 2 个 p 轨道，用于形成骨架，则 $[B_6H_6]^{2-}$ 总骨架电子对数为 $n+1=7$，其中 n 来自每对 BH 单元提供的一对，还有来自闭式阴离子的一对负电荷。

按分子轨道理论计算，$[B_6H_6]^{2-}$ 的 $3n$ 个原子轨道相互作用，产生（$n+1$）个成键分子轨道，即在 $[B_6H_6]^{2-}$ 中，18 个原子轨道相互作用形成 7 个成键分子轨道（图 3-5）。

$[B_6H_6]^{2-}$ 中，骨架成键分子轨道数和骨架电子对数同为 7，骨架电子对刚好填充在骨架成键分子轨道上。

开式、网式硼烷可从假想的阴离子 $[B_nH_n]^{4-}$、$[B_nH_n]^{6-}$ 入手，如前文所述，这两种阴离子的骨架电子对总数分别为（$n+2$）、（$n+3$）。开式结构对应有（$n+2$）对骨架电子对的 $[B_nH_n]^{4-}$；网式结构对应有（$n+3$）对骨架电子对的 $[B_nH_n]^{6-}$。虽然开式、网式硼烷相比于闭式硼烷是缺 1 个或 2 个顶的不完全多面体，但骨架成键分子轨道数仍比基础多面体多一个。

因此，设想闭式硼烷 $[B_nH_n]^{2-}$ 中加入一对或两对电子，可得到开式或网式结构。而

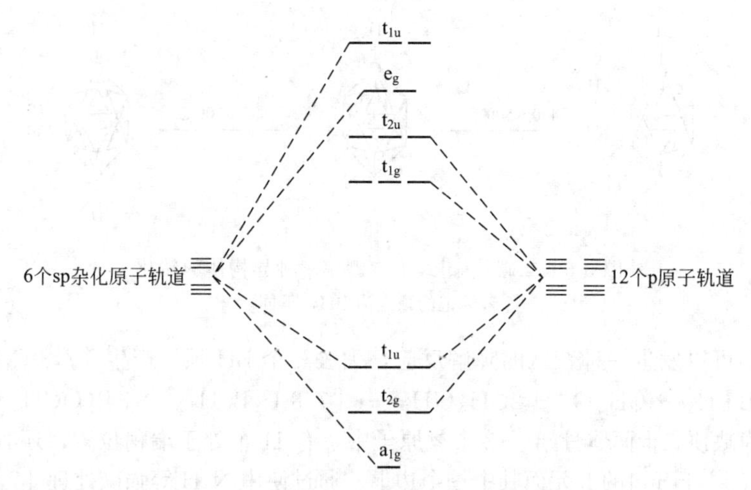

图 3-5 $[B_6H_6]^{2-}$骨架分子轨道能级图

事实上加入电子的负电荷为形成 BHB 桥或切向 BH 基团的补偿。即，若把中性开式硼烷 B_nH_{n+4} 看成由 $[B_nH_n]^{4-}$ 加 4 个 H^+ 而来，则 4 个 H 占据 BHB 桥位置；中性网式硼烷 B_nH_{n+6}看成由 $[B_nH_n]^{6-}$加 6 个 H^+而来，则 6 个 H 占据 BHB 桥或切向 BH 的位置。

Wade 规则可全面应用于闭式、开式和网式，归纳总结如表 3-1 所示。

表 3-1 Wade 规则要点

化学式	结构类型	骨架	骨架电子对数
$[B_nH_n]^{2-}$	闭式	三角面构成完整多面体	$n+1$
B_nH_{n+4}	开式	闭式多面体缺一顶	$n+2$
B_nH_{n+6}	网式	开式多面体再缺一相邻的顶	$n+3$

3.1.2 硼烷衍生物

3.1.2.1 碳硼烷

自 20 世纪 60 年代发展至今的碳硼烷化学是硼烷化学的一个重要分支。碳硼烷（carborane）是指多面体硼簇化合物的一个或多个硼顶点被碳原子取代而形成的化合物。由于 CH 和 BH^- 是等电子体，因此硼烷中部分 BH^- 基团可被 CH 基团取代，形成碳硼烷。不同数目和不同位置的硼原子被碳原子取代，形成了大量的碳硼烷簇合物，其构型主要有闭式、开式和网式。在这三种构型的碳硼烷中，闭式碳硼烷数量最多，性质也最稳定。在碳硼烷化学中，具有二十面体构型的二碳代-闭式十二硼烷（dicarba-closo-dodecaborane，$C_2B_{10}H_{12}$）最受关注。根据两个骨架碳原子所处的相对位置不同，二碳代-闭式十二硼烷有三种异构体：邻碳硼烷（o-$C_2B_{10}H_{12}$）、间碳硼烷（m-$C_2B_{10}H_{12}$）和对碳硼烷（p-$C_2B_{10}H_{12}$）。在加热条件下，二碳代-闭式十二硼烷可发生原子重排，进行构型转化（图 3-6）。

3.1.2.2 金属碳硼烷

金属碳硼烷（metallocarborane）是由金属原子、硼原子以及碳原子组成的骨架多面体原子簇化合物。自从第一个金属碳硼烷阴离子 $[(C_2B_9H_{11})_2Fe]^{2-}$ 被发现后，这一领域迅速发展。$[(C_2B_9H_{11})_2Fe]^{2-}$ 的母体是 1,2-$C_2B_{10}H_{12}$。虽然 1,2-$C_2B_{10}H_{12}$ 对一般化学试剂稳定，但是在

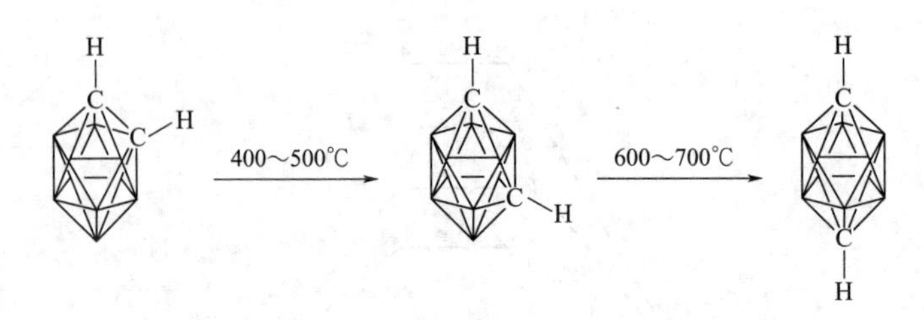

图 3-6　二碳代-闭式十二硼烷三种异构体的转化

[未标记的顶点为 BH，下同]

强碱的作用下，可以发生一种特殊的降解反应，失去一个 BH 顶，产生 $[7,8\text{-}C_2B_9H_{12}]^-$。

$$1,2\text{-}C_2B_{10}H_{12}+CH_3O^-+2CH_3OH \longrightarrow [7,8\text{-}C_2B_9H_{12}]^-+B(OCH_3)_3+H_2$$

该阴离子为缺顶二十面体骨架，12 个氢原子中，有 11 个处于端稍位置，还有一个处于三中心 BHB 桥键上，位于开口的五元面其中一个边上。通过使用 NaH 等强碱处理 $[7,8\text{-}C_2B_9H_{12}]^-$，可以去掉这个桥式氢原子，生成 $[7,8\text{-}C_2B_9H_{11}]^{2-}$。

$$[7,8\text{-}C_2B_9H_{12}]^-+NaH \longrightarrow [7,8\text{-}C_2B_9H_{11}]^{2-}+Na^++H_2$$

在 $[7,8\text{-}C_2B_9H_{11}]^{2-}$ 开口面上，3 个硼原子和 2 个碳原子各提供 1 个 sp^3 杂化轨道。这 5 个轨道总共包含 6 个离域电子，这与环戊二烯基阴离子 $C_5H_5^-$ 由 p 轨道组成的 π 体系极其相似。因环戊二烯基能形成大量的有机金属化合物，故 Hawthorne 及其合作者推测 $[7,8\text{-}C_2B_9H_{11}]^{2-}$ 也可以作为 π 配体形成金属碳硼烷。采用类似于合成二茂铁的方法，利用无水氯化亚铁与开式碳硼烷阴离子 $[7,8\text{-}C_2B_9H_{11}]^{2-}$ 反应，合成出第一个金属碳硼烷 $[(CH_3)_4N]_2[(C_2B_9H_{11})_2Fe]$。

$$2[C_2B_9H_{11}]^{2-}+FeCl_2 \longrightarrow [(C_2B_9H_{11})_2Fe]^{2-}+2Cl^-$$

图 3-7 展示了 $[7,8\text{-}C_2B_9H_{11}]^{2-}$ 和 $[(C_2B_9H_{11})_2Fe]^{2-}$ 的结构，可见铁、硼和碳原子组成共 12 个顶点的多面体骨架，其中铁原子与 2 个二十面体共享，可看成是由开式配体和金属离子形成的配位化合物。

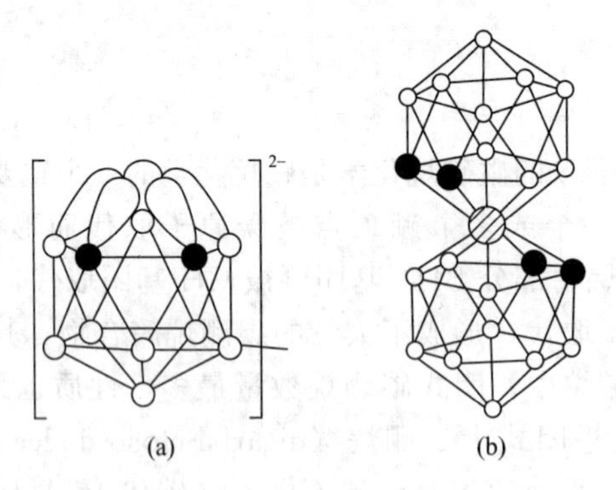

图 3-7　$[7,8\text{-}C_2B_9H_{11}]^{2-}$ (a) 和 $[(C_2B_9H_{11})_2Fe]^{2-}$ (b) 的结构

硼烷衍生物除碳硼烷、金属碳硼烷外，还有很多，比如硫、磷等原子均可作为骨架原子参与，本章节不再详述。

3.1.3　碳原子簇

本章中所涉及的碳原子簇主要是指富勒烯及其化合物以及碳纳米管。这两类物质展现了两个全新的碳化学领域，受到广泛的关注，其研究领域拓展到物理学、材料学、医学、生命

科学等，具有深远的潜在应用前景和科研价值。1996 年，Kroto、Curl 和 Smalley 三人因发现 C_{60} 获得诺贝尔化学奖。

3.1.3.1 富勒烯

1984 年 Rohlfing 等在氦气流中用激光使石墨棒蒸发，并通过质谱仪检测产物，发现有一系列碳原子数为 1～190 的原子簇型号，在 1～30 个碳原子间，有单数也有双数信号，超过 40 个碳原子只观测到双数信号，且 C_{60} 峰最强，量化计算也表明 C_{60} 最稳定。后续实验证实了 C_{60} 的特殊稳定性，因此最受瞩目。C_{60} 主要以光谱纯的石墨棒作电极，在氦气氛围中，通过电弧法制备，混合产物中约占 85%。通过高效液相色谱法、重结晶法、萃取法或升华法分离提纯后，最终可以得到纯度为 99.9%的 C_{60}。

具有闭式空心笼型结构的碳原子簇，统称为富勒烯(fullerene)。过去曾预测碳原子簇需由五边形和六边形构成，否则无法闭合；从电子结构看，C_{60} 具有大 π 键。通过结构测定可以知道，C_{60} 由三十二面体组成，包含 12 个五边形和 20 个六边形，属于 I_h 点群，结构中有 60 个等同的碳原子，每个碳原子用接近 sp^2 杂化轨道成键，却形成两种不同类型的键：2 个六边形交接的 C—C 距离为 138pm；六边形和五边形交界的 C—C 距离为 145pm。前者表现出双键的性质。图 3-8 展示了 C_{60} 的理想结构。

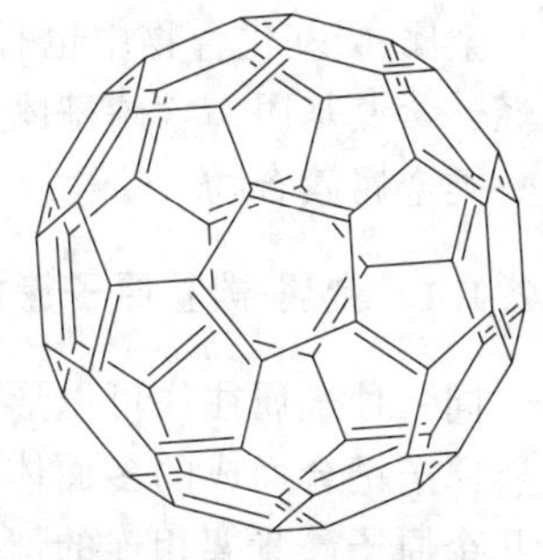

图 3-8 C_{60} 的理想结构

C_{60} 晶体呈棕黑色。晶体结构测定表明，C_{60} 分子间仅靠微弱的范德华力结合，室温下，C_{60} 空心球体不断旋转，致使 C_{60} 分子取向无序；低于 249K，C_{60} 取向有序；在 5K 时，通过中子衍射法测得 C_{60} 属于立方晶系。

3.1.3.2 碳纳米管

1991 年，日本学者 Iijima 通过高分辨电子显微镜观察电弧蒸发石墨后的阴极产物，发现了碳纳米管（carbon nanotube，CNT)。碳纳米管同样是一种笼状碳原子簇，故可看作是富勒烯的一种。根据 Euler 规则（面数＋顶点数＝棱数＋2)，各种不同大小的富勒烯，六边形数目不相同，五边形总数只有 12 个。碳纳米管可看作是一卷曲的由无数六边形构成的石墨层，两端由两个富勒烯半球构成封闭拱顶。根据富勒烯剖开的半球结构不同，碳纳米管也有多种形式，其直径取决于富勒烯半球的大小。

现已合成多壁碳纳米管（multiwalled carbon nanotube，MWNT）和单壁碳纳米管（singlewalled carbon nanotube，SWNT)。前者首先被发现，层间距为 0.34nm，较单晶石墨层间距(0.335nm) 大。MWNT 可通过在氦气氛围下的直流电弧法和催化气相沉积法、等离子-热阴极化学气相沉积法等制备；SWNT 可通过催化剂-碳蒸气沉积法或化学气相沉积法制备。

碳纳米管在尺寸、结构上的特征，使得它具有不同寻常的性质以及潜在的应用前景。根据碳纳米管基本特性的不同，SWNT 有金属性与半导性之分，MWNT 倾向于半金属性，可用作纳米半导体器件、扫描隧道显微镜的探针等。同时，碳纳米管表面光滑且笔直，管内有一通道，可嵌入其他分子或原子，氢气等物质可进入碳纳米管内部，并在一定条件下释放出来，这表明碳纳米管或许可以成为氢气的储存器。

3.2 金属原子簇

金属原子之间相互键合，形成以多面体骨架为特征的金属原子簇（metal cluster)。金属原子簇最基本的共同点为含有金属-金属（M—M）键。自二十世纪六十年代初，人们把金属原子簇作为一个独立的领域进行探索。目前已合成大量不同类型的金属原子簇，提出了多面体骨架电子对理论，并探究其在催化等领域的应用。

随着对金属原子簇的深入研究，还发现金属原子间不仅仅能形成金属-金属单键，还能形成金属-金属多重键，包括二重键、三重键、四重键。自 1964 年发现第一例含有金属四重键的化合物 $K_2[Re_2Cl_8]\cdot 2H_2O$ 以来，不断有新型的含有金属多重键的化合物被发现。金属原子簇主要集中在 d 区元素。

3.2.1 金属-羰基原子簇

金属-羰基化合物中也有含多金属的金属簇合物，除此以外，一部分羰基还可以被烯烃、炔烃、含氮基团、含磷基团取代。金属-羰基簇合物及其衍生物是数量比较多、发展比较快的一类金属簇合物。

3.2.1.1 金属-羰基原子簇的结构

同一种金属往往可以形成一系列大小不等的羰基簇合物，这些簇合物结构中，均包含由金属原子键合而成的多面体骨架。类似于高核硼烷，高核金属-羰基原子簇中也会出现两个或几个原子簇骨架相连的情况。对于同一种金属而言，由于能形成众多大小不一的羰基簇合物，因此骨架的几何结构各异。图 3-9 展示了几种结构不同的铑-羰基原子簇。

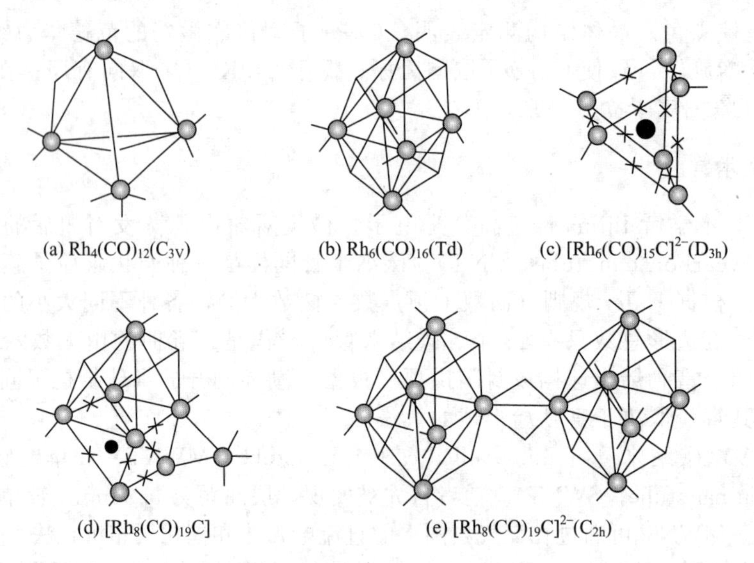

图 3-9 铑-羰基原子簇结构

［带“×”的化学键表示含有边桥羰基（μ-CO）］

在铑的羰基簇合物中，n 个铑原子（或离子）组成不同几何形状的多面体骨架，羰基以端基、边桥基或面桥基的形式与铑原子相连接。$[Rh_6(CO)_{16}]$ 的晶体结构为八面体，每个铑原子与 4 个其他铑原子键合，Rh—Rh 的平均键长为 277.6pm。八面体骨架的 4 个面上各有 1 个面桥基，它们相互错开；每个顶点上的铑原子还有 2 个端梢羰基，合计共 16 个羰基。

原子簇阴离子 $[Rh_6(CO)_{15}C]^{2-}$ 的多面体骨架虽然也由 Rh_6 组成，但几何形状却为三角棱柱体，其中每个铑原子和 3 个其他铑原子键合，三角底边的 Rh—Rh 平均键长为 277.6pm，棱边的 Rh—Rh 平均键长为 287.1pm。15 个羰基中，有 9 个为边桥基，每边各一个；另有6个端梢羰基分别与铑原子键合，碳原子位于多面体的中心。

$[Rh_8(CO)_{19}C]$ 的多面体骨架比较特殊：6个铑原子组成三角棱柱体的基本结构单元；还有2个铑原子，一个在棱柱体底面的顶部，另一个处于边桥位置，形成不对称的几何形状，这种不对称的结构在原子簇中较少见。19个羰基既有端基，也存在边桥基和面桥基。

$[Rh_8(CO)_{19}C]^{2-}$ 为具有12个顶点的高核簇合物，含有2个八面体骨架，它们通过其中两个顶点的Rh—Rh键以及2个边桥羰基（μ-CO）相连。每个八面体的4个面各有1个面桥基，除2个八面体间相连的铑原子外，其余10个铑原子各有2个端梢羰基，合计共30个羰基。

上面介绍的均为同核金属-羰基原子簇，一些金属原子还能形成异核羰基簇合物，如 $[Ru_3Rh(CO)_{13}]^-$、$[RuRh_3(CO)_{13}]^-$、$[Ru_2Rh_2(CO)_{13}]^-$。这些钌-铑异核羰基簇合物中，钌和铑共同构建了多面体骨架。

以上仅列举了Ⅷ族的某些金属-羰基簇合物，但也具有其普遍性：在金属-羰基簇合物中，均包含金属原子或掺入的杂原子组成的多面体骨架，羰基主要以端基、边桥基或面桥基与金属原子簇连接在一起。

3.2.1.2 金属-羰基原子簇的性质

几乎所有的单核配合物的反应，如配位取代反应、氧化还原反应、加成反应等也适用于多核金属原子簇化合物。然而，金属原子簇的反应又有它本身的特殊性和复杂性。由于多核金属原子簇必须作为一个整体来考虑，它们的反应很少仅在单个金属中心上发生；同时，电子效应和立体效应从原子簇的一部分到另一部分的迅速传递也不容忽视。如面桥基等的一部分配体只存在于原子簇中，它们需要通过和几个金属原子键合才得以稳定。若原子骨架遭到破坏，则面桥基也就不复存在。

另一方面，原子簇进行配位反应时，常常伴随着多面体骨架的变化，包括几何形状和骨架原子数的变化，从而使反应复杂化，甚至无法预测反应结果是什么。如：

$$\underset{\text{四面体}}{Co_4(CO)_{12}} + RC{\equiv}CR \longrightarrow \underset{\text{蝴蝶形}}{Co_4(CO)_{10}(RC{\equiv}CR)} + 2CO$$

这一结果表明，在配体取代反应发生的同时，多面体骨架的几何形状也随之发生了改变，由四面体转为蝴蝶形。

配体取代反应还可以导致金属原子簇发生降解，即多面体骨架受到影响，由较大的原子簇转变为较小的原子簇甚至单核配合物。

$$[Pt_9(CO)_{18}]^{2-} + 9PPh_3 \longrightarrow [Pt_6(CO)_{12}]^{2-} + 3Pt(CO)(PPh_3)_3 + 3CO$$

$$[Rh_6(CO)_{16}] + 12PPh_3 \longrightarrow 3[Rh(CO)_2(PPh_3)_2]_2 + 4CO$$

$$4[Rh_{12}(CO)_{30}]^{2-} + 12Cl^- \longrightarrow 7[Rh_6(CO)_{15}]^{2-} + 6[Rh(CO)_2Cl_2]^- + 3CO$$

在氧化还原反应或其他反应中也有类似的现象发生。如，在发生氧化还原反应的同时，也时常伴随着多面体骨架的破坏。

$$10[Co_6(CO)_{15}]^{2-} + 22Na \longrightarrow 9[Co_6(CO)_{14}]^{4-} + 6[Co(CO)_4]^- + 22Na^+$$

$$2[Pt_9(CO)_{18}]^{2-} + 2Li \longrightarrow 3[Pt_6(CO)_{12}]^{2-} + 2Li^+$$

除了与单核配合物共同的反应类型外，多核金属原子簇也有它本身特殊的反应，如骨架转换反应：

$$\underset{\text{四面体}}{[Fe_4(CO)_{13}]^{2-}} + H^+ \underset{DMSO}{\overset{THF}{\rightleftharpoons}} \underset{\text{蝴蝶形}}{[Fe_4(CO)_{13}H]^-}$$

$$[Rh_6(CO)_{13}C]^{2-} + 2CO \underset{60℃}{\overset{25℃}{\rightleftharpoons}} [Rh_6(CO)_{15}]^{2-}$$

八面体　　　　　　　　三角棱柱体

总之，金属原子簇反应是一类变化多端的反应，本章节不再加以详述。

3.2.1.3　金属-羰基原子簇的合成

金属-羰基簇合物的合成主要有氧化还原、氧化还原缩合和热缩合三条基本途径。

1. 氧化还原途径

锇的三核羰基簇合物 $[Os_3(CO)_{12}]$ 是制备其他锇的二元羰基簇合物及其衍生物的中间产物。该簇合物是在一定的温度和压力条件下，由一氧化碳还原四氧化锇的甲醇溶液来制备。

$$OsO_4 \xrightarrow[175℃]{CO, 7.5MPa} [Os_3(CO)_{12}]$$

该反应产生的 $[Os_3(CO)_{12}]$ 产率可达85%，粗品在130℃真空升华提纯后，可以得到亮黄色的 $[Os_3(CO)_{12}]$ 固体。该反应同时还生成少量的 $[HOs_3(CO)_{10}(OH)]$、$[HOs_3(CO)_{10}(OMe)]$ 和 $[HOs_3(CO)_{10}(OMe)_2]$。

2. 氧化还原缩合途径

通过氧化还原缩合反应，可以使原子簇逐步放大，且产率控制到接近定量的程度，以 Rh_4 到 Rh_7 为例。

$$[Rh(CO)_4]^- + [Rh_4(CO)_{12}] \xrightarrow[THF]{25℃} [Rh_5(CO)_{15}]^- + CO$$

$$[Rh(CO)_4]^- + [Rh_5(CO)_{15}]^- \underset{-70℃}{\overset{25℃}{\rightleftharpoons}} [Rh_5(CO)_{15}]^{2-} + 4CO$$

$$[Rh(CO)_4]^- + [Rh_6(CO)_{15}]^{2-} \underset{-70℃}{\overset{25℃}{\rightleftharpoons}} [Rh_7(CO)_{16}]^{3-} + 3CO$$

上述氧化还原缩合反应形成了新的 M—M 键，同时释放出 CO。其中后两个反应的逆反应只有在−70℃下才能发生，表明氧化还原缩合反应是一个吸热反应。

除铑以外，氧化还原缩合还可以发生在铁-羰基原子簇和铂-羰基原子簇上。

$$[Fe(CO)_5] + [Fe_3(CO)_{11}]^{2-} \xrightarrow[THF]{25℃} [Fe_4(CO)_{13}]^{2-} + 3CO$$

$$[Pt_6(CO)_{12}]^{2-} + [Pt_{12}(CO)_{24}]^{2-} \xrightarrow[THF]{25℃} 2[Pt_9(CO)_{18}]^{2-}$$

3. 热缩合途径

热缩合法相比氧化还原缩合途径，反应产物很难控制，产率往往偏低。以 $[Os_3(CO)_{12}]$ 的热缩合为例，将 $[Os_3(CO)_{12}]$ 置于封闭管中，在210℃下反应12h后，得到一种深棕色固体。采用乙酸乙酯萃取并通过薄层色谱分离后，得到一系列 Os_5～Os_8 羰基簇合物（在空气中稳定）和少量未热解的 $[Os_3(CO)_{12}]$。

$$[Os_3(CO)_{12}] \xrightarrow[12h]{210℃} [Os_5(CO)_{16}] + [Os_6(CO)_{18}] + [Os_7(CO)_{21}] + [Os_8(CO)_{23}]$$

如果在不同的温度条件下进行热缩合，反应产物又有所不同。

$$[Os_3(CO)_{12}] \xrightarrow{250℃} [Os_5(CO)_{15}C] + [Os_6(CO)_{18}] + [Os_7(CO)_{21}] + [Os_8(CO)_{23}] + [Os_8(CO)_{23}C]$$

研究结果表明，随着温度的升高，原子簇增大，在极端条件下可形成金属锇。在催化研究方面，金属-羰基簇合物可以看作是金属表面吸附 CO 分子，故金属多核羰基化合物的反应性能，有可能是和金属锇表面吸附了一氧化碳有关，为多相催化研究提供了一个模型。

3.2.2　金属-卤素原子簇

金属-卤素簇合物虽然在数量上远不及金属-羰基簇合物，但作为较早发现的一类金属原子簇，对金属原子簇化学最初的发展起到了积极的推动作用。

金属-卤素簇合物多为二元簇合物，三核簇合物以 $[Re_3Cl_{12}]^{3+}$ 为代表，六核的主要有 $[M_6X_{12}]^{n+}$ 和 $[M_6X_8]^{4+}$ 两种典型的原子簇结构单元。除同核外，还存在异核金属-卤素原子簇。表 3-2 中列出部分金属-卤素原子簇。

表 3-2　部分金属-卤素原子簇

M_3	M_6	
	$[M_6X_{12}]^{n+}$	$[M_6X_8]^{4+}$
$[Re_3Cl_9]$	$[Zr_6I_{12}]$	$Cs_2[Mo_6Cl_8]Br_6$
$[Re_3Cl_3Br_6]$	$[Nb_6Cl_{12}]Cl_2 \cdot 7H_2O$	$[Mo_6Br_8]Br_4 \cdot 2H_2O$
$[Re_3Cl_3Br_7] \cdot 2H_2O$	$K_4[Nb_6Cl_{12}]Cl_6$	$Cs_2[W_6Cl_8]Br_6$
$Cs_3[Re_3Cl_{12}]$	$(Me_4N)_2[Nb_6Cl_{12}]Cl_6$	$[W_6Br_8]Br_4$

图 3-10 为 $[Re_3Cl_{12}]^{3+}$ 的结构，其中 Re_3 构成三角形骨架，Re—Re 平均键长为 247.7pm，Re_3 三角形的每一条边上有一边桥基（μ-Cl）；每个 Re 原子与 3 个端梢氯原子键合。

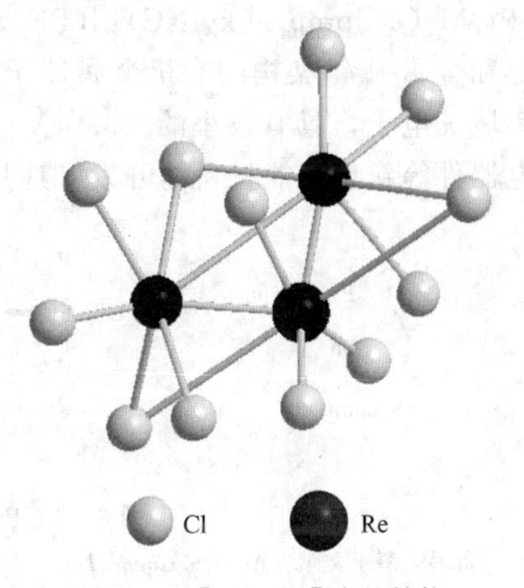

图 3-10　$[Re_3Cl_{12}]^{3+}$ 的结构

在 $[M_6Cl_{12}]^{n+}$ 和 $[M_6Cl_8]^{4+}$ 两种结构中，又以 $[Nb_6Cl_{12}]^{2+}$（图 3-11）和 $[Mo_6Cl_8]^{4+}$（图 3-12）最为典型。$[Nb_6Cl_{12}]^{2+}$ 中，6 个 Nb 原子处于正八面体顶点，Nb—Nb 键长为 285pm；12 个 Cl 原子处在各边的垂直平分线上，最短的 Nb—Cl 键长约为 241pm。$[Mo_6Cl_8]^{4+}$ 的结构中，6 个 Mo 原子处在八面体的顶点，Mo—Mo 键长为 264pm；8 个面上各有一面桥基（μ_3-Cl）；也可认为 8 个 Cl 原子处于立方体的 8 个顶点上，6 个 Mo 原子位于立方体面心。

在以上两种典型的六核金属-卤素原子簇结构中，M_6 的几何形状均为正八面体，不过 $[Ta_6Cl_{12}]^{2+}$ 却为拉长了的八面体，即四角双锥。位于轴向的 2 个 Ta 的氧化态为+3，位于水平向的 4 个 Ta 的氧化态为+2。尽管 $[Nb_6Cl_{12}]^{2+}$ 只含边桥氯原子，$[Mo_6Cl_8]^{4+}$ 只含面桥氯原子，但其他具有类似原子簇结构单元的化合物也有含端梢氯原子的。

金属-卤素原子簇和金属-羰基原子簇之间有许多共同之处，它们除了都具有原子簇的基本特点外，一氧化碳分子和卤素原子作为配体都可以端基、边桥基或面桥基的形式与金属原子组成多面体骨架结构。

3.2.3　含有金属-金属键型的线型原子簇

含有金属-金属键型的线型原子簇化合物之所以成为当今多学科交叉领域的研究热点，一方面是因为这种化合物具有复杂的电子构型和结构、奇特的物理和化学性质，其研究涉及

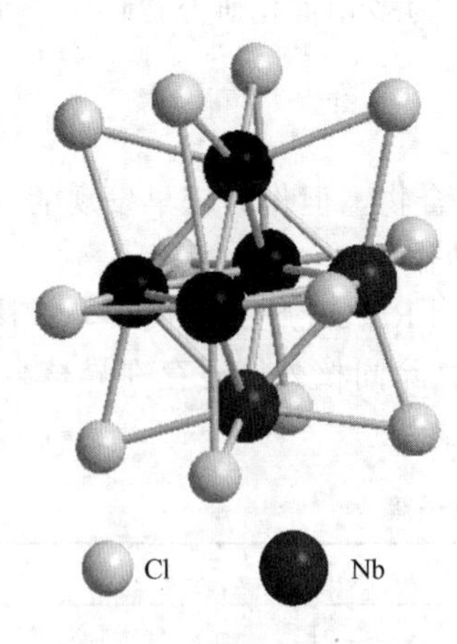

图 3-11 $[Nb_6Cl_{12}]^{2+}$ 的结构

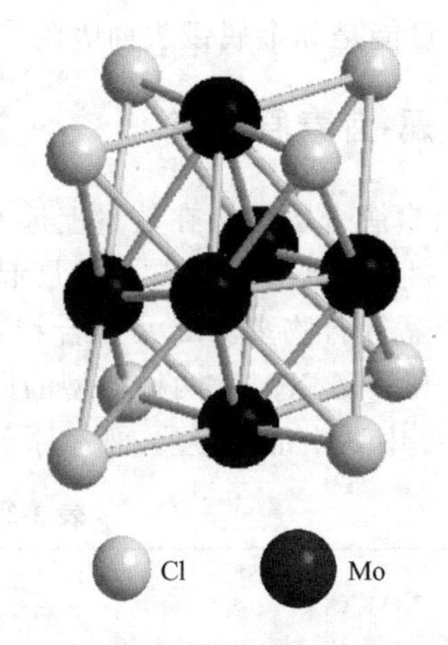

图 3-12 $[Mo_6Cl_8]^{4+}$ 的结构

物理、化学、材料及生物科学等多学科领域；另一方面是因为它在催化剂、新型功能材料的开发，生命科学的研究等方面也具有重要意义。

由展树中参与的课题组以二(二苯磷甲基)苯膦（dpmp）为骨架设计合成出线型三核铂或铂/钯原子簇 $[Pt_2M(\mu\text{-dpmp})_2(xylNC)_2](PF_6)_2$（a）和线型六核铂或铂/钯原子簇 $[Pt_4M_2(\mu\text{-dpmp})_4(xylNC)_2](PF_6)_3$（b），其中 M 为 Pt、Pd（图 3-13）。这种由金属-金属键和金属-碳键架构的有机金属原子簇具有多种奇特的化学性质、物理性质和反应性，拥有离域 π 电子，具有较小的（3.0eV）HOMO-LUMO 禁带，表现出半导体性能，可用于分子电器件等新型功能材料的开发和应用。

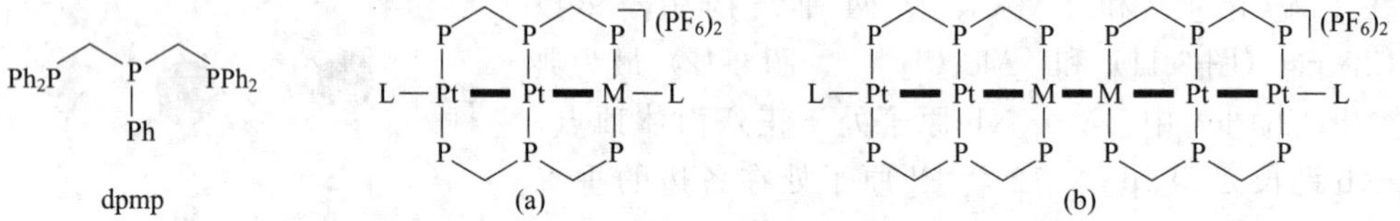

dpmp　　(a)　　(b)

M = Pt、Pd；L = 2,6-二甲基苯基异腈

图 3-13 Pt、Pd 线型金属原子簇的结构示意图

[资料来源于文献（*Angew. Chem. Int. Ed.*，2004，43，5029-5032.；*Organometallics*，2004，23，5975-5988.）]

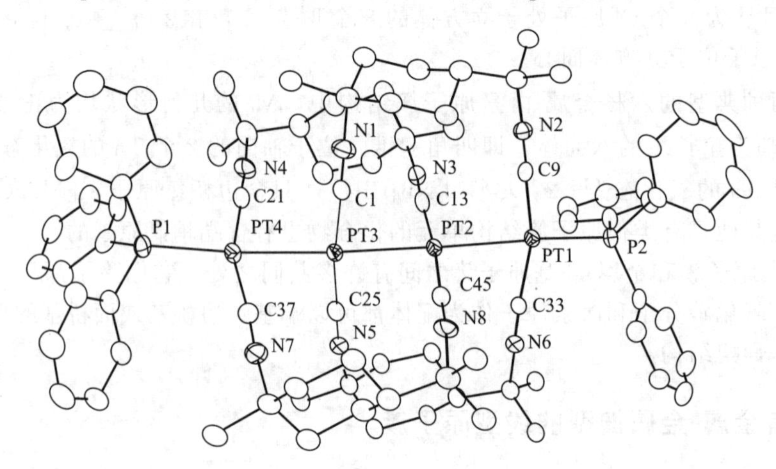

图 3-14 线型四核金属原子簇 $[Pt_4(\mu\text{-dmb})_4(PPh_3)_2]^{2+}$ 的晶体结构

[资料来源于文献（*Inorg. Chem.*，1999，38，957-963.）]

加拿大的 Harvey 以双异氰分子 1,8-二异氰基薄荷烷（1,8-diisocyano-p-menthane，dmb）为骨架合成出线型四核金属原子簇［$Pt_4(\mu\text{-dmb})_4(PPh_3)_2$］$^{2+}$（图 3-14）。

日本的 Kurosawa 分别以多烯物 $Ph(CH)_nPh(n=8,12)$ 和二萘嵌苯（perylene，PYN）为配体制备出线型四核钯原子簇［$Pd_4(Ph(CH)_8Ph)_2$］$^{2+}$（图 3-15）和［$Pd_4(PYN)_2(CH_3CN)_2$］$^{2+}$（图 3-16）。这类簇合物中，金属钯原子与碳原子之间以 X_2（金属环丙烷）方式进行作用（见 2.3.1 节），而金属钯之间以金属键形式结合。

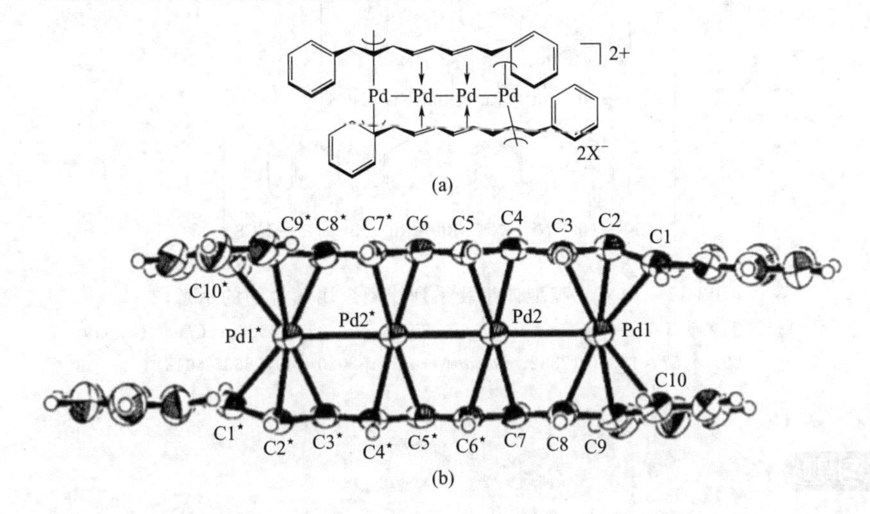

图 3-15　线型金属原子簇［$Pd_4(Ph(CH)_8Ph)_2$］$^{2+}$的分子结构示意图（a）和晶体结构图（b）
［资料来源于文献（*J. Am. Chem. Soc.*，1999，121，10660-10661.）］

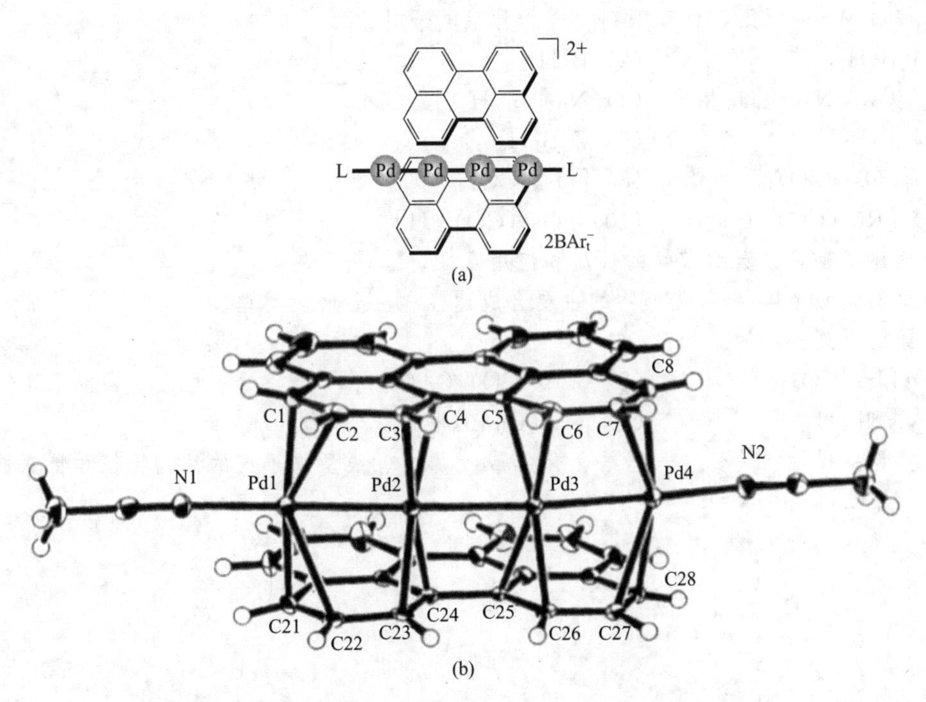

图 3-16　线型、夹心型原子簇［$Pd_4(PYN)_2(CH_3CN)_2$］$^{2+}$的分子结构示意图（a）和晶体结构图（b）
［资料来源于文献（*J. Am. Chem. Soc.*，2003，125，8436-8437.）］

台湾大学的彭旭明课题组长期致力于一维单原子金属线的设计、合成与研究，利用多吡啶作为配体组装出系列线型金属簇合物（图 3-17），并对它们的电性能和磁行为等进行了全面的探索与研究。

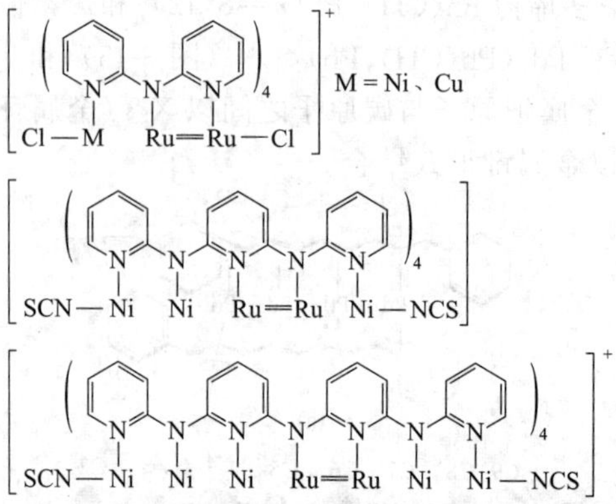

N　N　N

Cl—M　Ru═Ru—Cl　M = Ni、Cu

N　N　N　N　N

SCN—Ni　Ni　Ru═Ru　Ni—NCS

N　N　N　N　N　N　N

SCN—Ni　Ni　Ni　Ru═Ru　Ni　Ni—NCS

图 3-17　由多吡啶配体组装系列线型金属簇合物的示意图

［资料来源于文献（*Angew. Chem. Int. Ed.*，2007，46，3533-3536.；*Chem. Commun.*，2016，52，12380-12382；*Dalton Trans.*，2020，49，6635-6643）］

练习题

1. 说明如何以 BF_3 为原料制备其他高级硼烷和硼烷阴离子。

2. 指出并说明，$[B_{10}H_{10}]^{2-}$、$[B_{12}H_{12}]^{2-}$ 和 $[B_{10}H_{14}]^{2-}$ 分别属于哪种类型的结构。

3. 按照 Wade 规则，计算下列化合物骨架电子对数。

（1）B_5H_9　　（2）B_5H_{11}

（3）$(Me_4N)[B_3H_8]$　　（4）$Na_2[B_{10}H_{14}]$

（5）$C_2B_4H_6$　　（6）$C_2B_4H_8$

（7）$[Os_5(CO)_{16}]$　　（8）$[Os_6(CO)_{18}]$

（9）$[Ru_5(CO)_{15}C]$　　（10）$[Os_6(CO)_{18}H]^-$

4. 简述富勒烯、碳纳米管的性质和应用意义。

5. 举例说明金属-羰基化合物的主要合成途径和主要反应类型。

6. 绘制下列分子的结构。

（1）$[Ir_4(CO)_{12}]$　　（2）$[Co_4(CO)_9(\mu\text{-}CO)_3]$

（3）$[Nb_6H_{18}]^{2-}$　　（4）$[Mo_6Cl_8Br_6]^{2-}$

7. 查询并提炼相关资料，总结含有金属-金属键、线型原子簇的结构特征和特殊性能。

第4章

无机合成技术与制备

无机合成化学与国民经济的发展息息相关，在固体化学和材料化学研究中占有重要的地位，是化学和材料科学的基础学科。工业中广泛使用的“三酸两碱”，农业生产中必不可少的化肥、农药，基础建设中使用的水泥、玻璃、陶瓷，涂料工业中的大量无机颜料等无一不与无机合成有关。这些产品的产量和质量几乎代表着一个国家的工业水平，并且这个衡量标准随着社会的进步而发生变化。无机合成化学的宗旨是制造新物质。在实际的固体化学和材料化学研究领域里，无机合成化学研究分散在各自具体的研究之中，然而，无机合成化学学科本身的系统性和规律性的研究必将促进固体化学和材料化学研究的发展。无机合成化学研究主要是提供新的合成反应、新的合成方法和新的合成技术，合成与制备新的化合物、新的凝聚态和聚集态以及具有可控性能的新材料。随着当前相关学科研究的迅猛发展，对无机合成化学的研究者们在提出新的行之有效的合成反应和合成技术，制定节能、洁净、经济的合成路线以及开发新型结构和新功能的化合物或材料等方面的要求越来越高。发展现代无机合成化学，不断地推出新的合成反应和路线或改进和优化现有的陈旧合成方法，不断地创造与开发新的物质，将为研究材料结构、性能（或功能）与反应间的关系、揭示新规律与原理打下基础。如合成化学研究者在极端条件下合成了许多在一般条件下无法得到的新化合物及新物相与物态，利用有酶参加的仿生合成反应在极其缓和的条件下显示出高选择性、条件温和、副产物少等特点。高难度合成与特殊制备技术的应用使合成扩展到复杂功能体系，如复合、杂化或组装体系等。在合成化学发展的基础上，新合成反应、合成路线与合成技术的大量开发，包括大量极端条件下的合成、各类高选择性合成反应技术、绿色合成路线应用，使得特定功能与生物活性的化合物、分子集合体与材料的分子设计、计算机辅助设计与分子（晶体）工程研究变为现实。同时，无机合成化学带动产业革命的例子比比皆是，如20世纪50年代初无机固体造孔合成技术的进步，促使一系列分子筛催化材料的开发，使石油加工与石化工业得到了革命性的进步；近年来纳米态以及团簇的合成与组装技术的开发大大促进了高新技术材料与产业的发展。

4.1 无机合成化学的先进性

美、德、英、法、日、苏联及我国的一些化学家在无机合成化学方面取得了国际先进研究成果，其先进性主要表现在以下几个方面：

① 高难度合成与特殊制备技术的快速发展使具有复杂功能体系的新化合物、物相与物态的合成数量大幅度增加，开发了许多复合、杂化与组装材料。

② 在合成与制备化学发展基础上，开拓了大量的新合成反应、合成路线与合成技术，包括极端条件下的合成、各类高选择性合成反应级数等。

③ 生产过程中绿色（节能、高效、洁净、经济）合成路线的开发。

④ 特定功能与生物活性的化合物、分子集合体与材料的分子设计、计算机辅助设计与分子（晶体）工程研究的积极开展。

4.2 无机合成的热点和前沿领域

4.2.1 特种结构无机材料的制备

随着高新技术的不断发展与企业化要求的不断提高，功能无机化合物或无机材料的制备、合成以及相关技术路线和规律的研究愈来愈重要。所有具有特定性能的无机物都有其本身固有的结构和组成。如具有缺陷结构的无机物，其很多性质都与晶体内的有关缺陷存在关联，因而非计量化合物中各类结构缺陷的制备以及相关制备规律与测定方法的研究，是目前无机合成化学的一个前沿课题。除此之外，还有特定结构与化学属性的表面与界面的制备、层状化合物与其特定的多面体、各类层间嵌插结构与特定结构链状无机物的制备、混价无机物和特定结构的配合物或簇合物的制备以及近期蓬勃发展的分子基材料和具有特定孔道结构的材料（如分子筛和金属有机骨架材料等）的合成与制备等。

4.2.2 软化学和绿色合成方法

软化学是指在较温和条件下实现的化学过程。软化学开辟的无机固体化合物及材料制备方法，正将新无机化合物及材料制备的前沿技术从高温、高压、高真空、高能和高制备成本的硬化学方法中解放出来，进入一个更广阔的领域。依赖于“硬环境”的硬化学方法必须有高精尖的设备和巨大的资金投入，而软化学提供的方法依赖的则是人的知识、智慧、技能和创造力，因而可以说软化学是一个具有智力密集型特点的研究领域。软化学易于实现对化学反应过程、路径、机制的控制，从而可根据需要控制过程的条件，对产物的组分和结构进行设计，进而达到选择其物理性质的目的。伴随着100多年以来的工业文明，化学学科取得了巨大的进步，创造了辉煌的成绩。然而与此同时，化学物质的大规模生产和广泛使用，使得全球性生态环境问题日趋严重。针对传统化学对环境造成的污染，1992年美国环保局开始推动“预防污染的新途径”计划，从改善现有化学品及其制造过程着手，达到废弃物或污染物产量的最小化，绿色化学也随之兴起。绿色化学的核心内容之一是“原子经济性”，即充分利用反应物中的各个原子，因而既能充分利用资源，又能防止污染。

4.2.3 极端条件下的合成

所谓极端条件是指极限情况，即超高压、超高温、超真空、接近绝对零度、强磁场与电场、激光、等离子体等。过去所积累的许多有关化学变化的知识，仅限于有影响的变量的小范围内，其中最重要的是温度和压力。现在随着科学技术的发展，测试技术也越来越先进，能够研究远远超越正常环境条件下发生的化学过程。研究这种极端条件下的化学，可以扩展实验变量的数目，从而可以改变并控制化学反应。凭借已有的和将有的能力集中力量进行极端条件下的化学合成研究，将会在新材料、新工艺、新设备和新知识方面获得重大进展。

4.2.4　无机功能材料的制备

根据高新技术工业和高科技领域的实际需求，无机功能材料的制备、复合与组装愈来愈受到重视。无机功能材料的制备、复合与组装的研究课题除注重材料本征性质外，更注重材料的非本征性质，并通过本征性质的物理或化学的组合而创造材料独特的性能。在此领域中，材料的多相复合、材料组装中的主-客体、无机-有机杂化三方面是非常引人注目的。

4.2.5　特殊凝聚态材料的制备

在无机合成与制备化学的研究中，另一个重要的前沿方向是特殊凝聚态化合物或材料的制备。例如，无机膜、非晶态（玻璃态）、微孔与胶团簇、单晶等。由于物质凝聚态的不同往往导致新性质与功能的出现，因而对目前的科学与材料的发展均具有非常重要的意义。这类特殊凝聚态化合物之所以受到重视，除了化合物本身的特殊性质外，也是由材料应用上的需要所致。目前较被重视的属于特殊凝聚态化合物或材料研究范畴的有溶胶-凝胶过程、前驱物化学、各类化学气相沉积（CVD）技术及其化学、无机膜制备和无机超微粒制备等。

4.2.6　特种功能材料的分子设计

开展特定结构无机化合物或无机功能材料的分子设计、裁剪与分子工程学的研究是无机合成化学的又一前沿领域。它应用传统的化学研究方法寻找与开发具有特定结构与优异性能的化合物。由于依靠的是从成千上万种化合物中去筛选，因而，自然而然地会把发展重心放在制备和发现新化合物上。

4.2.7　仿生合成

所谓仿生合成（biomimetic synthesis），就是模仿生物体内的反应和天然物结构进行合成的过程，是合成天然化合物的重要方法，也是 21 世纪合成化学中的前沿领域。利用仿生合成的方法可以简化合成步骤，提高合成产率；可以获得活性更高或活性相近，但更易于制备的新化合物。例如，生物体对血红素的合成，可以从简单的甘氨酸经过一系列酶的作用很容易地合成出结构极其复杂的血红素。仿生合成无论在理论上或应用方面都具有非常诱人的前景。

4.2.8　纳米粉体材料的制备

纳米科学是研究在千分之一到十亿分之一米范围内，原子、分子等的运动和变化的科学。在这一尺度范围内对原子、分子进行操纵和加工的技术称为纳米技术。美国科学基金会曾发表声明说：“当我们进入 21 世纪时，纳米技术将对世界人民的健康、财富和安全产生重大的影响，至少如同 20 世纪的抗生素、集成电路和人造聚合物那样。”纳米粒子因其体积小、比表面积大，导致其在磁、电、光、热和化学反应等方面显示出新颖的特性。因为纳米技术的发展和应用赖以生存的基础是纳米材料，所以纳米粉体（材料）的制备就成为无机合成化学的热点之一。

4.2.9 无机合成相关理论的研究

随着特殊条件下软化学合成反应与技术的研究，以及计算合成化学和组合化学研究的逐步开展，必然涉及对一系列相关的理论问题的深入研究。例如，在极端条件下，合成反应的热力学与反应动力学；在高温固相合成中的高温界面反应动力学；在温和条件下，溶胶-凝胶过程的无机缩聚理论；低温固相反应的机理；流变相反应动力学；微波合成的机制；纳米材料合成的机理；一系列与建立合成化学模型有关的基础理论问题；等等。这些都将成为无机合成化学的理论研究热点。

4.3 经典无机合成方法

所谓经典无机合成方法是指普通的、常用的、成熟的合成方法，下面将分别介绍一些经典的合成方法，以便了解这些方法的具体内容和特点。这些方法主要是在高温、低温、高压（含水热/溶剂热合成法）和低压条件下的合成方法以及共沉淀法、溶胶-凝胶法和化学气相沉积法等。

4.3.1 高温的获得及高温合成

高温化学并非一个新的领域。从史前开始，人们就已经知道燃烧现象。高温化学比较重要的发展是能够在大的容积空间中长时间地保持高达数千度的温度，以及能够通过各种脉冲技术（激光脉冲、冲击波、爆炸和放电）产生短时间的极高温度。开发这些潜力将会更有效地利用能源，研制高温材料，开发高温制造工艺，以及获得对化学反应的新认识。所谓的高温并没有明确的界定，只是相对而言，在实验室中一般指 100℃以上的温度，而超高温则是指数千度以上的温度。

4.3.1.1 高温的获得和测量

在地球上，火柴的小火苗温度为 300℃；灯泡丝的温度高达 3000℃；电焊的强大电流可使电极间产生 6000℃的高温；原子弹爆炸时，中心温度可达数百万度；氢弹爆炸时，中心温度可达上亿度（这是地球上目前获得的最高温度）。

1. 高温的获得

为了进行高温无机合成，就需要一些符合不同要求的产生高温的设备和手段。这些手段和它们所能达到的温度如表 4-1 所示。

表 4-1 获得高温的各种方法和达到的温度

获得高温的方法	温度/K
各种高温电阻炉	1273～3273
聚焦炉	4000～6000
闪光放电炉	＞4273
等离子体电弧	20000
激光	10^5～10^6
原子核的分离和聚变	10^6～10^9
高温粒子	10^{10}～10^{14}

除表 4-1 中列出的这些获得高温的手段外，实验室中，也可以借助于燃烧获得高温。例如，用煤气灯可以把较小的坩埚加热到 700～800℃。要达到更高的温度，可用酒精喷灯。下面仅就实验室中常用的几种获得高温的方法，进行简单的介绍。

（1）电阻炉　实验室和工业中最常用的加热装置，优点是设备简单、使用方便、温度可精确地控制在很窄的范围内。电阻炉从外形上可分为方形炉（马弗炉）、管式炉和竖式炉（坩埚炉）。在此只介绍常用的方形炉。

方形炉的外壳由钢板焊接而成，发热元件分布于炉膛顶部。炉膛为由高温耐火砖砌成的长方形，在炉膛与炉外壳之间砌筑轻质黏土砖和充填保温材料。为了安全操作，在炉门上装有行程开关，当炉门打开时，电路自动断电，因此只有在炉门关闭时才能加热。电炉配备有控制器，以适应电炉发热元件在不同温度下功率的变化和控制温度。为了适应发热元件在不同温度下功率的变化和达到指示、调节和控制电炉温度的目的，控制器内装有温度指示仪、电流表、电压表以及自耦式抽头变压器。为了延长电阻材料的使用寿命，通常使用温度应低于最高工作温度。电阻炉所用的发热体不同，所达到的温度也不同。电阻炉中常用的几种发热体有金属发热体（如镍铬丝和钨管，最高加热温度分别可达 1000℃和 3000℃）、碳素材料发热体（如石墨，温度可达 2000℃）、碳化硅发热体（通常是硅碳棒和硅碳管，温度可达 1350～1500℃）。值得指出的是，这些发热体一般都需在还原/惰性气氛或者衬管套下使用，否则容易发生氧化。另外，碳化硅是一种非金属的导体，它的电阻在热时比在冷时小些。因此应用调压变压器与电流表控制炉子慢慢加热，当温度升高时应立即降低电压，以免电流超过容许值。最好是在电路中串接一个自动保险装置。

（2）感应炉　结构原理类似于变压器。其主要部件就是一个载有交流电的螺旋形线圈和放在线圈内被加热的导体，它们之间没有电的连接。前者的作用就像一个变压器的初级线圈，后者就像变压器的次级线圈，线圈产生的磁力线被加热的导体截割，就在被加热的导体内产生闭合的感应电流，称为涡流。由于导体电阻小，所以涡流很大；又由于交流的线圈产生的磁力线不断改变方向，因此，感应涡流也不断改变方向，新感应的涡流受到反向涡流的阻滞，就导致电能转换成热能，使被加热物质很快发热并达到高温。这个加热效应主要发生在被加热物体表面层，交流的频率越高，则磁场的穿透深度越低，而被加热物体受热部分的深度也越小。感应炉具有操作方便、十分清洁和升温速度快的优点。可以将坩埚封闭在一根冷却的石英管中，通过感应使之加热。石英管中可以保持真空或惰性气氛，在几秒钟就可以热到 3000℃的高温。它的缺点是要很多专门的电学仪器装备，因此设备成本高。

（3）电弧炉　常用于熔炼金属和制备高熔点化合物。电弧炉使用直流电流，通常由直流发电机或整流器供应。为避免熔炼的金属或化合物被大气污染，起弧熔炼之前，先将系统抽真空，然后通入氩、氦或氩氦混合气体。炉内保持少许正压，以免空气进入炉内。为使待熔的金属全部熔化而得到均匀无孔的金属锭，在熔化的过程中，应注意调节电极的下降速度和电流、电压等，因为电弧所产生的热能与电流和电压的乘积成正比。为了减少热量的损失，尽可能使电极底部和锭的上部保持较短的距离，但电弧需要维持一定的长度，以免电极与锭之间发生短路。

2. 高温的测量

测温仪表分为接触式测温仪表和非接触式测温仪表两大类。接触式又可以分成膨胀式温度计、压力表式温度计、热电阻温度计和热电偶；非接触式主要包括光学高温计、辐射高温计和闭塞高温计。实验室常用热电偶测量温度（关于热电偶测温的原理详见参考资料）。

表 4-2 列出了常用的热电偶及其应用的温度范围。

表 4-2 常用的热电偶及其应用温度范围

热电偶[1]	最高使用温度/℃	平均灵敏度/(MV/K)	温度范围/℃
镍铬(90NI-10cR)-镍铝(94NI-2aL-3MN-1sI)	1250	0.041	0～1250
铜-康铜	850	0.033 0.057	−200～−100 0～850
铁-康铜(55Cu-45Ni)	400	0.022 0.052	−200～−100 0～400
铂铑(Pt-10%Rh)-铂(Pt)	1500	0.0096 0.0120	0～1000 1000～1500
铂铑(Pt-13%Rh)-铂(Pt)	1500	0.0105 0.0139	0～1000 1000～1500
镍铬-康铜	850	0.076	0～850
钨(W-3%Re)-钨铼(W-25%Re)	2500	0.0185 0.0139	0～1500 1500～2500
铱铑(Ir-40%Rh)-铱	2000	0.005	1400～2000

① 各个热电偶的前一种金属或合金为正极，后一种为负极。

4.3.1.2 高温合成反应的类型

许多无机合成和材料制备反应需要在高温条件下进行，高温合成反应主要有以下类型：

① 高温下的固相合成反应，也称制陶反应。各种陶瓷材料、金属氧化物以及多种类型的复合氧化物等均是借高温下组分间固相反应来合成的。

② 高温下的固-气合成反应。如金属化合物借 H_2 和 CO、碱金属蒸气在高温下的还原反应，金属或非金属的高温氧化反应等。

③ 高温熔炼和合金制备。

④ 高温下的化学输运反应。

⑤ 高温下的相变合成。

⑥ 高温熔盐电解。

⑦ 等离子体中的超高温合成。

⑧ 高温下的单晶生长和区域熔融提纯。

⑨ 自蔓延高温合成。

在此主要介绍高温固相反应、高温下的固-气反应、高温下的还原反应和自蔓延高温合成。

4.3.1.3 高温固相反应

高温固相反应是一类很重要和古老的合成反应。一大批具有特种性能的无机功能材料和化合物，如各类复合氧化物、含氧酸盐、二元或多元的金属陶瓷化合物（如碳、硼、硅、磷、硫族化合物）等都是通过高温下（一般为 1000～1500℃）反应物固相间的直接合成而得到的。因而这类合成反应不仅有其重要的实际应用背景，且从反应来看也有明显的特点。

1. 高温固相法合成尖晶石型 $MgAl_2O_4$

从热力学性质来讲，$MgO(s)+Al_2O_3(s) = MgAl_2O_4(s)$ 完全可以进行。然而实际

上，在 1200℃以下几乎观察不到此反应的进行，即使在 1500℃反应也要数天才能完成。这类反应为什么对温度的要求如此高呢？如图 4-1 所示，在一定的高温条件下，MgO 与 Al_2O_3 的晶粒界面间将发生反应而生成尖晶石型化合物 $MgAl_2O_4$ 层。这种反应的第一阶段是在晶粒界面上或界面临近的反应物晶格中生成 $MgAl_2O_4$ 晶核，实现这一步是相当困难的，因为生成的晶核结构与反应物的结构不同。因此，成核反应需要通过反应物界面结构的重新排列，其中包括结构中键的断裂和重新结合，MgO 和 Al_2O_3 晶格中 Mg^{2+} 和 Al^{3+} 的脱出、扩散和进入缺位。高温下有利于这些过程的进行和晶核的形成。同样，进一步实现在晶格上的晶体生长也有一定的难度，因为对于原料中的 Mg^{2+} 和 Al^{3+} 来讲，需要经过两个界面的扩散才有可能在核上发生晶体生长反应，并使原料界面间的产物层加厚。因此可以明显地看出，决定此反应的控制步骤应该是晶格中 Mg^{2+} 和 Al^{3+} 的扩散，而升高温度有利于晶格中离子的扩散，因而明显有利于促进反应。另外随着反应物层厚度的增加，反应速度随之减慢。根据上述分析和实验的验证，$MgAl_2O_4$ 生成反应的机理如下：

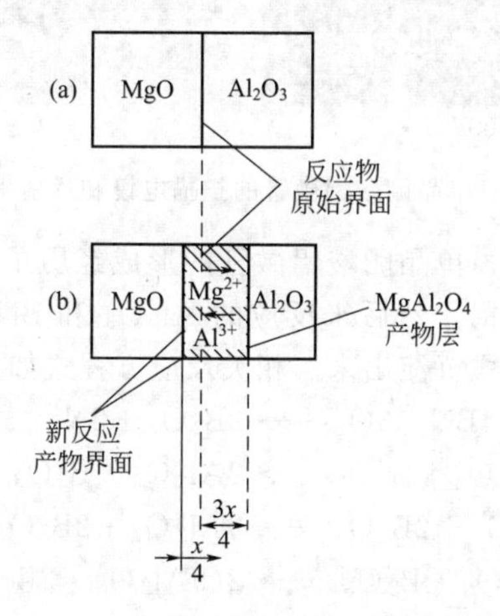

图 4-1　$MgAl_2O_4$ 生成反应机理示意图

(a) $MgO/MgAl_2O_4$ 界面：$2Al^{3+}+3Mg^{2+}+4MgO = MgAl_2O_4$

(b) $MgAl_2O_4/Al_2O_3$ 界面：$3Mg^{2+}-2Al^{3+}+4Al_2O_3 = 3MgAl_2O_4$

总反应：$4MgO+4Al_2O_3 = 4MgAl_2O_4$

从以上界面反应可以看出，由反应（b）生成的产物将是由反应（a）生成的三倍，这点即如图 4-1(b) 所表明的那样，产物层右方界面的增长（或移动）速度将为左方界面的三倍。

2. 高温固相法制备单晶硼酸铝微管

硼酸盐是陶瓷、釉料、玻璃等行业中最重要的化工原料，在光学、力学、添加剂等领域具有广泛的应用前景。硼酸盐晶须具有高强、耐磨、耐热、防腐、绝缘、导电、减振、阻燃、吸波等特殊性能，是一种新型的增强材料。尤其是硼酸铝晶须，作为金属、高分子、陶瓷的增强组分，同非氧化物晶须相比，具有很高的性价比，且能在更高的温度和氧化条件下使用。由于一维纳米材料在许多领域具有广阔的潜在应用价值，已经引起广大研究者的兴趣。与晶须相比，硼酸铝一维纳米材料（纳米线、纳米棒和纳米管）由于尺寸更小、缺陷更多，从而对合金的增强作用更明显。为此，硼酸铝一维纳米材料的合成引起了广大研究者的关注。采用 Al_2O_3 和 BN 为原料，在空气中采用高温固相反应可以成功制备单晶硼酸铝微管，如图 4-2 所示。为了使实验顺利进行，需要把原料充分混合并用球磨机球磨 12h 后，放入管式炉中以 10℃ · min^{-1} 升温到 1200℃，再以 3℃ · min^{-1} 升温到 1700℃，并维持2～4h。

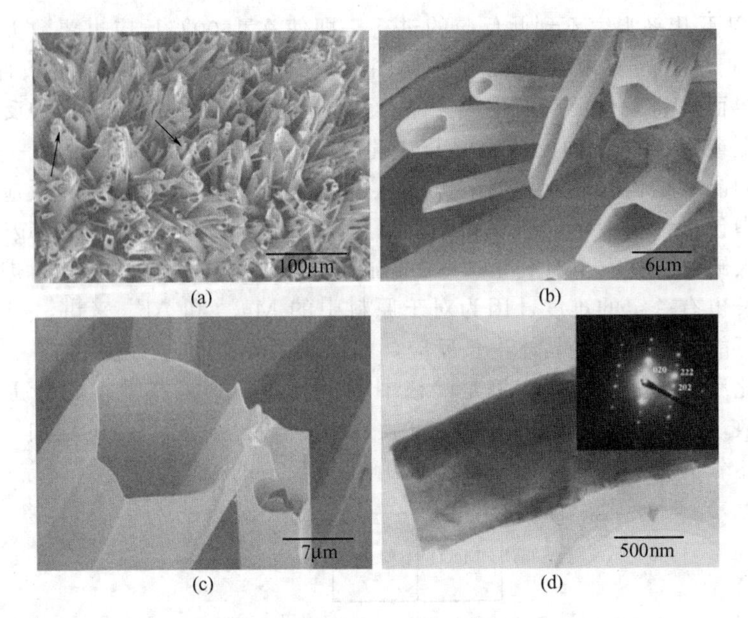

图 4-2 单晶硼酸铝微管的扫描电镜和透射电镜图

研究反应过程的机理得出，单晶硼酸铝微管的形成经历了一个固-液-固机理。首先，彼此接触的反应物反应生成硼酸铝，然后未反应的 Al_2O_3 和 BN 溶解在熔化的硼酸铝锂形成过饱和溶液，最后以微管的形式沉淀出来。相关反应方程式如下：

$$4BN + 3O_2 \longrightarrow 2B_2O_3 + 2N_2\uparrow$$

$$2Al_2O_3 + B_2O_3 \longrightarrow 2Al_2O_3 \cdot B_2O_3$$

$$9Al_2O_3 + 2B_2O_3 \longrightarrow 9Al_2O_3 \cdot 2B_2O_3$$

$$9(2Al_2O_3 \cdot B_2O_3) \longrightarrow 2(9Al_2O_3 \cdot 2B_2O_3) + 5B_2O_3$$

3. 高温固相法合成锂离子电池正极材料

在锂离子电池正极材料的合成中，最常用到的是高温条件下的固-固反应，即反应物均为固体，而产物至少有一种固体。钴酸锂（$LiCoO_2$）、锰酸锂（$LiMn_2O_4$）、三元材料（$LiNi_xCo_yMn_{1-x-y}O_2$）、磷酸铁锂（$LiFePO_4$）和磷酸锰铁锂（$LiMn_xFe_{1-x}PO_4$）等都可以采用高温固相法合成。通常，将锂源（如碳酸锂和氢氧化锂等）和所需化学计量的金属氧化物（或氢氧化物、碳酸盐、磷酸盐）混合均匀，在高温条件下煅烧。值得指出的是，高温固相法制备 $LiFePO_4$ 和 $LiMn_xFe_{1-x}PO_4$ 材料的时候，为了防止材料中 Fe^{3+} 和 Fe 的出现，需要在高温固相反应过程中添加适量碳源，而且反应需要在惰性气体（Ar、N_2 等）保护下进行。另外，$LiFePO_4$ 正极材料通常需要制备成超细颗粒（$<$100nm）才能使材料的电化学性能得到充分发挥，因此，在高温固相反应之前，需要采用高能球磨的方式将原料的粒径变小。高温固相法合成锂离子电池正极材料是目前工业上广泛采用的合成路线，合成过程相对简单。然而，该方法煅烧时间长、能耗较大、目标材料的均匀性较差，产物颗粒较大，需要进行前驱体的预处理或者产品的后期破碎等。为了得到最优的制备条件，可以采用正交试验法优化目标材料固相反应合成工艺，研究原料配比、升/降温速率、预烧温度、煅烧温度、保温时间等主要参数对材料的电化学性能影响。

影响固相反应速度的主要因素有以下三个：①反应物的固体表面积和反应物之间的接触面积；②生成物相的成核速度；③相界面间特别是通过生成物相层的离子扩散速度。对此类固相反应规律和特点的认识，将有利于对高温固相合成反应的控制和新反应的开发。同时，固相反应存在的一些缺点，例如：①反应以固态的形式发生，反应物的扩散随着反应的进行途径越来越长（可达100nm的距离），反应速度越来越慢；②反应的进程无法控制，反应结束时往往得到反应物和产物的混合物；③难以得到组成上均匀的产物，也需要通过实验条件的优化进行改善。

4.3.1.4　高温固-气反应

高温下的固-气反应很多。例如，金属化合物借 H_2、CO、碱金属蒸气在高温下的还原，金属或非金属的高温氧化，氯化反应等。这一节简单介绍一下金属钾和无水稀土氯化物的制备。而借 H_2 和 CO 的高温还原反应在下一节介绍。

1. 金属钾的制备

工业上于850℃下用金属钠还原熔融态氯化钾来制备金属钾，如图4-3所示。

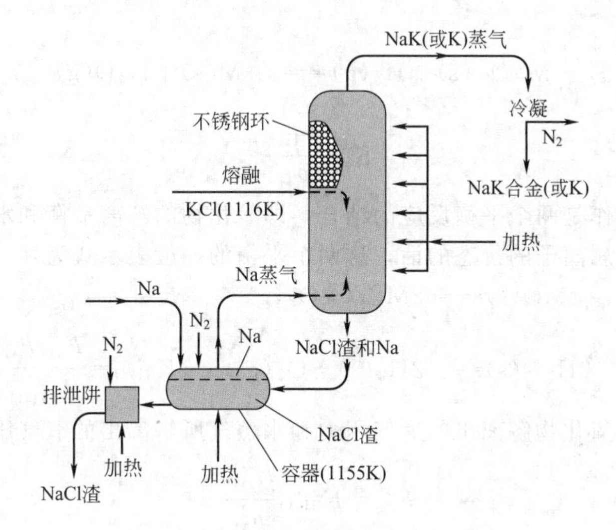

图4-3　工业上钾的制备流程示意图

$$Na(l)+KCl(l)═══K(g)+NaCl(l)$$

从金属活泼性看，钠略弱于钾，$\Delta_f H_m^{\ominus}[NaCl(s)]=-411kJ\cdot mol^{-1}$，$\Delta_f H_m^{\ominus}[KCl(s)]=-435kJ\cdot mol^{-1}$，即上述正向反应是吸热反应。因钾、钠的沸点分别为756.5℃和881.0℃，钾比钠容易挥发，在该温度下，钾为气态，即正向反应是熵值增加过程，反应得以进行。在850℃时，$\Delta_f G_m^{\ominus}=6.6kJ\cdot mol^{-1}$，由 $\Delta_f G_m^{\ominus}=-RT\ln K$，算出 $K=P(K)/P(Na)=0.458$，即得到钠和钾的混合物，经真空蒸馏得到纯钾，钠可循环使用。

2. 无水稀土氯化物的制备

稀土精矿高温加碳氯化反应，是一种大规模连续生产稀土氯化物的工业方法，也是一个偶合反应。在氯化炉内1000～1200℃的高温下，氟碳铈精矿的氯化反应实质上是稀土氧化物的氯化反应（放热）：

$$Re_2O_3(s)+3C(s)+3Cl_2(g)\longrightarrow 2ReCl_3(l)+3CO(g)\uparrow$$

$$2ReO_2(s)+4C(s)+3Cl_2(g)\longrightarrow 2ReCl_3(l)+4CO(g)\uparrow$$

而稀土氧化物是氟碳铈精矿先发生热分解反应得到的：

$$ReCO_3F(s)\longrightarrow ReOF(s)+CO_2(g)\uparrow$$

$$3ReCO_3F(s)\longrightarrow Re_2O_3(s)+ReF_3(s)+3CO_2(g)\uparrow$$

4.3.1.5 高温还原反应

高温下的还原反应在实际中应用广泛，几乎所有的金属以及部分非金属都是借高温下的还原反应来制备的。无论通过什么途径（如在高温下由金属的氧化物、硫化物或其他化合物与金属还原剂相互作用以制备金属，或在高温下借 H_2 或 CO 的作用从氧化物制备金属，以及用热还原法从卤化物制备金属等），还原反应能否进行、反应的进行程度和反应的特点等均与反应物和生成物的热力学性质以及高温下热反应的 $\Delta H_{生成}$、$\Delta G_{生成}$ 密切相关。因而合成前应参考有关化合物（如氧化物、氯化物、氟化物、硫化物、硫酸盐、碳酸盐以及硅酸盐等）的 $\Delta G_f^\ominus$-T 图及其应用。

1. 氢气还原法的原理和特点

对于少数非挥发性的金属，可用 H_2 还原其氧化物的方法来制备，氢气还原反应的一般表示如下：

$$\frac{1}{y}M_xO_y(s)+H_2(g)=\!=\!=\frac{x}{y}M(s)+H_2O(g)$$

反应的平衡常数为：

$$K=\frac{p_{H_2O}}{p_{H_2}} \tag{4-1}$$

该平衡反应可看作是两个平衡反应的结合，即氧化物的解离平衡和水蒸气的解离平衡的结合。如果不考虑金属离子的价态的话，这两个平衡的一般表示式为：

$$2MO(s)=\!=\!=2M(s)+O_2(g) \qquad K_{MO}=p_{O_2}$$

$$2H_2O(s)=\!=\!=2H_2(s)+O_2(g) \qquad K_{H_2O}=\frac{p_{H_2}^2p_{O_2}}{p_{H_2O}^2}$$

当反应达到平衡后，氧化物解离出的氧气压力和水蒸气所解离出的氧气压力应相等：

$$p_{O_2}=K_{H_2O}\frac{p_{H_2O}^2}{p_{H_2}^2} \tag{4-2}$$

这样，还原反应的平衡常数可进一步表示为：

$$K=\frac{p_{H_2O}}{p_{H_2}}=\sqrt{P_{O_2}/K_{H_2O}} \tag{4-3}$$

式(4-3) 适用于所有非挥发性金属氧化物的还原反应。p_{O_2} 值的大小取决于反应温度和氧化物的状态，可由金属氧化物解离得到，也可从分步的平衡式算出。式中 K_{H_2O} 的值可由下式计算：

$$\lg K_{H_2O}=\lg\frac{p_{H_2}^2p_{O_2}}{p_{H_2O}^2}=\frac{-26.232}{T}+608 \tag{4-4}$$

式中，各分压均以标准气压表示。事实上，由式(4-4) 计算的不同温度下的 K_{H_2O} 的值都很小，这就说明了氢与氧之间有很强的化学键，难以解离。

用氢还原金属氧化物的反应通常有以下特点：

① 氢的利用率不可能达到完全。进行还原反应时，体系中有反应物氢和反应产物水蒸气。当反应达到平衡时还原反应便停止，这时体系中必然存在 H_2、H_2O、氧化物和金属。用纯氢还原氧化物时，氢的最高利用率 y 可通过式(4-5) 计算：

$$y=\frac{p_{H_2O}}{p_{H_2O}+p_{H_2}}=\frac{K}{1+K}\times100\% \tag{4-5}$$

式中，p_{H_2} 和 p_{H_2O} 分别表示平衡体系中 H_2 和 H_2O 的分压；K 为还原反应的平衡常数。平衡常数越小，H_2 的利用率越低。$K=1$ 时，利用率为 50%；$K=0.01$ 时，H_2 的利用率为 0.99%。即使是平衡常数较大，氢的利用率也不可能达到 100%。要使氧化物完全被还原为金属，必须使还原剂氢过量。

② 在还原高价金属氧化物的过程中会有一系列含氧量不同的较低价态的金属氧化物出现。例如，还原五氧化二钒（V_2O_5）制备钒时，反应过程中依次生成了氧化物 V_2O_4、V_2O_3、VO。在反应过程中四价氧化物非常容易被还原，所以难以分离出纯的 V_2O_4；要想得到 VO，须在 1700℃的高温下进行反应才有可能；如要制备金属钒，则需要更高的温度。再例如还原氧化铁时，可以连续得到 Fe_2O_3、FeO 和 Fe。在氧化物中，金属的化合价降低时，氧化物的稳定性增大，越不容易被还原。

③ 在不同的反应温度下还原制得的金属的物理性质和化学性质不同。在低温下，还原制得的金属往往具有较大的表面积和很强的反应活性，其中某些具有可燃性，在空气中就会自燃。在高温下进行的还原反应，会使金属颗粒聚结起来变成较大的颗粒，从而使表面积减少，金属颗粒的内部结构变得整齐并更稳定，最终导致金属的化学活泼性明显降低。在金属熔点以下还原出来的金属往往呈海绵状，与粉末状金属相比，海绵状金属比较稳定。用氢还原氧化物所得的粉末状金属在空气中长期放置以后，由于在金属颗粒的表面形成了氧化膜，要使其熔化，需加热到略高于熔点的温度才行。

2. 氢气还原三氧化物应用实例

用氢气还原三氧化物所发生的反应可用下列方程式表示：

$$2WO_3+H_2 \longrightarrow W_2O_5+H_2O \quad K_1$$
$$W_2O_5+H_2 \longrightarrow 2WO_2+H_2O \quad K_2$$
$$WO_2+2H_2 \longrightarrow W+2H_2O \quad K_3$$

还原所得产品的成分及性质取决于还原反应的温度，三氧化钨在 700℃左右即可完全被还原成金属钨。表 4-3 给出了不同温度下用氢还原三氧化钨所得产品的成分及特征。

表 4-3 不同温度下用氢还原三氧化钨所得产品的成分及特征

温度/℃	外形特征	主要成分
400	蓝绿色	$WO_3+W_2O_5$
500	深蓝色	$WO_3+W_2O_5$
550	紫色	W_2O_5
575	绛褐色	$W_2O_5+WO_2$
600	朱古力褐色	WO_2
650	暗褐色	WO_2+W
700	深灰色	W
800	灰色	W
900	金属灰色	W

值得注意的是：还原温度是氢气还原的主要参数。一般情况下，还原温度越高，还原也就越容易进行。但温度过高则升温和冷却时间增加。此外，选择还原温度时，还要考虑氧化物、反应中间产物及还原后的金属的蒸气压。例如，MoO_3 在 600℃时会迅速升华，因此还原要分 2 步进行：第 1 步在 550℃下将 MoO_3 还原成 MoO_2；第 2 步在 950℃下将 MoO_2 还原成 Mo。又如，GeO_2 还原反应的中间产物 GeO 为升华物质，因此，在 600℃以下进行

还原。

3. 金属还原法

金属还原法也叫金属热还原法。它是用一种金属还原金属化合物（氧化物、卤化物）的方法。还原的条件就是这种金属对非金属的亲和力比还原的金属大。某些易成碳化物的金属用金属还原法制备而不用碳还原法制备。此方法有很重要的实际意义，因为精密合金的生产必须以这种含碳量极少的金属为原料。在常用于还原矿石或氧化物的金属中，铝因为具有高沸点和价廉而被广泛使用。钙则由于它的氧化物生成热具有大的负值以及由此导致反应易于趋向完全而居于第二位。用作还原剂的金属还有 Mg、Na、Cs 等。

（1）还原剂的选择　通过比较生成自由能的大小可以作为选择还原金属的根据，但是当有两种以上的金属可作为还原剂时，通常要考虑以下几点：①还原能力强；②不与被还原金属生成合金；③得到的金属纯度高；④容易分离；⑤成本低廉。

还原剂铝、钙、钠、铯、镁等的还原能力是根据被还原物质的种类（氯化物、氟化物、氧化物）而改变的。例如，原料为氯化物时，钠、钙、铯的还原能力大致相同，但镁、铝则稍差。在这三者的选择中，根据具体情况稍有不同，其中钠不与产物生成合金，只要稍加注意，处理也比较简单，因此用得最为普遍。通常氯化物和氟化物的熔点和沸点都低，因此还原反应用熔点低的钠要比用铯和钙进行得更顺利。还原氟化物时，钙、铯的还原能力最大，钠、镁次之，铝最差。氟化物是比氯化物更难还原的。还原氧化物时，钠的还原能力是不够的，而其他几种金属的还原能力又几乎相同。因此，一般采用廉价的铝做还原剂。铝在高温下也不易挥发，是一种优良的还原剂。它的缺点是容易和许多金属生成合金。一般可采用调解反应物混合比的方法，尽量使铝不残留在生成的金属中，但使残留量降到 0.5%以下是困难的，钙、镁不与各种金属生成合金，因此可作为钛、锆、铪、钒、铌、钽、铀等氧化物的还原剂。此时可单独使用，也可以与钠以及氯化钙、氯化钒、氯化钠等混合使用。钠和钙、镁生成低熔点的合金，对氧化物和还原剂的接触有良好的作用。另外氯化物能促进氧化物的熔融，使还原反应容易进行。用钙、镁为还原剂时多半在密闭容器中进行。铯和钙的情况差不多。硅亦可做还原剂，其还原能力位于铝和钠之间，缺点是容易生成合金。然而硅的挥发性小，因此可用于蒸馏法或升华法提纯金属的还原。

（2）助熔剂　金属还原时加入助熔剂有两个目的：一是改变反应热；二是降低熔渣的熔点，使熔渣易于被还原的金属分离。若熔渣的黏度太大，缺乏流动性，生成金属多呈小球状而分散在熔渣中。制造高熔点金属时，不易完全熔融，如果生成金属的小颗粒能部分凝聚烧结，也就认为基本符合要求。不论在哪种情况下，都应力求熔渣的流动性良好。特别是以钙、镁、铝还原氧化物时，由于生成氧化钙（熔点为 2570℃）、氧化镁（熔点为 2800℃）、氧化铝（熔点为 2050℃）等高熔点化合物的熔渣，因此，单靠反应热是不能熔融的。而当达到能使其熔融的高温时，坩埚材料也随之熔融了。在这种情况下，向反应体系中加入其他氟化物、氯化物或氧化物时，便可使熔渣的熔点降低，并使金属易于凝聚，这种加入料即为助熔剂。

助熔剂主要在还原氧化物、氟化物时使用，氯化物的熔点低，一般不需要助熔剂。一般助熔剂为吸热体，由于它有吸收反应热而减低反应速度的作用，因而不能用太多。例如，向氧化铝熔渣中加入相当于总量 10%的氧化钙和氟化钙的混合物，就能使流动性良好，金属的凝聚也会显著好转；另外还可以缓和反应的激烈程度。助熔剂的用量取决于实验的规模和物质的种类，因此只能通过实验来确定。

（3）铝热法还原氧化钨应用实例　铝热还原法已被广泛用来制取难熔金属，如钒、铌和

钽。炉料一般由一种细散的氧化物（或矿石、铝粉）、助熔剂（如石灰和萤石）和热引发剂（如氯酸钠、硝酸钾等）组成。助熔剂的作用是降低渣的熔点，从而有助于熔渣和被还原金属的分离。由于热引发剂和铝之间的放热反应而使放出的能量增加。将参加反应的炉料混合均匀，放在一个内衬耐火材料的密闭容器内并点燃，在炉料顶部点燃少量的铝或镁和过氧化钡或氧化钠粉末就可以使反应开始。炉渣保护下部的金属在冷却时免于氧化，之后通过机械方法予以除去。

关于还原氧化钨，有一种方法是采用黄色氧化钨作为原料，为了产出一种低熔点的 Al_2O_3-16.7%Al_2S_3 渣而采用硫作为助熔剂，采用钙和硫作为触发引火混合物。将炉料中的铝量从化学计量值的 90%改变到 110%，金属钨的产率从 61%增加到 82%。所产出的高铝、硫及含氧量的还原钨，通过在氩气气氛下的电弧熔炼加以提纯，其纯度达到 99.8%以上。

4.3.1.6　自蔓延高温合成

1. 自蔓延高温合成的概念和历史发展

自蔓延高温合成（self-propagating high temperature synthesis，SHS）又称燃烧合成，是由 Merzhanov 提出的一种材料合成与制备新技术。该技术因为合成速度快、温度高、设备简单、能耗少等特点已成为现代科学和工业技术领域广泛重视的一种新型材料制备技术。1967 年，苏联科学院科学家 Merzhanov 和 Borovunskaya 等人在研究钛和硼的混合粉体压块燃烧过程时，发现了“固体火焰”的存在，随后的研究中又证实了许多活泼金属和非金属材料反应过程伴随着强烈的放热现象。这些反应体系满足了持续燃烧的两大条件——持续的热源供给和近似绝热状态的燃烧环境，可认为是自蔓延反应的最初的科学应用。1972 年，苏联科学院化学物理研究所建立了针对 TiC、TiB_2、BN 和 $MoSi_2$ 等高熔点化合物的 SHS 合成实验装置，并于次年开始将 SHS 产品投入实际应用。1975 年苏联开始研究 SHS 致密化技术，将 SHS 技术和传统材料加工技术结合，在自蔓延反应过程中辅助以热固等加工成型手段，成功制备 $MoSi_2$ 粉末和加热元件并进行工业化生产。我国在 20 世纪 70 年代利用自蔓延反应制备了 $MoSi_2$ 粉末。20 世纪 80 年代中后期，西北有色金属研究院、北京科技大学、武汉科技大学和北京钢铁研究总院等单位相继展开了 SHS 研究。

2. 自蔓延高温合成法的特点及相关技术

自蔓延高温合成的基本要素是：

① 利用化学反应自身放热，完全（或部分）不需要外加热源。

② 通过快速自动燃烧波的自维持反应得到所需成分和结构的产物。

③ 通过改变热的释放和传输速度来控制燃烧过程的传热速度、温度、原料转化率和产物的成分及结构。

迄今为止，用 SHS 制备的材料已涉及碳化物、氮化物、硼化物、氧化物及复合氧化物、超导体、合金等许多领域，带动了相应的各种新型 SHS 技术的产生和发展，其中具有代表性的技术有以下五种：

① SHS 制粉技术。通常将压坯置于惰性气氛的反应容器中，通过镁热还原等自蔓延反应方式得到疏松的烧结块体。若产物为单一物相，可采用机械粉碎法获得烧结粉体（如 TiB_2 的合成）；若产物含反应引入的杂质，则可采用湿化学法去除（如用镁热还原 ZrO_2 制备 ZrC，除去产物中 MgO）。

② SHS 熔铸技术。高放热量的 SHS 反应体系在自蔓延过程中产生的高温若超过产物熔点则形成熔体。采用冶金工艺处理熔体，就可以得到铸件，这一方向被称为 SHS 冶金。它

包括 SHS 法得到熔体和冶金法处理熔体两个步骤。

③ SHS 焊接技术。利用 SHS 反应的放热及其产物来焊接待焊母材的技术。SHS 焊接可用来焊接同种和异型的难熔金属、耐热材料、耐蚀氧化物陶瓷或非氧化物陶瓷、金属间化合物。SHS 焊接工艺要求要根据母材或接头的性能配制粉末焊料。可采用数层混合粉末构成功能梯度材料（FGM）焊料。在原料中引入起增强作用的添加剂或降低燃烧温度的惰性添加剂，以构成复合焊料及控制高温对母材、增强相的热损伤。然后加热引发 SHS，同时施加一定的压力进行焊接。

④ 反应爆炸固结技术。反应热冲击波做功在材料中产生大量缺陷，并能引起大幅度的塑性变形，促进物质流动扩散，使反应物产生紧密接触。

⑤“化学炉”技术。采用自蔓延反应体系作为外部热源，利用其超快的升温速率及外加的高机械压力，在低于坯体物质熔点的温度下大幅提升致密度。一般反应速度可从 $0.1cm \cdot s^{-1}$ 到 $90cm \cdot s^{-1}$，通过添加稀释剂可以调节燃烧温度，从 1000K 到 6000K。

4.3.2 低温的获得及低温合成

低温化学提供了在接近绝对零度下发生的化学反应的独特信息。现在，分别采用超声喷气冷却法和基体隔离法研究发生在气体和固体中的这一类反应。超声喷气冷却法是研究弱结合分子（范德华分子）光谱的有力手段，而其余激光诱导荧光与分子束联用又将为弄清分子内能量转移和分子预解离开辟新途径。还可以在接近绝对零度的振动-转动温度下的气相中制备复杂分子，使人们能够触及常温下完全不清楚的光谱精细结构。高活性分子悬浮于接近绝对零度的惰性气体中（基体隔离技术）也能提供靠其他任何方法都难以获得的信息。在此仅涉及低温合成的相关问题。

4.3.2.1 低温的获得、测量和控制

任何物体的温度都不能低于绝对零度，即－273.15℃。达到这个温度时，物体中的原子、分子、电子几乎都要停止运动，这实际上是不可想象的事，目前已知宇宙空间的背景辐射温度已经够低了，为 2.7K。到 20 世纪 70 年代，人类利用各种人为的方法，获得的最低温度是 0.000005K。近些年，芬兰科学家又取得了新进展，获得了 0.00000003K 的低温。

1. 制冷原理

将局部空间的温度降低到低于环境温度的操作，称为冷冻或制冷。一般来说，将局部空间温度降低到 173.15K（－100℃）称为普通冷冻或普冻；降低到 173.15K 至 4.2K 之间称为深度冷冻或深冻；降低到 4.2K 以下称为极冻。主要的制冷技术和方法列于表 4-4。

尽管有各种各样的制冷方法和技术，但从热力学角度出发，其原理不外乎等熵冷却和等焓冷却两种。所谓等熵冷却是压缩气体通过膨胀机进行绝热膨胀，同时对外做功，如果这个过程是可逆的，则必然是等熵过程。该过程的特点是气体膨胀对外做功而其熵值不变，膨胀后气体温度降低。这种由于压力变化所引起的温度变化称为等熵膨胀效应。所谓等焓冷却就是著名的焦耳-汤姆逊（Joule-Thomson）节流效应引起的制冷过程。根据热力学第一定律，节流的最终结果是等焓的，即节流前的焓值和节流后的焓值相等。由于节流过程中摩擦和涡流所产生的热量不可能完全转变为其他形式的能，因此，节流过程是不可逆过程，过程进行时，熵值随之升高。对于理想气体，节流前和节流后的温度不变，对于真实气体，节流后的温度是升高还是降低，还是不变，由该气体的特征转化温度决定。

表 4-4　主要的制冷技术和方法

技术和方法名称	可达温度/K	技术和方法名称	可达温度/K
一般半导体制冷	约 150	气体部分绝热膨胀三级 G-M 制冷机	6.5
三级级联半导体制冷	77	气体部分制冷绝热膨胀西蒙氦液化气	约 4.2
气体节流	约 4.2	液体减压蒸发逐级冷冻	约 63
一般气体做外功的绝热膨胀	约 10	液体减压蒸发(^4He)	4.2～0.7
带氦两相膨胀机气体做外功的绝热膨胀	约 4.2	液体减压蒸发(^3He)	3.2～0.3
二级菲利浦制冷机	12	氦涡流制冷	1.3～0.6
三级菲利浦制冷机	7.8	^3He 绝热压缩箱变制冷	0.002
气体部分绝热膨胀的三级脉管制冷机	80.0	^3He-^4He 稀释制冷	1～0.001
气体部分绝热膨胀的六级脉管制冷机	20.0	绝热去磁	1～10^{-6}
气体部分绝热膨胀二级沙尔凡制冷机	12		

2. 低温源

常见的低温原有如下几种：

(1) 冰盐低温共熔体系　将冰块和盐尽量磨细使之充分混合均匀（通常用冰磨将其磨细）可以达到比较低的温度，其具体数如表 4-5 所示。

表 4-5　冰盐浴

盐	含盐量/%	低共熔点/℃
NH_4Cl	18.6	−15.8
NaCl	23.3	−21.1
$MgCl_2$	21.6	−33.6
$CaCl_2$	29.8	−55
$ZnCl_2$	51	−62

(2) 干冰浴　干冰的升华温度为−78.3℃，是实验室中常用的一种低温浴，为了提高干冰浴的导热性能，用时常加一些惰性溶剂，如丙酮、醇、氯仿等，通常能达到的温度如表 4-6 所示。

(3) 液氮　也是在合成反应与物化性能试验中常用的一种低温浴，氮气液化的温度是−195.8℃，用于制冷浴时，使用温度最低可达−205℃（减压过冷液氮浴）。有时也加入惰性溶剂，如表 4-6 所示。

表 4-6　非水冷冻浴

体系	临界点	温度/℃
液氨	沸点	−33.4
无水乙醇-干冰	低共熔	−72
氯仿-干冰	低共熔	−77
无水乙醇-液氮		−125～−115
液氮	沸点	−196

(4) 相变制冷浴　可以恒定温度，如 CS_2 可达−111.6℃，这个温度是标准大气压下二

硫化碳的固液平衡点。经常用的低温浴的相变温度如表 4-7 所示。

表 4-7　一些常用的低温浴的相变温度

低温浴	温度/℃	低温浴	温度/℃
冰+水	0	甲苯	−95
CCl_4	−22.8	CS_2	−111.6
液氨	−33、−45	甲基环己烷	−126.3
氯苯	−45.2	正戊烷	−130
氯仿	−63.5	异戊烷	−126.3
干冰	−78.5	液氧	−183
乙酸乙酯	−83.6	液氮	−196

(5) 液氨　也是经常用的一种制冷浴，它的正常沸点是−33.35℃，通常可用的最低温度远远低于它的沸点，可达−45℃。需要注意的是它必须在一个具有良好通风设备的房间或装置下使用。

3. 液化气的贮存和使用

在实验室中，经常用到的液氮、液氧等液化气体。在此，对液化气体的贮存和使用注意事项进行简单的介绍。

贮存液化气体可以选择杜瓦瓶，贮槽（贮罐）、槽车和槽船等容器。杜瓦瓶是小型容器，贮槽（贮罐）、槽车和槽船是大型容器。广泛应用的液化气体贮槽有球形和圆柱形两种，一般更倾向选择球形贮槽，这是因为与尺寸相同的其他形状贮槽相比，具有容积大，表面积小、冷耗小、机械强度高、承载压力高和冷却周期短等优点。液化气体贮槽的几何容积是指实际的容积，公称容积是指贮存液化气体的有效容积。液化气体贮槽的几何容积应大于公称容积，以留有5%～10%的气体空间。液化气体贮槽的工作性能常用正常蒸发的损耗率来表示，即一昼夜蒸发的液体量与贮槽的有效容积之比的百分数。液化气体贮槽由内容器、外壳体、绝热结构以及连接内外壳体的机械构件组成。液化气体贮存在内容器内。除此之外，贮槽上通常还装有测量压力、温度、液面的仪表，液、气排注和回收系统以及安全设施等。小型的液氮、液氩和液氧一般采用材质为铜，外形呈球状的杜瓦瓶。由于液氢、液氦的沸点极低，汽化热很小，其贮存容器结构更为复杂。

从液态气体容器里向外转移液态气体的方法有很多种。第一种方法是倾倒。例如，从液态空气罐中转移液态空气时，就可用此法（用倾瓶器）。比较小的杜瓦瓶可以直接倾倒，但倾倒时，应将一片湿的滤纸贴在瓶口里面，把液态空气从滤纸上面很快地倒出，倾倒时应缓缓地转动它，使瓶口四周能均匀冷却。倾倒液态空气时应尽可能迅速并可借助塑料或白铁做的漏斗。玻璃漏斗（如果不是耶拿玻璃制的）大都会炸裂，故不可用。第二种方法是虹吸法。虹吸管结构简单，很容易操作。第三种方法是加压法。例如，取较大量的液态空气时，可用一个小橡皮球打气将液态空气压出。第四种方法是舀取法。例如，使用较大的和用普通玻璃制的杜瓦瓶时，液态空气切不可直接从瓶中倾倒出来，应用舀取法。所用的舀是由直径40mm、高60mm的黄铜杯焊在一根约3mm粗、40cm长的黄铜丝上制成。装液态空气用的杜瓦瓶原则上最好是选用耶拿玻璃制的而不用普通热水瓶，因为耶拿玻璃制的杜瓦瓶比较经久耐用，不像普通热水瓶那样易坏，所以这种杜瓦瓶比较划算。做完实验后，应将所有容器中的液态空气倒回原来装液态空气的罐中（金属制的杜瓦瓶）。

4. 低温的测量

低温的测量常用低温温度计，测温原理是利用物质的物理参数与温度之间的定量关系，通过测定物质的物理参数就可转换成对应的温度值。低温温度计包括低温热电偶、电阻温度计和蒸气压温度计等。实验室中，最常用的是蒸气压温度计。测定正常的压强可用水银柱或精确的指针压强计，测低压强可用油压强计或麦克劳斯压强计、热丝压强计。

5. 低温的控制

低温的控制有两种途径：一种是用恒温冷浴，另一种是借助低温恒温器。

(1) 恒温冷浴　可用沸腾的纯液体，也可以用纯物质液体和其固相的平衡混合物（混浴）来获得。除了冷水浴外，泥浴的制备都是在一个罩里慢慢地加入液氮（不能是液态空气或液态氧）到杜瓦瓶里，杜瓦瓶中预先放入某种液体和搅拌器，以便于调制泥浴。当加入液氮使之呈稠的牛奶状时，则表示已制成泥浴。注意液氮不要过量，否则就会形成难以熔化的固体。再者开始时如果液氮加得太快，被冷却的物质从杜瓦瓶中溅出会发生危险。

干冰浴并不是一个泥浴，它可以通过慢慢地加一些磨碎的干冰和一种液体（如95%乙醇）到杜瓦瓶中而得到。如果干冰加得太快或杜瓦瓶中的液体太多，由于CO_2释放得过于激烈，液体有可能从杜瓦瓶中冲出。制好的干冰浴应是由碎干冰和漫过干冰1～2cm的液体组成，当这样一个干冰浴准备好之后，再在里面放一个反应管或其他仪器是非常困难的。所以最好在制备冷浴之前就在杜瓦瓶里装上实验所需的容器或仪器。随着干冰的升华，干冰将渐渐地减少，应不断地补充新的干冰到杜瓦瓶中以维持这个低温浴。在此，液体仅起传热的传导介质作用，也可以用一些低沸点的液体如丙酮、异丙酮等代替乙醇。在一个好的冷浴中，温度是与所用的热传导液体无关的。由仔细研磨的干冰制备的冷浴，其温度常常低于CO_2固体与该气压下CO_2气体平衡时的温度。

许多物质如有机物、金属细粉等易同液氧发生爆炸性的反应。还原剂与液氧的混合物若遇火花、摩擦和震动也能发生爆炸，因此液氧不能用来冷却装有可氧化物质的制冷玻璃瓶，当然更不能用来制造泥浴，这是应该十分注意的。

(2) 低温恒温器　是一个能够将低温状态保持一定时间的装置。图4-4所示的就是一种最简单的液体浴低温恒温器的示意图，它可用于保持－70℃以下低温。其制冷是通过一根铜棒来进行的，铜棒作为热导体，其一端同冷源液氮接触，可借助铜棒浸入液氮的深度来调节

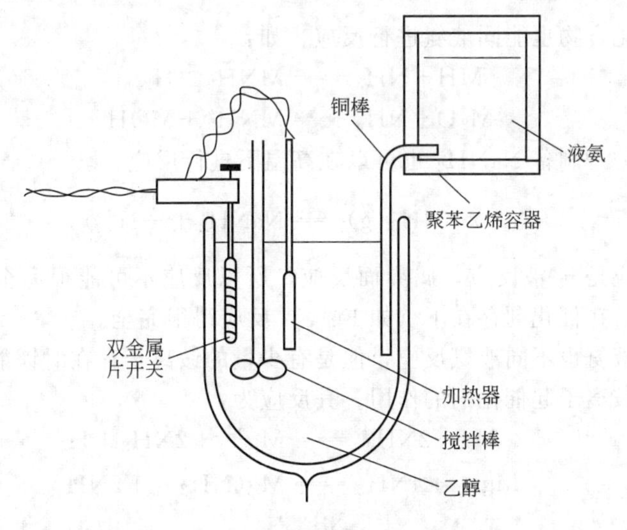

图4-4　液体浴低温恒温器

温度，并使冷浴温度比所要求的温度低5℃左右。另外有一个控制加热器的开关，经冷热调节可使温度保持在恒定温度的±0.1℃。

4.3.2.2 低温合成的应用

1. 液氨中的合成

氨的熔点是−77.70℃，沸点是−33.35℃，所以液氨中的合成属于低温反应。通常，液氨中的合成主要有金属同液氨的反应、非金属同液氨的反应和化合物在液氨中的反应。

（1）金属同液氨的反应　碱金属和碱土金属都能跟液氨反应。其中，碱金属与液氨反应很特别，碱金属在溶液中的溶解度超出了人们的想象。最奇特的是碱金属溶解在液氨中显蓝色。实验证明，溶解在液氨中的碱金属是氨合电子，电子处于4～6个NH_3的空穴中。碱金属液氨溶液是亚稳态的。一般条件下反应较慢（表4-8），但在催化剂存在时能迅速地反应形成金属氨化物并放出H_2，同时，反应随着温度的升高和碱金属原子量的增加而加快。反应式如下所示：

$$M+NH_3(l) \longrightarrow MNH_2+\frac{1}{2}H_2\uparrow$$

表4-8　某些碱金属在液氨中的溶解度和反应时间

碱金属	温度/℃	溶解度/(mol/1000g)	反应时间
Li	−63.5	15.4	很长
	−33.2	15.66	
	0	16.31	
	−70	11.29	
Na	−33.5	10.93	10d
	0	10.00	
	−50	12.3	
K	−33.2	11.86	1h
	0	12.4	
Cs	−50	2.34	5min

某些碱金属的化合物也能同液氨进行反应，如：

$$MH+NH_3 \longrightarrow MNH_2+H_2$$

$$M_2O+NH_3 \longrightarrow MNH_2+MOH$$

这里需要说明的是制备$NaNH_2$也可以在高温下进行反应：

$$Na(l)+NH_3(g) \longrightarrow NaNH_2+\frac{1}{2}H_2\uparrow$$

但由于这个反应是气-液反应，属界面反应，所以反应不可能很完全，在低温下，钠在液氨中形成真溶液，在催化剂存在下（如Fe^{3+}）反应得很完全。

铍和镁不溶于液氨也不同液氨反应，但是有少量的铵离子存在时镁能同液氨反应并形成不溶性的氨化物，铵离子起催化剂的作用。其反应为：

$$Mg+2NH_4^+ \longrightarrow Mg^{2+}+2NH_3+H_2$$

$$Mg^{2+}+4NH_3 \longrightarrow Mg(NH_2)_2+2NH_4^+$$

总反应可以写成：

$$Mg+2NH_3 \xrightarrow{NH_4^+} Mg(NH_2)_2+H_2$$

其他碱土金属像碱金属一样，在液氨中也能溶解，形成的溶液能够慢慢地分解并形成金属的氨化物。碱土金属的盐也能同液氨反应形成相应的氨化物。

(2) 非金属同液氨的反应　硫是非金属中最容易溶于液氨的，溶解后得到一种绿色的溶液，当这种绿色的溶液冷却到−84.6℃时，又变成了红色。这种溶液与银盐反应可以得到 Ag_2S 沉淀。如果将这种溶液蒸发可以得到 S_4N_4，因此在溶液中发生的反应最可能是：

$$10S+4NH_3 = S_4N_4+6H_2S$$

臭氧在−78℃同液氨反应可以得到硝酸铵，其反应为：

$$2NH_3+4O_3 = NH_4NO_3+H_2O+4O_2$$

$$2NH_3+3O_3 = NH_4NO_2+H_2O+3O_2$$

硝酸铵的产率为98%，而亚硝酸铵的产率为2%。

(3) 化合物在液氨中的反应　很多化合物在液氨中能够氨解得到相应的化合物，例如：

$$BCl_3+6NH_3 = B(NH_2)_3+3NH_4Cl$$

如果将 $B(NH_2)_3$ 加热到0℃以上，它分解并得到亚胺化合物：

$$2B(NH_2)_3 = B_2(NH)_3+3NH_3$$

研究表明三碘化硼在−33℃的液氨中，可直接生成亚胺化合物：

$$2BI_3+9NH_3 = B_2(NH)_3+6NH_4I$$

除此之外，一些配合物在液氨中可以发生取代反应：

$$[Co(H_2O)_6]^{2+}+6NH_3 = [Co(NH_3)_6]^{2+}+6H_2O$$

$$(\eta^5\text{-}C_5H_5)_2TiCl+4NH_3 \xrightarrow{-36℃} (\eta^5\text{-}C_5H_5)TiCl(NH_2)\cdot 3NH_3+C_5H_6$$

$$(\eta^5\text{-}C_5H_5)TiCl(NH_2)\cdot 3NH_3 \xrightarrow{20℃} (\eta^5\text{-}C_5H_5)TiCl(NH_2)+3NH_3$$

2. 低温下挥发性化合物的合成

挥发性化合物由于其熔点、沸点都很低，且合成副反应较多，它们的合成和纯化都需要在低温下进行。例如二氧化三碳（C_3O_2）、氯化氰（CNCl）、磷化氢（PH_3）、甲硅烷（SiH_4）和乙硼烷（B_2H_6）等。

4.3.3　高压的获得及高压合成

高压化学在许多方面具有潜力，因为它有可能考察压力极高甚至超过100万个大气压（大于 10^{11} Pa）条件下的化学反应性。在高压条件下研究反应性，能揭示反应物的体积变化曲线，从而增加反应物与生成物之间的不稳定原子排列的相关内容。这样的深入观察是理解和控制反应瞬间状态（反应速度）的最重要的方法之一。只要弄清楚反应机理，就可以设法改变反应途径，从而产生新工艺和新产品。此外压力对分子的电子激发态可能有不同的影响，从而使液体和固体的光学性质发生变化。同时压力还会改变分子在固体中的堆积方式，从而影响其电性能。再者，我们将会认识到临界现象。临界现象指的是在某种温度、压力下气态和液态不可分的状态。另一个能预料到的发现是近临界流体的表面和界面本身会出现相变和临界现象。

很早以前，人们就开始了对高压技术的探索，用于产生高压的装置也在不断革新，如表4-9所示。经过长期的探索与改进，高压技术所能产生的压力极限值得到了大幅度提高，有力地推动了科研的发展和工业化应用，使其在国防工业和国民日常生活中的应用范围越来越广。高压合成是利用外加的压力来合成固体化合物和材料的技术。高压合成往往伴随着高温。自20世纪50年代初期人工合成金刚石成功以后，高压合成就引起了人们的关注，并在无机化合物和材料的合成中取得了一系列的成果。

表 4-9 高压实验技术发展历史一览表

时间	发明/制造人	高压设备名称	压力值	应用领域
1680 年	Papin	青铜高压反应釜	—	一些气体的液化；合成氨气和聚乙烯
1880 年	Hannay	密封钢管有机挥发物加压器	0.2GPa	
1888 年	Parsons	活塞-圆筒式压机	1GPa	
1890 年	G. Tamman	高压下化学反应	—	高压相平衡
1935 年	P. Bridgman	Bridgman 密封器	5GPa	
1953 年	Hall	—	21GPa	人工合成金刚石晶体
1976 年	毛河光等	金刚石对顶砧	120～280GPa	

4.3.3.1 高压的产生和测量

1. 静态高压的产生

一般来说，许多和压力有关的现象都可以用来产生高压，比如可以利用相变、热膨胀等现象产生高压。然而在实际应用上最有效的方法是用各种方式挤压某个物体。当物体的体积缩小时，就在其内部产生压力，只要压缩量足够大，就可以在此物体内产生高压。为了挤压某个物体，首先要有一个或多个加荷的可动部件，常称之为压头或顶锤。为保证顶锤是可动的，在顶锤和顶锤之间，以及顶锤和压缸之间必须要有一定的间隙。在充分挤压时，物体就会从这些间隙流失。要想得到高压，就得密封这些间隙。

挤压某一物体后，在其中产生压力只是一种简单的说法，而实际上问题要复杂得多，在此不做进一步的讨论。对顶锤加荷的能源，一般使用油压机。当受挤压的物体被密封件有效地密封以后，所能获得压力的限制因素就是顶锤能够推进的最大距离，以及挤压物体各抗高压构件的强度。这一方面取决于这些构件材料的强度，另一方面还和这些构件的几何形状和受力状况有关。

2. 静态高压的测量

压力的单位通常是帕斯卡（Pa）。测量压力的方法可以分为初级的（绝对的）和次级的（相对的）两种。初级的测压方法，是根据压力与其他参数之间的已知基本关系式，通过测量相应的参数来计算出压力的数值。例如，水银压力计和自由活塞计就是根据关系式 $p=F/a$，测量作用在面积 a 上的力 F，求出压力 p 的两种初级压力计。

初级的测压方法需要特殊的装置，实际使用上非常麻烦。在常规测量中多用次级的测压方法。次级压力计的主要部分是一个小的测压元件。根据测压元件的某种特性（测压参数）随压力的变化来测量压力。测压参数和压力之间的对应关系需要预先测定，此过程称为定标。初级的测压方法主要用于定标。从原则上讲，任何一种和压力有关的物理性质都可以用来测量压力。但实际上还希望测压参数随压力单调变化，有大的压力系数，并且是容易测量的。在没有适用的次级压力计进行测压的情况下，一般直接用外加负荷作为测压参数来度量压力。由于负荷和压力之间的关系受很多因素的影响，用这种方法测压重复性差，若小心进行测试，可使波动小于 5%。在用次级的方法测压时必须先定标，即预先测出压力和测压参数之间的对应关系。定标的简便方法是用一些压力的定标点。所谓定标点是这样一些压力的固定点，它们与一些物质的某种现象如凝固、熔化、三相点、多晶形转变等相变相联系。一旦这些固定点的压力已用初级的方法测定以后，定标就可以在任何高压装置中简单进行：测量这些固定点所对应的相变发生时测压参数的值，由此得出固定点压力和测压参数之间的对

应关系，然后在这些值之间进行内插和外推，最后就得出某一压力范围内测压参数和压力之间的一般关系。

高压一般都伴随高温，高温下测量高压是很困难的，即使在常温下，一般也缺乏在固体介质中测量高压的良好压力计。以上仅是介绍了测压的一般原理。欲了解详情，可查阅专门的著作。

3. 动态高温高压的产生

动态高压是利用爆炸、强放电以及高速运动物体的撞击等方法产生激波（或称驻波、冲击波）。激波在介质中以很高的速度传播，在激波阵面后边带有很高的压强和温度，使得受到激波作用的物质获得瞬间的高温和高压。

动态法和静态法有本质的区别，它们各有特点。动态法产生的压强远比静态法的高，前者可达几百万乃至上千万个大气压，而后者由于受到高压容器和机械装置的材质及一些条件的限制，一般只能达到十几万个大气压。动态高压存在的时间远比静态短得多，一般只有几微秒，而静态高压原则上可以人工控制，可达几十甚至上百个小时。动态高压是压力和温度同时存在并同时作用到物质上，而静态高压的压力和温度是独立的，由两个系统分别控制的。动态高压法一般不需要昂贵的硬质合金和复杂的机械装置，并且测量压强较精确。

4. 动态高压的测量

根据激波产生的原理，已知激波在介质中产生的压强可由激波在介质中的传播速度 D、介质的质点速度 v_2 和介质的初始密度 ρ_1 决定。所以测量压强就变成测量 ρ_1、D 和 v_2 了。ρ_1 可在静态下方便地测出，D 的测量也不困难，介质的质点速度 v_2 不能直接测出，要用近似方法处理。在此不再详述。

4.3.3.2　高压下的无机合成

高压合成技术在无机化合物的合成和无机材料的制备中发挥着巨大的作用，用该技术制得了许多以前得不到的物质。这里仅举几类典型的例子加以说明。

1. 伴随相变的合成反应

高压下无机化合物或材料往往会发生相变，从而有可能导致具有新结构和新特性的无机化合物或物相生成。例如众所周知的石墨在大约 1500℃、5GPa 下将转变成金刚石，六方 BN 在类似的超高压条件下转变成立方 BN。一般来说，在高压下某些无机化合物或材料往往由于下列原因导致相变生成新结构的化合物或物相：①结构中阳离子配位数的变化；②阳离子配位数不变而结构排列变化；③结构中电子结构的变化和电荷的转移。一些典型的实例如表 4-10 所示。

表 4-10　高压下相变的实例

结构变化类型	化合物	结构变化	配位数变化	体积减小/%
(a)	SiO_2	α-$SiO_2 \rightarrow TiO_2$(金红石型)	4→6	38
	ZnO	ZnS(纤锌矿型)	4→6	17
	$CrVO_4$	$CrVO_4 \rightarrow TiO_2$(金红石型)	4,6→6	12
(b)	SiO_2	α-$SiO_2 \rightarrow SiO_2$(柯石英)	4→4	9.0
	TiO_2	TiO_2(金红石型)$\rightarrow \alpha$-PbO_2	6→6	2.2
	Fe_2SiO_4	$(MgFe)SiO_4 \rightarrow MgAl_2O_4$	4,6→4,6	9.3
	In_2O_3	$Se_2O_3 \rightarrow \alpha$-$Al_2O_3$	6→6	2.6

续表

结构变化类型	化合物	结构变化	配位数变化	体积减小/%
(c)	EuTe	NaCl→NaCl	6→6	16
	SmTe	NaCl→NaCl	6→6	16

从表 4-10 中的（a）类型可知，由于阳离子配位数的增大，高压相的体积发生明显的减小（一般≥10%）。而（b）类型的一级基本结构单元如四面体、八面体等不变，只是连接的方式发生变化，结果导致高密度、高压相的生成。

通常，晶体中的离子的配位数和配位态与阳离子半径/阴离子半径的比值密切相关。然而这种关系或规则不适合高压下阳离子的配位数和配位态。一般说来，高压下阳离子的配位数往往有变大的倾向。如常压下锗酸根中由于 Ge^{4+} 的半径与 O^{2-} 的半径比值为 0.386，因此，Ge^{4+} 对 O^{2-} 的配位数应该是 4。然而在高压条件下，Ge^{4+} 对 O^{2-} 的配位数就由 4 变成了 6。

固态无机化合物往往有多种同素异形体，其相区的存在和相互间的转化与温度、压强（特别是高压下）关系密切。了解高压下相间的转变关系，对于高压下的合成具有重要指导意义。下面就 RE_2O_3（RE＝La、Pr、Nd、Sm、Eu、Gh、Tb、Ho、Y、Er、Tm、Lu）的例子进行讨论。常压下除 La、Pr、Nd 三种氧化物以六方相（A 相）存在外，其他 RE_2O_3 均呈立方相（C 相）。然而当同样在 1000℃下而压强大于 1GPa 时，它们由 C 相转变成单斜相（B 相），只是不同离子半径元素的 RE_2O_3 的两相的转变条件不同。两相转变的等温相变线（1000℃）是随压强与离子半径的变化而变化的。即从 Sm→Lu（随着离子半径的缩小），增大压强和升高温度，单斜相（B 相）区变大。

某些无机化合物在高压、高温下易于生成固溶体。而在固溶体中往往存在一种以上的多型体。多型体在化学组成与晶体相似，但在晶胞大小上（通常是晶胞参数）不同。这是由于多型体是由在二维结构（层结构）上相同的结构单元一个连一个构成的，因而在层平面上具有相同的晶格常数，而在垂直方向却具有不同大小的晶格常数。例如，在一些 ABO_3 型复合氧化物中就存在此类现象，且在高压下固溶体中会发生多型体间的相变，如 $BaRuO_3$、$Ba_{1-x}Sr_xRuO_3$、$SrRuO_3$ 体系。在 ABO_3 型复合氧化物中，A 是指如 Ba、Sr 这样较大的阳离子，B 是指像 Ru 这样具有 d 电子层结构的过渡金属离子。当 A 是二价阳离子时，B 应是四价阳离子；若 A 是一价阳离子，则 B 应为五价阳离子。这种晶体结构的特点是由 O^{2-} 和 A 离子共同按立方密堆积排列；因为 O^{2-} 与 A^{2+}（或 A^{+}）的离子半径不一定相等，这种堆积可能只近似于密堆积。B 离子的半径小，它位于 O^{2-} 堆成的八面空隙内，B 的配位数是 6，形成的［BO_6］八面体以顶角相连，A 又处于［BO_6］八面体的空隙中，A 的配位数是 12。理想的钙钛矿型结构属于立方晶系。若其中 B 离子沿［BO_6］八面体的纵轴方向稍稍位移，就畸变成四方晶系。若在两个轴向发生程度不同的伸缩，就畸变成正交晶系。若沿晶胞体对角线［111］方向伸缩，就畸变成三方晶系。畸变降低了晶体的对称性，可使晶体变成有自发偶极矩的铁电体。发生这种畸变时，并不需要在结构上做大的变动，只需稍稍改变离子的位置。所以具有钙钛矿型结构的化合物按其 A、B 离子的种类不同以及温度变化，可以有不同的晶体结构类型。例如，$Ba_{1-x}Sr_xRuO_3$ 在常压下随着固溶体中含 Sr 量的增加，多型体的结构由 4L→6L→9L，最后生成稍相变的钙钛矿型结构的 $SrRuO_3$。在高压下，上述多型体结构由六方密堆积过渡成立方密堆积，其中 Ba、Sr、Ru 的配位数并不发生变化，只是排列的改变导致了多型体相区发生了变化，根据对压强的控制可期望定向合成某些结构的多型体。

在高压下，化合物的电子结构会发生明显的变化，甚至产生本身组成元素间的电荷转移，导致相变的发生。例如，Eu在稀土元素（RE）系列中，由于其结构的特点，在一系列性质上也呈现出其固有的特色，若以二元化合物EuTe、EuSe、EuS、EuO与其他稀土元素相应的二元化合物相比较，其晶胞常数（均具NaCl型结构）就表现出特殊性。EuX（X=Te、Se、S、O）与其他REX相比，其晶格常数 a 要大得多。根据电学和磁学性能的研究，在RETe系列化合物中仅EuTe（或SmTe）被证实为具有 $R^{2+}Te^{2-}$ 结构，而其他相应的稀土碲化物RETe则具“$RE^{3+}Te^{2+}+e$”结构。Rooymans研究了高压下EuTe的结构和性能发现：高压下EuTe的晶格常数 a 明显减小，压力达3GPa时，晶胞体积下降16%，并发现EuTe已转变为高压相（仍保持NaCl型结构）。

2. 非相变型高压合成

非相变型高压合成通常遵循勒夏特列（Le Chatelier）原理，即在高压下，反应向体积减小的方向进行，即生成物的体积只能在小于反应物的体积时合成反应才能进行。反之，如生成物的体积大于反应物时，则在高温下反应产物发生分解使合成反应无法实现或产率很低。例如反应：$LiFeO_2+2Fe_2O_3 \longrightarrow 2Li_{0.5}Fe_{2.5}O_4$，反应物的体积=0.0355+2×0.0502=0.1359(nm^3)，而生成物的体积=2×0.0723=0.1446(nm^3)。高压下可以观察到产物 $Li_{0.5}Fe_{2.5}O_4$ 分解明显。

（1）Cr^{4+} 含氧酸盐的合成　Cr^{4+} 的 ABO_3 型含氧酸盐类如 $CaCrO_3$、$SrCrO_3$、$BaCrO_3$、$PbCrO_3$ 等都是在高压和高温下通过固相反应合成出来的。如 $BaCrO_3$ 可通过以下途径在6～6.5GPa下合成：

$$BaO+CrO_2 \longrightarrow BaCrO_3$$

由于反应物和产物都对水、氧非常敏感，不论用特纯BaO或用 $BaCO_3$（99.9999%）作钡源，使用前都必须在1000～1100℃的高温下进行真空热处理。CrO_2 是由 Cr_2O_3 和 CrO_3 作反应物通过高压水热合成制得的。$BaCrO_3$ 具有多种多型体，如4层六方（4H）、6层六方（6H）、9层斜方（9R）、12层斜方（12R）、14层六方（14H）、27层斜方（27R）、正交（O-rh）、立方（C）和单斜（M）等。上述多型体的合成与高压反应条件（如反应物性质、压强、温度、反应时间、温度梯度等）密切相关。一些多型体只能在严格的高压条件下才能制得。具钙钛矿型结构的 $CaCrO_3$、$SrCrO_3$、$PbCrO_3$ 和上述 $BaCrO_3$ 类似，也可用同样的方法在高压、高温下合成。

（2）非常态过渡金属二元化合物的高压合成　具有黄铁矿型结构的过渡金属硫化物（或硒化物、碲化物）往往具有一些特别的电学和磁学性质（表4-11）。此类硫化物在常压下是无法合成的，它只能通过高压合成。CuS_2 就是一个典型的例子，它只能在600℃、3GPa下借CuS与S的反应制得。其他如 ZnS_2、CdS_2、$CuSe_2$、$FeSe_2$、$NiSe_2$、$CdSe_2$、$CuTe_2$、$CoTe_2$、$FeTe_2$ 等也已能在类似的高压、高温条件下合成。再如过渡金属与磷的二元化合物，在常压下合成得到的磷化物中M与P的比例最高只能达到1∶3。然而在高压下由于过渡金属与P的配位数增高，结果合成出了一系列M∶P=1∶4的高压相金属磷化物，如 CrP_4、MnP_4、FeP_4 等。又如具有β-W型立方晶系结构的 A_3B 型二元化合物（A为ⅣB或ⅤB族元素，B为ⅢA或ⅣA族元素）是一类具有超导特性的功能材料，所以格外引人注意。然而此类具有β-W型结构的 A_3B 型化合物难以在一般条件下合成，即使借高压合成法也只有当A、B两种元素的熔点相差大而其半径比又保持在一个适当范围时才能合成制得。如Cannon于1330～1430℃和5.9GPa下合成了 Nb_3Te。Leger等于1000～2000℃和2～7GPa下合成出了 Nb_3Si 和 V_3Al。

表 4-11 某些黄铁矿型结构的过渡金属硫化物的电学和磁学性质

化合物	电学性质	磁学性质
FeS_2	半导体	常磁性(与温度无关)
CoS_2	金属	强磁性
NiS_2	半导体	常磁性
CuS_2	金属(超导 $T_c=1.51K$)	Paul 常磁性
ZnS_2	半导体	反磁性

综上所述，可以看出非相变型的高压无机合成已在不少合成反应和材料制备中得以实现和探索，并起着非常重要的作用。毫无疑问，非相变型的高压无机合成有着极其广阔的发展前景。

3. *人造金刚石的高压合成*

人造金刚石按其粒度的大小分为磨料级、粗颗粒级、宝石级三种。磨料级指粒度在 60# 以上，粗颗粒指粒度在 46# 以上；2～3mm 以上为宝石级。粒度的标称号与线尺寸的关系如表 4-12 所示。

表 4-12 粒度的标称号与线尺寸的对照表

标称号	线尺寸/μm	标称号	线尺寸/μm
36	500～400	W40	40～28
46	400～315	W28	28～20
60	315～250	W20	20～14
70	250～200	W14	14～10
80	200～160	W10	10～7
100	160～125	W7	7～5
120	125～100	W5	5～3.5
150	100～80	W3.5	3.5～2.5
180	80～63	W2.5	2.5～1.5
240	63～50	W1.5	1.5～1
280	50～40	W1	1～0.5
320	同 W40	W0.5	<0.5

原则上讲，人造金刚石的合成有直接法和间接法两种。前者是在高温、高压下使碳素材料直接转变成金刚石。后者是用碳素材料和合金做原料，在高温高压下合成金刚石。这两种方法需要的温度大约都在 1500℃，直接法需要的压力为 20GPa，间接法需要的压力仅为 5GPa 左右。工业上人造金刚石的合成均是采用间接法。

4. *石英的高压高温多型相变*

二氧化硅（SiO_2）是地球上含量最丰富的组分，是各种硅酸盐矿物的重要组成部分。自然界中包含 SiO_2 的矿物有很多，通常称为石英族矿物。常压下 SiO_2 具有一系列同质多相变体，包括 α-石英、β-石英、α-鳞石英、β-鳞石英、γ-鳞石英、α-方石英、β-方石英等。SiO_2 的这些同质多相变体中，除石英外，晶体结构中的硅原子都是被四个氧原子包围，形成硅氧四面体结构，不同的变体之间硅氧四面体的排列方式和紧密程度也不相同。高压下，可发生石英—柯石英—斯石英—$CaCl_2$ 结构超斯石英—α-PbO_2 结构超斯石英的相变，如图4-5所示。柯石英被认为是认识地球内部高压结构的窗口，也常被用作压力指示矿物。常温常压下形成的石英密度为2.65g·cm^{-3}。柯石英和斯石英的密度比石英的密度要大，柯石英的密度为2.91g·cm^{-3}，其中Si的配位数为4，与石英一样；斯石英的密度为4.28g·cm^{-3}，其中Si的配位数为6。Tsuchida和Yagi利用金刚石压腔装置和激光加温技术、原位X射线衍射测量技术发现，斯石英相有向斜方相转变的现象，其转变机制是组成斯石英的SiO_6八面体发生旋转；Andrault等的研究表明，斯石英向具有$CaCl_2$结构的斜方相转变的压力约为54GPa，并且该结构在压力为120GPa时仍保持稳定；Hemley等进行高压原位测试的结果也表明斯石英在50GPa左右压力时向斜方相转变，他们还发现在卸压到40GPa左右时具有$CaCl_2$结构的斜方相可逆转为斯石英。但是Prokopenko等和Dubrovinsky等的实验却表明，石英在大约40GPa时就转变为类似α-PbO_2结构的高压相，这与具有$CaCl_2$结构的斜方相的实验结果不一致，说明超斯石英相的形成比较复杂，可能与石英经历的温度压力的时间过程有关。

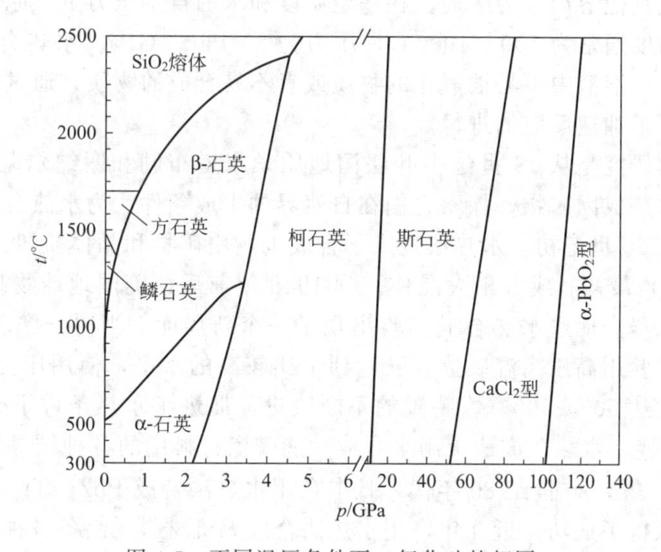

图4-5 不同温压条件下二氧化硅的相图

1953年，L. Coes在静压3.5GPa和750℃条件下，使用硅酸钠和磷酸氢二铵反应15h首次合成出了柯石英。1960年，美籍华裔矿物学家赵景德在美国亚利桑那州“流星”陨石坑内的石英砂岩中首次发现了天然柯石英。1975年，Manabu Kato等使用超细二氧化硅（粒径为8nm）为原料，在4.0GPa和800℃或5.0GPa和350℃条件下分别处理60min和20min，得到了柯石英。1984年，Chopin和Smith分别在西阿尔卑斯的变质沉积岩和挪威西部片麻岩区高压榴辉岩中发现天然柯石英。1993年，刘晓旸等使用MFI在4.0GPa、1300℃和20min条件下合成出柯石英。2006年，苏文辉等使用高能球磨处理的α-石英粉在3.0GPa、700℃和1min条件下得到了柯石英。孙敬姝等使用掺杂石墨的α-石英在3.7GPa、700℃、40min条件下得到了柯石英。

5. 稀土复合氧化物的高压合成

含有稀土的具有化学计量的AB_2O_4型化合物近年来越来越受到人们关注。AB_2O_4型化合物的主要结构类型有尖晶石、橄榄石、硅铍石、K_2MgF_4、K_2SO_4、$CaFe_2O_4$等。最近又发现了两种新的AB_2O_4型化合物：一种是$NdCu_2O_4$，为单斜晶系；另一种是$LaPd_2O_4$，属四方晶系。化合物$LnCu_2O_4$（Ln＝Y、La、Nd、Sm、Eu、Gd、Er、Lu）属于前一种晶系，而 $REPd_2O_4$（RE＝Y、La、Pr、Nd、Gd）以及 AAu_2O_4（A＝Ca、Sr、Ba）为后一种晶系。这些新的 AB_2O_4 型化合物只能在高压下制备。$NdCu_2O_4$ 和 $LaPd_2O_4$ 虽然晶体的对称性不同，但它们的结构是相同的。之所以对这些新的 AB_2O_4 型化合物产生兴趣，不仅是因为它们的结构与尖晶石密切相关，也因为 B(B＝Au) 的混合价态使得这些体系类似于超导体尖晶石 $LiTi_2O_4$ 中的 Ti^{3+}/Ti^{4+} 混合价态。此外，从地球化学的观点看同样令人感兴趣，因为高压下形成的 AB_2O_4 型化合物被认为是地幔的重要组分。例如，$LuPd_2O_4$ 的合成就是在高压下完成的，其具体步骤如下：将 Lu_2O_3、PdO 和 $KClO_3$ 按照物质的量之比为 3∶12∶1 混合后进行研磨，再将得到混合原料盛于 Al_2O_3 小盒中，然后将小盒子置于专用压机的八面顶压腔中，最后在 60kbar（1bar＝10^5Pa）的压力和 1000℃下反应 3h 后冷却至室温，即得产物。

6. 水热（溶剂热）合成简介

水热（溶剂热）合成是高压无机合成的一个重要分支。水热（溶剂热）合成是指在密闭体系中，以水（或其他溶剂）为溶剂，在一定温度和水的自生压力下，原始混合物进行反应的一种方法，其温度通常为 100～1000℃，压力为 1MPa～1GPa。水热合成法的基本原理：对于在常温常压下，溶液中不易被氧化的物质或者不易合成的物质，通过将反应物置于封闭的高温高压条件下来加速反应的进行。

水热合成法的研究是从 19 世纪中叶法国地质学家道布勒和谢纳尔蒙等人开始进行的，主要目的是制备水热成因矿物，探索它们在自然界的生成条件，为水热合成工业用矿物和晶体奠定了基础。到 20 世纪初，水热法进入了合成工业用矿物和晶体阶段。1904 年，意大利斯匹捷（G. Spizia）最初制成了稍大晶体。到 1948 年前后，美国地球物理研究所开始使用了新型的弹式高压釜，促进水热合成实验出现了一个新局面。当时，摩勒（More）等人所设计制造的水热实验用高压高温装置，已达到了比较高的水平，使用压力达 1000～3000 个大气压，使用温度达 500～600℃。装置的不断改进，促进了水热条件下合成矿物科学的发展。20 世纪 60 年代，水热合成法被用来合成功能陶瓷材料用的各种结晶粉末，如 $BaTiO_3$、$CaTiO_3$ 和 $SrTiO_3$ 等。20 世纪 80 年代，日本在用水热法合成 $PbZr_xTi_{1-x}O_3$（PZT）压电体结晶粉末方面取得了成功。近几年，用水热法合成无机材料，制备各种超细结晶粉末的研究与应用，在我国也引起了广泛关注。同时，水热法在湿式冶金、环境保护、煤的液化等诸多领域也具有广阔的前景。从 1900 年科学家建立水热合成的理论，从模拟地矿生成开始到沸石分子筛、其他晶体材料和功能材料的合成，迄今经历了 100 多年。

水热合成具有鲜明的特点，主要表现为：

① 在水热条件下，由于反应处于分子水平，反应活性提高，因而水热反应可以替代某些高温固相反应。

② 在水热条件下，中间态、介稳态以及特殊态物相易于生成，可用于特种介稳结构、特种凝聚态的新合成。

③ 由于水热反应的均相成核及非均相成核机理与固相反应的扩散机制不同，因而可以创造出其他方法无法制备的新化合物和新材料。

④ 在水溶液中离子混合均匀，易于均匀掺杂。

⑤ 水随温度升高和自生压力增大变成一种气态矿化剂，具有非常大的解聚能力；水热物系在有一定矿化剂存在下，化学反应速率快，能制备出多组分或单一组分的超微结晶粉末。

⑥ 离子能够比较容易地按照化学计量进行反应，晶粒按其结晶习性生长，在结晶过程

中，可把有害杂质自排到溶液当中，生成纯度较高的结晶粉末。

然而，水热法也存在一些不足之处，主要表现为：

① 由于反应在密闭容器中进行，很难观察生长过程，不直观，难以说明反应机理。

② 设备要求高（高温高压的钢材，耐腐蚀的内衬）、技术难度较大（温度控制严格）、成本较高。

③ 安全性能还需加强。

7. 水热合成金属氧化物超细粉体材料

金属铁在潮湿空气中氧化非常慢，但是把这个氧化反应置于水热条件下，氧化速度就非常快。要得到几十到 100nm 左右的 Fe_3O_4，只要把金属铁在 98MPa 和 40℃的水热条件下反应 1h 即可。这种微粉被广泛用于制造永久磁铁、磁头、记忆元件、温度传感器、电机部件等。而且这些磁性材料的性能均与颗粒的性状有关。例如，强磁性体转化为超顺磁性体的临界粒径因其性状而异，对 Fe_3O_4 来说，临界粒径为 30nm，由于在固体中具有热涨落，所以，磁流体中的粒径为 10nm 左右的 Fe_3O_4 的胶粒的磁化非常小。另外，在通常情况下不能氧化的物质如金属锆，也可以在水热条件下氧化。采用 100MPa 和 250～700℃的温度条件，可以水热合成 25nm 的单斜晶体氧化锆粉。

8. 水热合成陶瓷粉体材料

钛酸钡（$BaTiO_3$）是一种应用广泛的铁电、压电陶瓷材料，主要用来生产高介电的陶瓷电容器等电子元件。以往四方相 $BaTiO_3$ 粉体主要通过 $BaCO_3$ 和 TiO_2 在 1000～1200℃高温固相反应一定时间来制备，但制备的粉体颗粒粗大、表面活性差、团聚严重、组成偏析，最终会大大影响电子元器件的电性能。为了提高粉体的性能，近年来粉体的湿化学法合成得到了很大的发展，其中水热法合成钛酸钡粉体成了研究的热点。与其他湿化学法相比较而言，人们认为水热工艺是合成超细陶瓷粉体的一种高效而又易实现工业化大生产的方法。水热法制得的是在常温下稳定存在的立方相 $BaTiO_3$ 晶粒，这种现象一般认为与 $BaTiO_3$ 晶粒中存在的缺陷以及晶粒尺寸有关。研究表明，溶液中的 pH 值、Ba/Ti 物质的量之比、前驱体的种类、反应温度、反应时间和添加剂的使用都会影响最终钛酸钡产品的质量。总的来说，水热合成法由于特殊的反应条件，合成的 $BaTiO_3$ 具有结晶度较高、团聚少、可在低温下制备、粉体的后续处理无需煅烧、可以直接用于加工成型等许多优点。但是，水热法合成 $BaTiO_3$ 也存在一些问题，例如：含有 $BaCO_3$ 和 TiO_2 杂质；粒径分布不是很均匀；四方相产品的产率较低。这些问题使水热法制备纳米 $BaTiO_3$ 粉体还没有用于工业生产，仍需要进行深入研究。然而，水热法合成 $BaTiO_3$ 具有其他方法不可比拟的优势，一直是科技领域一个研究热点。随着科学技术的发展和研究手段的拓宽，水热法合成 $BaTiO_3$ 的反应机理和影响因素将会被深入了解，更优良的分散剂、表面活性剂、络合剂等辅助剂将会被运用，更先进的技术手段将会被联合使用等。这些方法的使用一方面使水热合成的反应条件得到很好的优化，制备出粒径小、纯度高、性能优良的粉体；另一方面可以缩短反应时间，降低反应温度，提高产率，最终实现工业化生产，满足市场的需求。因此，水热法制备 $BaTiO_3$ 粉体将会展现出广阔的发展前景。

9. 水热合成多孔材料

多孔材料一般是指多孔化合物和以多孔化合物为主体的材料。其特征是具有规则而均匀的孔道结构，其中包括孔道与窗口的尺寸大小和形状、孔道的维数和走向以及孔壁的组成与性质。对于多孔材料来说，孔道的尺寸大小是其最为重要的特征。国际纯粹与应用化学联合会（International Union of Pure and Applied Chemistry，IUPAC）根据孔道尺寸的大小将多孔材料进行分类：①微孔材料（microporous materials），具有规则的孔道尺寸（2nm 以下）的微孔（micropore）孔道结构的物质；②介孔材料（mesporous materials），具有规则的孔道的尺寸（2～50nm 之间）的介孔（mesopore）孔道结构的物质；③大孔材料（macroporous materials），具有规则的孔道的尺寸（大于 50nm）的大孔（macropore）孔道结构的物质。沸石分子筛材料是一种典型的微孔氧化物晶体材料，其孔径尺寸大约在 0.3～2.0nm 之间。沸石分子筛的化学组成主要是硅铝氧化物的聚集体，同时，更多种类的杂原子能够引入分子筛骨架中，如：B、P、Sn、Ti、Fe、Ge、Ta、V 等。这些化学性质各异的杂原子的引入能够改变分子筛的物理化学性质，如：酸性、氧化性能、亲水疏水性质等，从而拓宽了沸石分子筛的应用性能。

最初发现的天然沸石矿物多是硅铝比较低的分子筛，如钠菱沸石、菱钾沸石、丝光沸石等。直到 20 世纪 40 年代，沸石分子筛才步入人工合成阶段，人们采用水热合成技术，生产出了 X 型分子筛和 A 型分子筛。1972 年，Argauer 等采用四丙胺作为模板剂，合成出了 ZSM-5 沸石分子筛，这是分子筛合成史上的一个重大进步。之后，ZSM-11、ZSM-12、ZSM-21、ZSM-34、纯硅的 ZSM-5（silicalite-1）和高硅 Beta 分子筛等陆续被成功合成出来。1988 年，Davis 等成功合成了十八元环磷铝分子筛 VPI-5，在超大微孔新结构上取得了里程碑式的突破。截止到 2016 年，国际沸石协会（International Zeolite Association，IZA）根据骨架结构类型对沸石分子筛材料进行统计分类，经统计，天然存在的和人工合成的沸石分子筛的骨架类型已经达到了 232 种。这些微孔分子筛材料根据其孔道或孔径尺寸的大小又可以分成（图 4-6）：八元环的小孔分子筛（如 SSZ-13 分子筛，CHA 骨架结构）、十元环的中孔分子筛（如 ZSM-5 分子筛，MFI 骨架结构）、十二元环的大孔分子筛（如 Y 分子筛，FAU 骨架结构）以及大于十二元环的超大孔分子筛（如 VPI-5 分子筛，VFI 骨架结构）。另一方面，沸石分子筛也可以根据其孔道走向的维数分为：一维孔道沸石分子筛、二维孔道沸石分子筛和三维孔道沸石分子筛。由于沸石分子筛材料具有丰富的孔结构、规则的孔道分布、大的比表面积和高的热稳定性及水热稳定性，使其在吸附分离、离子交换及催化等领域有很大的应用性能，为社会发展创造了不可估量的价值。

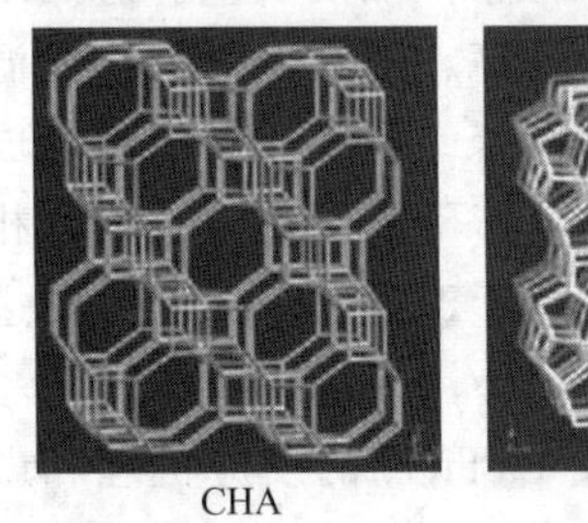
CHA

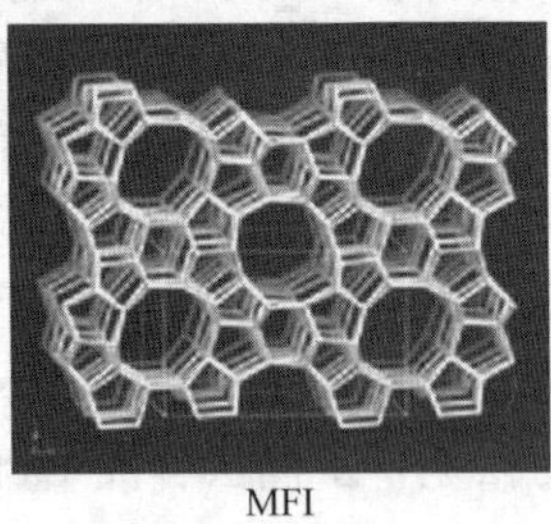
MFI

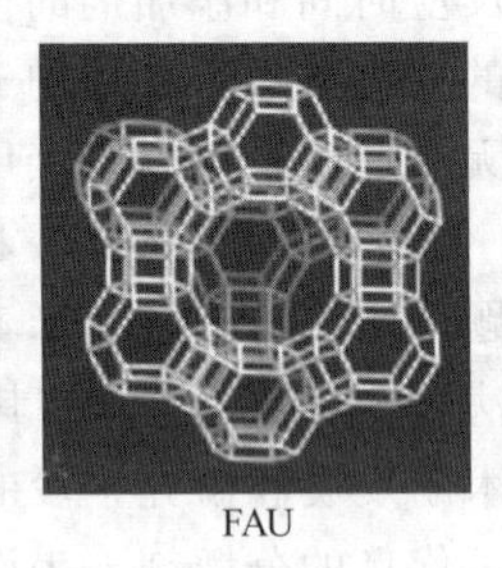
FAU

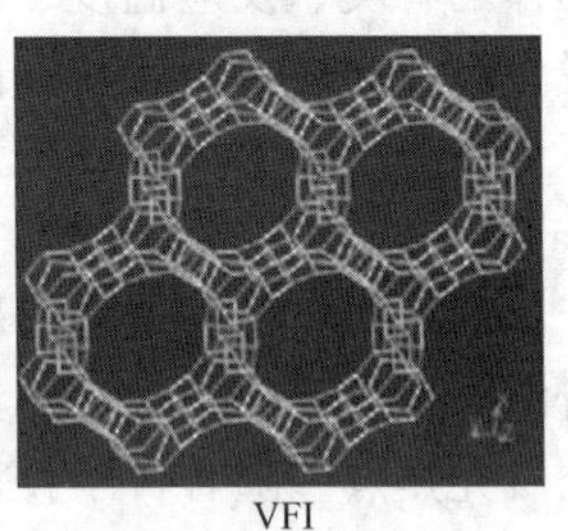
VFI

图 4-6 几种沸石分子筛的骨架结构

分子筛的骨架中存在一特征笼状结构单元，而笼状结构单元又是根据确定它们多面体的多元环来描述的。例如，人们所熟悉的 SOD 笼是由八个六元环和六个四元环组成的，一般简写成 $4^6 6^8$。另外，Smith 曾对部分笼的名称进行了定义。当然，不同的分子筛骨架会含有相同的笼状结构单元，换句话说，同一个笼状结构单元通过不同连接方式会形成不同的分子筛骨架结构类型。一个经典的例子就是 SOD 笼。SOD 笼间通过本身的共面连接形成的是 SOD 沸石分子筛；SOD 笼间通过双四元环的连接，形成的是 LTA 分子筛；SOD 笼间通过双六元环的连接，形成的是 FAU 和 EMT 沸石分子筛，如图 4-7 所示。

近二十几年来，一类被称为金属有机骨架（metal-organic frameworks，MOFs）的材

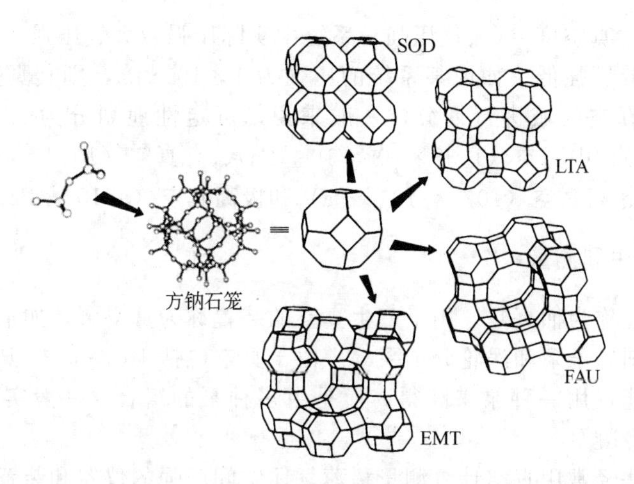

图 4-7　由 SOD 笼通过不同的连接所形成的沸石分子筛结构

料，即通过配位键形成的无机-有机结合的晶体聚合物受到了广泛的关注。这类材料由于在结构上具有孔隙率高、比表面积大、有机骨架孔径尺寸可调节性和结构多样性，成为新材料领域中的研究热点与前沿之一。研究者成功合成不同类型的 MOFs 材料，并在氢气储存、气体吸-脱附、传感器、催化剂等方面展现出巨大的应用前景（详细介绍见第 8 章）。科学家一直致力于研究由新型阳离子、阴离子及中性配体能够简单制备的孔隙率高、孔结构可控、比表面积大、化学性质稳定的 MOFs 材料。由于 MOFs 材料的种类很多，其制备方法也具有多样性。其中，水热（溶剂热）合成法在合成新型 MOFs 材料方面应用十分广泛。

10. 水热合成特殊结构的材料

水热法是合成特殊结构化合物的有效途径，例如超硬材料 GaN 和金刚石都可以利用水热（溶剂热）方法合成。1996 年，Roberts 等利用水热合成法，首次报道了五配位钛基化合物（$Na_4Ti_2Si_8O_{22}\cdot 4H_2O$）。1999 年，Shi 等利用水热合成法制备了具有手性螺旋结构和特殊生理和药学作用的化合物 $[(CH_3)_2NH_2]K_4[V_{10}O_{10}(H_2O)_2(OH)_4(PO_4)_7]\cdot 4H_2O$。另外，由于水热反应大多是在温和环境中进行的，因此广泛应用在无机-有机复合材料的合成方面。这类化合物在对映体分离、手性合成、配体交换以及选择性催化等方面有着重要的用途。例如：$[Ni(en)_2]_{0.5}[V_3O_7]$、$[Ni(enMe)_2]_{0.5}[V_6O_{14}]$、$[Zn(en)_2]_6[(VO)_{12}O_6B_{18}O_{39}(OH)_3]\cdot 13H_2O$ 和 $Cd(C_3N_2H_{11})_2V_8O_{20}$ 等。

4.3.4　低压的获得及低压合成

在此，低压和真空应是同义词。真空技术在化学合成中是一种重要的实验技术，应用和掌握真空技术对于化学合成工作者来说是不可缺少的。本小节将介绍真空的获得和测量、无机合成实验室中常用的真空装置和操作单元以及低压合成技术。

4.3.4.1　真空的定义和度量

“真空”这个术语是指低于大气压强的给定空间，即分子数小于 2.5×10^{19} 个/cm^3 的给定空间。真空度的测量单位常用压强和真空度表示。

现行的国际单位制中，压强的基本单位是帕斯卡（Pa）。另外，过去还采用毫米汞柱、托（Torr）和巴（bar）作压强的单位，$1Pa=7.5\times10^{-3}$ Torr，$1bar=10^5Pa$，$1Torr=1mmHg=133.322Pa$。真空度用百分数来表示。真空度与气体压强的关系为：

真空度=(大气压强－系统中实际压强)/大气压强

真空度高代表着压强低。如说某系统的压强为 1×10^{-1} Pa，则其真空度为 99.9999%。根据压强大小，对真空区域进行划分，一般来说，可定性地划分为六个区段，即低真空（$10^5\sim1.33\times10^3$ Pa）、中真空（$1.33\times10^3\sim10^{-1}$ Pa）、高真空（$10^{-1}\sim10^{-4}$ Pa）、很高真空（$10^{-4}\sim10^{-7}$ Pa）、超高真空（$10^{-7}\sim10^{-10}$ Pa）和极高真空（$<10^{-10}$ Pa）。

4.3.4.2 真空的产生和测量

产生真空的过程称为抽真空。用于产生真空的装置称为真空泵，如水泵、机械泵、扩散泵、冷凝泵、吸气剂离子泵和涡轮分子泵等。由于真空包括 $10^5\sim10^{-12}$ Pa 共 17 个数量级的压强范围，通常不能仅用一种泵来获得，而是由多种泵的组合。一般实验室常用的是机械泵、扩散泵和各种冷凝泵。

测量真空的方法经常用真空计（测量稀薄气体空间压强的仪器和装置）。从测量特点看，真空计可分为总压强计和分压强计两类。前者测量混合气体产生的总压强值，它不能区分被测空间中气体的成分及各成分的比例。质谱计可以测量混合气体中气体成分及其相应的分压强，称之为分压强计。根据测量原理，总压强计可分为绝对真空计和相对真空计。凡可通过测定有关物理参数直接计算出被测系统中气体压强的量具，统称为绝对真空计。它的特点是测量准确、测量值与气体种类无关，如 U 形管压力计、麦氏真空计等。凡是通过测量与压强有关的物理量，并与绝对真空计相比较而换算出压强值的真空计，统称为相对真空计。它的特点是测量准确度稍差且和气体种类有关，如热传导真空计、电离真空计等。表 4-13 列出一些常用的真空计和应用范围。

表 4-13 常用的真空计和应用范围

应用压强范围/Pa	常用真空计
$10^5\sim10^3$	U 形管压力计、薄膜压力计、火花检漏器
$10^3\sim10$	压缩式真空计、热传导真空计
$10\sim10^{-6}$	热阴极电离规、冷阴极电离规
$10^{-6}\sim10^{-12}$	各种改进型的热阴极电离规、磁控规
$<10^{-12}$	冷阴极或热阴极磁控规

4.3.4.3 实验室中常用的真空装置和操作单元

实验室中使用的真空装置主要包括三部分（图 4-8）：真空泵、真空测量装置和按照具体实验的要求而设计的管路和仪器。真空阀门（或旋塞）是真空系统中调节气体流量和切断气流通路的元件，它在真空装置中必不可少。真空阀门的选择和配置对系统真空度有直接的影响。目前已有许多种不同材料、不同结构和不同用途的阀门。真空系统中常装有阱，其作用是减少油蒸气、水蒸气、汞蒸气及其他腐蚀性气体对系统的影响，有时用于物质的分离或提高系统的真空度。

特殊的真空管或仪器的作用主要是操作那些易挥发或与空气或水气易起反应的物质。这类物质在无机合成中是很常见的，如某些金属卤化物、配合物、中间价态或低价态化合物和某些有机试剂等。

1. 真空阀

玻璃阀（玻璃旋塞）是使用得最早和最方便的真空阀，它具有易清洗、易制造、化学稳

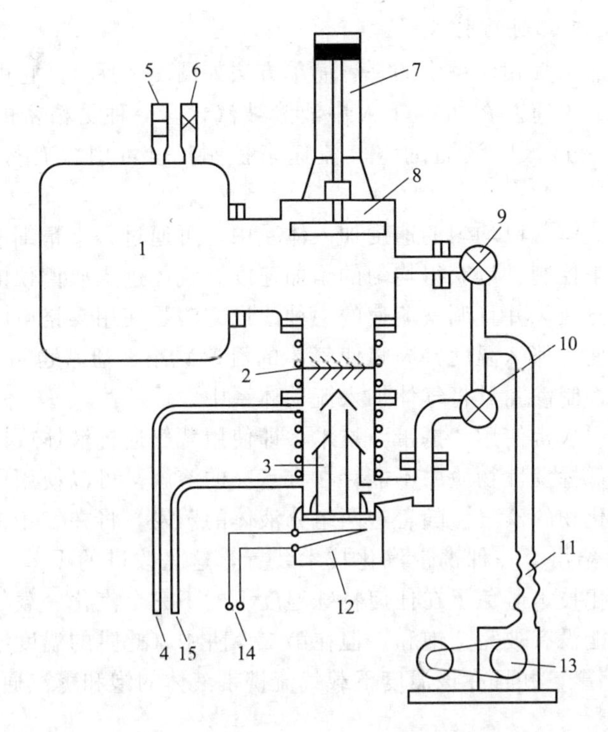

图 4-8　实验室常用真空装置示意图

1—被抽容器；2—水冷挡板；3—扩散泵；4—进水；5—电离规管；6—热偶规管；
7—气缸；8—气动高真空阀；9—旁路阀；10—前进阀；11—软管；12—加热器；
13—机械泵；14—接电源；15—出水

定、绝缘性好和便于检漏等优点。使用这类磨口旋塞时，要在旋塞的表面（注意不要在孔处）涂一薄层真空封脂，然后来回转动旋塞以使封脂完全分布均匀并不存在空气泡时，再整圈地转动。开闭玻璃真空旋塞时应轻轻地转动它，以防止油膜出现撕开的情况而导致漏气。真空封脂的作用是密封和润滑。常用的真空封脂的饱和蒸气压均低于 10^{-4} Pa，使用温度依照型号不同而异。一般有在常温至 130℃ 使用的各种型号的封脂，特殊的封脂可在 −40～200℃之间使用。因此，在实验中可根据需要选择适合的真空封脂。

2. 阱

在真空装置中所用到的阱的类型主要有机械阱、冷凝阱、热电阱、离子阱、和吸附阱等。机械阱加冷凝装置后用来阻止扩散泵油蒸气的返流并阻止油蒸气进入前级泵。通常扩散泵油在冰点温度的蒸气压约为 10^{-6} Pa。因此，有必要用阱消除油蒸气以获得 10^{-6} Pa 的真空压强。冷凝阱常用液氮做冷凝剂获得 −196℃ 的低温，因而可使系统内各种有害杂质的蒸气压强大大降低，从而获得较高的极限真空。根据实验要求，冷凝剂还可用自来水、低温盐水、干冰、氟利昂等。一种热阱是利用碳氢化合物在加热板上分解出气体（氢气、一氧化碳等）和固态碳，用碳吸收蒸气。把热阱放置在扩散泵与机械泵之间，可防止机械泵低沸点油蒸气的返流。利用多孔性吸附材料可制成各类吸附阱。这类阱对一般冷阱不能消除的惰性气体特别有效，它们既可清洁系统又可降低系统的分压强。如分子筛阱、活性氧化铝阱和活性炭阱，可用来获得高真空。此外在真空条件下的合成实验中，常用阱（通常是冷阱）来贮存常温下易挥发的物料或使挥发组分冷凝在反应器中，同时用于挥发性化合物的分离，如分凝等。

3. 真空系统中反应试剂的引入

将确定量的液体加入气相体系中的一种简单方法如图 4-9 所示。它由毛细管的直径和液柱的高度来控制液体的流速。在加热管 A 中液滴被汽化。一种更精密的设计是，贮液瓶是密封的，流速通过改变进入贮液瓶的空气流速来控制。也可用含有待加入液体的注射器操作。

气体或强挥发性液体若以均匀的速度加入体系中，可通过一支精细的毛细管，采用针型阀并配有流体压力计来控制，以获得均匀的添加速度。气体进入质谱仪的进口系统，即使用可控制的毛细管渗漏方法，并且调整流速的一种改进方法是使用镍铬电阻丝加热毛细管。如果气体的压强保持不变，那么温度升高将使气体的流速减小。通常也可使用金属和硅玻璃、陶瓷或其他多孔物质控制渗漏量将气体加入流动体系中。

低挥发性物质的引入常使用“携带”技术，即使用载气通过液体或固体的表面。这种技术要求使用的载气在低挥发性物质中不能存在有意义的溶解。可以使用甲苯作载气携带在甲苯溶液中的一种过氧化物的蒸气。随着这两组分液体的蒸发，将在气相中明显地产生连续可变化的浓度。图 4-10 给出了一种携带汽化技术装置，这是改进的甲苯携带技术的标准蒸发方法，它通过双阱汽化技术避免了在任何特殊温度下的不完全汽化。载气通过第一个阱中的反应器，此时载气可能没有被完全饱和。但在第二个阱中（此阱的温度维持在低于第一个阱 15℃左右），则发生缩聚，并且在该温度下载气流携带液体的饱和蒸汽通过第二个阱。

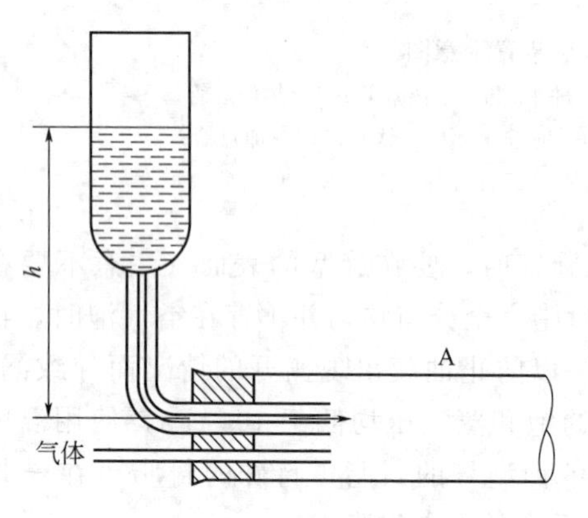

图 4-9　向气流中引入液体的装置

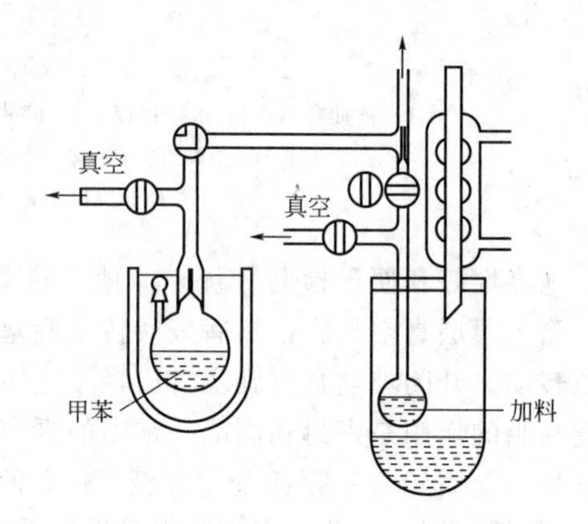

图 4-10　携带汽化技术装置

4.3.4.4　低压条件下的合成实例

一些无机合成需要在低压条件下进行，这就离不开真空装置和技术，以下举例加以说明。

1. 三氯化钛的合成

对于钛的化合物来说，三氯化钛是一中间价态化合物。在此介绍的合成是一个设计巧妙的方法，在这个合成方法中，充分利用了真空技术。

$TiCl_3$ 可以通过金属如铝、锑、铅、钠汞齐和钛对四氯化钛(Ⅳ）的还原作用来制备，也可以用氢气作还原剂。由于 $TiCl_3$ 的低挥发性和易于歧化，将 $TiCl_3$ 从其他金属氯化物中完全分离出来是困难的。因此，氢气还原较优于金属还原是在于能产生纯的产品。三氯化钛的合成使用一套封闭的玻璃仪器，如图 4-11 所示。

（1）实验操作步骤　首先将仪器抽真空至 10^{-2} Pa 并进行检漏。然后通过 1 引入氢气，

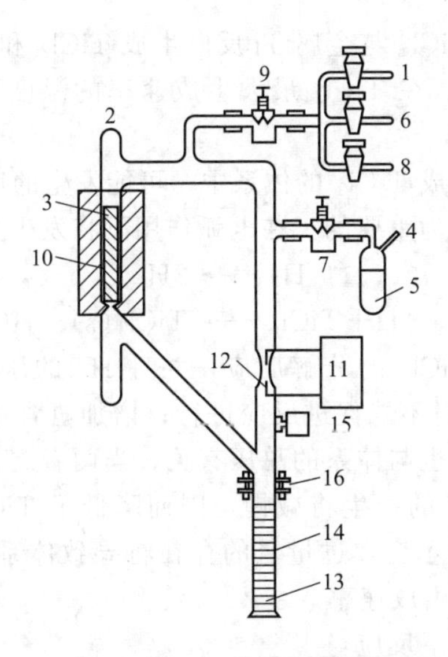

图 4-11　制备三氯化钛的装置示意图

1—接氦气瓶；2—硬质玻璃管；3—钛管；4—$TiCl_4$ 进口；5—$TiCl_4$；6—接真空系统；7—气阀；8—接氢气瓶；9—气阀；10—电炉；11—Tesla 线圈真空探漏器；12—钨电极；13—产物 $TiCl_3$；14—收集器；15—机械振荡器；16—聚四氟乙烯垫圈

用一支火炬在 2 处烧穿一个孔，通过这个孔将预先清洗干净并除尽表面上氧化物层的钛管放入到 3 处，然后熔封 2 处小孔，同样，在 4 处烧孔，对着逆流的氦气向 5 中加入 50mL 纯制过的四氯化钛（$TiCl_4$），然后熔封 4 处小孔，停止供氦，并用液态空气将 $TiCl_4$ 冻结。完成冻结后，通过 6 将仪器彻底地抽真空，然后将气阀 7 关闭。这时迅速地将 $TiCl_4$ 熔化并加热至室温，同时经 8 通入氢气至体系气压达到 (0.4 ± 0.2)kPa 为止，然后关闭气阀 9，并将电炉升温到 (460 ± 10)℃。达到这个温度时，开动 Tesla 线圈，打开气阀 7 使 $TiCl_4$ 蒸气进入到系统中。这时立刻就产生了浅红色的 $TiCl_3$ 细粉末，它被收集在空隙 12 内并被环流的气体沿着管子向下吹落。粉末状的 $TiCl_3$ 沉降到刻度容器 14 中。由于粉末带了静电，有些会黏附在直立的玻璃管壁上，可利用机械振荡器将它连续地震落。若容器 14 中充满了 $TiCl_3$ 产物，可换用备用的容器进行二次合成。样品的转移和处置均要在无水无氧的手套箱中进行。

（2）反应条件　在上述 $TiCl_4$ 与 H_2 的混合物转化为 $TiCl_3$ 和 HCl 的实验中，使用放电的激发形式对反应有很大影响，使用 Tesla 线圈检漏器是非常有效的，在电弧放电作用下，氢分子变为氢原子。系统中 $TiCl_4$ 的压强维持在其室温下的平衡蒸气压范围内（20～25℃，2.7×10^3 Pa），降低 $TiCl_4$ 的压强将导致 $TiCl_3$ 生成速率减小；增加 $TiCl_4$ 的压强，将在金属钛的表面生成 $TiCl_2$ 而造成污染。系统中 H_2 协同 $TiCl_4$ 一起的压强范围为 1.3×10^2～9×10^2 Pa，低于 1.3×10^2 Pa 时，$TiCl_4$ 的转化率明显减慢；高于 9×10^2 Pa 时，体系中尚未转化为 H_2 的 HCl 将显著地改变电弧的激发特性，因而减缓了电弧下 $TiCl_3$ 的生成速率。实验发现，系统的压强为 5×10^2～7×10^2 Pa 时，$TiCl_3$ 的生成速率最佳。实验中还发现，仅当将金属钛加热到某一确定的温度时，HCl 在钛上的反应才具有理想的速率，而且金属钛对 H_2 也没有明显的吸收。当 H_2 的初始压强为 5×10^2 Pa，$TiCl_4$ 蒸气的压强为 2.7×10^3 Pa 时，$TiCl_3$ 的生成速率随金属钛温度的变化而变化。在 375℃时，HCl 与 Ti 反应开始转化，直到 460℃，$TiCl_3$ 的生成速率一直上升，进一步升温速度反而开始下降（温度进一步升高将超出仪器玻璃的承受能力）。因此，最佳的温度是 460℃左右，虽然在此温度下 $TiCl_3$ 的生成速率最佳，但不能排除 $TiCl_4$ 与金属 Ti 反应生成 $TiCl_2$ 和 $TiCl_3$ 的可能。$TiCl_3$ 的产率随金属 Ti 温度的变化而变化，在 $TiCl_3$ 最大生成速率的温度下（460℃），$TiCl_3$ 的转化率是 91%。

(3) 反应机理　在上述合成 $TiCl_3$ 的体系中，可能发生的反应较多。因此选择合适的实验条件避免副反应的发生是极为重要的。在电弧作用下将发生如下反应：

$$H_2 \longrightarrow 2H$$

$$H + TiCl_4 \longrightarrow TiCl_3(s) + HCl$$

在通入 H_2 后，即发生 $TiCl_4$ 的分解反应，并且 H_2 的压力为 $5\times10^2 \sim 7\times10^2$ Pa 时，$TiCl_3$ 的产率最佳。减少氢含量不能促进反应进行；增加氢含量将有两种影响：第一，氢原子的产生与氢气的分压有关，也与体系的总压有关，当两者之一增加时，即氢气的压力超出 $5\times10^2 \sim 7\times10^2$ Pa 时，氢原子的产生将减慢，因而降低了 $TiCl_3$ 的产率；第二，假设体系中 HCl 转化为 H_2 的再生能力不变，过量氢的存在将导致体系中 HCl 的积累，不利于第二个反应，因而降低了 $TiCl_3$ 的生成速率。

在金属钛上有可能发生如下反应：

$$Ti + TiCl_4 = 2TiCl_2(s)$$

$$TiCl_2(s) + TiCl_4 = 2TiCl_3(s)$$

因为这两个反应的产物都是具有较低挥发性的固体，因此，产物在钛表面上的覆盖必将导致由电弧反应生成 $TiCl_3$ 的产率下降。在温度为 400℃时，$TiCl_3$ 的产率为 97.2%，而 2.8%作为混合氯化物沉积在金属钛上。在 550℃时，则有 28.9%的氯化物沉积。显然，沉积在金属钛上的混合氯化物是不希望得到的副产物，而且很难除去。因此，最好的方法是使金属钛的温度尽可能低，以达到 HCl 向 H_2 最有效地转化。

为避免 $TiCl_3$ 的堆积，又能一直允许 H_2 的再生，钛管上将发生如下反应：

$$2TiCl_3(s) + 2HCl = 2TiCl_4 + H_2\uparrow$$

显然上述反应在热力学上是不利的，但由于它的产物均是挥发性的，可在体系中充分利用，因此是可以进行的。

上述反应中后三个反应与实验观察结果相一致的，金属钛几乎完全被用于再生氢气，$TiCl_4$ 经过与金属钛反应后又转回到体系中。

因为在 460℃以上和在较低的 $TiCl_4$ 压强下，$TiCl_3$ 是不稳定的，并发生如下的歧化反应：

$$2TiCl_3(s) = TiCl_2(s) + TiCl_4$$

所以在电弧反应中，$TiCl_3$ 的生成速率在金属钛温度高于 460℃的条件下开始降低。

2. Fe_3O_4 单晶的制备

Fe_3O_4 单晶（磁性氧化物）和其他铁酸盐（如 $NiFe_2O_4$）的单晶在 20 世纪 60 年代已采用化学输运法实现。粉末状的原料（Fe_3O_4）同输运剂（HCl）反应生成一种较易挥发的化合物，这种化合物蒸气沿着管子扩散到温度较低的区域。在这里蒸气进行逆向反应，再生成起始化合物并放出输运剂。然后输运剂又扩散到管子的热端与原料反应。如此循环往复，低温区的化合物可生长为大晶体。用 HCl 作输运剂，通过下述反应而发生 Fe_3O_4 的转移作用：

$$Fe_3O_4 + 8HCl \underset{\text{低温}}{\overset{\text{高温}}{\rightleftharpoons}} FeCl_2 + 2FeCl_3 + 4H_2O$$

反应管是用一段 25cm 长的石英管做成的。管子一端封闭，另一端与一只球形接口相熔接。装有 Fe_3O_4 粉末的输运反应管接到图 4-12 所示的真空系统的旋塞 B 上，当系统中的压强降到低于 10^{-1} Pa 时，将样品加热到约 300℃进行脱气，然后关闭旋塞 C，并向系统中充

入 HCl 气体至水银压力计测得的压强为 1kPa。然后关闭旋塞 A 和 B，并把两者之间的接口拆开。用氢氧焰把输运反应管在长度为 20cm 处熔断。最后把这支管子放在输运反应电路的中心部位上，在它的两端放上温控装置。生长区的温度升高到 1000℃，同时使管子装有粉末的一端保持在室温。让这个逆向输运反应持续 24h，再把生长区温度降低到 750℃，并把装料区的温度升高到 1000℃，使这个输运反应进行 10 天之后，将装料区的温度降低到 750℃约 1h，当重新建立平衡时，冷却后取出输运反应管。用化学输运法生长的 Fe_3O_4 晶体为完整的八面体单晶。

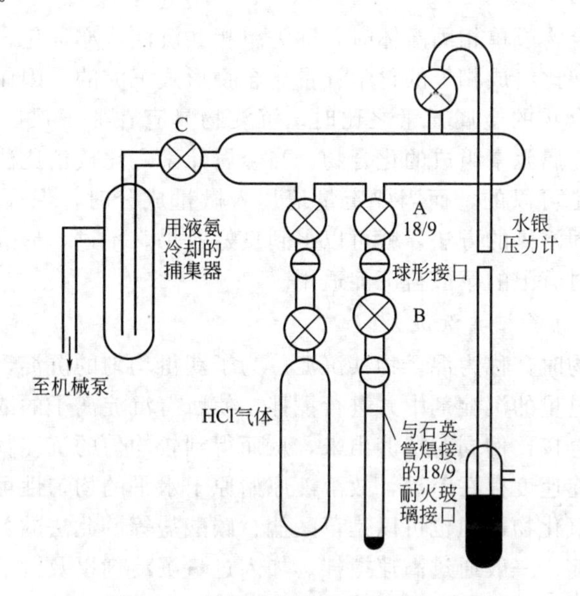

图 4-12 制备输运反应管的真空系统

4.3.5 沉淀法

4.3.5.1 沉淀法简介

工业上几乎所有固体催化剂在制备时都离不开沉淀操作，它们大都是在金属盐的水溶液中加入沉淀剂，从而制成水合氧化物或难溶和微溶的金属盐类的结晶或凝胶，从溶液中沉淀、分离，再经洗涤、干燥、焙烧等工序处理后制成。即使是浸渍法制备的负载型催化剂，无论是采用天然产物作载体，或是用人工合成物作载体，在其过程中的某处也会使用沉淀操作。一般希望在催化剂制备时能严格控制实验条件，尤其是避免高温，沉淀法容易实现这一点。

沉淀可以认为是溶解的逆过程，当固体在溶剂中不断溶解时，浓度逐渐上升，在一定温度下溶解达到饱和时，固体与溶液呈动态平衡。这时溶液中溶质的浓度就是饱和浓度。而在沉淀过程中，当溶质在液相中的浓度达到饱和时，如果没有同相浓度存在，仍然没有沉淀产生，只有当溶在溶液中的浓度超过临界饱和度时，沉淀方能自发进行。因此过饱和溶液是沉淀的必要条件，要使溶液结晶沉淀。首先应该配制过饱和溶液，提高溶质浓度，降低溶液温度。

4.3.5.2 沉淀法的分类

通常所讲的沉淀法是指单组分沉淀法，它是借助沉淀剂与一种金属盐溶液作用制备单组分催化剂或载体的一种方法。由于沉淀物只含单种组分，所以操作比较简单，条件容易控制。

共沉淀法是将两个或两个以上组分同时沉淀的一种方法。其特点是一次可以同时获得几个组分，而且各个组分之间的比例较为恒定，分布也比较均匀。如果组分之间能够形成固溶体，那么分散度和均匀性则更为理想。共沉淀法的分散性和均匀性好，这是它较固相混合法等的最大优势。向含多种阳离子的溶液中加入沉淀剂后，所有离子完全沉淀的方法称共沉淀法。它又可分成单相共沉淀和混合物共沉淀。

1. 单相共沉淀

沉淀物为单一化合物或单相固溶体时，称为单相共沉淀，亦称化合物沉淀法。溶液中的金属离子是以具有与配比组成相等的化学计量化合物形式沉淀的。因而，当沉淀颗粒的金属元素之比就是产物化合物的金属元素之比时，沉淀物具有在原子尺度上的组成均匀性。但是，对于由两种以上金属元素组成的化合物，当金属元素之比按倍比法则，是简单的整数比时，保证组成均匀性是可以的，而当要定量地加入微量成分时，保证组成均匀性常常很困难。如果是利用形成固溶体的方法，就可以得到良好效果。不过，形成固溶体的系统是有限的，适用范围窄，仅对有限的草酸盐沉淀适用。

2. 混合物共沉淀（多相共沉淀）

沉淀产物为混合物时，称为混合物共沉淀。为了获得均匀的沉淀，通常是将含多种阳离子的盐溶液慢慢加到过量的沉淀剂中并进行搅拌，使所有沉淀离子的浓度大大超过沉淀的平衡浓度。尽量使各组分按比例同时沉淀出来，从而得到较均匀的沉淀物。但由于组分之间产生沉淀时的浓度及沉淀速度存在差异，故溶液原始原子水平的均匀性可能部分失去，沉淀通常是氢氧化物或水合氧化物，但也可以是草酸盐、碳酸盐等。此法的关键在于如何使组成材料的多种离子同时沉淀。一般通过高速搅拌、加入过量沉淀剂以及调节 pH 值来得到较均匀的沉淀物。

4.3.5.3 共沉淀合成法的应用实例

1. 共沉淀法为基础制备铜基催化剂

铜锌铝系列催化剂是 CO/CO_2 加 H_2 合成甲醇、乙醇、二甲醚和低碳醇最主要的催化剂之一，同时也广泛应用于甲醇裂解制备氢气以及低温水煤气变换等反应。铜基催化剂的制备方法很多，其中，共沉淀法是铜锌铝催化剂最常用的制备方法。共沉淀法是将铜锌铝或铜锌锆可溶性盐配成混合溶液，以碱溶液作为沉淀剂，在一定温度和 pH 值范围内，让金属阳离子与沉淀剂阴离子发生沉淀反应形成铜基催化剂前体，然后经过老化、洗涤、过滤、干燥和焙烧制得铜锌铝或铜锌锆催化剂。影响铜基催化剂活性及稳定性的主要因素是催化剂中活性组分 Cu 的晶粒尺寸、分散程度以及铜锌之间的协同作用强弱。

在利用共沉淀法进行制备的过程中，混合均匀的 Cu^{2+} 和 Zn^{2+} 与 CO_3^{2-}、OH^- 反应生成碱式碳酸盐沉淀，形成的晶核在富含原料的母液中老化，晶粒不断长大。由于 Cu^{2+} 和 Zn^{2+} 具有相近的离子半径和电子环境，可以发生同晶取代形成 $(Zn_{1-x}Cu_x)_5(OH)_6(CO_3)_2$、$(Zn_{1-x}Cu_x)_2(OH)_2CO_3$ 物相。这两种物相在高温焙烧后得到活性组分分散度高、协同作用强的 CuO-ZnO固溶体结构，催化剂还原后出现 Cu-ZnO 结构（图 4-13），ZnO 起到分散和固定 Cu 晶粒的作用，防止 Cu 的烧结和流失，使催化剂具有良好的活性和寿命。

为了进一步提高铜基催化剂的活性和寿命，控制催化剂中 Cu 的晶粒大小和分散程度，增强铜锌间的相互作用。近年来，研究者们在共沉淀法的基础上，通过新技术的应用和多种方法的结合，创造了许多新的催化剂制备方法。例如，微波共沉淀法、超重力共沉淀法、超

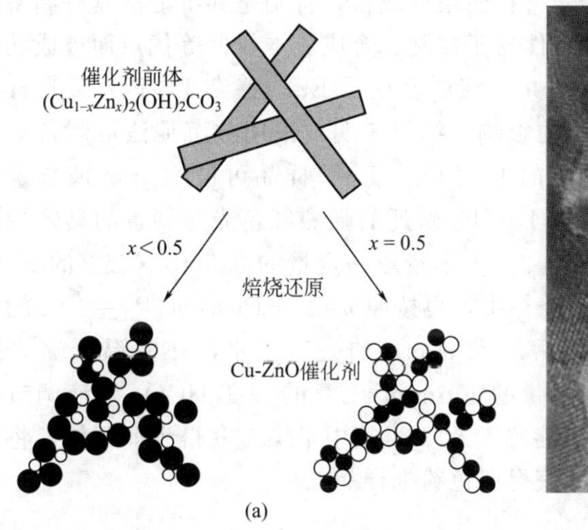

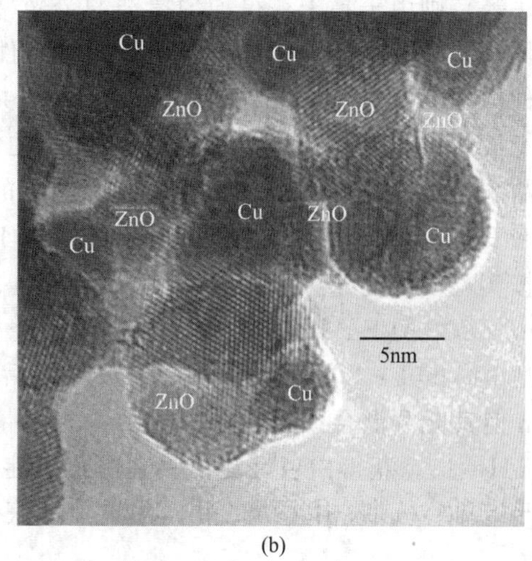

图 4-13 $(Zn_{1-x}Cu_x)_2(OH)_2CO_3$ 焙烧形成 Cu-ZnO 结构过程示意图（a）及 Cu-ZnO 的高分辨率透射电镜图（b）

声共沉淀法、共沉淀-蒸氨法和凝胶网格共沉淀法等。

2. 共沉淀法为基础制备锂离子电池正极材料

锂电池层状 Li-Ni-Co-Mn-O 三元正极材料凭借其低成本、高容量的优势，已实现产业化并开始逐步取代传统正极材料 $LiCoO_2$，广泛应用于动力电池领域。该材料的合成方法主要有共沉淀法、固相法、溶胶-凝胶法、溶剂热法、喷雾热解法等。其中，共沉淀法因能实现过渡金属元素在原子水平的均匀混合，且制得的材料的晶体结构完整、各成分元素分布均匀，受到人们青睐。共沉淀的工艺参数，如陈化时间、反应温度、pH、反应物的浓度、搅拌速率、加料顺序以及沉淀剂和配位剂种类等对产物结构、性能具有重要的影响。因此探讨这些因素对最终合成材料性能的影响并总结其规律，对发展高性能锂离子电池正极材料非常重要。

值得指出的是，为了克服高镍三元材料在电化学循环过程中容量衰减较快的缺点，有些研究者基于核壳结构的新材料设计理念，采用两步共沉淀的策略并控制其工艺参数，制备了金属离子浓度梯度分布的 $LiNi_{0.8}Co_{0.1}Mn_{0.1}O_2$ 高镍正极材料。在该材料中，内部大量的材料的 Ni∶Mn∶Co＝0.8∶0.1∶0.1，材料外层的金属离子比例为 Ni∶Mn∶Co＝0.08∶0.46∶0.46。通过该设计，高镍材料的循环性能得到大大改善。这一研究结果为共沉淀法制备高性能锂离子电极材料提供了新思路，也为制备其他核壳结构的材料（如催化剂、吸附材料等）提供了新的途径。

3. 共沉淀法为基础制备发光材料

稀土正磷酸盐是一类常见的荧光材料。如 $LaPO_4$∶Eu、YPO_4∶Eu 等红光荧光材料被广泛研究，但 Eu^{3+} 掺杂的稀土正磷酸盐红色荧光材料在紫外光的激发下多发射出偏橙色的光，使其发光色纯度以及发光效率均不高。然而，铕掺杂部分富稀土磷酸盐荧光材料如 La_3PO_7 等可发射出位于 620nm 附近色纯度较高的红色光，而高色纯度的红色荧光材料在三基色荧光材料的色温调制等方面起着重要作用。因此，对 Eu^{3+} 掺杂 La_3PO_7 荧光材料的合成与性能吸引了广大研究人员的关注。先前，研究人员主要采用高温固相法制备 Eu^{3+} 掺杂 La_3PO_7 荧光材料，然而，高温固相法存在反应时间长、难获得均匀掺杂产物等方面的不足，制约了 Eu^{3+} 掺杂 La_3PO_7 荧光材料的开发与应用。软化学合成方法（如共沉淀法、燃烧法、水热法等）则由于易于获得均匀掺杂的荧光材料而备受瞩目，特别是共沉淀法具有制备产物成分均匀、纯度高、制备工艺简单、制备条件易于控制、合成成本较低等优点而被成功应用到多种稀土荧光材料的合成中。研究者采用共沉淀法合成了 Eu^{3+} 掺杂 La_3PO_7 荧光材料并考察了 pH 和 Eu^{3+} 掺杂量对复合材料性能的影响。结果表明：采用共沉淀法可制备单一相单斜晶系的 $La_3PO_7:Eu^{3+}$ 晶体，且所制备的 $La_3PO_7:Eu^{3+}$ 样品可被 280nm 波长紫外光有效激发，在 617nm 处发射出属于 Eu^{3+} 的 $^5D_0$-$^7F_2$ 跃迁的强烈红色光。制备的具体步骤如下：按实验设计的量［$n(La):n(Eu)=98:2$］准确量取一定量的 0.5mol·L^{-1} 的 La^{3+} 和 0.1mol·L^{-1} 的 Eu^{3+} 溶液置于干燥洁净的烧杯中，再按照 $n(La+Eu):n(P)=3:1$的比例加入适量 1mol·L^{-1} 的 H_3PO_4 溶液，最后加入 30mL 的去离子水，在室温下磁力搅拌 30min 使其充分混合；随后在搅拌中加入适量的 1.5mol·L^{-1} 的 NH_4HCO_3 溶液调节混合溶液 pH=10，获得白色沉淀；收集白色沉淀置于 80℃烘箱中干燥 10h 得到前驱体，将前驱体置于 900℃马弗炉中煅烧 20h，随炉冷却获得白色粉末样品。

4.3.6 溶胶-凝胶法

溶胶-凝胶（sol-gel）法，也称化学溶液沉积法，是一种湿化学技术，将溶液中各类有机物或无机金属盐以分子级别甚至纳米级充分混合，以制备溶胶液。随后通过加酸水解或诱发缩聚反应使其转化为成分更均匀、结构更紧密的干凝胶。凝胶化反应会诱导溶液间形成有序结合的小颗粒。结合后的小颗粒以链状、网格状形成三维网络，随后的热处理和烧结过程有利于进一步缩聚，提高材料机械性能和结构稳定性并使晶粒生长成熟、致密化。热处理过程又称为自蔓延高温合成。此处的高温是由醇、酯、柠檬酸等有机物发生放热反应获得的高热量。这些有机燃料在反应初期产生的大量可燃气体会使燃烧产生的火焰温度达到甚至超过 1500℃。因此在这种强放热反应中，合成纳米材料所需要的反应温度会比其他方法的反应温度低、耗时短，且对设备、反应条件要求较低。溶胶可制备成粉末、纳米线、纳米片等。凝胶可制成气凝胶、致密固体等多种纳米材料。

4.3.6.1 溶胶-凝胶法的发展历史

溶胶-凝胶法的形成经历了漫长而丰富的过程，简单回顾如下：

① 1820 年，Berzelinsl 以氢氧化铵和氟硅酸作用制得硅溶胶，随后 Graham 用水玻璃和酸反应制得硅溶胶。

② 1846 年，法国科学家 Ebelmen 发现，$SiCl_4$ 与乙醇混合后在潮湿空气中发生水解并形成凝胶。

③ 1925 年，Holmes 和 Anderson 用水玻璃和氯化铁反应制得胶状沉淀物，再用酸处理得到多孔性凝胶。

④ 20 世纪 30 年代，Geffcken 证实用金属醇盐的水解和凝胶化可以制备单组分氧化物薄膜。

⑤ 采用溶胶-凝胶法制备的商品于 1953 年出现，如抗反射涂层（TiO_2/SiO_2-TiO_2-SiO_2）和防晒玻璃等材料于二十世纪五六十年代出现在市场上，同时，这一阶段溶胶-凝胶法主要用于制作玻璃材料。

⑥ 1962 年美国橡树岭研究所的研究人员首先将溶胶-凝胶法用于制作氧化物核燃料元件，随后，美国、意大利等国家研究人员也做了大量工作，并设计出工艺流程用于小规模生产。

⑦ 1971 年，德国 Dislich 报道了通过金属醇盐水解制备 SiO_2-B_2O_3-Al_2O_3-Na_2O-K_2O 多组分玻璃，引起了广泛关注。

⑧ 1975 年，Yoldas 和 Yamane 采用溶胶-凝胶法制得整块陶瓷材料及多孔透明氧化铝薄膜。

⑨ 20 世纪 80 年代以来，在玻璃、氧化物涂层、功能陶瓷粉体以及传统方法难以制备的复合氧化物材料得到成功应用后，这方面的研究工作日益增多。

4.3.6.2　溶胶-凝胶法的基本原理

1. 溶胶-凝胶法的基本反应

溶胶-凝胶法主要包括溶剂化、水解和缩聚反应。

① 溶剂化：金属阳离子 M^{z+} 吸引水分子形成溶剂单元 $[M(H_2O)_n]^{z+}$，为保持其配位数，具有强烈释放 H^+ 的趋势，即 $[M(H_2O)_n]^{z+} \longrightarrow [M(H_2O)_{n-1}(OH)_{(z-1)}]+H^+$。

② 水解反应：非电离式的分子前驱体，如金属醇盐 $M(OR)_n$ 与水反应，$M(OR)_n + xH_2O \longrightarrow M(OH)_x(OR)_{n-x} + xROH\text{-}M(OH)_n$。

③ 缩聚反应：失水缩聚（$—M—OH+HO—M— \longrightarrow —M—O—M—+H_2O$）和失醇缩聚（$—M—OR+HO—M— \longrightarrow —M—O—M—+ROH$）。

2. 溶胶-凝胶法的工艺过程

溶胶-凝胶法的工艺过程如图 4-14 所示。

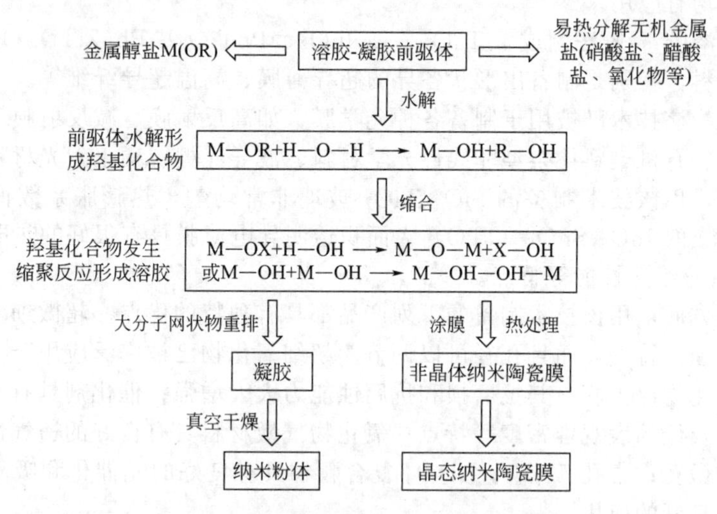

图 4-14　溶胶-凝胶法的工艺过程示意图

4.3.6.3　溶胶-凝胶法的特点

溶胶-凝胶法与其他方法相比具有许多独特的优点：

① 由于溶胶-凝胶法中所用的原料首先被分散到溶剂中而形成低黏度的溶液，因此，就可以在很短的时间内获得分子水平的均匀性，在形成凝胶时，反应物之间很可能是在分子水平上被均匀地混合。

② 由于经过溶液反应步骤，那么就很容易均匀定量地掺入一些微量元素，实现分子水平上的均匀掺杂。

③ 与固相反应相比，化学反应将容易进行，而且仅需要较低的合成温度，一般认为溶胶-凝胶体系中组分的扩散在纳米范围内，而固相反应时组分扩散是在微米范围内，因此反

应容易进行，温度较低。

④ 选择合适的条件可以制备各种新型材料。

但是，溶胶-凝胶法也不可避免地存在一些问题：

① 原料金属醇盐成本较高。

② 有机溶剂对人体有一定的危害性。

③ 整个溶胶-凝胶过程所需时间较长，常需要几天或几周。

④ 存在残留小孔洞和残留的碳。

⑤ 在干燥过程中会逸出气体及有机物，并产生收缩。

目前，有些问题已经得到解决，例如：在干燥介质临界温度和临界压力的条件下进行干燥可以避免物料在干燥过程中的收缩和碎裂，从而保持物料原有的结构与状态，防止初级纳米粒子的团聚和凝聚；将金属醇盐前驱体改为金属无机盐，有效降低了原料的成本；采用柠檬酸-硝酸盐法可利用自燃烧减少反应时间和残留的碳含量；等等。

4.3.6.4 溶胶-凝胶法的应用

溶胶-凝胶法具有可控制尺寸、化学成分和多孔结构，以及廉价低温等优点。凝胶化缩聚反应特有的高混合性和均匀性也适用于设计合成具有特定成分和微观结构特征的催化剂。因此，采用溶胶-凝胶法制备的材料在光学、电子、能源、陶瓷、锻造、传感器、医学和分离色谱技术方面均有应用。

近年来已用溶胶-凝胶法制成 $LiTaO_3$、$LiNbO_3$、$PbTiO_3$、$Pb(ZiTi)O_3$ 和 $BaTiO_3$ 等各种电子陶瓷材料，特别是制备出形状各异的超导薄膜、高温超导纤维等。

在光学方面，该技术已被用于制备各种光学膜（如高反射膜、减反射膜等）、光导纤维、折射率梯度材料、有机染料掺杂型非线性光学材料、波导光栅、稀土发光材料等。

在热学方面，用该技术制备的 SiO_2-TiO_2 玻璃非常均匀，热膨胀系数很小，化学稳定性也很好；已制成的 InO_3-SnO_2（ITO）大面积透明导电薄膜具有很好的热电性能；制成的 SiO_2 气凝胶具有超绝热性能等特点。

在化学材料方面，用该技术制备的下列产品都具有独特的优点。超微细多孔滤膜具有耐温、耐压、耐腐蚀等特点，而且孔径可以调节。超细氧化物已被广泛应用于金属、玻璃、塑料等表面作为氧化物保护膜，其抗磨损和抗腐蚀能力大大增强；催化剂具有高比表面、大孔容、孔径均匀以及低的表观堆密度等特点；氧化物气敏材料具有良好的透气性、较大的比表面和均匀分布的微孔；中孔 TiO_2-γ-Al_2O_3 复合颗粒具有良好的光催化和吸附性能，在氨催化降解方面有着良好的应用。

另外，人们发现在溶胶-凝胶合成体系中引入一些小分子有机添加剂可以合成出具有均一介孔特征的 SiO_2 材料，这些材料在催化、生物组装等领域显示出优异的性能。随着研究的不断深入，这种合成方法已经被拓展到具有介孔结构的硅基复合材料、金属氧化物、磷酸铝、炭材料等方面，并取得了很大的成功。另外，溶胶-凝胶法在制备有机-无机杂化材料方面也显示出了它的优异性和巨大潜力。例如，有研究报道，以聚乙烯醇（PVA）和正硅酸乙酯（TEOS）为原料，通过溶胶-凝胶法，制备出了不同 SiO_2 含量的聚乙烯醇/SiO_2（PVA/SiO_2）共混均质膜。这种杂化聚合物材料由于氢键的形成而在宏观上无明显的相分离现象，从而表现出较优越的光学透明性、力学性能等。

4.3.7 化学气相沉积法

化学气相沉积（chemical vapor deposition，CVD）法是近几十年发展起来的制备无机固体化合物和材料的新技术。现已被广泛应用于提纯物质、研制新晶体、沉积各种单晶和多晶或玻璃态无机薄膜材料。这些材料可以是氧化物、硫化物、氮化物、碳化物，也可以是某些二元（如 GaAs）或多元（$GaAs_{1-x}P_x$）的化合物，而且它们的功能特性可以通过气相掺杂的沉积过程精确控制。它已成为无机合成化学中的一个重要研究领域。

化学气相沉积法是利用气态或蒸气态的物质在气相或气-固界面上发生化学反应，生成固态沉积物的技术。化学气相沉积法对所用原料、产物和反应类型有如下的一些基本要求：①反应物在室温下最好是气态，或在不太高的温度下就有相当的蒸气压，且容易获得高纯品；②能够形成所需要的材料沉积层，反应副产物均易挥发；③沉积装置简单，操作方便；④工艺上具有重现性，适于批量生产，成本低廉。

近年来，随着电子技术的发展，化学气相沉积法又有了新的发展，目前有高压化学气相沉积法（HP-CVD）、低压化学气相沉积法（LP-CVD）、等离子化学气相沉积法（P-CVD）、激光化学气相沉积法（L-CVD）、金属有机化合物气相沉积法（MO-CVD）、高温化学气相沉积法（HT-CVD）、中温化学气相沉积法（MT-CVD）、低温化学气相沉积法（LT-CVD）等。以上各种方法虽然名目繁多，但归纳起来，主要区别是从气相产生固相时所选用的原料不同，如果用金属有机化合物作原料，则为 MO-CVD。其他的区别是反应时所选择压力不同，或者温度不同。

若从化学反应的角度看，化学气相沉积法包括热分解反应、化学合成反应和化学输运反应三种类型。

4.3.7.1 热分解反应

最简单的气相沉积反应就是化合物的热分解。热解法一般在简单的单温区炉中进行，于真空或惰性气氛中加热衬底物至所需温度后，通入反应物气体使之发生热分解，最后在衬底物上沉积出固体材料层。热解法已用于制备金属、半导体、绝缘体等各种材料。这类反应体系的主要问题是反应源物质和热解温度的选择。在选择反应源物质的时候，既要考虑其蒸气压与温度的关系，又要注意在不同热解温度下的分解产物，保证固相仅仅为所需要的沉积物质，而没有其他杂质。比如，用有机金属化合物沉积半导体材料时，就不应夹杂碳的沉积。因此需要考虑化合物中各元素间有关键强度（键能）的数据。

1. 氢化物

氢化物 M—H 键的解离能比较小，热解温度低，唯一副产物是没有腐蚀性的氢气。例如：

$$SiH_4 \xrightarrow{800℃左右} Si + 2H_2$$

$$B_2H_6 + 2PH_3 \longrightarrow 2BP + 6H_2$$

2. 金属有机化合物

金属的烷基化合物，其 M—C 键能一般小于 C—C 键能，可广泛用于沉积高附着性的金属膜，如用三丁基铝热解可得金属铝膜。若用元素的烷氧基配合物，由于 M—O 键能大于 C—O 键能，所以可用来沉积氧化物。例如：

$$Si(OC_2H_5)_4 \xrightarrow{740℃} SiO_2 + 2H_2O + 4C_2H_4$$

$$2Al(OC_3H_7)_3 \xrightarrow{420℃} Al_2O_3 + 6C_3H_6 + 3H_2O$$

3. 氢化物和有机金属化合物体系

利用这类热解体系可在各种半导体或绝缘衬底上制备化合物半导体。例如：

$$Ga(CH_3)_3 + AsH_3 \xrightarrow{630\sim675℃} GaAs + 3CH_4$$

$$Zn(C_2H_5)_2 + H_2Se \xrightarrow{750℃} ZnSe + 2C_2H_6$$

4. 其他气态配合物和复合物

这一类化合物中的羰基化合物和羰基氯化物多用于贵金属（铂族）和其他过渡金属的沉积。例如：

$$Pt(CO)_2Cl_2 \xrightarrow{600℃} Pt + 2CO + Cl_2$$

$$Ni(CO)_4 \xrightarrow{140\sim240℃} Ni + 4CO$$

单氨配合物已用于热解制备氮化物。例如：

$$GaCl_3 \cdot NH_3 \xrightarrow{800\sim900℃} GaN + 3HCl$$

$$AlCl_3 \cdot NH_3 \xrightarrow{800\sim1000℃} AlN + 3HCl$$

4.3.7.2 化学合成反应

绝大多数沉积过程都涉及两种或多种气态反应物在同一衬底上相互反应，这类反应即为化学合成反应。其中最普遍的一种类型是用氢气还原卤化物来沉积各种金属和半导体。例如，用四氯化硅的氢气还原法生长硅外延（把某物质的一个晶面作为衬底，将另外的物质以同样的取向或具有特定的取向在此晶面上生长的现象称为外延或外延生长）片，反应为：

$$SiCl_4 + 2H_2 \xrightarrow{1150\sim1200℃} Si + 4HCl$$

该反应与硅烷热分解不同，在反应温度下其平衡常数接近于 1。因此，调整反应器内气流的组成，如加大氯化氢的浓度，反应就会逆向进行。可利用这个逆反应进行外延前的气相腐蚀清洗。在腐蚀过的新鲜单晶表面上再外延生长，则可得到缺陷少、纯度高的外延层。若在混合气体中加入 PCl_3、BBr_3 一类的卤化物，它们也能被氢还原，这样磷或硼可分别作为 n 型或 p 型杂质进入硅外延层。这就是所谓的掺杂过程。

与热解法比较起来，化学合成反应的应用更为广泛。因为可以用于热解沉积的化合物并不多，而任意一种无机材料原则上都可通过合适的反应合成出来。除了制备各种单晶薄膜以外，化学合成反应还可以用来制备多晶态和玻璃态的沉积层。如 SiO_2、Al_2O_3、Si_3N_4、B-Si 玻璃以及各种金属氧化物、氮化物等。下面是一些有代表性的反应体系：

$$SiH_4 + 2O_2 \xrightarrow{325\sim475℃} SiO_2 + 2H_2O$$

$$SiH_4 + B_2H_6 + 5O_2 \xrightarrow{300\sim500℃} B_2O_3 \cdot SiO_2(\text{硅硼玻璃}) + 5H_2O$$

$$Al_2(CH_3)_6 + 9O_2 \xrightarrow{450℃} Al_2O_3 + 9H_2O + 6CO$$

$$3SiCl_4 + 4NH_3 \xrightarrow{850\sim900℃} Si_3N_4 + 12HCl$$

$$TiCl_4 + NH_3 + \frac{1}{2}H_2 \xrightarrow{583℃} TiN + 4HCl$$

光通信用的石英光纤预制棒就是通过化学合成反应制得的。石英光纤的组成以 SiO_2 为主，为使光纤的折射率分布不同，需要加入可改变折射率的材料。在石英玻璃中作为调节折射率的物质有：GeO_2、P_2O_5、B_2O_3、含 F 化合物等。其中 GeO_2、P_2O_5 使折射率增大；B_2O_3、含 F 化合物使折射率减小。石英光纤具有资源丰富、化学性能稳定、膨胀系数小、易在高温下加工且光纤的性能不随温度变化而改变等优点。为使光纤的损耗尽可能地小，必须尽量降低玻璃中过渡金属离子和羟基的含量。为此必须将制造石英玻璃的原料（$SiCl_4$、

$GeCl_4$、$POCl_3$、BBr_3、SF_3 等）进行精制提纯。石英光纤的制法分成两步：首先制成石英玻璃预制棒，然后将预制棒拉制成纤维。石英光纤预制棒的制法，目前有代表性的有四种，其反应原理为：

$$SiCl_4 + O_2 \longrightarrow SiO_2 + 2Cl_2$$
$$4POCl_3 + 3O_2 \longrightarrow 2P_2O_5 + 6Cl_2$$
$$4BBr_3 + 3O_2 \longrightarrow 2B_2O_3 + 6Br_2$$

1. 改进化学气相沉积法

改进化学气相沉积（modified chemical vapor deposition，MCVD）法的工艺如图4-15所示。该法是在石英玻璃管内壁沉积掺杂含有 P_2O_5 和 B_2O_3 的 SiO_2。O_2 为载流气体，当含有原料的载流气体通过高温加热旋转的玻璃管时，卤化物气体与 O_2 就发生气相反应生成氧化物微粒沉积在玻璃管内壁上。当沉积到一定的程度后，加热玻璃管使内部的多孔性氧化物微粒熔缩中，形成透明的玻璃棒（该玻璃棒通常称为光纤预制棒）。预制棒在径向上使沉积的玻璃层成分逐层变化，由此形成折射率不同的分布层。

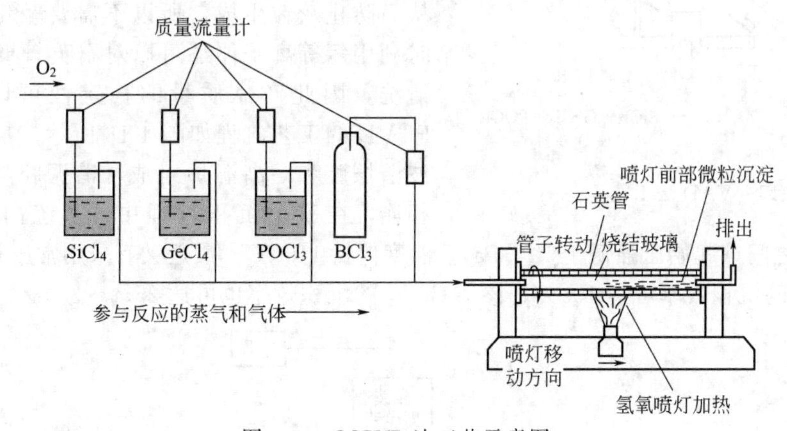

图4-15　MCVD法工艺示意图

2. 外部气相氧化法

外部气相氧化（outside vapor-phase oxidation，OVPO）法是将 $SiCl_4$ 等喷入氢氧火焰中，在火焰中由水解反应合成氧化物微粒，形成的氧化物微粒沉积在旋转的玻璃管外。沉积到一定的程度后，加热氧化物微粒形成透明的玻璃预制棒。该法的优点是可将预制玻璃杯制得粗些，而不受玻璃管大小的限制。其工艺如图4-16所示。

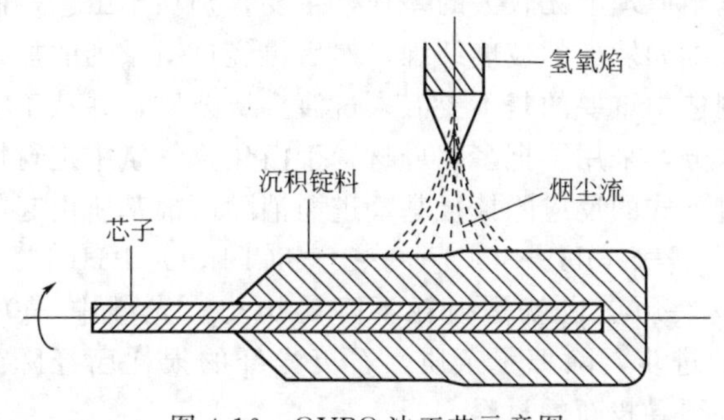

图4-16　OVPO法工艺示意图

3. 气相轴向沉积法

气相轴向沉积（vapor-phase axial deposition，VAD）法的工艺如图4-17所示。在VAD

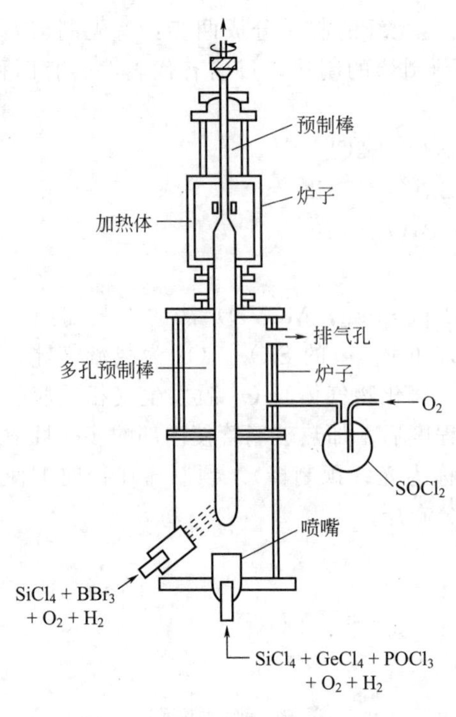

图 4-17　VAD 法工艺示意图

法中，将 $SiCl_4$ 等喷入氢氧焰中，在火焰中由水解反应合成氧化物颗粒，使微粒在纵向上生长，形成多孔的玻璃体，然后，于上部的加热炉中使多孔微粒熔缩，形成透明的玻璃预制棒。在 VAD 法中，折射率分布的形成与上面两法不同，是在多孔玻璃体成长端面，由添加元素的空间浓度分布而形成。为此，在工艺中使用了多个喷口，而每个喷口的原料组成不同。该法的优点是预制棒可制得相当长和粗，从而可拉制出长的光纤。

4. 等离子体化学气相沉积法

采用等离子体化学气相沉积（plasma chemical vapor deposition，PCVD）法，由于可在尽可能低的温度下进行，故可以避免气相中发生的热反应，从而防止灰粒生成，所以不需要融化这一步。同时利用氧等离子体还可以对石英管壁进行很好的清洗，因此产品质量的稳定性可以大大提高。PCVD 的工艺流程如图 4-18 所示。反应器由一微波谐振腔和一高温炉组成，谐振腔与一微波电源相连，在整个沉积过程中，系统内气压保持在 100～300Pa 之间（起始压强低于 10^{-5} Pa），温度保持 1100℃。最近又有采用常压等离子体的报道，其 SiO_2 的沉积效率可达 100%，掺杂 GeO_2 的沉积效率也可达 25%～35%。

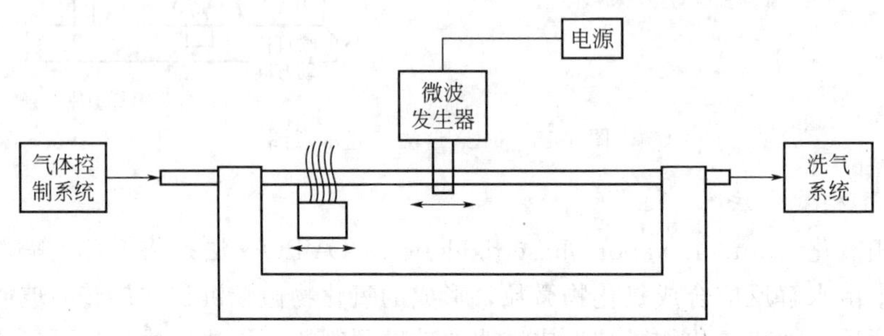

图 4-18　PCVD 法工艺示意图

以上几种方法在基本原理上无较大的差别，主要差别在于工艺。制得的透明预制玻璃棒在拉丝设备上可拉制成细如发丝的玻璃纤维，然后再经过一系列的加工程序加工成光缆，即可投入使用。在光纤制造中重要的是不要混入过渡金属杂质，并从工艺上保证制成的光纤无气泡。为了彻底消除水分，采用了把多孔母材置于卤化物气氛中进行熔缩的工艺。为此，使用了氯化亚硫酰，通过下式的反应除掉羟基，进而消除由羟基所引起的光吸收。

$$\equiv SiOH + SOCl_2 \longrightarrow \equiv SiCl + SO_2 + HCl$$

实际上，光纤的发展历史也就是损耗下降的历史。光纤中—OH 的质量分数已降到 10^{-9} 以下。由于技术的进步，除掉了杂质，石英光纤的损耗已经降到接近理论值的水平。如要继续降低损耗，必须寻找新的材料。

4.3.7.3　化学输运反应

把所需要的沉积物质作为反应源物质，用适当的气体介质与之反应，形成一种气态化合物，这种气态化合物借助载气运输到与源区温度不同的沉积区，再发生逆反应，使反应源物质重新沉积出来，这样的反应过程称为化学输运反应。例如：

$$ZnSe(s)+I_2(g)\underset{T_1=830℃}{\overset{T_2=850℃}{\rightleftharpoons}}ZnI_2(g)+\frac{1}{2}Se_2(g)$$

式中，源区温度为 T_2；沉积区温度为 T_1；反应源物质为 ZnSe；I_2(g) 是气体介质，即输运剂，它在反应过程中没有消耗，只对 ZnSe 起一种反复输运的作用，ZnI_2 则称为输运形式。选择一个合适的化学输运反应，并且确定反应的温度、浓度等条件是至关重要的。对于一个可逆的多相反应：

$$A(s)+B(s)\rightleftharpoons AB(g)$$

反应平衡常数为：

$$K_p=\frac{p_{AB}}{p_B}$$

如果希望在源区反应自左向右进行，在沉积区反应自右向左进行。为了使可逆反应易于随温度的不同而改向（即所需的 $\Delta T=T_2-T_1$ 不太大），平衡常数 K 值最好是接近 1。根据范特霍夫（van′t Hoff）方程式：

$$\frac{d\ln K_p}{dT}=\frac{\Delta H}{RT^2}$$

对上式积分，得：

$$\ln K_{T_2}-\ln K_{T_1}=-\frac{\Delta H}{R\left(\frac{1}{T_2}-\frac{1}{T_1}\right)}$$

如果反应为吸热反应，ΔH 为正值，当 $T_2>T_1$ 时，上式的右边为正值，则 $K_{T_2}>K_{T_1}$。当升高温度时，平衡常数也随之增大，即自左向右的反应进行程度变大。当降低温度时，自左向右的反应平衡常数变小，而自右向左的反应进行程度变大。因此，应控制源区温度高于沉积区温度，这类反应是将物质由高温区向低温区输运。实际应用的大多数化学输运反应皆属此类。反之，当反应为放热反应，ΔH 值为负值，则应该控制源区温度低于沉积温度，即 $T_2<T_1$，这类反应是将物质由低温区向高温区输运。ΔH 的绝对值决定了 K 值随温度变化的变化率，也就决定了为取得适宜沉积速率和晶体质量所需要的源区-沉积区间的温差。$|\Delta H|$ 较小时，温差大才可以获得可观的输运；$|\Delta H|$ 较大时，即使 $\ln K$ 不改变符号，也可以得到较高的沉积速率；如果 $|\Delta H|$ 太大，温差必须很小，以防止成核过多影响沉积物质量。所以反应体系的 ΔH 值必须适当。

近十多年来的统计表明化学输运反应、气相外延等化学气相沉积应用广、发展快，这不仅由于它们能大大改善某些晶体或晶体薄膜的质量和性能，而且更由于它们能用来制备许多其他方法不易制备的晶体。加上设备较简单、操作方便、适应性强，因而广泛应用于合成新的晶体。例如：欲制备铌酸钙（$CaNb_2O_6$）单晶体的一种方法是先用 1∶1（物质的量之比）的 $CaCO_3$ 和 Nb_2O_5 混合，在 1300℃铂坩埚中合成 $CaNb_2O_6$ 多晶体，然后取 1.0g $CaNb_2O_6$ 放在一根石英管（管长和直径分别为 110mm 和 17mm）的一段中，抽真空后再充入 101kPa 的 HCl，然后将管熔封起来。将石英管水平放在一个双温区电炉中，有 $CaNb_2O_6$ 多晶体的一端保持在较高温度 T_2，另一端是较低温度 T_1。经过两个星期的化学输运反应，在低温端生长出大小为 1.0mm×0.5mm×0.2mm 的单晶体。$CaNb_2O_6$ 单晶体制备的反应过程可以用下列反应式表示：

$$CaNb_2O_6(s)+8HCl(g)\underset{T_1}{\overset{T_2}{\rightleftharpoons}}2NbOCl_3(g)+CaCl_2(g)+4H_2O(g)$$

用以下一些输运反应还可以制备出高熔点的卤氧化物的单晶体：

$$AlOCl(s)+NbCl_5(g)\underset{380℃}{\overset{400℃}{\rightleftharpoons}}\frac{1}{2}Al_2Cl_6(g)+NbOCl_3(g)$$

$$TiOCl(s)+2HCl(g)\underset{550℃}{\overset{650℃}{\rightleftharpoons}}TiCl_3(g)+H_2O(g)$$

$$TaOCl(s)+TaCl_5(g)\underset{400℃}{\overset{500℃}{\rightleftharpoons}}TaOCl_3(g)+TaCl_3(g)$$

适当控制成核条件，可以得到尺寸大到数毫米乃至数十毫米的块状、棒状、片状的单晶体。

4.3.7.4 低压化学气相沉积

与常压化学气相沉积法相比，低压化学气相沉积（low pressure chemical vapor deposition，LPCVD）法的优点有：①晶体生长或成膜的质量好；②沉积温度低，便于控制；③可使沉积衬底的表面积扩大，提高沉积效率。低压化学气相沉积技术已广泛地用于半导体材料如 SiO_2、GaAs 等的晶体生长和成膜。其中，金属有机化合物的化学气相沉积技术具有其特殊的应用价值。

1. 二氧化硅薄膜的沉积

热分解沉积掺杂和非掺杂二氧化硅，过去常采用在标准大气压下硅烷与氧气或 N_2O 的反应来沉积膜。目前普遍采用低压下化学气相沉积二氧化硅膜。热分解沉积氧化层是利用硅的化合物在真空条件下的热分解，在气相沉积氧化层，衬底材料可以是硅，也可以是金属或陶瓷，常用的源化合物有烷氧基硅烷、硅烷和二氯二氢硅等。烷氧基硅烷一般在 650～800℃下发生热分解反应，其热解方程为：

$$\text{烷氧基硅烷}\xrightarrow{\triangle}SiO_2+\text{气态有机原子团}+SiO+C$$

反应产物中的氧必须来源于硅氧烷本身而不能由外界引入，如果用于化学气相沉积的真空系统中有外来的氧或水气，则沉积出来的 SiO_2 表面阴暗，腐蚀时会出现反常现象。反应产物中的一氧化硅（SiO）和碳是不希望得到的副产物，它们的含量取决于反应的条件，碳的含量取决于炉温，如果炉温过高则会产生大量碳。源化合物分子中的氧数目直接影响产物中二氧化硅的含量。当采用每个分子中含有 3 个或 4 个氧原子的烷氧基硅烷时，对生成二氧化硅有利。因此常用正硅酸乙酯（TEOS）作源物质来沉积 SiO_2 膜。

2. 高纯砷化镓的制备

金属有机化学气相沉积（metal organic chemical vapor deposition，MOCVD）技术用于制备ⅢA～ⅤA 族化合物已有 30 多年的历史。常压的 MOCVD 技术是一种敞口的气相沉积薄膜晶体生长技术，它采用的原料是金属有机化合物，如三甲基镓［$(CH_3)_3Ga$，TMGa］和砷化氢（AsH_3）。一种常压 MOCVD 反应装置的示意图如图 4-19 所示。反应前抽真空以清洁系统。因为原料 TMGa、TMAl 和 DEZn（二乙基锌）在近室温下均是具有相当高蒸气压的液体，所以它们很容易被载气 H_2 带入反应装置中，流量由鼓泡流量计控制。AsH_3 和 H_2Se 在室温下是气体，与 H_2 充分混合后进入反应器，流量由流量计控制。石英反应室内是石墨感应坩埚，外面由射频炉加热。在生长期间，衬里通常是旋转的。

在常压 MOCVD 技术中，产品质量对分解温度异常敏感，而且温度不易控制。采用低压金属有机化学气相沉积（low pressure metal organic chemical vapor deposition，LPMOCVD）技术的最初目的是要降低分解温度，但实际上由于技术原因，沉降压强只能降至几千帕，分解温度的降低也是很有限的。然而，实验中发现由于系统压力降低，使生长速度减慢，却得到了高纯度的产物，特别是使用某一确定的金属有机试剂时效果更好。图 4-20是一种低压金

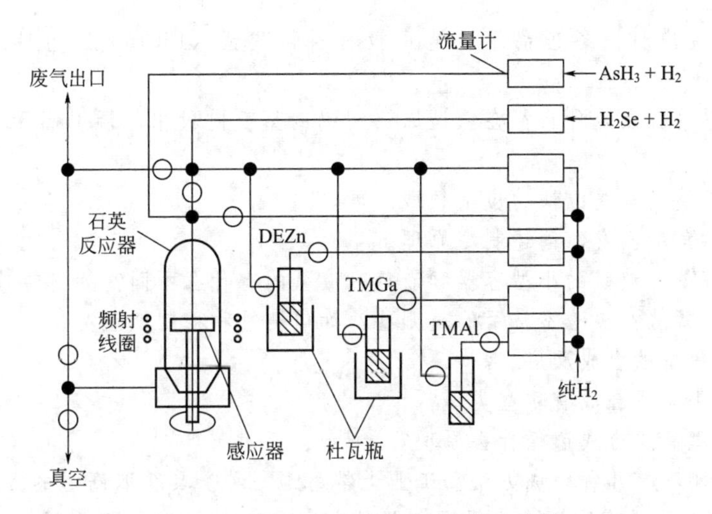

图 4-19　常压 MOCVD 反应装置示意图

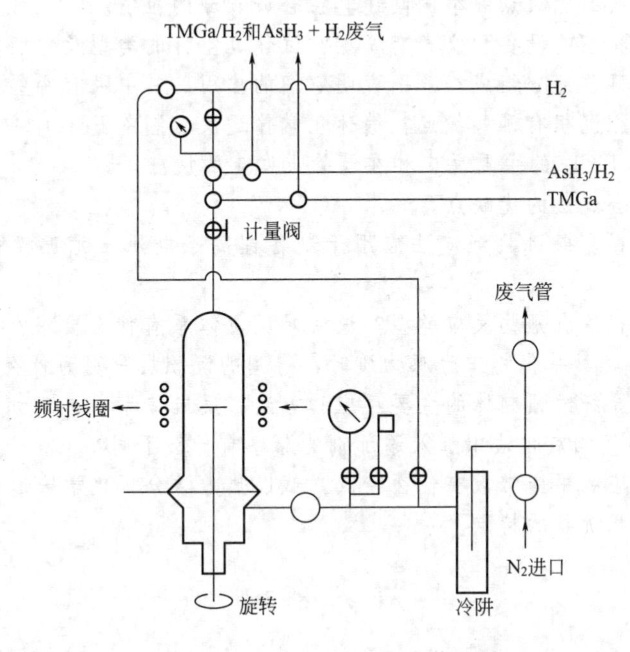

图 4-20　LPMOCVD 反应装置图

属有机化学气相沉积反应装置图。在采用相同反应试剂的条件下，低压下生长的 GaAs 在各种电学性质方面明显优于常压下生长的 GaAs。

练习题

1. 无机合成化学的热门领域有哪些？

2. 实验室常用哪些高温设备和测热仪表？电阻炉的发热体有哪些？氧化物发热体的接触体由什么物质组成？制法如何？

3. 简述热电偶高温计的优点、使用注意事项。

4. 查阅相关资料，从热力学的角度出发，阐述工业上采用碳酸锂（Li_2CO_3）和四氧化三钴（Co_3O_4）为原料制备锂离子电池正极材料钴酸锂（$LiCoO_2$）为什么需要在高温下进行。

5. 用氢还原的特点是什么？在氢还原法制钨的第三阶段中，温度高于1200℃时会发生什么变化？

6. 简述高温蔓延合成方法的应用领域。

7. 从热力学角度出发，简述制冷原理。

8. 液氧、液氮、液氩的小型容器和液氢、液氦的有什么不同？如何转移液态气体？

9. 低温源有哪些？实验室常用的是哪些？如何测量和控制低温？

10. 简述液氨中的合成反应。

11. 超高压下无机合成有哪些类型？

12. 非相变型高压合成遵循什么原理？

13. 人造金刚石有几种合成方法？工业上常用哪一种？其获取高温的方法有哪些？如何合成多晶金刚石？人造金刚石合成机理有几种学说？

14. 简述水热合成的优缺点并举例阐述其在合成领域的应用。

15. 获得、测量真空的设备和仪表有哪些？试述真空计的类型及它们的工作原理。

16. 真空装置由哪些部分组成？分别说明它们的作用。其中阱有哪些类型？

17. 低压化学气相沉积有哪些优点？简述化学输运反应制备 Fe_3O_4 单晶的原理和步骤。

18. 试写出制备 $TiCl_3$ 的主要反应和在钛管上发生的反应。

19. 简述共沉淀合成法的优缺点。

20. 查阅相关资料，探讨共沉淀法应用于制备锂离子电池三元正极材料的发展方向和前景。

21. 化学气相沉积法有哪些反应类型？该法对反应体系有什么要求？在热解反应中，用金属烷基化物和金属烷氧基化物作为源物质时，得到的沉积层分别为什么物质？如何解释？

22. 写出制备光导纤维预制棒的主要反应和方法。反应体系的尾气如何处理？在改进化学气相沉积法和外部气相氧化法中加入添加剂的顺序有什么不同？

23. 化学输运反应的平衡常数有什么特点？试以热力学分析化学输运反应的原理。

24. 简述低压气相沉积的特点。

第5章

无机物常用表征方法

随着科学技术的发展和新技术的广泛应用，物质结构和性能的表征手段越来越丰富，本章介绍几种常用的无机物表征技术。

5.1 X射线衍射技术

自从德国科学家伦琴1895年发现X射线以来，X射线已经被广泛应用到金属、合金、无机物、有机物、复杂生物大分子以及众多其他晶态材料的结构分析上。与其他测试方法相比，X射线衍射表征方法具有对样品无损伤和污染、样品用量少、测试简单快捷、测量精度高、测试结果信息量大等优点。由于晶态物质和材料普遍存在，应用范围广泛，X射线衍射技术（X-ray diffraction technology）是一种十分重要且强有力的物质结构分析方法。本节简单介绍X射线衍射基本原理及其在化合物结构表征中的应用。

5.1.1 基本原理

衍射是指波在传播过程中遇到障碍物时波与波之间的干涉。X射线受到原子中电子的弹性散射（能量不变的散射），衍射导致围绕散射中心的周期性排布，其距离接近X射线的波长（约100pm）。如果将散射看作两个平行且相邻的原子平面（间距为 d）上的反射（图5-1），则波长为 λ 时发生相长干涉的角度（以产生衍射强度的极大值）可由Bragg方程得到：

$$2d\sin\theta = n\lambda \tag{5-1}$$

式中，n 是整数。X射线束照射晶体化合物时将会产生叫作衍射图案的一组衍射最大值。每个最大值又叫反射，反射发生在角度 θ 上，该角度对应于晶体中不同原子平面的间距 d。

原子或离子散射X射线的能力与其电子数成正比，而测得的衍射最大值的强度正比于该数值的平方。衍射图案是晶体化合物中原子位置和原子类型的特征，X射线衍射角和衍射强度的测量提供了结构方面的信息。由于与电子数目有关，X射线法对化合物中任何富电子原子都很敏感。例如，$NaNO_3$ 的X射线衍射显示，三种原子（所含的电子几乎相同）的衍射强度接近，而 $Pb(OH)_2$ 的散射和结构信息则主要是由铅原子决定的。

X射线衍射技术主要有两种：第一种叫粉末法，主要研究多晶材料；第二种叫单晶衍

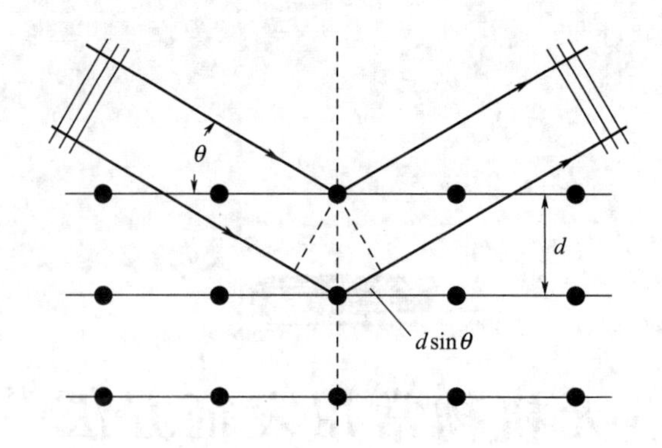

图 5-1 推导 Bragg 方程时将原子层当作反射面处理
[波程差 $2d\sin\theta$ 等于波长 λ 的整数倍时 X 射线发生相长干涉]

射，样品为数十微米或更大尺寸的单晶。

5.1.2 粉末 X 射线衍射法

粉末状样品（多晶）尺寸常在 0.1～10μm，并随机取向。射至多晶样品上的 X 射线束被散射至所有方向，在满足 Bragg 方程的某一角度发生相长干涉，其结果是每一组晶格间距为 d 的原子平面产生一个衍射强度的锥体。每个锥体由一组密集的衍射线构成，其中每条衍射线代表粉末样品中单个晶粒的衍射，大量晶粒的衍射线聚在一起形成衍射锥。

反射的数量和位置取决于晶胞参数、晶系、晶格类型以及用于收集数据的波长，峰的强度依赖于晶体中原子的类型和位置。几乎所有的晶态固体在反射角和强度方面均具有特征的粉末 X 射线衍射图案。对混合化合物的样品而言，各物相仍然保持着各自特征的衍射角和强度。一般而言，该法的灵敏度足以检测混合样品中小剂量（质量分数为 5%～10%）的晶体组分。粉末 X 射线衍射的有效性使其已经成为表征多晶无机材料的主要技术（表 5-1）。粉末衍射标准联合委员会已将收集到的许多无机化合物、有机金属化合物和有机化合物的粉末 X 射线衍射数据编入数据库。该数据库收集了 50000 个以上粉末 X 射线衍射图，可像指纹库一样只用粉末 X 射线射图就能对未知材料进行识别。粉末 X 射线衍射法通常用于研究固态结构中相的形成和变化。某一金属氧化物的合成是否成功，可将采集到的粉末 X 射线衍射图与该氧化物单一纯相的衍射数据进行比较得到验证。此外，在反应物被消耗的同时对产物相的形成进行观测，可以监控化学反应的进程。

表 5-1 粉末 X 射线衍射的应用

应用	典型应用和提取的信息
鉴定未知材料	多数晶相物质的快速鉴定
确定样品纯度	监测固相中化学反应的进程
确定和精修晶格参数	相鉴定和监测作为组分函数的结构
研究相图/新材料	绘制组分和结构的相图
测定微晶大小/压力	粒子大小的测定和冶金学上的应用
结构精修	从已知的结构类型提取晶体学数据
结构测定的从头算	某些情况下没有初始晶体结构信息也可能确定结构

近些年，拟合衍射图中峰强度的技术已成为提取结构信息的常用方法。这种分析叫作Rietveld法，该法涉及用计算的衍射图对实验信息进行拟合。该技术虽然不如单晶法那样强大，但其优点是不需要培养单晶。

5.1.3 单晶X射线衍射法

解析单晶X射线衍射数据是获得晶态化合物结构最重要的方法。只要能将化合物培养成足够尺寸和品质的晶体，衍射数据就能提供分子和晶格结构的确切信息。相关原理、测试方法和单晶解析参见专业书籍（陈小明，蔡继文．单晶结构分析原理与实践．北京：科学出版社，2007.）。

此外，由同步加速器辐射可以得到比实验室光源更强的X射线束。同步加速器辐射是由存储环中以接近光速运动的电子产生的，通常比实验室光源要强几个数量级。由于体积较大，同步加速器X射线源通常是国家的或国际的设施。利用这种X射线源的衍射仪可以测定更小的样品，晶体样品可以小到10μm×10μm×10μm，此外，数据收集也要快得多，更复杂的结构（如酶的结构）更易被测定。

5.2 红外光谱技术

红外光谱（infrared spectrum，IR）是分子振动光谱，主要是研究分子振动能级的跃迁，在确定化合物所含有机官能团时起到重要作用。

下面以配合物的红外光谱为例说明。

配合物的红外光谱主要体现的还是配体的红外吸收，一些重要有机配体官能团的红外吸收振动频率列于表5-2。但配体与金属离子形成配合物后，配体的分子对称性降低，使得原先自由状态下配体非活性的振动模式变成活性振动模式，从而有振动吸收，在配合物的红外光谱中产生配体所没有的新的光谱吸收带，引起谱带数目增多。当然，配体中配位原子与金属离子成键，形成如M—O、M—N、M—P等新键，理应在红外光谱中产生新的吸收峰。如果能检测到这些吸收峰，将是配位形成的直接证据。但遗憾的是，这些吸收一般位于远红外区，给检测带来困难（可用拉曼光谱检测，参见5.3节）。

另一方面，配体与金属离子形成配合物后，金属离子势必影响配位原子的电子云分布，也就是影响配位原子上的电荷分布，与红外吸收有关的力常数改变，引起相应化学键的强度有所改变，则其振动频率随之改变，体现在红外光谱吸收上则就是原先自由配体中与配位原子有关的振动吸收发生位移。位移的方向与其接受或给予电子的能力有关。如果接受外来电荷，则电子云密度增大的化学键稳定性增加，那么其振动频率也增加，吸收谱带位移至高波数；反之亦然。

因此，从红外光谱的角度讲，对比配体与配合物的红外吸收，如果后者有谱带增多（包括新峰出现）和相关谱带位移，可获得许多有关配合物生成、配合物组成及结构方面的信息，为确定配合物结构提供证据。

5.2.1 谱带增多

产生红外光谱的必要条件：只有偶极矩发生变化的振动才能产生红外吸收。这种振动是红外活性的，而偶极矩不发生变化的振动是红外非活性的振动。因此许多同核双原子分子如N_2、

表 5-2 有机配体官能团的红外吸收振动频率

键型	特殊环境	振动频率 ν/cm^{-1}	键型	特殊环境	振动频率 ν/cm^{-1}
C—H	$C(sp^3)$—H	3000～2800	N—H	RNH_2,R_2NH	3500～3400
	$C(sp^2)$—H	3100～3000		$R\overset{+}{N}H_3$,$R_2\overset{+}{N}H_2$,$R_3\overset{+}{N}H$	3000～2250
	C(sp)—H	3300		$RCONH_2$,RCONHR′	3500～3400
C—C	C—C	1250～1150	O—H	ROH(游离)	3640～3610
	C═C	1670～1600		ROH(氢键)	3400～3200
	C≡C	2260～2100		RCO_2H	3000～2500
C—N	C—N	1230～1030	N—O	RNO_2	1350,1560
	C═N	1690～1640		$RONO_2$	1640～1620
	C≡N	2260～2210		RN═O	1600～1500
C—O	C—O	1275～1020		RO—N═O	1680～1610
	C═O	1800～1650		C═N—OH	960～930
C—X	C—F	1350～1000		$R_3N—O^+$	970～950
	C—Cl	850～800	羰基伸缩振动频率		
	C—Br	680～500	醛类	RCHO	1725
	C—I	500～200		C═CCHO	1685
S—O	R_2SO	1060～1040		ArCHO	1700
	R_2S(═O)O	1350～1310,1160～1120	酮类	R_2═CO	1715
	R—S$(═O)_2$—OR	1420～1330,1200～1145		C═C—C═O	1675
累积体系	C═C═C	1950		Ar—C═O	1690
	C═C═O	2150		四元环	1780
	R_2C═N═N	3100～2090		五元环	1745
	RN═C═O	2275～2250		六元环	1715
	RN═N═N	2160～2120	羧酸类	RCOOH(单体)	1760
平面外的弯曲振动				RCOOH(二聚体)	1710
炔烃	C≡C—H	700～600		RCO_2^-	1610～1550,1400
烯烃	RCH═CH_2	910,990	酯类	RCOOR	1735
	R_2C═CH_2	890		C═C—COOR	1720
	反-RCH═CHR	970		ArCOOR	720
	顺-RCH═CHR	725,675		γ-内酯	1770
	R_2C═CHR	840～790		δ-内酯	1735
芳香类	单-	770～730,710～690	胺类	$RCONH_2$	1690
	邻-	770～735		RCONHR′	1680
	间-	810～750,710～690		$RCONR'_2$	1650
	对-	840～810		β-内酰胺	1745
	1,2,3-	780～760,745～705		γ-内酰胺	1700
	1,3,5-	865～810,730～675		δ-内酰胺	1640
	1,2,4-	825～805,870,885	酸酐	RCOOCOR′	1820,1760
	1,2,3,4-	810～800	酰基卤化物	RCOX	1800

 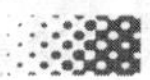

O_2 等的伸缩振动，由于红外光谱选律的限制，没有红外活性的振动。但是，如果它们作为配体与金属成键后，其对称性发生改变，就会有红外吸收，产生新的谱带。游离的 N_2 的 ν(N—N) 振动位于 $2331cm^{-1}$（拉曼检测），与金属配位后，在 $2220\sim1850cm^{-1}$ 处出现具有红外活性的 ν(N═N) 的振动。自由分子 O_2 的振动吸收位于 $1555cm^{-1}$，形成配合物后，ν(O═O) 在 $900\sim800cm^{-1}$ 之间。例如，$Pt(O_2)(PPH_3)_2$ 中 ν(O═O) 位于 $828cm^{-1}$。而且该配合物在 $472cm^{-1}$ 远红外区出现新的 ν(Pt—O) 吸收，表明 Pt—O 的形成。

在实际配合物红外光谱中，由于谱带的相互覆盖，可能出现相对于配体的红外吸收，配合物的红外吸收谱带有所减少。

5.2.2　谱带位移

谱带位移的原因是配体的配位原子与金属离子键合后，将发生配体上电荷密度的重新分布，键级有所变化，化学键的力常数随之变化，导致原子间的伸缩振动频率改变，引起谱带位移。其中，受影响比较大的是与金属成键原子相关的振动吸收。例如，RCOOH 失去氢离子，羧基氧与金属离子配位后，羧基的伸缩振动发生明显的位移。位移的方向取决于配体给出电子或接受反馈电子的能力大小。

在金属羰基化合物中，CO 中 C 原子提供一对孤对电子给金属的空轨道，形成 σ 配位键。此时，氧原子上电子将部分转移到 C 原子上，使得 CO 三重键加强，表现在红外振动吸收上，ν(CO) 向高波数方向移动。但另一方面，金属原子又将 d_π 电子反馈于 CO 的空的反键轨道，形成了反馈 π 键，增强了 C—M 键的强度。而转移到 C 原子上的电子将通过 CO 三重键向氧原子部分分散，这与形成 σ 配位键的情况相反。因此，反馈 π 键的构成影响 ν(CO) 向低波数方向移动。这两种作用是同时存在的，它们的净结果是电子从金属离子分散迁移到配体 CO 上，以降低势能，增加配合物的稳定性。最终在红外光谱上，金属羰基配合物的 ν(CO) 一般小于自由羰基的吸收振动（$2155cm^{-1}$），处于 $2100\sim2000cm^{-1}$（末端羰基配位）。当 CO 桥式配位时，它将分散更多的反馈电荷，导致其 ν(CO) 伸缩振动降低到 $1900\sim1800cm^{-1}$。

此外，配体与金属配位前后，其构象或构型为满足配位需求或形成更稳定的结构（如共轭性增加、环张力减小等）发生一定的变化，也会引起红外吸收峰的位移或强度改变。例如，乙酰丙酮类衍生物存在酮式-烯醇式互变结构，但与金属配位后，烯醇式所占比例较高，相应的红外吸收增强并发生位移。

5.3　拉曼光谱技术

拉曼光谱（Raman spectrum）是基于印度科学家拉曼（Raman）1928 年所发现的拉曼散射效应，对与入射光频率不同的散射光谱进行分析以得到分子振动、转动方面信息，并应用于分子结构研究的一种分析方法。同红外光谱一样，拉曼光谱也是分子振动光谱。根据分子振动模式选择定则，IR 和 Raman 吸收有互补的佐证关系，特别是在分子低频振动区（$500cm^{-1}$ 以下），因常规中红外光谱观察较困难，而 Raman 光谱则有较宽的摄谱范围和良好的分辨率，对于观察低频区出现 M—O 键和 M—N 键的伸缩振动频率具有重要价值。

产生拉曼散射的必要条件是振动中分子的极化度发生改变。分子可以认为是带正电的核与外围带负电的电子的集合体，当在一定强光源的激光照射下，与分子外围表面的电子作用，而与内层的核几乎不作用，从而导致电子云相对于核的位置发生波动，诱导出一振动偶极，使得分子被极化。只有极化率有变化的振动，在振动过程中才有能量的转移，产生拉曼散射。

对于同核双原子分子（N_2、H_2、O_2 等），由于在振动中，分子的偶极矩变化净为零，因此是非红外活性的，没有红外吸收发生。但是它们的极化度却随着振动变化而变化，从而产生拉曼光谱。在一个具有中心对称的分子中，中心对称的振动在拉曼光谱中具有有效吸收而在红外光谱中无吸收，而非中心对称的振动则无拉曼吸收而具有红外吸收。

5.4 紫外-可见光谱技术

配合物的紫外-可见吸收光谱（ultraviolet-visible spectrum，UV-vis）又称电子吸收光谱，主要来源于三种类型的电子跃迁：金属离子的 d-d 跃迁或 f-f 跃迁；电荷转移跃迁（荷移跃迁）；有机配体内的电子跃迁。

5.4.1 金属离子的 d-d/f-f 跃迁

金属离子的 d-d 跃迁涉及晶体场理论，d 轨道在不同配位场的作用下能级发生裂分，在低能级轨道上的电子可以接收紫外光而跃迁到较高能级，发生 d-d 跃迁，形成电子吸收光谱。d 轨道能级的裂分及电子的跃迁与不同的配位场和电子组态有关，d 电子在不同裂分的 d 轨道上的跃迁对应于电子在谱项之间的跃迁。

部分充满的 f 电子也可进行可见区的跃迁，但其轨道数目有 7 条，跃迁复杂。另一方面，f 电子处于原子较内层，容易被外层电子屏蔽。镧系元素的 4f 轨道被 $5s^2$ 和 $5p^6$ 亚层所覆盖，4f 轨道受到有效屏蔽，与配体轨道重叠作用小，f 轨道能级间的电子跃迁只受极小的配位场影响，其光谱可近似作为自由离子的吸收来讨论。此外，f-f 跃迁是宇称禁阻的，吸收强度较小。f-f 跃迁的另一个特征是吸收谱带狭窄，原因是电子跃迁时并不激发分子振动，分子的势能面几乎不变化，这和 f 电子与配体作用弱有直接关系。

5.4.2 电荷转移光谱

电荷转移光谱是指电子从一个原子的轨道跃迁到另一个原子的轨道而产生的吸收光谱，也称荷移光谱，这类跃迁是对称允许的跃迁。因此吸收强度大，摩尔吸光系数 ε 一般在 $10^3 \sim 10^4 L \cdot mol^{-1} \cdot cm^{-1}$ 之间。该跃迁在过渡金属配合物中比较常见，即使 d 电子全空或全满的配合物中也存在。基于电荷迁移的方向，荷移跃迁主要分为以下四类：

（1）配体至金属的电荷跃迁（ligand-to-metal charge transfer，LMCT） 顾名思义，电子是由配体向空的金属轨道跃迁形成的。即配体的 π^* 轨道为 HOMO（highest occupied molecular orbital）轨道，而金属的 d 轨道为 LUMO（lowest unoccupied molecular orbit）轨道，它们之间的激发就为 LMCT。像 Cl^-、Br^-、I^-、O^{2-}、S^{2-} 等配体具有给电子能力，电子可以跃迁到金属空轨道上，产生 LCMT。$[Cr(NH_3)_6]^{3+}$ 和 $[CrCl(NH_3)_5]^{2+}$ 的中心原子组态及配位场一致，仅仅一个 Cl 取代了 NH_3，使得后者在 240nm 处有一个强吸收，为 d-d 跃迁强度的 1000 倍，原因就是在于此。同样 d 电子为 0 的 MnO_4^- 和 CrO_4^{2-} 有很深的颜色，这是由 O^{2-} 上的电子转移到金属轨道上造成的。

（2）金属至配体的电荷跃迁（metal-to-ligand charge transfer，MLCT） 当金属离子氧化态较低（此时金属 d 电子能级相对较高），配体为不饱和化合物（芳香配体，具有低能级的 π^* 轨道，例如 phen 和 bipy），它们之间形成的配合物，电子可以从金属的 d 轨道跃迁到配体的 π^* 轨道，产生 MLCT。$Fe(phen)_3^{2+}$、$Fe(bipy)_3^{2+}$、$Ru(bipy)_3^{2+}$ 的颜色产生就是金

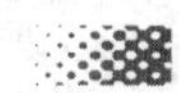

属上 d 轨道电子向配体 π^* 轨道跃迁的结果。低价金属与 CO、CN^-、NO 等形成配合物也能产生这样的吸收，使得 $Fe(CO)_5$、$[Fe(CN)_6]^{4-}$ 为黄色化合物。

(3) 金属至金属的电荷跃迁（metal-to-metal charge transfer，MMCT）　在混合价态的化合物中，电子可以在同一元素不同价态的原子间跃迁，形成吸收强度很大的金属至金属的跃迁，相应的化合物颜色很深，如 Fe_3O_4、Pb_3O_4 以及 $KFe[Fe(CN)_6]$ 等化合物。

(4) 配体至配体的电荷跃迁（ligand-to-ligand charge transfer，LLCT）　在多元配体组成的配合物中，有可能发生配体到配体的电荷跃迁。这种出现在低能量处的跃迁一般不常见，原因在于，所参与跃迁的轨道重叠较少，导致 LLCT 跃迁的摩尔吸光系数低，而且该谱带有可能被 MLCT/LMCT 谱带掩盖。发生 LLCT 跃迁的前提是，其中一个配体具有氧化性而另一个配体具有还原性，分子的 HOMO 轨道几乎是给电子配体的特性，而 LUMO 轨道则为接受电子配体的特性。因此，纯粹的 LLCT 跃迁不涉及金属 d 轨道的参与，在配体不变的情况下，改变中心金属离子并不影响配合物的 LLCT 吸收位置。

5.5　荧光光谱技术

发光是指被激发的电子跃迁回基态时发射出紫外、可见及红外光子的过程。按照激发方式的不同，发光可分为光致发光、电致发光、化学发光和生物发光等不同类型。某些物质在光线的照射下，吸收某种波长的光之后，会发射出较原来吸收波长更长的光，当停止照射时，发光也随之消失，此种发光称为荧光（fluorescence）。荧光是一种光致发光。

5.5.1　荧光和磷光的发生

大多数分子含有偶数电子，且电子成对地排布在分子轨道中，基态时，电子总自旋量子数 $m_s=0$，其多重态为 $2m_s+1=1$，称为基态单重态，用符号 S_0 表示。当基态分子的一个电子吸收光后，被激发跃迁到能量较高的轨道上，通常自旋方向不改变，则激发态仍是单重态，即“激发单重态”，用符号 S_n 表示。具有最低能量的激发单重态称为第一激发单重态（S_1）。如果电子在跃迁过程中，还伴随着自旋方向的改变，这时便具有两个自旋不配对的电子，其电子总自旋量子数 $m_s=1$，多重态为 $2m_s+1=3$，这种激发态称为“激发三重态”，用符号 T_n 表示。

处于激发态的分子不稳定，可通过不同的途径释放多余的能量而回到基态，这个过程分为辐射跃迁和非辐射跃迁两种衰变方式。非辐射跃迁的衰变过程包括振动弛豫、内部能量转换、外部能量转换和系间窜越过程。辐射跃迁的衰变过程可产生荧光和磷光，如图 5-2 所示。

振动弛豫是指由于激发态分子间的碰撞或者分子与晶格间的相互作用，在很短的时间内（10^{-13}～10^{-11}s）以热的形式损失掉部分振动能量，从同一电子能态的各较高振动能级逐步返回到最低振动能级。内部能量转换简称内转换，是与荧光相竞争的过程之一。当激发态 S_2 的较低振动能级与 S_1 的较高振动能级的能量相当或重叠时，分子有可能从 S_2 的振动能级以非辐射方式过渡到与 S_1 的能量相等的振动能级上，这一非辐射过程称为内转换。外部能量转换简称外转换，也是与荧光相竞争的主要过程。激发态分子与溶剂分子或其他溶质分子相互作用而以非辐射形式放出能量回到基态的过程称为外转换，这一现象也称为荧光猝灭。从激发态回到基态的非辐射跃迁可能既涉及内转换也涉及外转换。系间窜越又称体系间交叉跃迁，指不同多重态间的非辐射跃迁。当单重激发态的最低振动能级与三重激发态的较高振

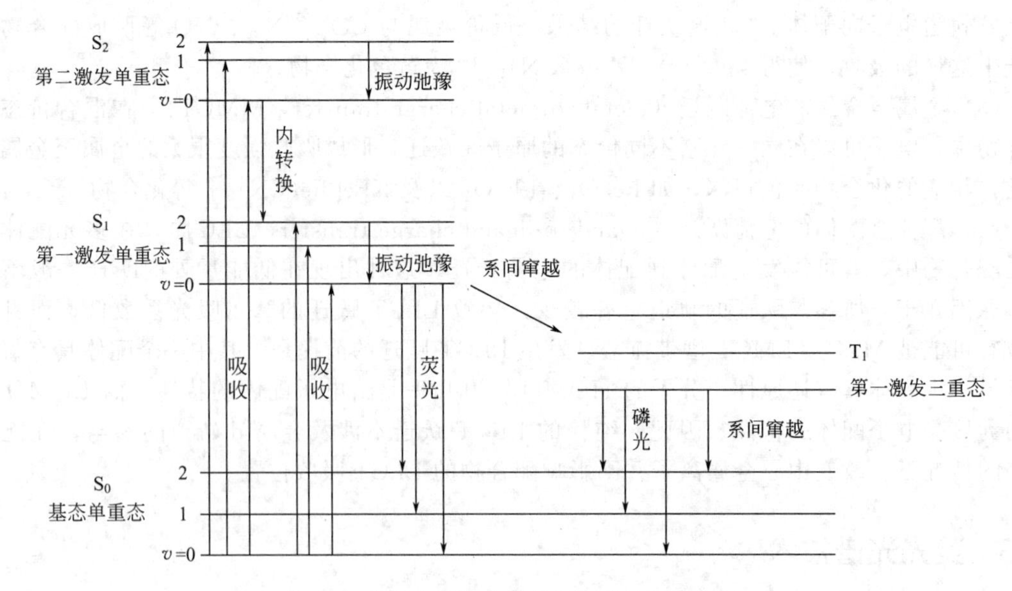

图 5-2 分子内发生的激发和衰变过程示意图

动能级相重叠时，发生电子自旋状态改变的 S→T 跃迁，这一过程称为系间窜越。

当激发态的分子通过"振动弛豫—内转换—振动弛豫"到达第一激发单重态的最低振动能级时，第一激发单重态最低振动能级的电子可通过发射辐射（光子）跃迁回到基态的不同振动能级，此过程称为荧光发射。由于是相同多重态之间的跃迁，跃迁概率较大，速度快，荧光寿命约为 $10^{-8}\sim10^{-7}$s。第一电子激发三重态最低振动能级的分子以发射辐射（光子）的形式跃迁回到基态的不同振动能级，此过程称为磷光发射。由于磷光的产生伴随自旋多重态的改变，辐射速率远小于荧光，磷光寿命为 $10^{-4}\sim10$s。总之，处于激发态的分子可以通过上述不同途径回到基态，哪种途径的速度快，哪种途径就优先发生。

5.5.2 激发光谱与荧光光谱

荧光属于被激发后的发射光谱，因此它具有两个特征光谱，即激发光谱（或称吸收光谱）和荧光光谱（或称发射光谱）。将激发荧光的光源用单色器分光，连续改变激发光波长，固定某一发射波长，测定该波长下的荧光发射强度随激发波长变化所得的光谱叫激发光谱。荧光光谱是固定某一激发波长，测定荧光发射强度随发射波长变化的光谱。

物质结构不同，所能吸收的紫外-可见光波长不同，所发射的荧光波长也不同，故激发光谱和荧光光谱可用于鉴别荧光物质。有机荧光分子的荧光光谱通常具有如下特征：

1. 斯托克斯位移

与激发光谱相比，荧光光谱总是出现在更长的波长处（$\lambda_{em}>\lambda_{ex}$）。斯托克斯在 1852 年首次观察到这种发射光谱的波长比激发光谱的波长长的现象，因此叫斯托克斯位移（Stokes shift）。

2. 发射光谱的形状与激发波长无关

电子跃迁到不同激发态能级，吸收不同波长的能量，产生不同吸收带，但均回到第一激发单重态的最低振动能级再跃迁回到基态，产生波长一定的荧光。所以荧光光谱形状和峰的位置与激发波长无关，都是相同的。

3. 吸收光谱与发射光谱大致成镜像对称

通常荧光发射光谱与它的吸收光谱（激发光谱）成镜像对称关系。这是因为基态上的各

振动能级分布与第一激发态上的各振动能级分布类似。此外，根据弗兰克-康登（Franck-Condon）原理可知，如吸收光谱某一振动带的跃迁概率大，则在发射光谱中该振动带的跃迁概率也大。

5.5.3　荧光强度与分子结构的关系

一个化合物能否产生荧光、荧光强度的大小、$\lambda_{ex(max)}$ 和 $\lambda_{em(max)}$ 的波长位置均与其分子结构有关。下面简述影响分子荧光强弱的一些结构规律。

1. 电子跃迁类型

研究发现，人多数能发荧光的化合物都是由 $\pi \rightarrow \pi^*$ 或 $n \rightarrow \pi^*$ 跃迁激发的，然后经过振动弛豫等非辐射跃迁方式，再发生 $\pi^* \rightarrow \pi$ 或 $\pi^* \rightarrow n$ 跃迁而产生荧光。而其中吸收时 $\pi \rightarrow \pi^*$ 跃迁的摩尔吸光系数是 $n \rightarrow \pi^*$ 跃迁的 $10^2 \sim 10^3$ 倍，$\pi \rightarrow \pi^*$ 跃迁的寿命（$10^{-9} \sim 10^{-7}$s）比 $n \rightarrow \pi^*$ 跃迁的寿命（$10^{-7} \sim 10^{-5}$s）短，因此荧光发射的速率常数 k_f 值较大，荧光发射的效率高。因此，$\pi \rightarrow \pi^*$ 跃迁发射荧光的强度大。

2. 共轭效应

发生荧光的物质，其分子都含有共轭双键（π 键）的结构体系。共轭体系越大，电子的离域性越大，越容易被激发，荧光也就越容易发生，且荧光波长向长波移动。大部分荧光物质都具有芳环或杂环，芳环越大，其荧光峰越向长波移动，且荧光强度也较强。

3. 平面刚性结构效应

实验表明，多数具有刚性平面结构的化合物分子都具有强烈的荧光，因为这种结构可减少分子的振动，使分子与溶剂或其他溶质分子之间的相互作用减少，即可减少能量外部转移的损失，有利于荧光的发射。

4. 取代基影响

取代基性质（尤其是发色基团）对荧光体的荧光特性和强度均有强烈的影响。芳烃及杂环化合物的荧光激发光谱、发射光谱及荧光效率常随取代基的不同而不同。取代基的影响主要表现在以下两个方面：

① 给电子取代基使荧光加强，属于这类基团的有—NH_2、—NHR、—NR_2、—OH、—OR、—CN 等。由于这些基团上的 n 电子云几乎与芳环上的 π 电子轨道平行，因而实际上它们共享了共轭 π 电子，同时扩大其共轭双键体系。因此，这类化合物的荧光强度增大。

② 吸电子基团使荧光减弱而磷光增强，属于这类基团的有羰基（—COOH、—CHO、C═O）、硝基（—NO_2）及重氮基等。这类基团都会发生 $n \rightarrow \pi^*$ 跃迁，属于禁阻跃迁，所以摩尔吸光系数小，荧光发射也弱，而 $S_1 \rightarrow T_1$ 的系间窜越较为强烈，同样使荧光减弱，相应的磷光增强。

5.5.4　影响荧光强度的外界因素

化合物所处的外界环境，如溶剂、温度、pH 等都会影响荧光效率，甚至影响分子结构及立体构象，从而影响荧光光谱和荧光强度。

1. 溶剂的影响

随溶剂极性的增加，荧光物质的 $\pi \rightarrow \pi^*$ 跃迁概率增加，荧光强度增加。溶剂黏度减小，可以增加分子间碰撞机会，使非辐射跃迁概率增加而使荧光强度减弱。若溶剂和荧光物质形成氢键或溶剂使荧光物质的电离状态改变，则荧光波长与荧光强度也会发生改变。

2. 温度的影响

温度改变并不影响辐射过程，但非辐射去活化效率将随温度升高而增强，因此当温度升高时荧光强度通常会下降。

3. 溶液 pH 的影响

当荧光物质是弱酸或弱碱时，溶液的 pH 对荧光强度有较大影响。因为弱酸或弱碱在不同酸度中，分子和离子的电离平衡会发生改变，而荧光物质的荧光强度会因其解离状态而发生改变。以苯胺为例：在 pH=7～12 的溶液中会产生蓝色荧光，而在 pH<2 或 pH>13 的溶液中都不产生荧光。

5.6 X 射线光电子能谱

X 射线光电子能谱（X-ray photoelectron spectroscopy，XPS）是利用 X 射线源作为激发源，将样品原子内壳层电子激发电离，通过分析样品发射出来的具有特征能量的电子（这种被入射的特征 X 射线激发电离的电子称为光电子），实现分析样品化学成分目的的一种表面分析技术。主要用于分析表面元素组成和化学状态以及分子中原子周围的电子云密度，特别是原子价态以及表面原子电子云和能级结构方面。

X 射线光电子能谱原理简述如下：由 X 射线激发源照射样品，高能量的光子与物质的电子相互作用，使得电子受激发而发射出来，其能量分布通过能量分析仪测量后，以所测得的结合能（bonding energy，BE）为横坐标，电子计数率为纵坐标，得到电子能谱图。这张电子能谱图实际上是一张发射电子的动能谱图，记录了样品中一个特定内层能级（s、p、d）上电子的结合能。大部分元素的 BE 峰都是唯一地与相应元素的某个亚层能级相对应，加之受化学环境影响所导致的化学位移远远小于几个 eV，而且不同元素之间的 BE 峰相互重叠的现象很少，同种能级的谱线相离很远，干扰较少，对元素标示定性能力强。所以，对能谱图的分析就可以得到元素的组成及其氧化态等信息。

5.6.1 X 射线光电子能谱的化学位移

虽然光电子的结合能主要由元素的种类和激发轨道所决定，但由于原子内部外层电子的屏蔽效应，内层能级轨道上电子的结合能在不同化学环境中是不一样的，有一些微小差异。这种结合能上的微小差异就是元素的化学位移，它取决于元素在样品中所处的化学环境。由化学位移的大小可以确定元素所处的状态。例如某元素失去电子成为正离子后，其结合能会增加；如果得到电子成为负离子，则结合能会降低。因此，利用化学位移值可以分析元素的化合价和存在形式。影响化学位移的因素主要有：

① 首先化学位移和原子所处的形式电荷有关。当原子在所处环境中失去形式电荷，具有正电荷，呈氧化态，其结合能高于自由原子的结合能，化学位移为正；反之，得到电荷，化学位移为负。在金属态的情况下，Ti 的 $2p_{3/2}$ 能级峰应为 454eV。但在化合物状态时，外层电子的失去使得内层电子被更紧地束缚于原子核，造成同一能级峰位的位移。如在 TiC、TiN、TiO 中，峰位移至 455eV；在 TiO_2、$BaTiO_3$、$PbTiO_3$、$SrTiO_3$ 等化合物中，峰位移至 458eV。

② 对于具有相同形式电荷的原子，由于与其结合的相邻原子的电负性不同，同样也可以产生化学位移。一般可用净电荷来评价。例如，与电负性强的元素相邻的原子，其电荷密度为正，其化学位移也为正。此外，在分析 XPS 谱图时，还会发现谱图所记录的 p、d、f

等光电子谱线呈很近的双重峰。

5.6.2　XPS 在配位化学中的应用

1. 利用结合能标示元素及其价态

元素内层电子的结合能可随着其化学环境的变化有所位移，利用其位移的大小和方向可对其电荷分布或者价态进行判别。例如，$[Co(en)_2(NO_2)_2]NO_3$ 分子中存在 3 种不同类型的 N 原子，其 XPS 谱图上 N_{1s} 有 3 个分离的能级峰，峰面积之比接近 4∶2∶1，与分子中不同类型的 N 原子个数一致。

2. 利用伴峰信息研究元素化学状态

过渡金属原子中多具有未充满的 d 轨道，镧系元素的原子中则具有未充满的 f 轨道，容易发生多重裂分，出现伴峰。因此可通过伴峰的情况来分析物质的顺反磁性、配合物的高自旋或者低自旋构型等。例如，Co^{2+}、Ni^{2+} 和 Cu^{2+} 等金属离子中 d 轨道上有单电子，可在 X 射线激发下产生伴峰，而 Zn^{2+} 和 Cu^{+} 由于 3d 轨道上电子排布为 $3d^{10}$，没有未成对电子，故在 XPS 谱图中不出现伴峰。

3. 利用化学位移研究分子结构

配位键的形成一般伴随电荷从配体 L 到金属离子 M 的转移，引起金属离子电子密度增加，其内层电子结合能降低，而配位原子由于给出电子，电荷密度减小，相应的内层电子结合能增加。例如，$[Ln(phen)_5]_2[B_{12}H_{12}]_3 \cdot nH_2O$ 中，配体 phen 上 N_{1s} 的结合能相对于自由 phen 上 N_{1s} 的结合能提高 0.6～1.5eV，证实配体 phen 上 N 原子将孤对电子给予金属离子。

5.7　电子顺磁共振

电子顺磁共振（electron paramagnetic resonance，EPR）是研究具有未成对电子配合物的有力手段。它不但可用来描述分子中未成对电子的分布，而且在某种程度上还可用来确定中心金属离子上的电子离域到配体的程度。

任何电子均具有特征的自旋角动量 S 和相应的自旋磁矩：

$$\mu_s = gS\mu_B \tag{5-2}$$

式中，g 为“g 因子”或“朗德因子”，g 与自旋角动量 S、轨道角动量 L 和总角动量 J 都有关。

对于自由电子，$g=2.0023$，$S=1/2$。在没有外磁场的情况下，自由电子在任何方向均具有相同的能量，故可以自由取向。但当处于外磁场时，电子的自旋磁矩和外磁场发生作用，使得电子的自旋磁矩在不同方向上有不同的能量：

$$E(M_J) = -gHM_J\mu_B \tag{5-3}$$

式中，H 为磁场强度，对于自由电子，$M_J=m_s=-1/2$ 或 $+1/2$。因此，电子在外磁场中将分裂为两个能级，$E(+1/2)=-1/2gH\mu_B$（电子自旋磁矩和外磁场方向相同）和 $E(-1/2)=1/2gH\mu_B$（电子自旋磁矩和外磁场方向相反），这种分裂称为齐曼分裂。磁能级跃迁的选择定则是：$\Delta m_s=0$，± 1。故若在垂直于外磁场的方向加上频率为 ν 的电磁波，使电子得到能量 $h\nu$，则若 ν 和 H 满足下列条件时：

$$h\nu = E(-1/2) - E(+1/2) = gH\mu_B \tag{5-4}$$

就发生磁能级间的跃迁，发生顺磁共振吸收，在相应的吸收曲线（即 EPR 谱）上出现吸收峰。

化合物中的未成对电子在磁场中的共振吸收必然要受到未成对电子所处的化学环境的影响，于是，EPR谱呈现出各种复杂的情况。

1. 自旋-轨道耦合

原子中的未成对电子不仅只有自旋磁矩，而且还有轨道磁矩。由于电子的自旋-轨道耦合，未成对电子的能级受电子的轨道角动量的影响，于是谱线发生分裂。

如果配体场很强，过渡元素离子的d轨道受配体场的影响强烈，轨道的简并性受到破坏而发生能级分裂，此时轨道磁矩被冻结，自旋-轨道耦合作用可以忽略，这时的 g 值与自由电子的 g 值2.0023相近。如果配体场很弱，自旋-轨道耦合作用很强，则轨道简并性会保持，轨道磁性不会被冻结，这时未成对电子发生共振吸收时所处的实际磁场就是外磁场与轨道磁场的总和。因此，由实验 H_0 和 ν_0 算出的 g 大于电子的 g 值2.0023。此外，核电荷增加，自旋-轨道耦合作用加强，g 值更大。所以，每个化合物均具有特定的 g 值，由 g 值可以探讨化合物的结构及其他信息。

2. 谱线的变宽

当体系中有几个未成对电子时，每个未成对电子所处的实际磁场强度为外磁场与其他电子的磁矩在该电子处建立的局部磁场强度之和。所以体系中每点的实际磁场强度不同，使得在发生共振吸收时，虽然实际磁场强度是符合能量公式的，但所加外磁场却有一个分布范围，于是谱线变宽。

3. 零场分裂

若离子含有两个未成对电子，则 $S=1$，这两个未成对电子的磁矩的相互作用使自旋能级在没有外磁场时就已分裂，即 $m_s=0$ 和 $m_s=\pm1$。当加上外磁场后，$0\rightarrow1$ 和 $-1\rightarrow0$ 两个跃迁的能量不相等，于是出现两个峰，这种现象称为零场分裂。由于电子的磁矩比核磁矩约大三个数量级，因此零场分裂（电子与电子的磁相互作用）比超精细分裂（电子与核的磁相互作用）约大三个数量级，称为精细分裂，以别于超精细分裂。

4. 超精细分裂

未成对电子与附近的核磁矩的相互作用也会引起能级的分裂，这种分裂称为超精细分裂。在EPR谱上，超精细分裂峰之间的距离称为超精细耦合常数，用 A 表示。超精细分裂使EPR谱更为复杂，但提供了更多的信息。

5. g 值和 A 值的方向性

既然 g 值和 A 值受轨道磁矩和核磁矩的影响，而轨道磁矩和核磁矩又都是有方向的，因此 g 值和 A 值也是各向异性的。g 值有 g_x、g_y 和 g_z 3个值，A值也有 A_x、A_y 和 A_z 3个值，其中 z 为外磁场方向。对于轴对称性的晶体，则 g 值有 $g_{/\!/}$ 和 $g_{\perp}$ 两个值，A 值有 $A_{/\!/}$ 和 $A_{\perp}$ 两个值（其中//和⊥分别表示平行和垂直于外磁场）。对称性高的晶体 g 值和 A 值相同，表现为各向同性。

5.8 电化学技术

配合物的电化学性质与其热力学、动力学和结构性能有着密切的联系，对配合物进行电化学测试，可以研究其溶液平衡、电荷转移、电催化、电化学合成、生物电化学性质等。能用来研究配合物的电化学方法有极谱法、循环伏安法、差示脉冲法、恒电流计时电位法等。早期多使用极谱法，而现在更多的则是使用循环伏安法。循环伏安（cyclic voltammetry，CV）法通过对循环伏安谱图进行定性和定量分析，可以确定电极上进行的电极过程的热力学可逆程度，电子转移数，是否伴随吸附、催化、耦合等化学反应及电极过程动力学参数，从而推断电极上所进行的电化学过程机理。

循环伏安法的基础是单扫描伏安法。单扫描伏安法的特点是极化电极的电位与时间呈线性函数关系，所以又叫线性扫描法。如图5-3所示，工作电极的电位变化为三角波，当线性扫描时间$t=\lambda$时（或电极电位达到终止电位E_λ时），工作电极的电位可表示为：

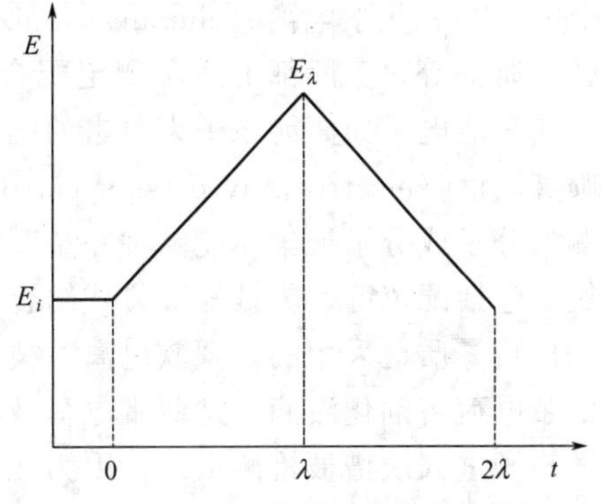

图5-3 循环伏安法的扫描电位

$$E=E_i-\nu t \quad (0<t<\lambda) \tag{5-5}$$

当$t>\lambda$时，扫描方向反向，时间-电位的关系则表示成为：

$$E=E_i-2\nu\lambda+\nu t \quad (t>\lambda) \tag{5-6}$$

在循环伏安法的研究中一般使用的是三电极系统，包括工作电极、参比电极和对电极。常用的工作电极有铂、金和玻碳电极或悬汞、汞膜电极等；参比电极有饱和甘汞电极和Ag/AgCl电极；对电极则多用惰性电极，如铂丝或铂片。

若某一体系中存在电活性物质，以频率为ν的三角波加在工作电极上进行线性扫描时，起始部分类似于一般的极谱图（图5-4），电流没有明显的变化，扫描到化学反应电位时电流上升至最大，在t_0和t_1之间，发生还原反应（对应于阴极过程）；当电活性物质在电极表面逐渐减少时，电流则随着电位的进一步增加而下降，若在正向扫描时电极反应的产物是足够稳定的，并且能在电极表面发生电极反应，那么在反向扫描时会出现与正向电流峰相对应的逆向电流峰，此过程发生氧化反应（对应于阳极过程），在t_2时又回到到初始电位。由此获得的电流-电位曲线，即循环伏安谱图。在CV图中可得到的两个重要参数，峰电流i_p和峰电位E_p。在分析化学中常由E_p的位置进行定性分析，根据i_p的大小进行定量分析。

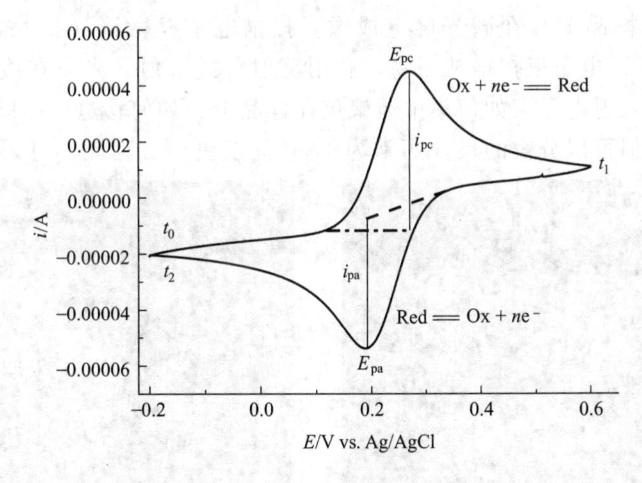

图5-4 典型的循环伏安图

5.9 电喷雾质谱技术

研究发现，常用于测定有机化合物的质谱方法，如电子轰击电离（electron impact ionization，EI)、化学电离（chemical ionization，CI)、快原子轰击（fast atom bombardment，FAB）质谱等，一般都不适于测定配合物，这是因为配合物中配位键与共价键相比要弱得多，在高能电子如高能原子束轰击的剧烈离子化条件下无法观测到配合物的分子离子峰。而电喷雾质谱（electrospray mass spectrometry，ES-MS）因为采用温和的离子化方式，使被检测的分子或分子聚集体能够“完整”地进入质谱，因此，电喷雾质谱特别适于研究以非共价键（包括配位键、氢键等）方式结合的分子或分子聚集体。

电喷雾质谱采用的是“软电离”技术，就是在强电场下，样品溶液通过喷雾技术形成细小的带电荷溶剂化液滴，这些带电荷液滴在飞向电极的过程中，逐渐脱去小分子溶剂而成为分子离子进入质谱被检测出来。因为在离子化过程中，检测的物质没有受到其他原子、分子或离子的轰击，因此能够以一个“完整”的分子离子形式进入质谱，从而使得以非共价键方式结合的分子或分子聚集体也能够检测到。

ES是一种离子化方式，它与飞行时间（time of flight，TOF)、离子阱（ion trap，IT）等检测技术结合形成ES-TOF、ES-IT、ES-IT-TOF等质谱方法。另外，电喷雾质谱还可以与液相色谱、毛细管电泳、凝胶色谱等联用，从而为多种分离技术提供灵敏的质谱检测。电喷雾质谱具有需要样品量小、分析速度快、灵敏度高、准确度高、既可用于单一组分也可用于多组分体系的分析等特点，除了用于配合物、分子聚集体等化学研究之外，还广泛用于生物学（生物大分子、蛋白质与蛋白质、蛋白质与小分子、酶与底物分子或抑制剂的相互作用等)、医药（天然产物、生物分子与药物分子的相互作用）等相关领域研究。

5.10 电子显微镜技术

电子显微镜（electron microscope）的操作类似于传统光学显微镜，但前者用电子代替了可见光显微镜中用于成像的光子。这类仪器中的电子束通过1～200kV进行加速，使用电场和磁场聚焦电子。透射电子显微镜（transmission electron microscope，TEM）技术以电子束穿过被检查的样品薄片在磷光屏上成像。扫描电子显微镜（scanning electron microscope，SEM）技术以电子束扫描被测物，利用反射（或散射）光束在检测器成像。扫描电镜的分辨率取决于入射电子束如何集中地聚焦在样品上、如何移过样品以及被反射之前有多少照进样品内部。但可以分辨的尺寸通常为1μm甚至更小。因此，可采用电子显微镜的这

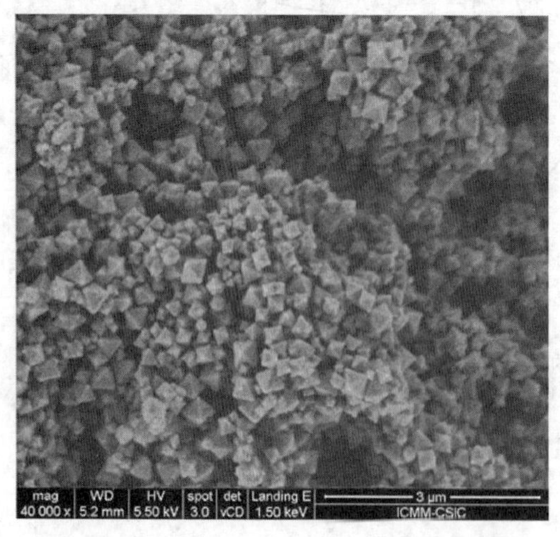

图5-5 金属有机骨架材料UiO-67的SEM图

些特征 X 射线的能量色散光谱（energy-dispersive spectroscope）定量测定材料的化学组成。

SEM 可以查看样品的形貌、尺寸和物相变化。如图 5-5 是金属有机骨架材料 UiO-67 的 SEM 图，从图中可以看出，样品为八面体形状，尺寸约为 400nm。TEM 可以查看样品形貌变化，判断晶型的变化，还可判断金属纳米颗粒是否被负载到载体孔道内。

除了上述表征技术外，CHN 元素分析、热失重分析、核磁共振、磁化率测定、X 射线近边吸收光谱、扩展 X 射线精细结构谱等方法也常用来研究无机化合物的组成和结构，以及无机化合物的化学反应。

5.11 实例解析

吉林大学师同顺等研究了 5,10,15,20-四{对[3,5-二-(烷氧基)苯甲酰氨基]苯基}卟啉及其锌配合物（图 5-6）的 UV-vis 光谱、IR 光谱、荧光光谱和 X 射线光电子能谱。

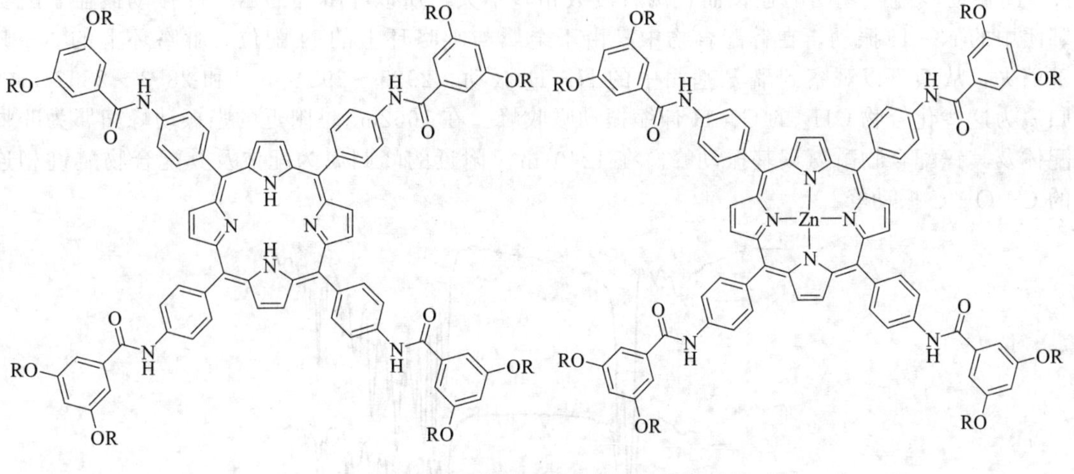

图 5-6　酰氨基卟啉配体及其锌配合物结构

酰氨基卟啉配体和锌卟啉配合物在氯仿中的紫外-可见光谱见图 5-7，典型的卟啉化合物的 UV-vis 吸收光谱在近紫外区（380～450nm）产生的强吸收和在可见光区域（500～700nm）产生的弱的吸收是由卟啉分子 π-π^* 跃迁产生的。锌卟啉配合物的强吸收带均出现在

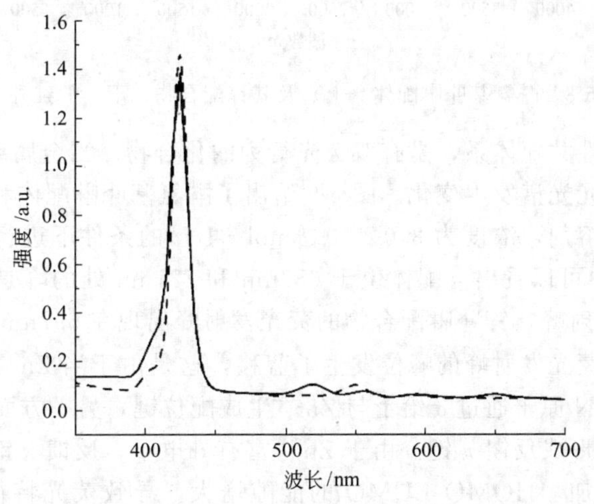

图 5-7　酰氨基卟啉配体（实线）及其锌配合物（虚线）的 UV-vis 光谱

425nm，与配体一致，而在可见光区出现在 551nm 和 592nm。与配体相比，锌卟啉配合物弱吸收带的数目减少，这是因为当锌离子进入卟啉环内形成锌配合物后，卟啉环中心被锌离子占据，卟啉环上 4 个 N 原子均与锌离子配位，对称性由 D_{2h} 变为 D_{4h}，分子的对称性提高，能级靠近，简并度增加，同时分子轨道的分裂程度也随之减少，表现为弱吸收带吸收峰的个数减少和减弱。这是卟啉形成相应配合物的紫外-可见光谱特征。

酰氨基卟啉配体和锌卟啉配合物的红外光谱见图 5-8。在卟啉配体的红外光谱中，吡咯环的 N—H 伸缩振动和 N—H 面内弯曲振动分别出现在 3314～3308cm^{-1} 和 968～966cm^{-1} 处，它们都是比较强的吸收谱带。当形成锌卟啉配合物后，这两个吸收谱带消失，这是由于锌离子嵌入卟啉环，取代了卟啉环内的两个吡咯质子生成了配合物，由此可以判定锌卟啉配合物的生成。同时，在 996cm^{-1} 附近出现一个强吸收峰，这表明配体与锌离子配位，这也是形成金属卟啉配合物的红外特征之一。由于卟啉侧链上存在酰氨基团，所以在 3300cm^{-1} 附近也存在酰氨基团的 N—H 伸缩振动，在卟啉配体中卟啉环位于 3314～3308cm^{-1} 处的 N—H 振动较酰氨基团的强，而且两者波数相差不大，所以卟啉环的 N—H 振动掩盖了酰氨基团中的 N—H 振动，在锌配合物中，由于金属与吡咯环上的 N 配位，吡咯环上的 N—H 键消失，从而可以观察到酰氨基团中的 N—H 振动。2925～2924cm^{-1} 和 2853～2852cm^{-1} 归属为这些化合物 CH_2 的 C—H 伸缩振动吸收峰。在 1662cm^{-1} 附近的强振动峰归属为卟啉配体及其锌配合物酰氨羰基振动峰。在 1240cm^{-1} 附近的峰归属为配体及其配合物醚键相连的 C—O—C 振动峰。

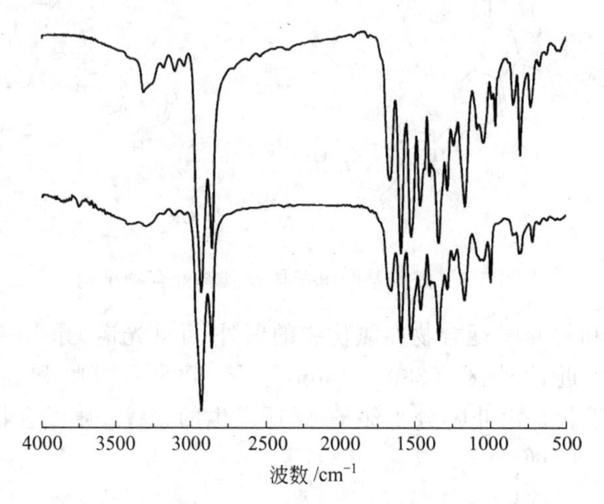

图 5-8　酰氨基卟啉配体（上）及其锌配合物（下）的红外光谱

卟啉具有大的刚性共轭体系，是有双荧光行为的化合物。当金属离子与其配位后，结构对称性的增加使其荧光光谱发生变化。图 5-9 给出了酰氨基卟啉配体和锌卟啉配合物的荧光光谱（在三氯甲烷为溶剂，浓度为 $3.0\times10^{-6}mol\cdot L^{-1}$ 的条件下进行荧光测试，激发光波长为 420nm)。从图中可以看出，配体位于 657nm 和 721nm 处的峰是卟啉分子第一激发态 S_1 到基态 S_0 的荧光发射峰，锌卟啉配合物的荧光发射峰出现在 597nm 和 645nm 处。与配体相比较，锌配合物的荧光发射峰的峰位发生了蓝移，这是由于当 Zn^{2+} 与卟啉环配位后，一方面，卟啉环的吡咯 N 原子通过 σ 给予与 Zn^{2+} 生成配位键，另一方面，Zn^{2+} 又通过 d 电子的给予与吡咯 N 原子形成反馈 π 键。由于 Zn^{2+} 富有 d 电子，反馈 π 键的形成使卟啉环共轭体系的 π 电子密度增加，HOMO-LUMO 的能隙增大，导致荧光特征峰的吸收波长蓝移。另外，从图中还可以看出，锌配合物的荧光强度下降，这是由于卟啉环中插入 Zn^{2+} 后，

Zn^{2+} 自旋轨道耦合增强，增加了从最低单重激发态到三重态 T_1 的系间窜越和内转化，致使荧光强度衰减，可见锌卟啉配合物具有荧光猝灭的性质。

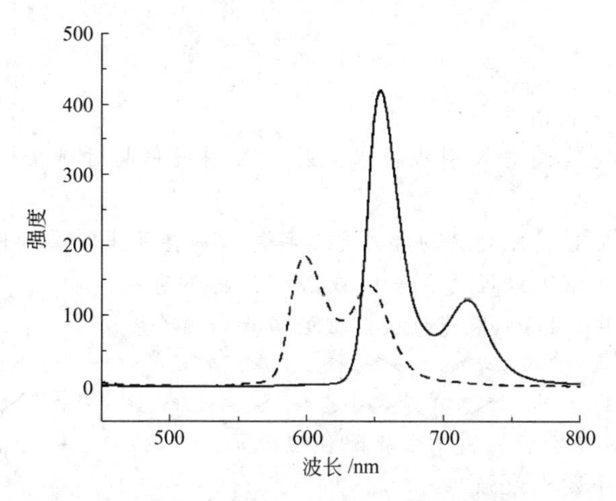

图 5-9 酰氨基卟啉配体（实线）和锌卟啉配合物（虚线）的荧光光谱

过渡金属同卟啉配体中的 N 原子作用形成配合物，卟啉环上氮原子的电子向金属原子外层空轨道转移，形成给-受体配位化合物，形成配合物后定域在 N 原子上的电荷发生变化，导致 N_{1s} 结合能发生位移，利用 XPS 可以获得这种相互作用的信息。卟啉配体及其锌配合物的 XPS 谱见图 5-10，对于卟啉配体，4 个吡咯 N 原子（N，NH）上的电荷分布并不等同，带有 H 原子的吡咯 N 的能量通常高于不带 H 原子的吡咯 N，另外，仲酰氨基团中氮原子（NH）的能量也在 400.0eV 左右。由图 5-10 可见，在配体中，N_{1s} 在 397.7eV 处有一小峰，为吡咯环上不带 H 的 2 个 N；而在 399.8eV 处有一大峰，半峰宽较大，此峰为吡咯环带 H 的 2 个 N 和卟啉侧链酰亚氨基团上的 4 个 N 的合峰，两峰的面积比约为 1∶3。锌卟啉配合物 N_{1s} 有两个峰，两峰的半峰宽都较大，N_{1s} 在 397.85eV 处的峰为卟啉环上的 4 个 N（N—M），N_{1s} 在 399.95eV 处的峰为酰亚氨基团的 4 个 N，两峰的面积比约为 1∶1。可以看出，当卟啉配体与金属锌配位后，卟啉环上 N 原子的电子向锌原子的空轨道转移，N 原子的离子化能降低，4 个吡咯 N 原子变成同种 N，即 4 个 N 原子与金属离子等距离排布，是等价的。同时作者也测量了锌配合物中 Zn 的 $2p_{3/2}$ 能级结合能为 1021.1eV，比相应的金属盐中 Zn 的 $2p_{3/2}$ 的结合能低，说明形成配合物时吡咯 N 原子的电子向金属空轨道转移，金

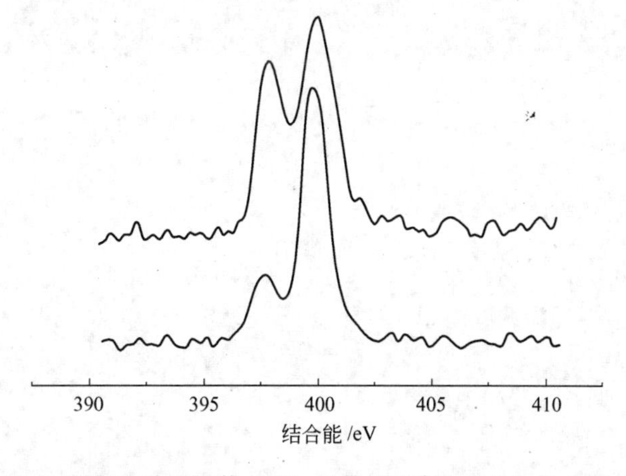

图 5-10 酰氨基卟啉配体（下）及其锌配合物（上）的 XPS 谱图

属从吡咯 N 原子上得到电子，形成给-受体配合物。

练习题

1. 简述粉末 X 射线衍射的基本原理。

2. 查阅相关资料比较说明 X 射线粉末衍射和 X 射线单晶衍射在物质结构表征中的相同点和不同点。

3. 有机配体和相应金属配合物的红外光谱可能区别在哪里？举例说明。

4. 举例说明拉曼光谱可以证明 M—O 或 M—N 键的存在。

5. 下列化合物在中，UV-vis 光谱吸收波长最大是哪个？

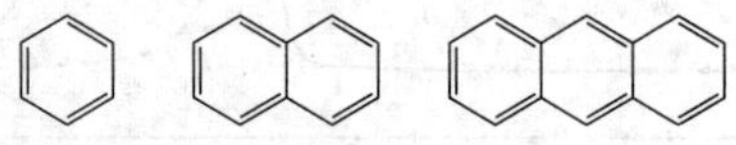

6. 为什么 UV-vis 光谱能应用于金属配合物研究？

7. 下列化合物哪个荧光最强？

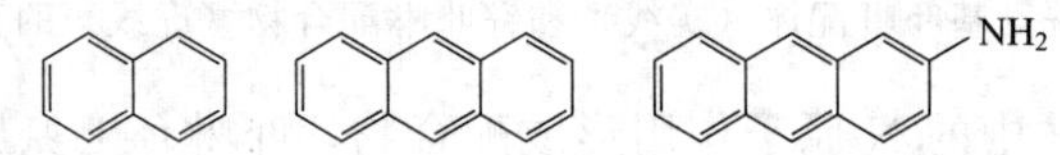

8. 如何区别荧光和磷光？

9. 可以利用 X 射线光电子能谱（XPS）技术测定 N_{1s} 结合能的变化来探究卟啉的电子结构及其配位方式。自由卟啉分子的 XPS 图谱中，N_{1s} 可解出 2 个峰面积 1∶1 的能级峰，结合能分别为 400.2eV 和 398.0eV。但在锌卟啉配合物中只有一个 398.9eV 的能级峰，请解释原因及指定相应峰的归属。

10. 电子顺磁共振（EPR）光谱中 g 值是由什么决定的？它反映了什么？

11. 查阅文献举例说明 SEM 和 TEM 在表征物质微观结构方面的不同之处。

第6章

现代化学电源及其关键无机材料

化学电源又称电池，是一种将氧化还原反应的化学能直接转变为电能的装置。化学电源作为一种独立的电源，在工农业生产、交通运输、通讯、国防、航天以及人们日常生活等各个领域中都得到了广泛的使用，是国民经济中不可缺少的组成部分，也是电化学实际应用的一个重要组成部分。本章主要选择现代应用广泛和发展迅速的几种化学电源来分类介绍其组成、工作原理及关键材料发展等。

6.1 现代化学电源概述

6.1.1 化学电源的产生和发展

化学电源的种类繁多，随着科学技术的发展，各种新型化学电源也不断出现。对于常用的、生产规模比较大的化学电源可以分为三种类型：一次电池（原电池）、二次电池（蓄电池）和燃料电池。仅能使用一次的电池属于一次电池。一次电池的电能可以以一种或几种方式放出，但完全放电后就不能再使用而只能废弃。电池放电后经充电（由外部供给与放电时方向相反的直流电）又能恢复工作能力的化学电源称为二次电池。燃料电池是将燃料（还原剂和氧化剂）直接氧化和还原而产生电能的电池装置。这种化学电源的正、负极只是个催化转换元件，当燃料不断输入时才将燃料的化学能转变为电能。电池发展的历史进程大致如图 6-1 所示。

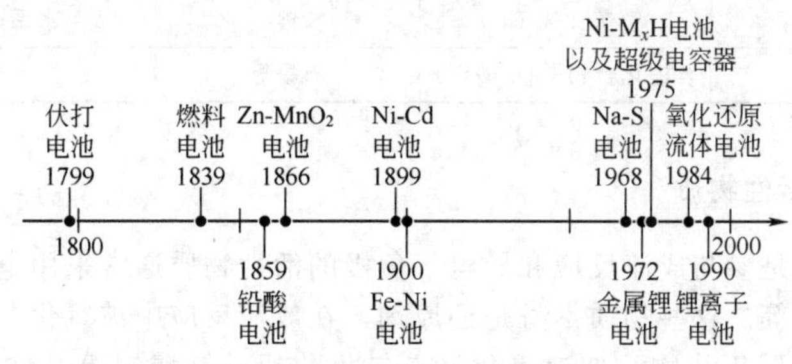

图 6-1 电池发展的历史进程

6.1.2 化学电源的组成及作用

化学电源可以是单个电池，也可以是由两个或多个电池连接起来（串联或并联）的电池组。化学电源对外电路供给电能的过程称为放电。化学电源的结构可以极不相同，但在原则上任何单个电池都是由被电解液层分隔的两个电极组成。电池放电时在电极与电解液之间的界面上进行的电化学反应（氧化还原）叫做成流反应，而参加电化学反应的物质（氧化剂和还原剂）称为活性物质。提供电子的还原剂作为负极的活性物质，接受电子的氧化剂作为正极的活性物质。活性物质可以是固体、液体和气体（但是目前使用最多的是无机化合物/金属），在参与化学反应后变为非活性物质。这种非活性物质有一些可以通过外电源提供电能的方式恢复活性，这一过程称为充电。活性物质和电解质溶液总合起来形成电化学系统，可用下面形式表示：

(−)活性物质|电解质溶液|活性物质(+)

电极活性物质和电解质组成用化学式表示，如电极的导电物质对化学电源的性质起重要作用，则在电化学系统中应该指出（用括号标注在活性物质旁边）。例如，带有铂电极催化剂的氢氧燃料电池写成：

$$(-)(Pt)H_2|KOH|O_2(Pt)(+)$$

对于工业生产的单个电池而言，其主要组成部分包括两种不同活性物质的电极（正极和负极）、电解质溶液、隔膜（或隔离板）、外壳以及其他附件（如接线柱、导线等）。常见化学电源的正极、负极、电解质如表 6-1 所示。

表 6-1　常见化学电源的主要构成

<table>
<tr><th colspan="2" rowspan="2">电池名称</th><th colspan="3">电池构成</th></tr>
<tr><th>正极活性物质</th><th>负极活性物质</th><th>电解质</th></tr>
<tr><td colspan="2">锌锰干电池</td><td>二氧化锰</td><td>锌</td><td>氯化铵</td></tr>
<tr><td colspan="2">碱性锌锰干电池</td><td>二氧化锰</td><td>锌</td><td>氢氧化钾</td></tr>
<tr><td colspan="2">锌空气电池</td><td>空气(氧气)</td><td>锌</td><td>氢氧化钾</td></tr>
<tr><td colspan="2">铅酸电池</td><td>二氧化铅</td><td>铅</td><td>硫酸</td></tr>
<tr><td colspan="2">铁镍电池</td><td>氧化镍</td><td>铁</td><td>氢氧化钾</td></tr>
<tr><td colspan="2">氢镍电池</td><td>氢氧化镍</td><td>储氢合金</td><td>氢氧化钾</td></tr>
<tr><td rowspan="5">锂电池</td><td>锂二氧化锰电池</td><td>二氧化锰</td><td>锂</td><td>高氯酸锂</td></tr>
<tr><td>锂亚硫酰氯电池</td><td>亚硫酰氯</td><td>锂</td><td>四氯铝化锂</td></tr>
<tr><td>锂硫电池</td><td>硫</td><td>锂</td><td>双三氟甲烷磺酰亚胺锂</td></tr>
<tr><td rowspan="2">锂空气电池</td><td>空气(氧气)</td><td>锂</td><td>有机系电解液</td></tr>
<tr><td>空气(氧气)</td><td>锂</td><td>水系电解液(如 KOH)</td></tr>
<tr><td colspan="2">锂离子电池</td><td>含锂化合物(如钴酸锂)</td><td>石墨等</td><td>六氟磷酸锂等</td></tr>
</table>

6.1.2.1　正、负极活性物质

活性物质的作用是参与成流反应和导电。负极的活性物质通常采用电势较负的金属，如锌、镁、镉、铅、锂等。这些物质本身是还原剂，在成流反应中被氧化。正极的活性物质通常采用电势较正的金属氧化物，如二氧化锰、二氧化铅、钴酸锂等。这些物质本身是氧化剂，在成流反应中被还原。为了改善电极的工作性质，固体活性物质常常以活性物料的组成形式使用，这种物料是固体活性物质和使物料具有一定物理化学性质的某些物质的混合物。可作为活性物料组分的物质有：导电添加剂（金属、碳、石墨粉末），各种黏结剂（羧甲基纤维素、含氟塑料、聚乙烯等），用作阻止活性物质微粒再结晶并同时能保持电极高度真实

表面的膨胀剂，用于粉末状金属电极的缓蚀剂和能提高活性物质利用系数的活性添加剂等。在液态和气态物质组成的电池中，电极的金属不会消耗，只是加速电化学反应的进行，起着完成传导电流和催化剂的作用，也有些电池的电极只起导电作用。

6.1.2.2　电解质

电池中的电解质除了保证电极之间离子的导电以外，有些还参与成流反应。某些电池（如碱性锌汞电池、镉镍蓄电池、铁镍蓄电池）在放电过程中并不消耗电解质，电解质只起导电作用。对于放电时消耗电解质的电池，在设计电池时应充分考虑到其用量以保证电池有足够的电容量。在工厂生产的和新研制的化学电源中采用的电解质，酸碱水溶液最为广泛。有些电池的活性物质在水溶液中稳定性差，因而需使用某些非水溶剂——无机非水溶剂和有机溶剂。无机非水溶剂主要有三氯氧化磷 $POCl_3$（熔点为1.15℃，沸点为108℃）、氯化亚砜 $SOCl_2$（熔点为－104.5℃，沸点为76.6℃）和液氨。有机溶剂主要有碳酸酯、二甲基亚砜、四氢呋喃等。为了提高化学电源的工作电压和其他性能，有时也使用对质子惰性的非水溶剂为基础的电解液、离子液体和熔融电解质。对质子惰性的电解液的最大电导率比电解质水溶液低1～2个数量级，所构成的电池放电电流密度不大。相反，熔融电解质的电导率超过酸碱水溶液电导率好几倍。为降低采用熔融电解质的化学电源的操作温度下限，使用两种或三种盐的低共熔混合物以改善化学电源单位质量的性能指标。固态时具有离子导电性的固体电解质在化学电源中也有应用。在某些燃料电池和锂离子电池中，离子交换膜既用作隔膜又作为电解质。

6.1.2.3　隔膜

化学电源的两电极之间几乎都装备有隔膜（或隔离层）。隔膜的主要功能是防止正负电极之间的短路，将活性物料机械地固定在电极上以免碎裂和脱落，减慢某些类型蓄电池在充电时金属枝晶的生长，依靠毛细管张力在电极表面附近保持电解液载体的作用，减慢溶解活性物质向相反电极传递和减小化学电源的自放电。隔膜有微孔或大孔的薄膜和溶胀膜。锌锰干电池常用糊状物隔膜，也有用纸板隔膜和高分子隔膜。隔膜要完成上述主要功能必须满足几点要求：①良好的化学稳定性，与电解液和电极之间无不良化学反应；②较好的机械强度，能耐受电极活性物质的氧化还原循环；③足够的孔隙率和吸收电解质溶液的能力，保证离子通过率，减少电池内阻；④电子的良好绝缘体，防止正负极间的电子传递；⑤能阻挡脱落的活性物质渗透和枝晶的生长；⑥材料来源丰富且价格低廉。

6.1.2.4　外壳和集流体

任何电池都必须有适合的外壳和集流体。外壳起容器作用，其材料必须不能被电解质溶液腐蚀，同时又有较好的机械性能（如抗震、耐高温等）。集流体必须具有良好的导电性、化学稳定性和良好的加工性能，便于加工成需要的形状。

经过以上阐述，可以看出，无机材料（金属、金属氧化物、金属硫化物、非金属化合物和碳材料等）在化学电源中广泛应用，发挥着重要的作用。

6.1.3　化学电源的基本概念

化学电源的基本概念是指化学电源中涉及电极、电极反应、电极结构等基本特征的具体定义，如电池电动势、电极电势、电极极化和过电势等概念。由于大多数《无机化学》教材中已经详细地阐述了电极电势及电池电动势的概念，这里主要介绍可逆电池、电极极化和过电势相关概念。

6.1.3.1 可逆电池与实际电池

电池是将化学能转变为电能的电化学体系。这种电化学体系处于平衡态时则称为可逆电池。如果可逆电池的非膨胀功只有电功，其体系自由能减少量等于体系在等温等压下所做最大电功，因此应有：

$$\Delta G = -W = -nFE \tag{6-1}$$

式中，n 代表电化学反应中的得失电子数；$F=96500C$；E 代表可逆电池的电动势，V；ΔG 代表自由能变化值，J。上式不仅表示了化学能与电能转变的定量关系，而且也是联系热力学和电化学的主要桥梁。由于只有在可逆过程中体系的自由能变化值才等于体系所做的最大非膨胀功，因而上式只能适用于可逆电池。也就是说，电池中所进行的过程必须以热力学上的可逆方式进行时才能用上式处理。根据热力学的可逆条件，一个可逆电池必须满足下面两个条件：

① 电极反应可向正、反两个方向进行（反应可逆）。

② 电池充、放电的工作电流无限小（能量转换可逆）。

可逆电池一方面要求电极反应和电池反应必须可逆，另一方面也要求电池充、放电的电流应无限小。例如，以 Zn(s) 和 Ag(s) ＋AgCl(s) 为电极插入到 $ZnCl_2$ 溶液中组成电池，电池放电时电极反应和总反应为：

Zn 电极：　$Zn(s) \longrightarrow Zn^{2+} + 2e^-$

Ag＋AgCl 电极：　$2AgCl(s) + 2e^- \longrightarrow 2Ag(s) + 2Cl^-$

总反应：　$Zn(s) + 2AgCl(s) = Zn^{2+} + 2Ag(s) + 2Cl^-$

电池充电时电极反应和总反应为：

Zn 电极：　$Zn^{2+} + 2e^- \longrightarrow Zn(s)$

Ag＋AgCl 电极：　$2Ag(s) + 2Cl^- \longrightarrow 2AgCl(s) + 2e^-$

总反应：　$Zn^{2+} + 2Ag(s) + 2Cl^- = Zn(s) + 2AgCl(s)$

上述电池充、放电时电极反应和总反应互为可逆，如果充、放电电流无限小则是可逆电池。但上述电池充电时施加较大的外电压或放电时电流很大时，则仍然不是可逆电池，而是不可逆电池。

有一些电池充放电的反应不同（即反应不能逆转），就不可能是可逆电池而只能是不可逆电池。例如，以 Zn (s) 和 Ag (s) 为电极插入 HCl 溶液中组成的电池，电池放电时：

Zn 电极：　$Zn(s) \longrightarrow Zn^{2+} + 2e^-$

Ag 电极：　$2H^+ + 2e^- \longrightarrow H_2(g)$

总反应：　$Zn(s) + 2H^+ = Zn^{2+} + H_2(g)$

电池充电时：

Zn 电极：　$2H^+ + 2e^- \longrightarrow H_2(g)$

Ag 电极：　$2Ag(s) + 2Cl^- \longrightarrow 2AgCl(s) + 2e^-$

总反应：　$2Ag(s) + 2H^+ + 2Cl^- = H_2(g) + 2AgCl(s)$

由于电极反应和总反应不同，该电池只能是不可逆电池。不可逆电池得不到最大电功，因而所测得的电动势无热力学意义。

实际电池，无论是电池的放电过程，还是二次电池的充电过程，总是以一定的速度进行，这时的电极为热力学不可逆过程，电极电势偏离平衡位置，电池电压也将偏离电动势，发生电极极化，产生过电势。因此研究电极极化过程及过电势的产生，对设计和选择电池材料有着重要的意义。

6.1.3.2　电极极化和过电势

只要有电流通过，化学电池或电解池中的电化学反应就是不可逆的，而组成电化学反应的两电极反应也是不可逆的，其电极电势也就会偏离平衡电极电势。电流通过电极时电极电势偏离平衡电极电势的现象在电化学中称为极化现象。对于单个电极过程而言，极化现象又分为阳极极化和阴极极化。发生阳极极化时电极电势偏离平衡电极电势正移，发生阴极极化时电极电势偏离平衡电极电势负移。对于同一电极体系，通过的电流密度越大，电极电势偏离平衡电极电势的程度就越大，即极化程度也越大。为了表示极化程度的大小，将某一电流密度下的电极电势 φ（也可用 E 表示）与其平衡电极电势 φ_r（也可用 E_r 表示）的差值的绝对值称为该电流密度下的过电势（超电势），用符号 η 表示。如果阳极极化过电势为 η_a，阴极极化过电势为 η_k，其数学表达式为：

$$\eta_a=\varphi_a-\varphi_r \tag{6-2}$$

$$\eta_k=\varphi_r-\varphi_k \tag{6-3}$$

过电势 η 也可以看作是电极反应的推动力。过电势 $\eta=0$ 时，电极上没有净电流通过，电极处于平衡状态；过电势 $\eta\neq0$ 时，电极上有净电流通过，发生净的氧化反应或还原反应，电极偏离平衡状态。对于同一电极体系，过电势 η 越大，通过的电流密度也越大，电极偏离平衡状态的程度也越大。

当电流通过电极时，电极上不仅发生极化作用使电极电势偏离平衡电极电势，与此同时也存在与极化相对立的过程，即力图恢复平衡的过程。以阴极过程为例，氢离子或金属离子从阴极上夺取电子的阴极还原就是力图恢复平衡使电极电势不负移。这种与电极极化相对立的作用，称为去极化作用。电极过程实际上也是极化与去极化对立统一的过程。如果没有去极化过程，那么从外电源流入阴极的电子就只能单纯地在阴极上积累；电极电势不断地急剧变负，这样的电极就是理想极化电极。如果电流通过电极时电极电势不发生任何变化，即极化作用等于去极化作用，这种电极就是参比电极，一般情况下，由于电子运动速度大于电极反应速度，其极化作用往往大于去极化作用，因而电极的性质偏离平衡状态出现极化现象。

对于原电池和电解池中的单个电极而言，电流通过时的极化现象都是相同的，发生阴极极化电极电势变负，发生阳极极化电极电势变正，过电势都随电流密度增大而增大。然而，如果两个电极组成原电池或电解池，则极化作用对其端电压的影响就完全不同。当两个电极组成电解池时，其阳极是正极，阴极为负极，电流密度增大时极化作用使电解池的端电压变大，如图 6-2(a) 所示。当两个电极组成原电池时，其阳极为负极，阴极为正极，电流密度增大时极化作用使原电池的端电压变小，如图 6-2(b) 所示。

由图 6-2 可知，电解池和原电池通电后发生极化时，电解池的槽电压升高而电解能耗增大；原电池的端电压降低而向外提供的有效电能减少。

根据电极上发生极化的作用方式不同，可分成电化学极化、浓差极化和欧姆极化三种类型。电化学极化指在电极和溶液界面之间进行的、有各种类型的化学反应本身不可逆引起的极化。浓差极化是指电极表面参与反应物质被消耗而得不到及时补充，或产物在电极表面的积累，而导致的电极偏离平衡电势的极化。欧姆极化是指电解液、电极材料及集流体之间存在的接触电阻引起的极化。

将电极电势与电流密度的关系绘制成的曲线称为极化曲线。由于电流密度直接表示电极反应速度的大小，极化曲线实际上也直观地显示了电极反应速度与电极电势的关系。极化曲

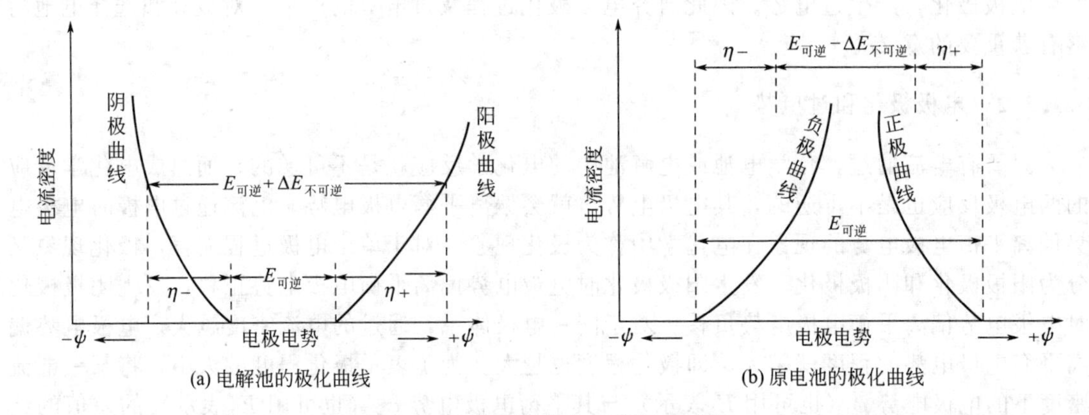

图 6-2 电流密度与电极电势的关系

线也是电化学中研究电极过程的常用方法之一，从极化曲线上不仅可求得任何电流密度下的过电势，也可看出在不同电流密度时电极电势的变化趋势以及某一电极电势下电极反应速度的大小。在某一电流密度下极化曲线的斜率$\frac{\Delta\varphi}{\Delta i}$（改变单位电流密度时电极电势的变化值）称为极化度或极化率。极化度的大小可以衡量极化的程度，也可判断电极反应过程进行的难易程度。极化度小，电极反应过程容易进行；极化度大，电极反应过程受到较大的阻碍而难以进行。在同一条极化曲线上，不同部位的极化度也可能不同，说明同一电极体系在不同电流密度下极化的程度不同。

极化曲线的形式根据自变量的选择而各不相同。目前常用的极化曲线主要有φ-i、i-φ、η-i、η-$\log i$、φ-$\log i$ 等几种形式。

6.1.4 化学电源的性能参数

6.1.4.1 电池内阻

电池内阻$R_{内}$是指电流通过电池内部时受到的使电池电压降低的阻力，影响电池内阻的因素有活性物质组成、电解液浓度和温度等。电池内阻根据电池工作条件下的极化类型分为欧姆内阻R_{Ω}和极化内阻R_{p}。通常认为欧姆内阻由电池的欧姆极化引起，极化内阻由电化学极化和浓差极化引起。电池内阻为欧姆内阻和极化内阻之和。

欧姆内阻由电极材料、电解液和隔膜电阻及各部分的接触电阻组成，与电池的尺寸、结构、电极的成型方式以及装配的松紧有关。其中隔膜电阻实际表征的是隔膜的孔隙率、孔径和孔的曲折程度对离子迁移产生的阻力，以及电流流过隔膜时微孔中电解液的电阻，因此在电池的生产中对隔膜材料都有电阻的要求。隔膜电阻、溶液比电阻及隔膜结构参数之间的关系可表示为：

$$R_M=\rho_s\tau \tag{6-4}$$

式中，R_M为隔膜电阻；ρ_s为溶液比电阻；τ为隔膜结构参数，包括隔膜的孔隙率、孔径及孔的曲折程度。

极化内阻是指由电化学反应引起的电极极化所产生的电阻，包括电化学极化和浓差极化。极化内阻与活性物质的本性、电极的结构、电池制造工艺、电池工作条件（放电电流、温度等）有关。极化内阻随电流密度的增加而增加，但一般成对数关系而非直线关系。降低温度对电池的电化学极化、离子扩散均不利，导致电池极化内阻增加，从而使电池全内阻增加。

为了减小电极的极化，必须提高电极的活性和降低真实电流密度。而降低真实电流密度可以通过增加电极面积来实现。因此，绝大多数电极采用多孔电极，其真实面积比表观面积大几十到几百倍，甚至更大。同时开发高活性的电极材料亦是降低电池内阻的有效途径。

总之电池内阻是决定电池性能的一个重要指标，它直接影响电池的工作电压、输出功率、工作电流等，因此对于一个实际应用的电池来说，其内阻越小越好。

6.1.4.2 电池电压

电池电压包括开路电压、额定电压和工作电压。

1. 开路电压

开路电压指在开路状态下，电池正极与负极之间的电势差，一般用$U_{开}$表示。开路电压的计算公式与电池电动势定义相似，但是电池开路电压并不等于电池电动势。

开路电压等于组成电池的正极混合电势与负极混合电势之差。由于正极活性物质析氧的过电势大，故混合电势接近于正极平衡电极电势；负极材料析氢的过电势大，故混合电势接近于负极平衡电极电势，因此开路电压在数值上接近于电池电动势。由于实际电池的两极电势并非平衡电极电势，因此电池的开路电压一般小于电池电动势。

电池开路电压大小取决于电池正负极材料的性能、电解质和温度条件，与电池的形状和尺寸无关。如铅酸电池开路电压约为2.0V，与其体积容量的大小无关。但对于气体电极来说，由于受催化剂影响较大，电池开路电压与电池电动势不一定接近，如燃料电池，电池开路电压因催化剂种类和数量不同而有较大的不同，常常偏离电动势较大。

电池开路电压一般由高内阻电压表测量。如果内阻不够大，如只有1000Ω，电压为1V时，通过电池的电流为1mA，这足以影响微小型电池的电极极化。

2. 额定电压

额定电压指某一电池开路电压最低值或规定条件下的电池的标准电压，又称公称电压或标称电压，用于简明区分电池系列，通常标注在出厂待售的电池上，供用户参考。

3. 工作电压

工作电压指电池接通负荷后在放电过程中显示出来的电压，又称负荷电压或放电电压。由于欧姆电阻和过电势的存在，电池工作电压低于开路电压，也低于电池电动势，因此电池工作电压通常表示为：

$$U=E-IR_{内}=E-I(R_{\Omega}+R_{p})$$

或 (6-5)

$$U=E-\eta_{+}-\eta_{-}-IR_{\Omega}=\varphi_{+}-\varphi_{-}-IR_{\Omega}$$

式中，U为工作电压，V；E为电池电动势，V；I为工作电流，A；R_{Ω}为欧姆电阻，Ω；R_{p}为极化电阻，Ω；φ_{+}为电流流过时的正极电势，V；η_{+}为正极极化过电势，V；φ_{-}为电流流过时的负极电势，V；η_{-}为负极极化过电势，V。如图6-2(b)和图6-3所示，随着放电电流的增加，正极极化、负极极化及欧姆电阻逐渐增加，因此，电池的输出电压随电流密度的不断增加而不断降低。

电池的工作电压受放电条件（如放电时间、放电电流、环境温度、终止电压等）的影响。终止电压是指电池放电时，电压下降到不宜继续放电的最低工作电压。通常高速率、低温条件下放电时，电池的工作电压将降低，平稳程度下降。此时，电极极化大，活性物质得不到充分利用，因此终止电压应低些。相反，小电流放电时，电极极化小，活性物质利用充分，放电的终止电压应高些。

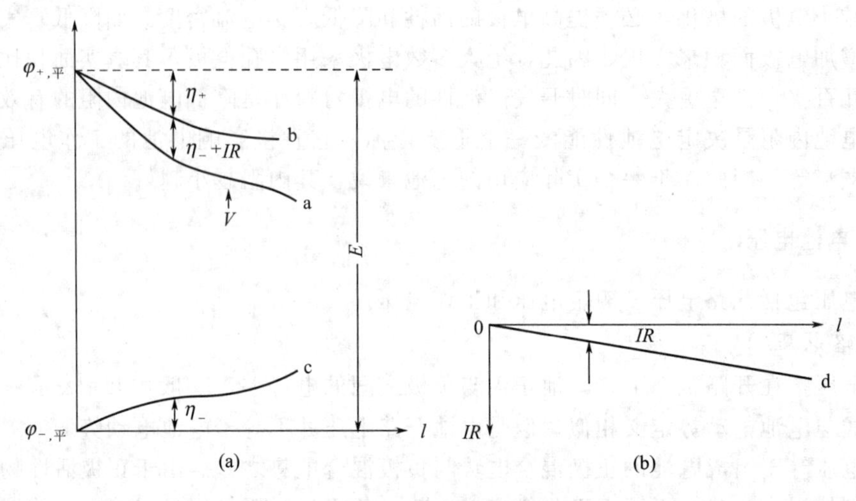

图 6-3 电池的欧姆极化曲线

6.1.4.3 容量和比容量

电池容量是指电池在一定放电条件下所能放出的电量，通常以符号 C 表示，常用单位为 Ah 或 mAh。比容量是指单位质量或单位体积电池的放电容量，单位为 $mAh \cdot g^{-1}$ 或 $mAh \cdot L^{-1}$。

电池容量对应于电池电压可分为理论容量、实际容量、额定容量和标称容量。

1. 理论容量

理论容量是指假设活性物质全部参加电池的成流反应所能提供的电量。常用 C_0 表示。电量大小可依据活性物质的质量，按照法拉第定律计算求得。

根据法拉第定律，电流流过电解质溶液时，在电极上发生化学反应的物质的质量与通过的电量成正比，以相同电流通过一系列含有不同电解质溶液的串联电解池时，每个电极上发生化学反应的基本单元物质的质量相等。法拉第定律的数学表达式为：

$$m=\frac{MQ}{zF} \tag{6-6}$$

式中，Q 为通过的电量，Ah；m 为电极上发生反应的物质的质量，g；z 为电极反应中电子计量数；F 为法拉第常数；M 为反应物的摩尔质量，$g \cdot mol^{-1}$。

上式中电极上通过的电量 Q，可理解为电极上质量为 m 的活性物质完全反应后释放的电量，即电池的理论容量 C_0，即：

$$C_0=zF\times\frac{m}{M}=\frac{1}{K}\times m \tag{6-7}$$

式中，K 为电化当量，g/Ah，指通过 1Ah 的电量时，电极上析出或溶解物质的质量；单位的倒数 Ah/g 指每克物质理论上给出的电量。

2. 实际容量

实际容量指在一定放电条件下电池实际放出的电量，用符号 C 表示。实际容量的计算如下：

恒电流放电时：
$$C=I\times T \tag{6-8}$$

恒电阻放电时：
$$C=\int_0^t I\,\mathrm{d}t=\frac{1}{R}\int_0^t V\,\mathrm{d}t\approx\frac{1}{R}U_{平}\,t \tag{6-9}$$

式中，I 为放电电流；R 为放电电阻；t 为放电至终止电压的时间；$U_{平}$ 为电池的平均放电电压，即初始放电电压和终止电压的平均值。

化学电源的实际容量总是低于理论容量。由于内阻及其他各种原因，活性物质不能完全利用。活性物质的利用率可表示为：

$$x=\frac{m_1}{m}\times100\% \quad 或 \quad x=\frac{C}{C_0}\times100\% \tag{6-10}$$

式中，x 为活性物质的利用率；m 为电极中活性物质的实际质量；m_1 为放出实际容量所应消耗的活性物质的质量。

在实际的电池中，采用薄型电极和多孔电极以及减小电池内阻，均可提高活性物质的利用率，从而提高电池实际输出容量，降低成本。

3. 额定容量

额定容量指设计和制造电池时，按国家或有关部门颁布的标准，保证电池在一定的放电条件下应该放出的最低限度的电量，又称保证容量，常用 $C_{额}$ 表示。因此电池的实际容量通常会在一定程度上高于电池的额定容量。

4. 标称容量

标称容量指用来鉴别电池适当的近似值，只表明电池的容量范围，没有确切的数值。根据实际条件才能确定电池的实际容量。

另外，一个电池容量就是其正极或负极的容量，而不是正负容量之和。电池工作时正负极的电量总是相等的。实际电池设计和制造时，正负极容量一般不相等，电池容量由容量较小的电极来限制。很多实际电池设计时，通常为负极容量过剩。

电池的实际放电容量跟放电方式、放电电流及终止电压有关。一般，低温或大电流放电时，活性物质容易利用不充分，此时终止电压可低些。小电流时电极极化小，活性物质利用得较充分，终止电压可高些。因此谈及电池的容量与能量时，必须说明放电的条件，通常用放电率表示。放电率是指电池放电时的速率，常用时率和倍率表示。

时率以放电时间表示放电的速率，即以一定的放电电流放完额定容量需要的时间，用 C/n 表示，其中 C 为额定容量，n 为一定的放电电流。例如：电池容量为 60Ah，以 3A 的电流放电，则时率为 60Ah/3A＝20h，称电池以 20h 率放电。即放电率表示的时间越短，所用的放电电流越大；反之，所用电流越小。

倍率是指电池在规定的时间内放出其额定容量时所输出的电流值，其数值等于额定容量的倍数。如 2 倍放电时，表示为 $2C$，例如：电池容量为 3Ah，则放电电流为 2×3＝6A。换算成时率则为 3Ah/6A＝0.5h。按照国际规定：放电率在 $0.2C$ 以下的称为低倍率，0.2～$1C$ 称为中倍率，1～$22C$ 则为高倍率。

6.1.4.4　能量和比能量

电池的能量，指电池在一定的放电条件下，对外所输出的能量，常用 Wh 表示，可分为理论能量和实际能量。

1. 理论能量

理论能量指电池放电时始终处于平衡状态，其放电电压保持平衡电池电动势（E）的数值，且活性物质利用率为 100%，此时电池的输出能量为理论能量（W_0）。可以表示为：

$$W_0=C_0\times E \tag{6-11}$$

2. 实际能量

实际能量指电池放电时实际输出的能量，在数值上等于电池实际容量与电池平均工作电

压的乘积。即

$$W=C\times U_{平} \tag{6-12}$$

由于活性物质不可能完全被利用，所以电池的工作电压总是小于电池电动势，即电池的实际能量总是小于理论能量。

3. 比能量

比能量指单位体积或质量的电池所能输出的能量，分为质量比能量或体积比能量，一般用 $Wh\cdot kg^{-1}$ 或 $Wh\cdot L^{-1}$ 表示。电池的理论质量比能量可以根据正负极活性物质的理论质量比容量和电池的电动势直接计算出来。如果电解质参加电池的成流反应，还需要加上电解质的理论用量。设正负极活性物质的电化当量分别为 K_+、K_-(g/Ah)，则电池的理论质量比能量为：

$$W'_0=\frac{1000}{K_++K_-}\times E \tag{6-13}$$

式中，E 为电池电动势，V。

有电解质参加成流反应时：

$$W'_0=\frac{1000}{\sum K_i}\times E \tag{6-14}$$

式中，$\sum K_i$ 为正负极及参加电池成流反应的电解质的电化当量之比。

例如，铅酸电池的电池反应（$Pb+PbO_2+2H_2SO_4 \longrightarrow 2PbSO_4+2H_2O$）中，正极 PbO_2、负极 Pb 及电解质 H_2SO_4 均参与其中，且三种物质的电化当量分别为 3.866g/Ah、4.463g/Ah 和 3.671g/Ah，电池的标准电动势 $E^{\ominus}=2.044V$。

因此，铅酸电池的理论比能量为：

$$W'_0=\frac{1000}{3.866+4.463+3.671}\times 2.044=170.3(Wh\cdot kg^{-1})$$

电池的实际比能量是电池实际输出的能量和电池质量（或体积）之比：

$$W'=\frac{CU_{av}}{m} \quad 或 \quad W'=\frac{CU_{av}}{V} \tag{6-15}$$

式中，m 为电池质量，kg；V 为电池体积，L；U_{av}为电池平均输出电压，V。

由于各种因素的影响，电池的实际比能量远小于理论比能量。实际比能量与理论比能量的关系为：

$$W'=W'_0K_EK_RK_m \tag{6-16}$$

式中，K_E为电压效率；K_R为反应效率；K_m为质量效率。

电压效率是指电池的工作电压与电池电动势的比值。电池放电时，由于存在电化学极化、浓差极化和欧姆压降，使电池的工作电压小于电动势，改进电极结构（包括真实表面积、孔隙率、孔径分布、活性物质粒子的大小等）和加入添加剂（包括导电物质、膨胀剂、催化剂、疏水剂、掺杂等）是提高电池电压效率的两个重要途径。

反应效率即活性物质的利用率。由于副反应存在，如水溶液电池中置换析氢反应、负极钝化反应、正极逆歧化反应等，均使得活性物质利用率下降。副反应的发生也可以通过前文所述的改进电极结构和加入添加剂得以缓解。

质量效率是指由于电池中包含的不参加成流反应但又是必要的物质，如过剩设计的电极活性物质、不参加电极反应的电解质、电极添加剂（如膨胀剂和导电物质等），电池外壳、电极板栅、支撑骨架等，而使电池的实际比能量减小。电池的质量效率 K_m可表示为：

$$K_m=\frac{m_0}{m_0+m_s} \tag{6-17}$$

式中，m_0为假设电池反应式完全反应时活性物质的质量；m_s为不参加电池反应的物质质量。

电压效率、反应效率与质量效率之间有着密切的联系。例如，在锌电极中添加植物纤维素和氯化汞（或锌粉汞齐化）时，减小了电池的质量效率的同时提高了电池的反应效率和电压效率。

比能量是电池性能的一个重要的综合指标，它反映了电池的质量水平，也表明生产厂家的技术和管理水平。提高电池的比能量，始终是化学电源工作者努力的目标。尽管许多体系的理论比能量很高，但电池的实际比能量却远远小于理论比能量。表6-2为目前一些投入工业生产的电池的电动势、理论比能量及实际比能量的数据。高比能量的电池，其实际比能量可以达到理论值的1/5～1/3，因此，在研发新的高比能量电池时，研究目标的理论比能量要比实际要求的比能量高3～5倍。

表6-2 电池的电动势、理论比能量及实际比能量

电池体系	电池反应	电动势 $E^{\ominus}$/V	理论比能量 /(Wh·kg^{-1})	实际比能量 /(Wh·kg^{-1})
铅酸	$Pb+PbO_2+2H_2SO_4 = 2PbSO_4+2H_2O$	2.044	170.5	30～50
铁-镍	$Fe+2NiOOH+2H_2O = 2Ni(OH)_2+Fe(OH)_2$	1.399	272.5	10～25
锌-镍	$2Zn+2NiOOH+2H_2O = 2ZnO+2Ni(OH)_2$	1.765	354.6	—
锌-银	$AgO+Zn = Ag+ZnO$	1.721	270.2	60～160
锌-锰（干电池）	$Zn+2MnO_2+2H_2O+4NH_4Cl = (NH_4)_2ZnCl_4+2MnOOH+2NH_4OH$	1.623	251.3	10～50
锌-锰（碱性）	$Zn+2MnO_2+H_2O = ZnO+2MnOOH$	1.52	274.0	30～100
锌-空气	$2Zn+O_2 = 2ZnO$（O_2计算在内）	1.646	1084	100～250
锂-二氧化硫	$Li+2SO_2 = LiS_2O_4$	2.95	1114	330
锂-亚硫酰氯	$4Li+2SOCl_2 = 4LiCl+S+SO_2$	3.65	1460	550
锂-二氧化锰	$MnO_2+Li = MnOOLi$	3.50	1005	400

6.1.4.5 功率和比功率

电池的功率是指电池在一定放电条件下，单位时间内电池输出的能量，单位为瓦（W）或千瓦（kW）。单位质量或单位体积电池输出的功率称为比功率，单位为W·kg^{-1}或W·L^{-1}。比功率的大小，表征电池所能承受的工作电流的大小，是化学电源的重要性能参数之一。一个电池比功率大，表示它可以承受大电流放电。对同一电池，通常来说，比功率随比能量的增加而降低。电池理论功率P_0可表示为：

$$P_0=\frac{W_0}{t}=\frac{C_0E}{t}=\frac{ItE}{t}=I\times E \tag{6-18}$$

式中，t为放电时间，s；C_0为电池的理论容量，Ah；I为恒定的放电电流，A。

而电池的实际功率应为：

$$P=I\times U=I\times(E-I\times R_{内})=I\times E=I^2\times R_{内} \tag{6-19}$$

式中，$I^2\times R_{内}$为消耗于电池全内阻上的功率。

将上式对 I 微分，并令 $dP/dI=0$，可求出电池输出最大功率的条件，即：

$$E-2IR_{内}=0$$

而

$$E=I(R_{外}+R_{内})$$

因此，

$$I(R_{外}+R_{内})-2IR_{内}=0$$
$$R_{外}=R_{内}$$

即，$R_{外}=R_{内}$是电池功率达到最大的必要条件。

6.1.4.6 自放电

电池的自放电通常用自放电速率（或自放电率）来衡量，表示电池容量下降的快慢，表示为：

$$自放电速率=\frac{C_a-C_b}{C_a t}\times 100\%$$

式中，C_a、C_b为贮存前后电池的容量，Ah；t 为贮存时间，常用天、月或年计算。即，自放电速率指单位时间内容量降低的百分数。

自放电是指电池贮存（一定温度、湿度条件下）时正极和负极的自放电。正极自放电主要是指电极上的副反应消耗了正极活性物质，而使电池容量下降。其次，从正极或电池其他部件溶解下来的杂质，其标准电极电位介于正极和负极之间时，会同时在正负极上发生氧化还原反应，消耗正负极活性物质，引起电池容量下降。另外，正极活性物质的溶解，会在负极上还原，引起自放电。

电极的负极活性物质多为活泼金属，其标准电极电位比氢电极负，在热力学上不稳定，而且当有正电性的金属杂质存在时，杂质与负极活性物质形成腐蚀微电池。因此，负极腐蚀通常是电池自放电的主要原因。

减少电池自放电的措施，一般是采用纯度高的原材料或在负极中加入析氢过电势较高的金属，如 Cd、Hg、Pb 等；也可以在电极或电解液中加入缓蚀剂，抑制氢的析出，减少电极自放电。

6.1.4.7 使用寿命

寿命是衡量二次电池的重要参数。蓄电池的寿命可以用循环寿命来表示。电池每经历一次充电和放电，称为一次循环或一个周期。在一定放电条件下，二次电池的容量降至某一规定值之前，电池所能耐受的循环次数称为二次电池的循环寿命。影响二次电池循环寿命的因素很多，除正确使用和维护外，还包括：①电池充放电循环过程中，电极活性表面积减小，使工作电流密度上升，极化增大；②电极上活性物质脱落或转移；③电极材料发生腐蚀；④电极上生成枝晶，造成电池内部短路；⑤隔离物的损坏；⑥活性物质晶形改变、活性降低等。

各种二次电池的循环寿命有一定差异，即使同一系列统一规格的产品，也不尽相同。目前常用的二次电池中，锌银蓄电池的循环寿命最短，一般只有 30～100 次；铅酸蓄电池的循环寿命为 300～500 次；锂离子电池循环寿命根据体系、放电倍率和深度的不同可达 500～5000 次不等。

6.2 几种典型的化学电源

6.2.1 一次电池

锌是一种光亮、青白色、具有反磁性的金属，在日常生活和工业生产上仅次于铁、铝和铜，是常见的金属。由于其资源丰富，价格便宜、环境较友好、电极电势较负，在简单的水溶液（碱性或近中性）电池中，锌几乎是首选的负极材料。截止到今天仍有许多电池采用锌作为负极材料，与其他正极材料配对，构成了锌锰电池和碱性锌锰电池。

6.2.1.1 普通锌锰电池

锌锰电池（锌二氧化锰电池）是1868年由法国的电报工程师乔治·勒克朗谢研制成功的，是世界上第一个实用型电池。锌锰电池及电池组是最普及的化学电源，广泛应用于独立的无线电装置（晶体管收音机、磁带录音机、携带式电视机、无线电发射机等）、照明灯、仪器、电话装置、照相用电子闪光灯、助听器、电动玩具和其他要求电流不大的装置。自20世纪60年代以来，主要的技术发展方向致力于高容量、高功率的电池，研制出了氯化锌体系的纸板电池，这一设计显著提高了电池作为重负载应用时的性能，并大大超过了氯化铵型锌二氧化锰电池的相关性能。自20世纪80年代到现在，主要发展了低汞和无汞的绿色锌锰电池。

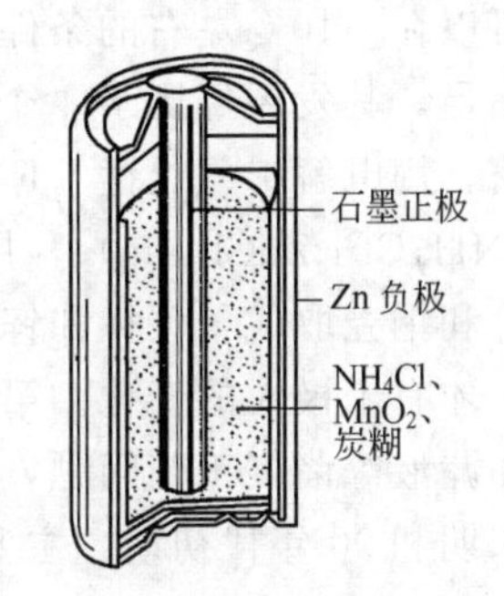

图 6-4 锌锰圆柱形电池的示意图

普通锌锰圆柱形电池如图6-4所示。盐类电解液锌锰电池是以用作外壳的锌筒为负极，MnO_2 和活性炭粉混合物为正极，用 NH_4Cl 和 $ZnCl_2$ 水溶液为电解质溶液，加淀粉糊使电解质溶液凝固不动的干电池。盐类电解液锌锰电池可表示为：

$$(-)Zn|NH_4Cl, ZnCl_2|MnO_2(+)$$

在某些类型的电池中，电解液组分中同时含有 $CaCl_2$，用于电池生产的溶液浓度范围为4%～23%的 NH_4Cl、约32%的 $ZnCl_2$ 和约27%的 $CaCl_2$。由于这些盐类容易发生水解，电解液一般呈微酸性（pH约为5）。为此，盐类电解液锌锰电池有时也称为酸性锌锰电池。盐类电解液锌锰电池放电反应是Zn氧化和 MnO_2 还原，其电极反应和总反应分别为：

正极反应： $$2MnO_2(s)+2H_2O+2e^- \longrightarrow 2MnOOH(s)+2OH^-$$

负极反应： $$Zn(s) \longrightarrow Zn^{2+}+2e^-$$

$$Zn^{2+}+4NH_4Cl \longrightarrow (NH_4)_2ZnCl_4+2NH_4^+$$

电池反应：

$$Zn(s)+2MnO_2(s)+2H_2O+4NH_4Cl = (NH_4)_2ZnCl_4+2MnOOH(s)+2NH_4OH$$

在电池的正极，活性炭为导体，MnO_2 得到电子后生成MnOOH为固相反应，参加反应的物质扩散缓慢而不能大电流放电。盐类电解液锌锰电池在间隙放电条件下运转，经过间隙时间后化学电源的电压升高，也与扩散过程使物质颗粒中 MnO_2 的浓度趋于均匀有关。正极的电势值随其周围电解质的pH值的上升而下降。在电池的负极，Zn氧化为 Zn^{2+} 而进入电解液，与电解液中的 Cl^- 形成络离子 $[ZnCl_4]^{2-}$，遇正极的反应产物 OH^- 形成难溶的 $Zn(OH)_2$，增加电池的内阻。如果它附在Zn电极上，就会阻滞Zn电极进一步放电。20%的 NH_4Cl 电解液在−20℃时会结冰而析出 NH_4Cl 晶体，因此电池不能在−20℃的高寒地区工作，而最适宜使用温度为15～35℃。

盐类电解液锌锰电池的缺点是较大的自放电（每年约30%），这是由锌电极与氯化铵、水和溶解氧作用形成难溶的钝化膜所引起：

$$Zn + 2NH_4Cl = [Zn(NH_3)_2Cl_2] + H_2$$

$$Zn + 2H_2O = Zn(OH)_2 + H_2$$

$$2Zn + O_2 + 2H_2O = 2Zn(OH)_2$$

6.2.1.2 碱性锌锰电池

20世纪60年代，碱性锌锰电池（$Zn/KOH/MnO_2$）研制成功。与普通锌锰电池相比，碱性锌锰电池具有以下优点：①容量高，约是锌盐类锰电池的3～8倍；②适合大电流放电，放电曲线平稳；③耐漏液性能好，不容易造成电子器具的损坏；④贮存期长，可达3～7年，是盐类锌锰电池的3～7倍；⑤节约资源，原材料利用率比传统锌锰电池提高了3倍以上；⑥污染少，不含对人体、环境有害的重金属，废电池可以与垃圾一同处理；⑦低温性能好，可以在－10℃左右的条件下使用。碱性锌锰电池的发展正是由于它可以弥补普通锌锰电池的不足，其发展经历了4个阶段。初创期，与普通锌锰电池的不同，主要是用锌粉取代了锌筒，用电解二氧化锰（EMD）取代了天然二氧化锰，用碱性电解液［KOH(aq)］取代了［$NH_4Cl + ZnCl_2$(aq)］，用再生纤维和烯烃聚合物取代了浆糊隔离层和纸板隔膜，以及用铜钉和钢壳取代了碳棒和锌筒作为集流体。正是由于这些改进，碱锰电池对原材料和工艺的要求才有了极大的变化。第二阶段在20世纪70年代，主要解决因使用碱液和锌粉带来的爬碱和漏液等诸多工艺问题，从而进入了化学电源的主要市场。第三个阶段是在20世纪80年代末期和90年代初期，主要解决来自环保要求的巨大压力，解决碱性锌锰电池的汞齐化锌粉中含汞量过大的问题，进行全方位的设法降汞与去汞，经历了锌粉组分的变化和添加剂的使用等多方面的研究。第四个阶段是在20世纪90年代的中后期，为了适应电子器件的发展需要大功率的原电池，适应大电流放电的要求，到1999年基本完成了初步要求，即“优质”碱锰电池的上市。

在碱性锌锰电池中的活性物质是电解制备的二氧化锰、碱性水溶液电解质和粉末状金属锌。用电池符号表示为：

$$(-)Zn|KOH, K_2[Zn(OH)_4]|MnO_2(+)$$

其电极反应和总反应分别为：

正极反应：$$2MnO_2(s) + 2H_2O + 2e^- \longrightarrow 2MnOOH(s) + 2OH^-$$

$$2MnOOH(s) + 6OH^- + 2H_2O \longrightarrow 2Mn(OH)_6^{3-}$$

负极反应：$$Zn(s) + 2OH^- - 2e^- \longrightarrow Zn(OH)_2(s)$$

$$Zn(OH)_2(s) + 2OH^- \longrightarrow [Zn(OH)_4]^{2-}$$

电池反应：$Zn(s) + 2MnO_2(s) + 4H_2O + 8KOH = 2K_3[Mn(OH)_6] + K_2[Zn(OH)_4]$

在碱性电解液锌锰电池中，当碱过量时正极反应不全是固相反应，正极反应产物MnOOH有一定溶解度而进一步生成［$Mn(OH)_6$］$^{3-}$络离子，负极反应的产物也是可溶性的［$Zn(OH)_4$］$^{2-}$络离子，因此，参加电极反应的离子扩散过程较易进行。另外，碱性电解液锌锰电池采用大表面积的粉末锌电极，也不发生NH_4Cl晶体析出现象，故可在非常高的电流密度下（约$1kA \cdot m^{-2}$）放电和供高寒地区使用。

在制造碱性电解液锌锰电池时，通常加入大量的锌酸盐减缓粉末状锌的腐蚀反应速度，使自放电每年不超过10%。锌的自放电反应为：

$$Zn + 2KOH + 2H_2O = K_2[Zn(OH)_4] + H_2$$

当碱性电解液锌锰电池放电电流密度很小时，形成锌酸盐过饱和溶液而不稳定，常分解形成缺陷晶格的氧化锌（称为“溶液老化”）。这种氧化锌具有电子导电性，使电极间发生内部短路。为降低老化速度，在电解液中加入 SiO_3^{2-} 和 Li^+。

典型碱性锌锰电池的正极和负极的化学组成和功能如表6-3和表6-4所示。

表6-3 典型碱性锌锰电池正极的化学成分和功能

成分	范围	功能
电解二氧化锰(EMD)	79%～90%	活性物质(反应物)
碳	2%～10%	电子导电剂
35%～52%的KOH水溶液	7%～10%	反应物-离子导电剂
黏结剂	0%～1%	正极成型

表6-4 典型碱性锌锰电池负极的化学成分和功能

成分	范围	功能
锌粉	55%～70%	活性物质(反应物)、电子导电
35%～52%的KOH水溶液	25%～35%	反应物-离子导电剂
凝胶剂	0.4%～2%	电解液分布和非流动性,混合
氧化锌/锌酸盐	0%～2%	析气抑制剂,锌沉淀剂
缓蚀剂	0%～0.05%	析气抑制剂
汞	0%～4%	析气抑制剂,电子导体、加速放电

值得指出的是，随着技术的发展，$Zn-MnO_2$ 电池已经发展为可以多次循环的二次电池。水性可充电 $Zn-MnO_2$ 电池具有高能量密度（～300Wh·kg^{-1}）、低成本材料、制造和回收方便以及卓越的安全性等优点，使其成为具有大规模应用前景的电池，得到广泛关注。根据二氧化锰晶体结构和电解液成分的不同，电化学反应机理也存在差异性，且目前还存在一些争论。

例如：对于 $Zn-\alpha-MnO_2$ 电池，目前就提出了两种不同的机理。在水性 $ZnSO_4$ 或 $Zn(NO_3)_2$ 电解液中，电极反应如下：

负极：$$Zn \longrightarrow Zn^{2+} + 2e^-$$

正极：$$Zn^{2+} + 2e^- + 2MnO_2 \longrightarrow ZnMn_2O_4$$

在水性 2mol·L^{-1} 的 $ZnSO_4$ + 0.1mol·L^{-1} 的 $MnSO_4$ 电解液中，研究表明，水中的 H^+ 也参与了反应，电极反应如下：

负极：$$Zn \longrightarrow Zn^{2+} + 2e^-$$

正极：$$H_2O \longrightarrow H^+ + OH^-$$

$$MnO_2 + H^+ + e^- \longrightarrow MnOOH$$

$$3Zn^{2+} + 6OH^- + ZnSO_4 + nH_2O \longrightarrow ZnSO_4[Zn(OH)_2]_3 \cdot nH_2O$$

最近，又有研究学者报道，在 1mol·L^{-1} 的 $ZnSO_4$ + 0.1mol·L^{-1} 的 $MnSO_4$ 电解液中，有如下反应机理：

负极：$$Zn \longrightarrow Zn^{2+} + 2e^- \qquad E_0 = -0.763V \text{ vs. SHE}$$

正极：$$Mn^{2+} + 2H_2O \longrightarrow MnO_2 + 4H^+ + 2e^- \qquad E_0 = 1.228V \text{ vs. SHE}$$

6.2.1.3 锂二氧化锰（$Li-MnO_2$）电池

$Li-MnO_2$ 电池是一种高比能量的化学电源，低倍率和中倍率放电性能好，价格便宜，安全性能好，与常规电池有竞争力，所以是首先商品化的一种锂电池。该电池是由日本三洋电机公司于1975年发明并研制成功的，随即被推向市场，该电池的内部电极结构可以设计并制作成扣式、碳包式、卷绕式、叠层式，电池外形可以设计并制作成硬币形、圆柱形和方形，以满足不同尺寸和电流用电器的使用要求。扣式电池一般只能以小电流放电，放电曲线非常平坦，直到接近容量终止时才开始下降。碳包式电池通常用于低电流、长时间工作的设备或仪器，它比同尺寸的卷绕式电池能放出更多的容量，在低电流放电过程中，放电曲线相当平坦。卷绕式电池适合于大电流放电或低温条件下工作的设备。在放电过程的大部分时间内，电池的放电曲线平坦，但电压平台低于扣式和碳包式电池。软包装电池与圆柱形金属壳电池的放电性能是一致的，其区别在于极片做得很薄，内部为叠片或板式缠绕结构，且电池外壳不采用金属壳而采用多重复合薄膜材料，用专门的工艺、设备封装。同金属壳电池相比，软包装电池产品外观结构设计灵活、厚度尺寸可达1mm以下，可适应用户多种尺寸要求，最大限度地提高了设备电池仓的利用空间，减轻了电池重量，从而使电池的比能量得到提高。与其他锂电池相比，其材料和制造成本相对要低，且安全性很好。所以，它也是当今世界应用最广泛的商品锂电池。

$Li\text{-}MnO_2$ 电池以金属锂为负极，适当热处理的电解二氧化锰为正极，由高氯酸锂（或三氟甲基磺酸锂）溶解于碳酸丙烯酯（PC）和乙二醇二甲醚（DME）等混合溶剂组成电解质。用电池符号表示为：

$$(-)Li|LiClO_4,PC+DME|MnO_2(+)$$

负极反应： $$xLi \longrightarrow xLi^+ + xe^-$$

正极反应： $$MnO_2 + xLi^+ + xe^- \longrightarrow Li_xMnO_2$$

总反应： $$xLi + MnO_2 = Li_xMnO_2$$

如上述反应式所示，电池放电时锂负极发生氧化反应，形成锂离子溶解于电解质溶液内，并迁移至二氧化锰正极，嵌入到二氧化锰晶格中，并促使二氧化锰中的锰从高价还原至较低价态。

锂二氧化锰电池具有以下特性：①比能量高，约 $230Wh \cdot kg^{-1}$ 或 $500Wh \cdot L^{-1}$，单体电池电压高（开路电压为3.3V），放电电压比较平稳；②价格比较低廉，正极采用电解二氧化锰，是锂电池正极活性物质中比较廉价的一种，可以大量推广应用；③适用温度范围广，可以在－40～＋50℃范围内工作；④电池贮存寿命长，在常温条件下电池贮存寿命超过10年，年容降约1%；⑤电池安全可靠，电池在贮存和放电过程中无气体析出，安全性好；⑥电池品种繁多，每类都还有尺寸和结构各异的电池，容量从几十毫安时到上百安时不等，可满足多种应用的要求。

20世纪90年代中期欧美能源研究重心转移标志着 $Li\text{-}MnO_2$ 电池开始受到重视。最初是多种小型号柱式电池，然后受市场欢迎的大容量电池在技术上取得了显著进展。现在，美国大量使用加拿大蓝星发展技术公司、Ultralife电池有限公司、NY and Hawker Eternacell公司生产的 $Li\text{-}MnO_2$ 电池，并着眼于研究可提供更高比容量和比功率的电池。美国Ultralife电池有限公司从20世纪90年代更是将研究重心转移到锂电池在市场推广应用的专门研究上，特别是高比特性 $Li\text{-}MnO_2$ 电池研究。该公司认为 $Li\text{-}MnO_2$ 电池因为其阴极材料为固体物质，钝化影响很小，导致该体系基本不存在电压滞后，而且体系本身比其他锂一次电池更安全。该公司通过对 $Li\text{-}MnO_2$ 电池的深入研究，在相同体积条件下，$Li\text{-}MnO_2$ 电池比 $Li\text{-}SO_2$ 电池提供超过50%的能量。打破了多年来科研人员认为的 $Li\text{-}MnO_2$ 电池不如 $Li\text{-}SO_2$ 电池比能量高的观点。从此以后一些大型研究所普遍着力于高比特性 $Li\text{-}MnO_2$ 电池的研究。

我国对 Li-MnO_2 电池的研究始于20世纪70年代，在日本松下电器公司退出该体系电池产品后，中国电子科技集团有限公司第十八研究所开始了对 Li-MnO_2 电池的研究，并成功研制出 CR14505 型 Li-MnO_2 电池，为多用途的该体系电池的研制奠定了技术基础。经过几十年的研究和生产，国内 Li-MnO_2 电池生产厂家很多，产品广泛应用于照相机、水表、仪器仪表、心脏起搏器等微功耗型电子产品。目前，大型研究院所普遍着力于高比特性 Li-MnO_2 电池的研究，在薄型 Li-MnO_2 电池技术、高比能量和高比功率的 Li-MnO_2 电池的相关研究方面取得突破性进展，为 Li-MnO_2 电池在水下应用、特种勘探领域应用奠定了技术基础。

Li-MnO_2 电池应用范围较宽，适用于电压滞后要求高、能在瞬间以较大电流放电的设备。在商业（含家用）领域中主要用作自动照相机、电子计算器、收音机、电筒、电动玩具、手表等的电源。在工业领域中，主要用作海上救生器材、水/电/气用付费率智能表、定位发射器的电源及仪器的记忆设备电源。在军事设备领域中主要用作通信电台、保密机、夜视仪、小型干扰机、地雷、水雷等的电源。目前，常用的锂一次电池还有 Li-I_2 电池、Li-$SOCl_2$ 电池和 Li-FeS_2 电池等。

6.2.2　蓄电池

蓄电池（也称为二次电池），是可以储蓄电能的一种装置。蓄电池放电后，用直流电源充电，可以使电池回到原来的状态，因此可反复使用。蓄电池中，化学能和电能可以相互转化。目前主要应用的蓄电池包括铅酸蓄电池、镍镉电池、氢镍电池、锂离子电池。而且，金属空气电池和超级电容器作为新型的蓄电池，发展迅速。不同电池的能量密度不同，用途有所差异。本节主要描述铅酸蓄电池、锂离子电池、钠离子电池、金属空气电池和锂硫电池。

6.2.2.1　铅酸蓄电池

1. 铅酸蓄电池的发展历史

铅酸蓄电池是由法国物理学家普兰特（Gaston Planté）于1859年发明的，至今已有160多年的历史。他将两块铅板电极置于稀硫酸中进行电解，不断变换通过电极的电流方向，电解一段时间后，就研制成了具有能够储存能量和可控放电的二次电池。从19世纪80年代开始，人们逐步对铅酸蓄电池进行了改进。1881年，福尔（Faure）发明了涂膏式极板，使用铅的氧化物（PbO 或者 PbO_2）与稀硫酸混合成铅膏，填涂在凹凸不平的铅板上，放在稀硫酸中进行电解，形成极板，电池比容量达到 $8Wh \cdot kg^{-1}$。但是，红铅质地疏松，活性物质的附着性差，容易从基板上脱落。美国人布鲁什（Charles F. Brush）几乎与福尔同时发现了在电池铅板上多孔涂层的重要性。同年，福克曼（E. Volkmann）等申请了带孔铅板的专利。同时，Swan 发明了板栅代替平板铅板，Sellon 成功研制了 Pb-Sb 板栅合金并沿用至今。1882年，特瑞比（Tribe）和葛拉斯顿（Gladstone）提出了铅酸蓄电池电极反应的双极硫酸盐化理论，至今仍然广泛应用。同年，Tudor 在卢森堡建立了第一个铅酸蓄电池厂。1890年 Phillipart 和 Woodward 发明了管式电极。1935年，Haring 和 Tomas 成功研制了 Pb-Ca 板栅合金。1938年，Dassler 提出了气体复合原理，为密封铅酸蓄电池奠定了理论基础。1957年，德国阳光公司发明了胶体电解质技术，1971年美国 Gates 公司发明了吸液式超细玻璃棉隔板（absorbent glassmat，AGM）技术，从实践上解决了电池内部电解液复合循环的问题，使铅酸电池实现了100多年的密封、不漏液的梦想，开创了铅酸电池的新里程。1975年，Gates 公司在经过许多年努力并付出高昂代价的情况下，获得了一项 D 型密封铅酸干电池的发明专利，成为今天阀控式铅酸蓄电池（valve regulated lead acid battery, VRLAB）的原型。由于阀控式铅酸蓄电池的全密封性，不会漏液，在充电时不会像开口式铅酸蓄电池那样有酸雾释放出来腐蚀设备和污染环境，因此得到了迅速发展。随着科学技术的发展，铅酸蓄电池的工艺、结构、生产机械和自动化程度不断完善，性能不断提高，价格较为低廉。不论是在交通、通信、电力、军事还是在航海、航空各个领域，铅酸蓄电池都起到了不可缺少的作用。到目前为止，铅酸蓄电池仍是世界上产量最大、使用范围最广的一种电池，销售额占全球蓄电池销售额的30%以上。

2. 铅酸蓄电池的构造和工作原理

铅酸蓄电池如图6-5所示。其电极由两组铅锑合金制成的栅格状极片组成。分别填塞 PbO_2 和海绵状金属Pb作为正极和负极，用约30%（相对密度约为1.2）的硫酸溶液作为电解质。按照Tribe和Gladstone与1882年提出的“双极硫酸盐化理论”，铅酸蓄电池可以表示为：

$$(-)Pb|H_2SO_4(c)|PbO_2(+)$$

当蓄电池放电时，两极的活性物质都转变成硫酸铅，所以称“双硫酸盐化理论”。硫酸起传导电流作用，并参与电池反应，浓度逐渐变小而电解液的量逐渐减少。在反应中，由于 H_2SO_4 的二级电离常数相差很大，以 HSO_4^- 的形式参与反应。充电时则发生方向相反的电极反应过程。其电极反应和电池反应为：

正极反应： $PbO_2+HSO_4^-+3H^++2e^- \longrightarrow PbSO_4+2H_2O$

负极反应： $Pb+HSO_4^- \longrightarrow PbSO_4+H^++2e^-$

电池反应： $Pb+PbO_2+2HSO_4^-+2H^+ \Longrightarrow 2PbSO_4+2H_2O$

铅酸蓄电池电动势可以由热力学状态函数与能斯特（Nernst）方程式求得。一般，铅酸蓄电池的总电势为2.046V。铅酸蓄电池正极具有较高的电极电位，约为1.7V（相对于标准氢电极），负极电极电位约为−0.35V（相对于标准氢电极）。铅酸蓄电池的开路电压与其电动势相一致，可根据热力学数据进行计算。根据总反应式和能斯特方程式则有：

$$U_{开路}=E=2.046V+\frac{2.303RT}{F}\log\frac{a_{H_2SO_4}}{a_{H_2O}}$$

这样，$U_{开路}$值随 H_2SO_4 浓度增大而增大。然而，硫酸超过30%时，电解液的电阻增大；硫酸很浓时负极将发生剧烈自放电。在充电状态下现代铅酸蓄电池的电解液含有28%到41%的硫酸（密度为1.20～1.31kg·L^{-1}）。放电时硫酸浓度下降，放电终止时硫酸浓度为12%～14%（密度为1.08～1.17 kg·L^{-1}）。铅蓄电池中电解液的浓度（密度）可以作为衡量蓄电池充放电程度的判据。

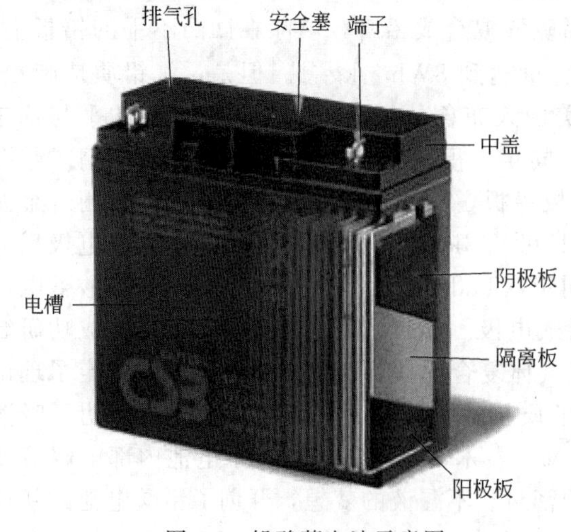

图6-5 铅酸蓄电池示意图

铅酸蓄电池的电压在充电过程中会不断变化，以恒电流对铅酸蓄电池充电，其端电压随时间变化的规律即充电电压特性曲线，如图6-6所示。从图6-6中可以看出，充电初期电池的端电压上升很快，如图中曲线 *oa* 段。这是因为充电开始时，电池两极的硫酸铅分别转变为二氧化铅和铅，同时生成硫酸，极板表面和活性物质微孔内的硫酸浓度骤增，又来不及向极板外扩散，电池的电动势迅速升高，所以端电压亦急剧上升。充电中期，如图中曲线 *ab* 段，由于电解液的相互扩散，极板表面和活性物质微孔内硫酸浓度增加的速度和向外扩散的速度逐渐趋于平衡，极板表面和微孔内的电解液浓度不再急剧上升，所以端电压比较缓慢地上升。这样，随着充电的进行，活性物质逐步转化为二氧化铅和铅，孔隙逐渐扩大，孔率增加。至曲线的 *b* 点（此时端电压约 2.3V）时，活性物质已大部分转化为二氧铅和铅，极板上剩余硫酸铅不多，如果继续充电，则电流使水大量分解，开始析出气体。由于部分气体吸附在极板表面来不及释出，增加了内阻并造成正极电极电位升高，因此电池端电压又迅速上升，如曲线中 *bc* 段。当充电达到 *cd* 段时，因为活性物质已全部还原为充足电时的状态，水的分解也渐趋饱和，电解液剧烈沸腾，而电压则稳定在 2.7V 左右，所以充电至 *d* 点即应结束。以后无论怎样延长充电时间，端电压也不再升高，只是无谓地消耗电能进行水的电解。如果在 *d* 点停止充电，端电压迅速降低至 2.3V。随后，由于活性物质微孔中的硫酸逐步扩散，微孔内外的电解液浓度趋于相同，端电压亦缓慢地下降，最后稳定在 2.06V 左右，如图 6-6 中的虚线部分 *de* 段。

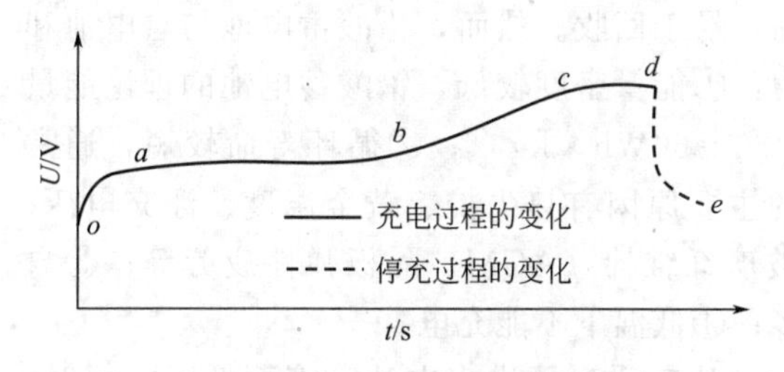

图 6-6　铅酸蓄电池的典型充电曲线

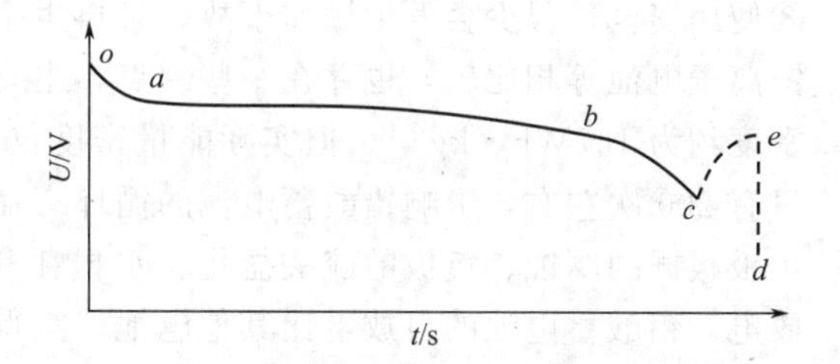

图 6-7　铅蓄电池的典型放电曲线

铅酸电池的典型放电曲线如图 6-7 所示。放电前两极活性物质微孔中的电解液浓度与极板外部的主体电解液的浓度相等，此时电池的端电压即开路电压等于电池的电动势。放电一开始，活性物质微孔中的硫酸被很快消耗，同时又生成水，加之主体电解液的扩散速度缓慢，来不及补偿微孔内所消耗掉的硫酸，所以微孔中电解液的浓度迅速下降，导致电池的端电压也急速降低，如图中曲线 *oa* 段。随着活性物质表面电解液浓度与主体电解液浓度之间的差别不断扩大，促进了硫酸向活性物质表面的扩散。在放电中期，单位时间内活性物质表面和微孔内因放电而消耗掉的硫酸可以得到硫酸扩散的补充，两者取得动态平衡，所以活性物质表面和微孔内的电解液浓度比较稳定，电池的端电压也比较稳定。但是，由于放电过程中硫酸不断被消耗，整个电池内电解液中的硫酸含量减少，浓度降低，活性物质表面和微孔内的电解液浓度也缓慢下降，从而电池的端电压呈缓慢降低的趋势，如曲线 *ab* 段。到放电末期，电池两极的活性物质已大部分转变为硫酸铅，因为硫酸铅的体积大于二氧化铅和铅，活性物质的孔隙减小，孔率降低，而且随着放电反应的进行，硫酸铅不断地向活性物质深处扩展，主体电解液向活性物质微孔内的扩散越来越困难，微孔中已经稀释的电解液由于得不到硫酸的补充，其浓度逐步降低。同时硫酸铅的导电性能不好，增大了极板的电阻，电解液浓度降低也增加了电解液的电阻。这些因素的综合影响，最后导致电池的电压迅速下降，如图中曲线 *bc* 段。放电至 *c* 点时，电压已降至 1.8V 左右，放电结束。此时如果停止放电，则铅蓄电池的端电压立即回升，随着活性物质微孔内浓度很低的电解液和相对浓度较高的主体电解液相互扩散，最后端电压将稳定在 2.0V 左右，如图中虚线部分 *ce* 所示。此时如果继续放电，由于活性物质微孔中电解液浓度已经很低，又得不到极板外主体电解液的补充，将使微孔内的电解液几乎全变成水，使电池的端电压急剧下降，如图中虚线部分 *ed* 所示。放完电后，会在极板上形成粗大结晶的硫酸铅表层，使电池出现极板硫酸化或反极现象，部分或全部丧失其容量，这就是所谓“过放电”现象。而且从图上还可以看到，电池放电至 *c* 点后再继续放电，实际上可以再给出的容量很少、意义不大。综合以上两个方面的原因，铅酸蓄电池放电至端电压降低到 1.8V 左右时即应停止放电，我们把这一人为规定的放电截止时的电压称为放电终止电压。铅酸蓄电池的容量与放电强度密切相关，也和温度有关。当温度降低到 0℃以下时容量明显下降。铅酸蓄电池的工作温度范围一方面受电解液的冰点（约 −40℃）限制，另一方面又为自放电增大所限制（约 50℃）。

3. 铅酸蓄电池的优缺点及应用

与其他蓄电池相比，铅酸蓄电池仍然存在部分难以超越的优点，主要表现为：①电池电动势较高，正负极电位相差达到 2V；②可制成小至 1Ah 到大至几千 Ah 的各种尺寸和结构的电池；③充电时极化较小；④内阻较小，有利于离子传输及电池的快速放电；⑤能以 3*C*～5*C* 倍率甚至更高倍率放电，可用于引擎启动；⑥工作温度范围较宽，可在 −40～55℃下正常工作；⑦工艺成熟、稳定可靠且价格便宜，这是与其他蓄电池相比最大的优势之一；⑧使用安全，很少会发生爆炸事故，且再生率高，易于回收。然而，铅酸蓄电池与氢电池和锂离子电池等相比较，也存在一些缺点，主要为：①能量密度较低，铅酸蓄电池的理论能量密度约为 $167Wh \cdot kg^{-1}$，但实际能量密度仅为 $30 \sim 60Wh \cdot kg^{-1}$；②循环寿命较短，通常只有 200 次左右，影响铅酸蓄电池的循环寿命的主要原因有热失控、黄金温度、浮充电压、正极板栅的腐蚀、负极的硫酸盐化、水损耗和玻璃纤维棉（AGM）隔板弹性疲劳等；③自放电，铅酸蓄电池的自放电比其他电池严重得多；④低温下不能充电。

因此，在使用和保存铅酸蓄电池时，要注意勿让杂质离子进入电池。液面低于极板时，只允许补加蒸馏水和高纯度稀硫酸。电池放完电之前就要充电，勿让电池在放完电后长期搁置，这样会产生极板的不可逆硫酸盐化，也就是用正常的充电方法而电池充不进电的现象。发生这种现象的原因之一是硫酸铅重结晶，形成粗大颗粒在充电过程中转化较为困难。由于电池的自放电，铅酸蓄电池在搁置时也会有气体放出。正极上的二氧化铅自动还原为硫酸铅时会放出氧，负极上的海绵铅自动溶解时会析出氢，故电池的贮存室要注意通风，不能吸烟和有火种。因为空气中氢达到一定浓度时有爆炸的危险。充满电解液的铅酸蓄电池应在充电状态下保存（以避免硫酸盐化）。

铅酸蓄电池由于结构简单、价格低廉、内阻小等优点，可以短时间供给起动机强大的启动电流而广泛应用于各个领域。按国际标准规定铅酸蓄电池主要分为以下几类：①起动型蓄电池，主要用于汽车、摩托车、拖拉机和柴油机等启动和照明；②固定型蓄电池，主要用于通信、发电厂、计算机系统作为保护和自动控制的备用电源；③牵引型蓄电池，主要用于各种蓄电池车、叉车、铲车和电动自行车等动力电源；④储能用蓄电池，主要用于风力和太阳能灯发电用电储存；⑤铁路用蓄电池，主要用于铁路内燃机、电力机车、客车启动和照明的动力电源。

4. 铅酸蓄电池的前沿研究

围绕铅酸蓄电池存在的主要问题，国内外学者开展了大量的研究，主要集中在以下几个方面：①机理研究，尽管对于铅酸蓄电池相关机理方面的研究已做了大量的工作，但仍有许多问题没有解决，这方面的研究工作一直进行着，人们更加注重借助更新的研究手段，如激光拉曼光谱、原子力显微镜、光电化学、XRD、XPS 和 TEM 等，研究铅酸蓄电池的反应机理，并采用各种不同的建模手段，建立各种模型，模拟铅酸电池正极和负极的充放电反应过程；②电池材料，主要涉及新型集流体材料（如含添加剂的Pb-Sb、Pb-Ca和新型Pb-稀土多元合金代替铅合金板栅集流体）、新型隔板材料、电解质、正极和负极活性物质添加剂（包括寻找各种膨胀剂、导电剂等来提高活性物质利用率）、电解液添加剂（如碱金属或碱土金属盐、H_3PO_4、Co^{2+}、Cd^{2+}、Sn^{2+}、Al^{3+}、ClO_4^- 及其他无机离子或稀土元素无机盐等）；③电池结构，如胶体电池能够减少充电时电解质中水的损失和卷绕式电池在一定程度上提高了其体积比能量等；④不完全荷电状态下的充放电性能、充电接受能力和充电模式以及化成和固化等制造工艺。

随着技术的突破和新结构的应用，铅酸蓄电池将进入新时代。目前，包括卷绕式电池、铅炭电池、超级电池和双极性电池在内的先进铅酸蓄电池，在美、日和欧洲等国家和地区已在各类电动骑车中进行大批量路试，卷绕式、双极性等铅酸蓄电池也已进入产业化阶段，拉网式、冲孔式等连续板栅生产工艺在国外已普遍采用。铅酸蓄电池新技术时代的到来，为这个有着悠久历史的“传统产品”注入新的活力，先进铅酸蓄电池的比能量和比功率将大幅度提升，循环寿命延长。未来较长时期内，先进铅酸蓄电池仍将在备用电源、储能和汽车起动等领域发挥重要作用。

6.2.2.2 锂离子电池

1. 锂离子电池的发展历史

在所有元素中，锂是自然界中最轻的金属，同时具有最负的标准电极电势（−3.045V vs. SHE）。这两个特征结合在一起使得锂为负极的电化学储能器件具有很高的能量密度，理论比容量达到 $3860mAh \cdot g^{-1}$。由于锂的标准还原电位很低，在水中热力学上是不稳定的，因此实际上锂电池的应用主要依赖于合适的非水体系电解液的发展。

锂离子电池的研究起源于二十世纪六七十年代的石油危机。它是在锂一次电池基础上发展起来的新型高比能量电池。1976 年，Whittingham 在 Science 杂志发表论文，介绍了 Li-TiS_2 锂二次电池，其工作电压大约为 2.2V。此后，美国 Exxon 公司开发了扣式 Li-TiS_2 电池，加拿大 Moli Energy 公司推出了圆柱式 Li-MoS_2 电池，并于 1988 年投入规模生产和应用。然而，由于锂的不均匀沉积会导致锂枝晶，它可以穿透隔膜，引起正、负极短路，从而导致严重的安全性问题，1989 年 Moli Energy 公司的爆炸事故几乎使锂二次电池的发展陷于停顿。

为了克服使用金属锂负极带来的安全性问题，Murphy 等人建议使用插层化合物以取代金属锂负极。这种设想直接导致了在 20 世纪 80 年代 Armand 提出“摇椅式电池”：采用低插层电势的嵌锂化合物代替金属锂负极，与具有高插锂电势的嵌锂化合物组成锂二次电池，彻底解决锂枝晶的问题。另外，为了解决嵌锂化合物代替金属锂引起的电压升高，从而导致电池整体电压和能量密度降低的问题，Goodenough 首先提出用氧化物替代硫化物作为锂离子电池的正极材料，并展示了具有层状结构的 $LiCoO_2$ 不但可以提供接近 4V（vs. Li/Li^+）的工作电压，而且可在反复循环中释放约 $140mAh \cdot g^{-1}$的比容量。1989 年，日本索尼公司以 $LiCoO_2$ 为正极材料、硬碳为负极、$LiPF_6$溶于 PC（丙烯碳酸酯）+EC（碳酸乙烯酯）混合溶剂作为电解液，生产出历史上第一个锂离子电池，工作电压达到 3.6V。该电池于 1990 年开始被推向商业市场。

在接下来的 20 多年里，锂离子电池的科研工作者和生产技术人员共同努力，在能量密度、功率密度、服役寿命、使用安全性、成本降低等方面做了大量的工作。在正极材料方面开发了尖晶石型的 $LiMn_2O_4$、橄榄石型的 $LiFePO_4$、层状结构的 $LiNi_xCo_{1-2x}Mn_xO_2$ 和

$LiNi_{0.8}Co_{0.15}Al_{0.05}O_2$ 等实用型材料。在负极材料方面，除了各种各样的碳材料，还开发了 $Li_4Ti_5O_{12}$、锡基和硅基材料。在电解质方面，聚合物电解质和陶瓷电解质等固态电解质呈现出有价值的应用前景。在电池设计和电池管理等方面也逐渐成熟起来。基于此，在常见的液体锂离子电池（简称锂离子电池）的基础上，将其中的液体电解质改为凝胶聚合物电解质或聚合物电解质，诞生了聚合物锂离子电池。近年来，将其中的一些材料进一步改变，产生了水溶液可充电锂离子电池。

2. 锂离子电池的结构和工作原理

锂离子电池主要由正极、负极、电解液和隔膜组成。它利用锂离子在正极和负极之间形成嵌入化合物的锂状态和电位的不同，通过电子的得失来实现充电和放电过程。锂离子电池的电池符号表示为：

$$(-)C_n|LiPF_6, EC+DMC|LiCoO_2(+)$$

以正极材料为 $LiCoO_2$、负极材料为石墨为例，发生的电极反应如下：

负极：
$$Li_xC_6 \underset{充电}{\overset{放电}{\rightleftharpoons}} xLi^+ + 6C + xe^-$$

正极：
$$xLi^+ + Li_{1-x}CoO_2 + xe^- \underset{充电}{\overset{放电}{\rightleftharpoons}} LiCoO_2$$

电池总反应：
$$Li_xC_6 + Li_{1-x}CoO_2 \underset{充电}{\overset{放电}{\rightleftharpoons}} 6C + LiCoO_2$$

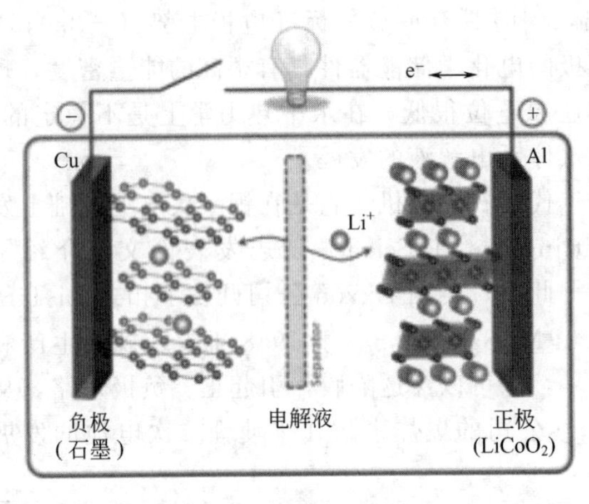

图 6-8 锂离子电池的工作原理示意图

锂离子电池的工作原理如图 6-8 所示。在充电过程中 Li^+ 从正极脱出，经电解液嵌入负极材料中，负极处于富锂状态，而正极处于贫锂状态，此时电子的补偿电荷经由外电路供给碳负极，以确保整个体系电荷的平衡。而放电过程则相反，Li^+ 从负极材料中脱出，经电解液嵌入正极材料中，此时正极处于富锂状态。在锂离子电池正常充放电过程中，Li^+ 在层状结构的碳材料及氧化物的层间嵌入与脱出时，通常只引起材料层面结构间距的变化，并不会破坏其晶体结构。因而，从充放电反应的可逆性来看，锂离子电池反应实际上是一种理想的可逆反应。充电时，锂离子由能量较低的正极材料迁移到石墨材料的负极层间而成为高能态；放电时，锂离子由能量高的负极材料层间迁回能量低的正极材料层间，同时通过外电路释放电能。

3. 锂离子电池的主要特点

与其他二次电池对比，锂离子电池的优点有：①工作电压和能量密度高（通常的单体电池的电压为 3.6V）；②荷电保持能力强，在温度范围为（20±5)℃下，以开路形式贮存 30 天后，电池的常温放电容量大于额定容量的 85%；③具有优良的高低温放电性能，可以在 −20～55℃工作，高温放电性能优于其他各类电池；④循环使用寿命长，在连续充放电大于 1000 次后，电池的容量依然不低于额定值的 80%，远远高于其他各类电池；⑤安全性较高且可安全快速充放电，与金属锂电池相比较，锂离子电池具有抗短路，抗过充、过放，抗冲击（10kg 重物自 1 米高自由落体），防振动、枪击、针刺（穿透），不起火，不爆炸等特点；⑥环境污染较小，电池中不含有镉、铅、汞这类有害物质，是一种较洁净的“绿色”化学能源；⑦无记忆效应，可随时反复充、放电使用（尤其在战时和紧急情况下更显示出其优异的使用性能）；⑧体积能量密度高，与同容量镍氢电池相比，体积可减小30%，重量可降低50%，有利于便携式电子设备小型轻量化。然而，锂离子电池也存在一些缺点，主要表现为：①锂离子电池的内部阻抗高，因为锂离子电池的电解液为有机溶剂，其电导率比镍镉电池、镍氢电池的水溶液电解液要低得多，所以，锂离子电池的内部阻抗比镍镉、镍氢电池约大11倍；②工作电压变化较大，电池放电到额定容量的80%时，镍镉电池的电压变化很小（约20%），锂离子电池的电压变化较大（约40%），这对电池供电的设备来说，是严重的缺点；③成本较高；④必须有特殊的保护电路，以防止其过充；⑤与普通电池的相容性差，由于工作电压高，所以一般的普通电池用三节情况下，才可用一节锂离子电池代替。

同其优点相比，锂离子电池的这些缺点都不是主要问题，特别是用于一些高科技、高附加值的产品中。因此，其具有广泛的应用价值。世界上许多大公司竞相加入锂离子电池的研究、开发和生产行列中，如索尼、三洋、东芝、三菱、富士通、日产、TDK、佳能、贝尔、富士、松下、日本电报电话、三星等。目前主要应用领域为电子产品，如手机、笔记本电脑、微型摄像机、IC卡、电翻译器、汽车电话等。另外，对其他一些重要领域也有较为广泛的应用，例如车用动力电池和规模储能电池。

4. 锂离子电池关键材料

电极是电池的核心，由活性物质和导电骨架组成。正、负极活性物质是产生电能的源泉，是决定电池基本特性的重要组成部分。电源内部的非静电力是将单位正电荷从电源负极经内电路移动到正极过程中做的功。电动势是表征电源产生电能的物理量，其符号是E，单位是V。电动势的大小与电源大小无关。对锂离子电池而言，对其电极活性材料的要求是：首先要求正、负极材料组成电池的电动势要高（例如以$LiCoO_2$和石墨分别为正、负电极材料组成的锂离子电池为例，可以获得高达3.6V的电动势）；其次就是要求活性物质的比容量要大（$LiCoO_2$和石墨的理论比容量都较大，分别为$297mAh\cdot g^{-1}$和$370mAh\cdot g^{-1}$）；再次就是要求活性物质在电解液中的稳定性高（可以减少电池在贮存过程中的自放电，从而提高电池的贮存性能）；此外，就是要求活性物质具有较高的电子导电性，以降低其内阻；当然从经济和环保方面考虑，还要求活性物质来源广泛、价格便宜、对环境友好。

（1）正极材料　锂离子电池正极活性物质的选择除上述通用要求外，还有其特殊的要求，具体来说，锂离子电池正极材料的选择必须遵循以下原则：①正极材料具有较大的吉布斯自由能，以便与负极材料之间保持一个较大的电位差，提供电池工作电压（高比功率）；②离子嵌入反应时的吉布斯自由能改变小，即锂离子嵌入量大且电极电位对嵌入量的依赖性较小，这样可确保锂离子电池工作电压稳定；③较宽的锂离子嵌入/脱出范围和相当的锂离子嵌入/脱出量（比容量大）；④正极材料需有大孔径“隧道”结构，以便在充放电过程中，提高锂离子在其中的嵌入/脱出速率；⑤正极材料的物理化学性质均一，其异动性极小，以保证电池良好的可逆性（循环寿命长）；⑥不溶于电解液且不与电解液发生化学或物理反应；⑦与电解质有良好的相容性，热稳定性高，保证电池的工作安全；⑧重量轻，易于制作适用的电极结构，以提高锂离子电池的性价比；⑨低（无）毒、价廉、易制备。

目前，商业化的正极材料按结构分成层状结构的钴酸锂（$LiCoO_2$）、尖晶石型的锰酸锂（$LiMn_2O_4$）和橄榄石型的磷酸铁锂（$LiFePO_4$）三类。其中层状结构的材料可衍生出三元材料（$LiNi_xMn_yCo_zO_2$，NMC，$x+y+z=1$）、镍钴铝正极材料（$LiNi_{0.8}Co_{0.15}Al_{0.05}O_2$，NCA）、富锂锰基正极材料[$x Li_2MnO_3\cdot(1-x)LiMO_2$，M=Co、Mn和Ni]；尖晶石锰酸锂衍生出高电压的镍锰酸锂尖晶石材料（$LiMn_{1.5-x}M_{x+y}Ni_{0.5-y}O_4$，M=Cr、Fe、Co）

等；磷酸盐正极材料还包括磷酸铁锰锂（$LiMn_{1-x}Fe_xPO_4$）和磷酸钒锂［$Li_3V_2(PO_4)_3$］材料等。镍钴锰酸锂、镍钴铝酸锂等正极材料陆续产业化，并被拓展到众多领域。随着新能源汽车对高能量密度的需求，目前镍钴锰酸锂有望成为最重要、占比最大的正极材料。我国在锂离子电池正极材料的开发和产业化方面具有得天独厚的优势，拥有完善的产业链和可持续发展的良好势头：Ni、Mn 矿产资源丰富，有色金属冶炼工艺成熟，正极及其前驱体产业品种齐全，电池及其市场应用规模大、范围广，电池回收初具规模。近 20 年来，国产正极材料已走出国门，部分产品处于世界领先地位，涌现了许多先进电池材料公司。锂离子电池正极材料的典型结构如图 6-9 所示，重要正极材料的主要技术指标和性能如表 6-5 所示。

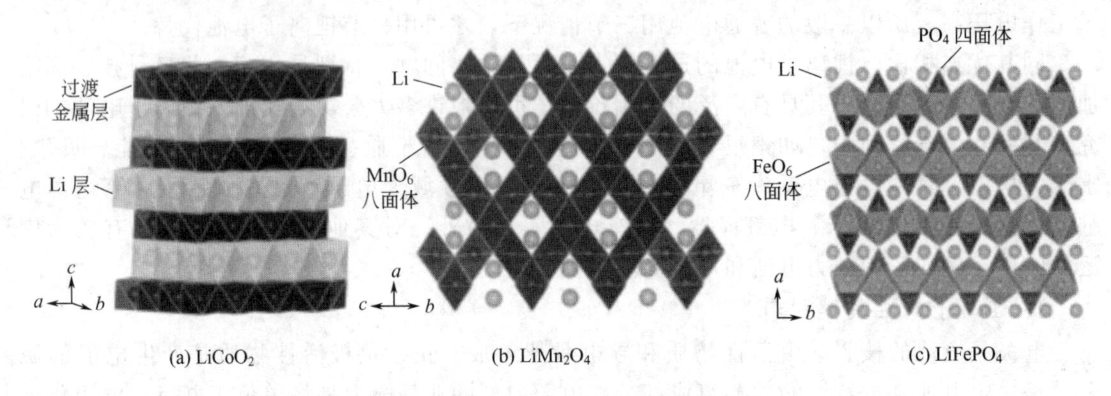

图 6-9 锂离子电池正极材料的典型结构

表 6-5 常见正极材料的有关性能数据

正极材料	钴酸锂	锰酸锂	NCM 三元材料	磷酸铁锂
平均电压/V	3.7	3.8	3.6	3.4
电压范围/V	3.0～4.4	3.0～4.3	2.5～4.6	3.2～3.7
理论比容量/($mAh\cdot g^{-1}$)	274	148	273～285	170
实际比容量/($mAh\cdot g^{-1}$)	130～200	100～130	155～220	140～160
振实密度/($g\cdot cm^{-3}$)	2.8～3.0	2.0～2.4	2.6～2.8	1.0～1.5
压实密度/($g\cdot cm^{-3}$)	3.6～4.6	约 3.0	约 3.4	2.2～2.3
理论质量能量密度/($Wh\cdot kg^{-1}$)	602	400～520	约 600	约 500
实际质量能量密度/($Wh\cdot kg^{-1}$)	180～260	130～180	180～240	130～160
理论体积能量密度/($Wh\cdot m^{-3}$)	3073	2100	2912	1976
高温性能	一般	较差	一般	较好
低温性能	较好	较好	较好	较差
倍率性能	不好	较好	一般	较差
安全性能	较好	优良	较好	优良
价格	贵	便宜	较贵	较贵

用于商品化的锂离子电池正极材料 $LiCoO_2$ 属于 α-$NaFeO_2$ 型结构，其研究和应用时间很长，不断改善合成条件和方法、提高其充放电容量、倍率及安全性能的努力从未间断。钴酸锂的合成方法主要有高温固相法、低温共沉淀法和溶胶-凝胶法，比较成熟的是高温固相

法。为了将更多的锂离子从晶体结构中可逆地脱出，体相掺杂、表面包覆等方法被广泛用来对其改性。

钴是一种战略元素，全球的储量十分有限，其价格昂贵而且毒性大，因此，以 $LiCoO_2$ 作为正极材料的锂离子电池成本偏高；另外 $LiCoO_2$ 中，可逆地脱嵌锂的量为 0.5～0.6mol（尽管目前已有技术能在高电压下可逆地脱出 0.8mol 的 Li^+，但离实际应用还有一段距离），过充电所脱出的锂大于 0.6mol 时，会造成材料结构坍塌，降低循环性能，亦会带来安全隐患。$LiCoO_2$ 过充后所产生的 CoO_2 对电解质氧化的催化活性很强，同时 CoO_2 起始分解温度低（约 240℃），放出的热量大（1.0kJ·g^{-1}）。因此以 $LiCoO_2$ 作锂离子电池正极材料存在严重的安全隐患，只适合小容量的单体电池单独使用。

相对于金属钴而言，金属镍要便宜得多，世界上已经探明镍的可采储量约为钴的 14.5 倍，而且毒性也较低。由于 Ni 和 Co 的化学性质接近，$LiNiO_2$ 和 $LiCoO_2$ 具有相同的结构。两种化合物同属于 α-$NaFeO_2$ 型二维层状结构，适用于锂离子的脱出和嵌入。$LiNiO_2$ 不存在过充电和过放电的限制，其自放电率低，污染小。对电解液的要求低，是一种很有前途的锂离子电池正极材料。然而 $LiNiO_2$ 在充放电过程中，其结构欠稳定，并且热稳定性差，存在较大安全隐患。同时，由于 Ni^{2+} 较难氧化为 Ni^{3+}，所以制作工艺条件苛刻，不易制备得到稳定的 α-$NaFeO_2$ 型二维层状结构的 $LiNiO_2$。因此，采用掺杂 Co 和 Mn 元素，制备可商业化的三元材料（$LiNi_xMn_yCo_zO_2$，NMC，$x+y+z=1$）和镍钴铝正极材料（$LiNi_{0.8}Co_{0.15}Al_{0.05}O_2$，NCA）是常见方法，目前三元材料的制备基本上掌握了镍含量 60%以下的技术，更高镍含量的三元材料在空气中和循环过程中结构不稳定，同时，材料的热稳定性也需要提高，需要进一步研发（如图 6-10 所示）。对于 NCA 材料，日本一些公司已经生产出比容量超过 200mAh·g^{-1} 的材料并已经被使用，特斯拉汽车中使用的松下电池主要采用 NCA 作为正极材料。

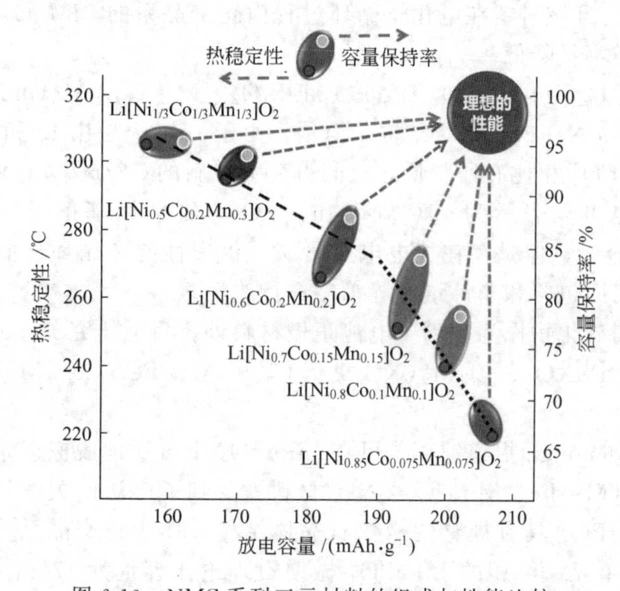

图 6-10　NMC 系列三元材料的组成与性能比较

同锂钴氧化物和锂镍氧化物相比，锂锰氧化物具有安全性好、耐过充性好、原料锰的资源丰富、价格低廉及无毒性等优点，是最具发展前途的正极材料之一。锂锰氧化物主要有四种，即尖晶石结构的 $LiMn_2O_4$ 和 $LiNi_{0.5}Mn_{1.5}O_4$、层状结构的 $LiMnO_2$ 和富锂锰基正极材料［$x Li_2MnO_3 \cdot (1-x)LiMO_2$；M=Co、Mn 和 Ni］。

尖晶石型的$LiMn_2O_4$属立方晶系，具有Fd-3m空间群。其理论容量为148mAh·g^{-1}。其中氧原子构成面心立方紧密堆积（ccp）。锂和氧分别占据ccp的四面体位置（8*a*）和八面体位置（16*d*），其中四面体晶格8*a*、48*f*和八面体晶格16*c*共面构成互通的三维离子通道，适合锂离子自由脱出和嵌入。尖晶石$LiMn_2O_4$的制法有高温固相法、融盐浸渍法、共沉淀法、喷雾干燥法、溶胶-凝胶法、水热合成法等。

在充放电过程中，$LiMn_2O_4$会发生立方晶系到四方晶系的相变且锰的溶解导致容量衰减严重、循环寿命低。研究表明，通过掺杂其他金属原子（Mg、Al、Co、Ni、Cr、Zn、Mg等）来改善其电化学性能，效果较为明显。但是总的来说，这些掺杂元素的加入量不宜过多，过多的掺杂物将使材料的比容量明显降低。其次，在化学计量的$LiMn_2O_4$中添加适度过量的钾和锂亦可以提高其晶体结构的稳定性。

高电压正极材料$LiNi_{0.5}Mn_{1.5}O_4$可以看做是镍掺杂的$LiMn_2O_4$，属于立方尖晶石结构，有两种空间结构（*Fd*-3*m*和$P4_332$空间群）。在Fd-3*m*中，Ni/Mn原子随机排列，在$P4_332$中，Ni原子占据4*a*位，Mn原子占据12*d*位，是一种有序结构。$LiNi_{0.5}Mn_{1.5}O_4$具有4.7V的放电平台，其理论放电比容量为146.7mAh·g^{-1}。在$LiNi_{0.5}Mn_{1.5}O_4$中，锰为+4价，在充放电过程中不发生氧化还原反应，起稳定晶体结构的作用。同时，由于没有Mn^{3+}的存在，避免了在充放电过程中的歧化反应；镍为+2价，作为材料的电化学活性金属离子，在充放电过程中对应着Ni^{2+}/Ni^{3+}和Ni^{3+}/Ni^{4+}的两个平台，处于4.7V左右，电压差别很小。该材料可以在碳酸酯类电解液中显示较好的循环性能，但电解液在高电位循环时存在分解和产生气体的问题，给电池安全性能带来隐患。目前，通过体相掺杂、表面包覆和镍锰比例的微调等策略来改性。

层状$LiMnO_2$同$LiCoO_2$一样，具有α-$NaFeO_2$型层状结构，理论比容量为286mAh·g^{-1}。在空气中稳定，是一种具有潜力的正极材料。然而，该材料很难采用常规方法制备（通常采用离子交换法制备），且该材料在电化学循环过程由正交晶系的$LiMnO_2$转变成尖晶石型的$LiMn_2O_4$，造成可逆容量降低。

富锂锰基正极材料［$x Li_2MnO_3 \cdot (1-x)LiMO_2$，M=Co、Mn和Ni］中$Li_2MnO_3$具有与$LiCoO_2$类似的α-$NaFeO_2$层状结构，但是，由于$LiMn_2$层中Li和Mn原子的有序性，其晶格对称性与$LiCoO_2$相比有所降低，空间群变为单斜的$C2/m$。$Li_2MnO_3$中每个Li被6个Mn包围，因此也可以表示为$Li(Li_{1/3}Mn_{2/3})O_2$。富锂锰基正极材料能够提供220～330mAh·g^{-1}的比容量，但是存在放电电压衰减、倍率性能和循环性能差等问题，目前正在通过体相掺杂、表面包覆和非计量比等策略进行改性。

除上述过渡金属氧化物作为锂离子电池正极材料外，目前研究关注的热点正极材料还有多元酸根离子体系$LiMXO_4$、$Li_3M_2(XO_4)_3$，（其中M=Fe、Co、Mn、V等；X=P、S、Si、W等）。

自1997年Goodenough报道锂离子可在$LiFePO_4$中可逆地脱嵌以来，具有有序结构的橄榄石型$LiMPO_4$（M=Fe、Mn、Co、Ni）材料就受到了广泛的关注且部分材料已广泛应用于动力电池。$LiFePO_4$具有规整的橄榄石晶体结构，属于正交晶系（Pmnb），每个晶胞中有四个$LiFePO_4$单元。纯相的$LiFePO_4$橄榄石理论比容量为170mAh·g^{-1}，电子电导率和锂离子扩散系数较低（分别为10^{-9}S·cm^{-1}和10^{-15}～10^{-10}cm^2·s^{-1}），造成实际比容量较低。为了提高$LiFePO_4$材料的可逆比容量，Armand等提出碳包覆的方法，提高其电导率；Yamada等人把材料纳米化，缩短锂离子扩散路径。随后，研究者指出，掺杂提高了电子电导率是优化其电化学性能的重要方法。到目前为止，通过性能优化的$LiFePO_4$材料的比容量可到达160mAh·g^{-1}左右。由于其原材料成本低廉、较高的放电比容量和工作电压（3.4V vs. Li^{+}/Li）、优良的循环性能（特别是高温循环性能）和优良的安全性能，$LiFePO_4$ 材料被大规模应用于电动汽车、规模储能和备用电源等。需要指出的是，$LiFePO_4$ 正极材料在合成过程中 Fe^{2+} 极易被氧化成 Fe^{3+}，需要较纯的惰性气氛保护等工作条件。

正极材料的主要发展思路是在钴酸锂、锰酸锂和磷酸铁锂等材料的基础上，发展相关的各类衍生材料，通过掺杂，包覆，调整微观结构，控制材料形貌、尺寸分布、比表面积、杂质含量等技术手段来综合提高其比容量、倍率、循环寿命、压实密度、电化学和热稳定性。最为迫切的仍然是提高材料的能量密度，其关键是提高正极材料的容量或者放电电压。目前的研究现状是这两者都要求电解质及其相关辅助材料能在宽的电位窗口下工作，同时能量密度的提高意味着安全性问题将更加突出，下一代高比能量锂离子电池正极材料的发展很大程度上还将取决于高压电解质技术的进步。

(2) 负极材料　一般来说，选择一种好的负极材料应遵循以下几个原则：①嵌锂电位低，尽可能接近锂的氧化还原电位；②单位质量和单位体积的储锂容量高；③锂在其中嵌入脱出反应快，即锂离子在固相中的扩散系数大，在电极-电解液界面的移动阻抗小；④电子电导率高；⑤锂离子在电极材料中存在稳定状态；⑥材料在嵌脱锂过程中的体积和形状变化小；⑦不溶于电解液且不与电解液发生化学或物理反应；⑧低（无）毒、价廉、容易制备。

在锂离子电池中，以金属锂作为负极时，电解液与锂发生反应，在金属锂表面形成锂膜，导致锂枝晶生长，容易引起电池内部短路和电池爆炸。当锂在碳材料中的嵌入反应时，其电位接近锂的电位，并不易与有机电解液反应且表现出良好的循环性能。采用碳材料作负极，充放电时，在固相内的锂发生嵌入-脱嵌反应。

目前主要使用的负极材料是天然石墨和人造石墨。天然石墨成本较低，通过改性，目前可逆容量达到 $360mAh \cdot g^{-1}$，循环寿命可达到 500～1000 次。人造石墨最重要的是中间相炭微球（meso carbon microbeads，MCMB），1993 年，日本大阪煤气公司将 MCMB 用于锂离子电池的负极且成功实现产业化。后来，我国上海杉杉和天津铁城单位相继研发成功并产业化。MCMB 电化学性能优异，但其制备温度高且制造成本相对较高。目前，石墨负极材料产量最大的企业是日本日立化成（Hitachi Chemical）有限公司与我国深圳贝特瑞新能源材料股份有限公司（BTR），较大的企业有上海杉杉科技有限公司、日本吴羽化工（KUREHA）、日本炭黑（Nippon Carbon）和湖南摩根海容新材料股份有限责任公司等。为了实现石墨在动力电池中高倍率性能，人们对纳米孔、微米孔石墨和多面体石墨进行了进一步研究和开发。

无定形碳则是在低温方法下制备，并具有高理论容量的一类电极材料。无定形碳材料的制备方法较多。最主要有两种：①将高分子材料在较低的温度（$<1200℃$）下于惰性气氛中进行热处理；②将小分子有机物进行化学气相沉积。高分子材料的种类比较多，例如聚苯、聚丙烯腈、酚醛树脂等，小分子有机物包括六苯并苯、酚酞等。这些材料的 X 射线衍射图中没有明显的（002）面衍射峰，均为无定形结构，由石墨微晶和无定形区组成。无定形区存在大量的微孔结构。其可逆容量在合适的热处理条件下，可以大于 $372mAh \cdot g^{-1}$，有的甚至超过 $1000mAh \cdot g^{-1}$。主要原因在于微孔可作为可逆储锂的“仓库”。

锂嵌入无定形碳材料中，首先嵌入到石墨微晶中，然后进入石墨微晶的微孔中。在嵌脱过程中，锂先从石墨微晶中发生嵌脱，然后才是微孔中的锂通过石墨微晶发生嵌脱，因此锂在发生嵌脱的过程中存在电压滞后现象。此外，由于没有经过高温处理，碳材料中残留有缺陷结构，锂嵌入时首先与这些结构发生反应，导致电池首次充放电效率低；同时，由于缺陷结构，在循环时不稳定，使得电池容量随循环次数的增加而衰减较快；另外，该类材料的振实密度较小，充电电压平台较高，导致其比能量下降。尽管无定形碳材料的可逆容量高，由于这些不足目前尚未解决，因此还不能达到实际应用的要求。表 6-6 为锂离子电池负极材料 MCMB 的一些性能参数。

表 6-6 锂离子电池负极材料 MCMB 的性能

项目	真实密度/(g·cm^{-3})	振实密度/(g·cm^{-3})	比表面积/(m^2·g^{-1})	平均粒径 D_{50}/μm	比容量/(mAh·g^{-1})		首次放电效率/%
					充电	放电	
控制指标	≥2.16	≥1.25	0.3～3.0	6～25	≥330	≥300	≥90

在锂离子电池负极材料研究中，另外一个受到重视并且已经进入市场的负极材料是 Jonker 等人在 1956 年提出的具有尖晶石型结构的钛酸锂（$Li_4Ti_5O_{12}$）。1983 年，Murphy 等首先对这种材料的嵌锂性能进行了研究，但是当时没有引起足够重视。1994 年 Ferg 等研究了其作为锂离子电池的负极材料，Ohzuku 小组随后对 $Li_4Ti_5O_{12}$ 在锂离子电池中的应用进行了系统研究，强调其零应变的特点。纯的 $Li_4Ti_5O_{12}$ 呈白色，密度为 3.5g·cm^{-3}，为半导体材料，室温下电导率为 10^{-9}S·cm^{-1}。作为锂离子电池负极材料，$Li_4Ti_5O_{12}$ 的嵌锂相变电位为 1.55V（vs. Li/Li^+），理论嵌锂容量为 175mAh·g^{-1}。由于电解液在其嵌锂区间内不分解，所以 $Li_4Ti_5O_{12}$ 电极表面不形成固体电解质界面膜（solid electrolyte interface，SEI 膜），首次库伦效率达到 98%以上。$Li_4Ti_5O_{12}$ 作为负极材料，嵌脱锂后体积变化不到 1%，是少见的零应变材料，有利于电池和电极材料的结构稳定，能够实现长的循环寿命，日本东芝公司报道的材料循环寿命超过 20 万次。$Li_4Ti_5O_{12}$ 在应用时面临的一个问题是，使用时嵌锂态 $Li_7Ti_5O_{12}$ 与电解液发生化学反应导致胀气，特别是在较高温度下。胀气问题导致锂离子电池容量衰减、寿命缩短和安全性下降。另外，$Li_4Ti_5O_{12}$ 电子导电率和锂离子迁移速率较低，需要对其进行碳包覆和纳米化，这给规模制备带来一定的困难且成本增加。目前，通过严格控制材料及电池中的水含量和 $Li_4Ti_5O_{12}$ 的杂质含量，通过掺杂、表面修饰降低表面的反应活性和材料的电阻，优化电池工艺以及优化 $Li_4Ti_5O_{12}$ 的一次颗粒与二次颗粒的大小等策略，很大程度上解决了 $Li_4Ti_5O_{12}$ 在使用过程中的胀气问题。

新型负极材料包括薄膜负极材料、纳米负极材料和新型核壳结构负极材料，主要包括氧化物、锡、硅及其合金等。薄膜负极材料主要用于微电池中，其主要的制备方法有射频磁控喷射法、直流磁控喷射法和气相化学沉积法等。制备的负极材料膜厚度一般不超过 500nm，因为过厚的膜容易导致结构发生变化、容量发生衰减。纳米负极材料的开发是利用材料的纳米特性，减少充放电过程中体积膨胀和收缩对结构的影响，从而改进循环性能。研究表明，纳米特性的有效利用可改进这些负极材料的循环性能，然而离实际应用还有较长距离。关键原因是纳米粒子随充放电循环的进行而逐渐发生结合，从而又失去了纳米粒子特有的性能，导致其结构被破坏，可逆容量发生衰减。另外，纳米材料的体积能量密度偏低，也影响其在某些领域的应用。在长期一段时间内，合金类材料（尤其是 Li-Si 和 Li-Sn 体系）因其理论比容量高、环境友好和储量丰富等特点而被广泛研究，但是合金类材料在 Li^+ 嵌入过程中存在较大的体积膨胀，导致材料粉化，进而导致极片脱落，使电池循环性能变差。目前，通过材料的纳米化、表面修饰、与其他材料复合、形貌和结构优化、采用电解液添加剂、优化集流体结构和黏结剂组成等策略提高硅基负极材料的电化学性能是研究的热门方向，也取得了重大进展。

（3）电解质　是电池的主要组成之一。电解质在锂离子电池中，承担着通过电池内部在正、负电极之间传输离子的作用。它对电池的容量、工作温度范围、循环性能及安全性能等都有重要的影响。由于其物理位置是在正、负极的中间，并且与两个电极都要发生紧密联系，所以当研发出新的电极材料时，与之配套电解质的研制也需同步进行，在电池中，正极和负极材料的化学性质决定着其输出能量，对电解质而言，在大多数情况下，则通过控制电池中质量流量比，控制电池释放能量的速度。根据电解质的形态特征。可以将电解质分为液体和固体两大类。它们都是具有高离子导电性的物质，在电池内部起着传递正、负极之间电荷的作用。

① 液体电解质。不同类型的电池采用不同的液体电解质（电解液），如铅酸蓄电池的电解质都采用水溶液；而作为锂离子电池的电解液不能采用水溶液，因为水的析氢电压窗口较小，不能满足锂离子电池高电压的要求；此外，目前所采用的锂离子电池正极材料在水体系中的稳定性较差。因此，锂离子电池通常都是采用锂盐的有机溶液作为电解液（如 $LiPF_6$/EC＋DMC）。但由于水溶液体系的来源较为方便及其电导率较高等优势，研究工作者们也正在努力开发这方面的新型电解液。这里主要介绍非水溶液体系电解质。

选择锂离子电池电解液遵循的原则：a. 化学和电化学稳定性好，即与电池体系的电极材料，如正极、负极、集流体、隔膜、黏结剂等基本上不发生反应；b. 具有较高的离子导电性，一般应达到 $1\times10^{-3}\sim2\times10^{-2}S\cdot cm^{-1}$，介电常数高、黏度低且离子迁移的阻力小；c. 沸点高、冰点低，在很宽的温度范围内（$-40\sim70$℃）保持液态，适用于改善电池的高低温特性；d. 对添加其中的溶质的溶解度大；e. 对电池正、负极有较高的循环效率；f. 具有良好的物理和化学综合性能，如蒸气压低、化学稳定性好、无毒且不易燃烧等。

锂离子电池电解质的溶剂主要包括有机醚和酯，这些溶剂分为环状的和链状的。对有机酯来说，其中大部分环状有机酯具有较宽的液程、较高的介电常数和较高的黏度，而链状的溶剂一般具有较窄的液程、较低的介电常数和较低的黏度。所以，一般电解液中使用链状和环状有机酯混合物作为锂离子电池电解液的溶剂。对有机醚来说，不管是链状还是环状，都具有比较适中的介电常数和较低的黏度。

电解质中的锂盐是供给锂离子的源泉。合适的电解质锂盐应具备的条件：a. 热稳定性好，不易发生分解，溶液中的离子电导率高；b. 化学稳定性好，即不与溶剂、电极材料发生反应；c. 电化学稳定性好；d. 其阴离子的氧化电位高而还原电位低，具有较宽的电化学窗口；e. 分子量低，在适当的溶剂中具有良好的溶解性；f. 能使锂在正、负极材料中的嵌入量高和可逆性好等；g. 价格低廉。

目前经常研究的锂盐主要基于温和路易斯酸的一些化合物，常用的锂盐有 $LiClO_4$、$LiBF_4$、$LiPF_6$、$LiAsF_6$，以及某些有机锂盐，如三氟甲基磺酸锂（$LiCF_3SO_3$）、双（三氟甲基磺酰）亚胺锂［$LiN(CF_3SO_2)_2$］及其类似物、双草酸硼酸锂［$LiB(C_2O_4)_2$］等。一些常见锂盐的物理参数如表6-7所示。

由于电解液的离子电导率决定电池的内阻和在不同充放电速率下的电化学行为，对电池的电化学性能和应用十分重要。一般而言，溶有锂盐的非质子有机溶剂电导率最高可以达到 $2\times10^{-2}S\cdot cm^{-1}$。但是与水溶液电解质相比则要低得多。许多锂离子电池中使用混合溶剂体系的电解液，这样可克服单一溶剂体系的一些弊端。当电解质浓度较高时，其导电行为可用离子对模型进行说明。

除了电解液的电导率影响其电化学性能外，电解液的电化学窗口及其与电池电极的反应对于电池的性能亦至关重要。所谓电化学窗就是指发生氧化的电位 E_{ox} 和发生还原反应的电位 E_{red} 之差。作为电池电解液，首先必备的条件是其与负极和正极材料不发生反应。因此，E_{red} 应低于金属锂的氧化电位，E_{ox} 则须高于正极材料的锂嵌入电位，即必须在宽的电位范围内不发生氧化（正极）和还原（负极）反应。一般而言，醚类化合物的氧化电位比碳酸酯类的要低。溶剂DME一般多用于一次电池。而二次电池的氧化电位较低。常见的锂离子电

表 6-7 一些常见锂盐的物理参数

锂盐	分子式	分子量	是否腐蚀铝箔	是否对水敏感	电导率 δ/(mS·cm^{-1})（1mol·L^{-1}，在 EC/DMC 中，20℃）
六氟磷酸锂	$LiPF_6$	151.91	否	是	10
四氟硼酸锂	$LiBF_4$	93.74	否	是	4.5
高氯酸锂	$LiClO_4$	106.40	否	否	9
六氟砷酸锂	$LiAsF_6$	195.85	否	是	11.1
三氟甲基磺酸锂	$LiCF_3SO_3$	156.01	是	是	1.7（在 PC 中）
双(三氟甲基磺酰)亚胺锂	$LiN(CF_3SO_2)_2$ LiTFSI	287.08	是	是	6.18
双氟磺酰亚胺锂盐	$LiN(SO_2F)_2$ LiFSI	187.07	是	是	2～4
双草酸硼酸锂	$LiB(C_2O_4)_2$ LiBOB	193.79	否	是	7.5

池在充电时必须补偿过电位，因此电解液的电化学窗口要求达到 5V 左右。另外，测量的电化学窗口与工作电极和电流密度有关。电化学窗口与有机溶剂和锂盐（主要是阴离子）亦有关。部分溶剂发生氧化反应电位的高低顺序是：DME(5.1V)＜THF(5.2V)＜EC(6.2V)＜AN(6.3V)＜MA(6.4V)＜PC(6.6V)＜DMC(6.7V)、DEC(6.7V)、EMC(6.7V)。对于有机阴离子而言，其氧化稳定性与取代基有关。吸电子基团的引入有利于负电荷的分散，提高其稳定性。因此，发展氟代碳酸酯和氟化醚溶剂对提高电解液溶剂的耐受高压是当今的热门研究方向之一。

在配制电解液的工艺中，取上述锂盐按照一定比例溶入溶剂体系来组成锂离子电池用电解液。经过多年研究，锂离子电池非水液体电解质的基本组分已经确定：主要是 EC 加一种或者几种线性碳酸酯作为溶剂，$LiPF_6$ 作为电解质。常用的电解液体系有：1mol·L^{-1} $LiPF_6$/EC-DEC（1∶1)、EC-DMC（1∶1）和 EC-EMC-DMC（1∶1∶1)。但是这些体系的电解质也存在一些难以解决的问题：a. EC 导致的熔点偏高的问题，致使这种电解质无法在低温下使用；b. $LiPF_6$的高温分解导致该电解质无法在高温下使用，该电解液体系的工作温度为－20～50℃，低于－20℃时性能下降是暂时的，升高温度可以恢复，但是高于 60℃时的性能变化是永久性的；c. 电化学窗口不能满足 5V 正极材料的要求，为了提高电池的能量密度，锂离子电池的充电电压逐渐提高，其关键是逐步研发能够耐受高压的电解质和溶剂，常用的高压添加剂主要有苯的衍生物（如联苯、三联苯)、杂环化合物（如呋喃、噻吩及其衍生物)、1,4-二氧环乙烯醚和三磷酸六氟异丙基酯等。

电解液与电极的反应，主要针对与负极反应，如石墨化碳等。从热力学角度而言，因为有机溶剂含有机基团，如 C—O 和 C—N 等。负极材料与电解液会发生反应。例如，以贵金属为工作电极，PC 在低于 1.5V（vs. Li^+/Li）时发生还原，产生烷基碳酸酯锂。由于负极表面生成锂离子能通过的保护膜，防止了负极材料与电解液进一步还原，因而在动力学上是稳定的。如果使用 EMC 和 EC 的混合溶剂，保护膜的性能会进一步提高。对于碳材料而言，结构不同，同样的电解液组分所表现的电化学行为也是不一样的。同样，对于同一种碳材料，在不同的电解液组分中所表现的电化学行为也不一样。例如对于合成石墨，在 PC/EC 的 1mol·L^{-1}的 $LiN(CF_3SO_2)_2$ 溶液中，第一次循环的不可逆容量为 1087mAh·g^{-1}；而在 EC/DEC 的 1mol·L^{-1}的 $LiN(CF_3SO_2)_2$ 溶液中的第一次不可逆容量仅为 108mAh·g^{-1}。与水反应则生成 LiOH 等，有可能丧失保护膜的性能作用，从而引起电解液的继续还原。因此在有机电解液中，水分的含量要严格控制。

锂离子电池非水液体电解液未来的发展方向重点解决的问题有：a. 通过加入离子液体、氟代碳酸酯、过充添加剂、阻燃剂和高稳定性锂盐解决电解液的安全性；b. 通过提高溶剂的纯度、采用离子液体和氟代碳酸酯、添加正极成膜剂提高电解液的工作电压，从而提高电池的能量密度；c. 需要拓宽电解液工作温度范围，低温电解液体系需要采用熔点较低的醚、腈类体系，高温需要采用离子液体、新锂盐、氟代碳酸酯来提高；d. 需要添加添加剂，精确调控SEI膜的组成与结构，添加功能化合物捕获游离金属离子来延长电池的循环寿命；e. 需要降低锂盐和溶剂的成本，解决锂盐和溶剂纯度较低时如何提高电池性能的关键技术问题。

② 固体电解质。商用锂离子电池由于采用含有易燃有机溶剂的液体电解质，存在着安全隐患。虽然通过添加阻燃剂、采用耐高温陶瓷隔膜、正负极材料表面修饰、优化电池结构设计、优化BMS、在电芯外表面涂覆相变阻燃材料、改善冷却系统等措施，能在一定程度上提高现有锂离子电池的安全性，但这些措施无法从根本上保证大容量电池系统的安全性，特别是在电池极端使用条件下、在局部电池单元出现安全性问题时，发展全固态锂离子电池是提升电池安全性的可行技术途径之一。

固体电解质包括聚合物固体电解质、无机固体电解质以及复合电解质。固态聚合物电解质中，锂盐通过与高分子相互作用，能够在高分子介质中发生一定程度的正负离子解离并与高分子的极性基团络合形成配合物。高分子链段蠕动过程中，正负离子不断地与原有基团解离，并与邻近的基团络合，在外加电场的作用下，可以实现离子的定向移动，从而实现正负离子的传导。聚合物电解质的发现始于20世纪70年代。1973年，Fenton等发现PEO能够溶解碱金属盐形成配合物。1975年，Wright测量了PEO-碱金属盐配合物电导率，发现其具有较高的离子电导率。1979年，Armand等报道了PEO的碱金属盐在40～60℃时离子电导率达$10^{-5}S \cdot cm^{-1}$，且具有良好的成膜性能，可作为锂离子电池的电解质。之后人们采用不同的方法来提高聚合物电解质的电导率，包括两个方面：抑制聚合物结晶，提高聚合物链段的蠕动性；增加载流子的浓度。抑制聚合物结晶性以提高聚合物链段蠕动性的方法包括：交联、共聚、共混、聚合物合金化、加入无机添加剂。增加载流子浓度的方法包括：使用低解离能的锂盐、增加锂盐的解离度。聚合物电解质采用的常见聚合物基体包括聚氧化乙烯（PEO）、聚丙烯腈（PAN）、聚甲基丙烯酸甲酯（PMMA）、聚偏氟乙烯（PVDF）等。目前采用PEO作为电解质，工作温度在80℃的全固态锂电池已被开发出来，法国Bollore集团及美国Seeo公司已尝试制造Li/PEO/$LiFePO_4$电芯用于电动汽车、分布式储能。常用的与金属Li稳定的PEO聚合物电解质，电化学窗口小于4V，因此PEO聚合物的全固态电池不能采用高电压电极材料。目前，正在开发复合型多层聚合物固体电解质，能够在高电压下工作，从而显著提高电池的能量密度。

无机固体电解质是一类具有较高离子传输特性的无机快离子导体材料，具有较高的机械强度，能够阻止锂枝晶穿透电解质造成内短路。可以采用原子层沉积（ALD）、热蒸发、电子束蒸发、磁控溅射、气相沉积、等离子喷涂、流延成型、挤塑成型、喷墨打印、冷冻干燥、陶瓷烧结等方法制备成不同厚度、不同形状的电解质层或薄膜。相对于聚合物固体电解质，无机固体电解质能够在宽的温度范围内保持化学稳定性，因此基于无机固体电解质的电池具有更高的安全特性。无机固体电解质主要包括氧化物无机固体电解质与硫化物无机固体电解质。氧化物无机固体电解质稳定性较好，但兼具高的离子电导率、宽的电化学窗口、成本较低、易于制造的材料尚未开发成功。硫化物电解质的晶界电阻较低，总的电导率高于一般氧化物电解质，最新研发的硫化物电解质$Li_{10}GeP_2S_{12}$室温下离子电导率已达到液体电解质的水平。因此相对于氧化物电解质，基于硫化物的全固态电池具有更加优异的电化学性能。由于目前的正极材料多为氧化物材料，研究发现氧化物正极/硫化物固体电解质的界面电阻较高，对电池容量利用率和高倍率性能有显著影响。改善氧化物正极/硫化物电解质的界面对提高硫基全固态锂离子电池电化学性能具有很重要的作用。常见无机固体电解质主要有钙钛矿型、NASICON型、LISICON型、石榴石型、Li_3N等。

虽然固体电解质的本征电导率已经可以达到较高水平，但界面阻抗限制了Li^+在全电池中的有效输运，成为制约其性能的瓶颈之一。全固态电池的界面问题主要包括：a. 固-固界面阻抗较大，一方面与固-固接触面积较小有关，另一方面，在全固态电池制备或者充放电过程中，电解质与电极界面的化学势与电化学势的差异驱动的界面元素互扩散形成的界面相可能不利于离子的传输，此外，固-固界面还存在空间电荷层，也有可能抑制离子垂直界面的扩散和传导；b. 固体电解质与电极的稳定性问题，包括化学稳定性（如某些电解质与电极之间存在界面反应）和电化学稳定性（一些电解质有可能在接触正极或者负极的界面时发生氧化或还原反应）；c. 界面应力问题，在充放电过程中，多数正负极材料在嵌脱锂过程中会出现体积变化，而电解质不发生变化，这使得在充放电过程中固态电极/固态电解质界面应力增大，可能导致界面结构破坏、物理接触变差、内阻升高、活性物质利用率下降。界面问题已经受到广泛关注，并提出多种解决思路：a. 在电解质上和电极界面原位生长电极层，如在$Li_{1+x+y}Al_yTi_{2-y}Si_xP_{3-x}O_{12}$（LATSPO）电解质上生长出了厚度为微米级的负极层，可以解决界面电阻问题；b. 在电极材料（尤其是正极材料）中混入电解质；c. 对电极材料进行包覆，如采用原子层沉积的方法，利用Al_2O_3包覆正极，可以减小界面阻抗，有效抑制多次循环的容量衰减；d. 对电解质材料进行掺杂，如分别对电极$LiCoO_2$进行表面包覆$LiNbO_3$和对纯硫化物电解质体系进行了Li_2O掺杂，可以组装成电化学性能较为优良的$LiCoO_2/Li_2O\text{-}Li_2S\text{-}P_2S_5/C$电池。

5. 锂离子电池的应用和技术发展趋势

随着消费电子、电动交通工具、基于太阳能与风能的分散式电源供给系统、电网调峰、储备电源、绿色建筑、便携式医疗电子设备、工业控制、航空航天、机器人、国家安全等领域的飞速发展，迫切需要具有更高能量密度、更高功率密度、更长寿命的可充放储能器件。未来还将出现透明电池、柔性电池、微小型植入电池、耐受宽温度范围和各类环境的电池。无线充电技术、自充电技术或许将成为标配，图6-11显示了电池的典型应用以及电池应用

图6-11　电池的典型应用及需要综合考虑的主要性能

需要综合考虑的主要性能。各类不同的应用对电池的各方面性能要求不尽相同，需要有针对性地开发适合的电池体系。电池的能量和功率密度是最被关心的性能参数。与其他商业化的可充放电池比较，锂离子电池具有能量密度高、能量效率高、循环寿命长、无记忆效应、快速放电、自放电率低、工作温度范围宽和安全可靠等优点，因而成为世界各国科学家努力研究的重要方向。如今的小型商品锂离子电池的能量密度可达到 200～250Wh·kg^{-1}，但还不能满足日益增长的不同产品的要求。例如，为了提高纯电动车以及混合动力汽车电力驱动部分的续航里程，日本新能源和工业技术发展组织（NEDO）在 2008 年制订了目标：希望在 2030 年将电池的能量密度提高到 500Wh·kg^{-1}，继而实现 700Wh·kg^{-1}的目标，以便达到或接近汽、柴油车一次加油的行驶里程。

对锂电池而言，从能量密度逐年增长的角度考虑，可充放锂电池今后的发展趋势可能是：①采用高容量和高电压正极、高容量负极的新一代锂离子电池，如以 $LiNi_{0.5}Mn_{1.5}O_4$、$xLi_2MnO_3(1-x)LiNi_{1/3}Co_{1/3}Mn_{1/3}O_2$ 为正极，高容量 Si 基材料为负极的锂离子电池；②以金属锂为负极，O_2、H_2O、CO_2 和 S 为正极的可充放锂电池（见 6.2.2.4 和 6.2.2.5 节）。图 6-12 为可充放锂电池的可能发展体系。这些电池目前的研究无论从科学还是技术方面看都很不成熟，是研究者追求的终极目标。从目前的进展看，在中短期内，Li-S 电池获得较高的质量能量密度最有竞争力。

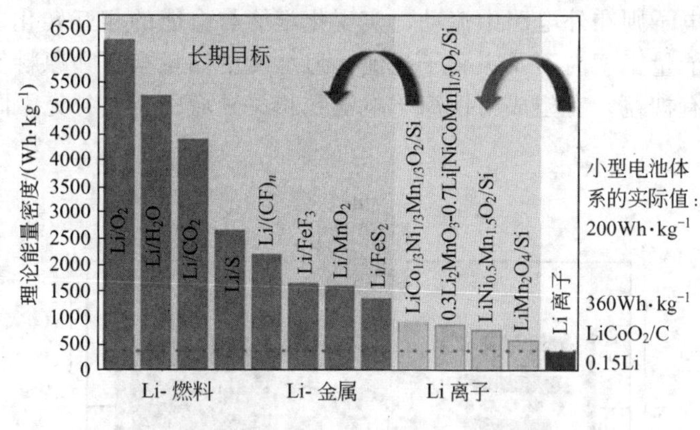

图 6-12　可充放锂电池的可能发展体系

在提高了电池的能量密度后，电池的安全性问题更为突出，耐受高电压和高温的陶瓷复合隔膜、安全性高的氟代碳酸酯、LiFNFSI 盐、离子液体、能够降低内阻的涂碳铝箔、合金强化的铜箔、石墨烯、碳纳米管导电添加剂将会逐步进入电芯中。此外，电芯外的相转变吸热阻燃涂层材料、各种水冷、空冷等散热设计对提高电池的安全性也具有非常重要的作用。

相对于常用于消费电子、航空航天、国防安全等领域的高能量密度的锂离子电池，兼具高能量密度的动力型锂离子电池（高功率密度特征）在电动汽车、电动工具、工业节能、航空航天和国防安全等领域的研究更为迫切。一般要求功率密度达到 500～4000W·kg^{-1}，个别应用超过 10kW·kg^{-1}。为了追求高功率特性，要求电极材料的动力学特性好，耐受大电流的能力强，电池的热稳定性、化学稳定性、电化学稳定性高，电池散热系统好。目前，动力电池的正极材料一般选用磷酸铁锂、锰酸锂、三元材料和 NCA，负极材料为人造石墨、尖晶石钛酸锂和软碳材料等，隔膜类似于高能量密度锂离子电池隔膜材料（无机陶瓷材料修饰的聚合物隔膜），更要考虑电池安全性和功率特性，同时需要降低成本。

6.2.2.3 钠离子电池

金属钠作为仅次于锂的第二轻金属，地壳中的丰度高达 2.3%～2.8%，比锂高 4～5 个数量级。从成本来看，将钠应用于储能电池会有一定的优势。近年来，基于钠元素的二次电池的研究不断升温。其实，1968 年由美国福特公司发明的基于陶瓷电解质（β-Al_2O_3）的高温钠硫电池于 2002 年起已经进入商业化阶段，它所能实现的实际比能量与锂离子电池基本相当，到 2015 年为止仍占据 40% 以上电池静态储能市场；另一种基于陶瓷电解质（β-Al_2O_3）的高温钠金属氯化物电池（ZEBRA 电池，如 Na-$NiCl_2$ 电池），由于其高的安全性，在电动汽车、电信备用电源、风光储能以及不间断电源（uninterruptible power system/uninterruptible power supply，UPS）等方面得到广泛应用。Na-$NiCl_2$ 电池于 1978 年由南非 Zebra Power Systerns 公司发明，后由瑞士的 MAS-DEA 公司于 2010 年最早进行规模生产。关于高温 Na-S 和 Na-$NiCl_2$ 电池的工作原理及相关进展可参考相关参考书。近年来，锂离子电池的蓬勃发展激发了人们开发与锂离子同属碱金属族的钠离子电池，本节主要介绍钠离子电池的工作原理、相关材料进展及其发展趋势。

早在 20 世纪 70 年代末期，对钠离子电池技术的研究几乎与锂离子电池同时期开展，其电池构成与锂离子电池相同，包括正极、负极、隔膜和电解液。此外，与锂离子电池相似，钠离子电池也是一种摇椅式的二次电池，充放电过程中钠离子在正负极插入化合物的晶格中往返插入和脱出，电子则在外电路中流动，实现化学能与电能的相互转化，如图 6-13 所示。虽然钠离子电池的能量密度尚不及锂离子电池，但金属钠储量丰富和原料价格低廉的优势对发展规模化储能大有裨益，有望成为锂离子电池在相关领域的有益补充，同时可逐步取代铅酸蓄电池。

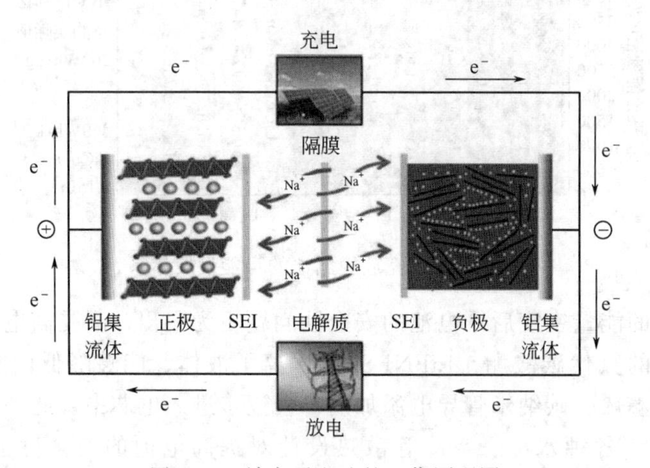

图 6-13 钠离子电池的工作原理图

以 $NaMnO_2$ 为正极、$1mol \cdot L^{-1}$的 $NaClO_4$ 为电解质（PC 为溶剂）和碳材料为负极组装的钠离子电池的典型化学式和相关的电极反应为：

$$(-)C_n | 1mol \cdot L^{-1} NaClO_4, PC | NaMnO_2 (+)$$

负极：
$$Na_xC \underset{充电}{\overset{放电}{\rightleftharpoons}} xNa^+ + C + xe^-$$

正极：
$$xNa^+ + Na_{1-x}MnO_2 + xe^- \underset{充电}{\overset{放电}{\rightleftharpoons}} NaMnO_2$$

电池总反应：
$$Na_xC + Na_{1-x}MnO_2 \underset{充电}{\overset{放电}{\rightleftharpoons}} C + NaMnO_2$$

钠离子电池的发展尚处于材料和电池组装的探索阶段，针对钠离子电池的电极材料已经开展了大量的研究工作。Na^+比Li^+的半径大（Na^+为1.02Å，Li^+为0.76Å），在相似结构中原子占位会有所区别，直接把锂离子电池电极材料的衍生物作为钠离子电池的电极材料是不合适的，所以寻找适合钠离子电池的电极材料是钠离子电池走向实用化的关键。自1980年法国Delmas教授等发现钠离子能够在$NaCoO_2$层状氧化物中实现可逆脱嵌之后，研究人员相继报道了其他钠离子电池的正、负极材料，并对其实际应用展开探索。正极材料中，钠离子层状氧化物如$NaMnO_2$、$Na_{0.67}[Ni_{1/3}Mn_{2/3}]O_2$、$Na_x[Fe_{1/2}Mn_{1/2}]O_2$等，聚阴离子化合物如$Na_3V_2(PO_4)_3$、$Na_3V_2(PO_4)_2F_3$、$Na_2Fe_2(SO_4)_3$等，普鲁士蓝类材料如$[Na_4Fe(CN)_6]$、$[KFe(CN)_6]$、$[Na_4Fe_2(CN)_6]$等和某些有机化合物($Na_4C_8H_2O_6$)均具有一定的容量和循环性能。负极材料中碳基材料(非石墨碳)、合金(Sn、Ge、Sb、P等)、金属氧化物($Na_2Ti_3O_7$、TiO_2、Fe_2O_3、Fe_3O_4、Co_3O_4、SnO_x等)、金属硫化物(ZnS、SnS_x、FeS_x等)、金属磷化物(Sn_xP_3)和一些有机材料($Na_2C_{10}H_2O_4$、$Na_2C_8H_4O_4$)均具备一定的储钠能力。

与锂离子电池类似，钠离子电池的研究中也主要采用有机电解液体系，常用的电解液有机溶剂是碳酸乙烯酯（EC）、碳酸丙烯酯（PC）、碳酸二甲酯和四乙二醇二甲醚等中的一种或多种按照一定的比例混合。常用的电解质有$NaClO_4$、$NaPF_6$、三氟甲基磺酸钠（$NaCF_3SO_3$）和双三氟甲基磺酰亚胺钠［$NaN(SO_2CF_3)_2$，NaTFSI］等。功能添加剂主要有氟代碳酸乙烯酯（FEC）。本节主要阐述钠离子电池的正、负极材料及其相关进展。

1. 正极材料

自20世纪80年代初，研究人员发现Na^+在层状氧化物Na_xCoO_2中能够可逆脱嵌以来，对于钠离子电池正极材料的研究越来越多。正极材料所使用的氧化物主要集中在具有岩盐结构的层状氧化物和隧道氧化物。除氧化物外，磷酸盐、氟磷酸盐、硫酸盐、焦磷酸盐和复合聚阴离子型材料等也可以作为正极材料。

(1) 层状氧化物　主要以岩盐结构的Na_xMO_2（M为Ni、Mn、Fe、Co、Cr、Cu等3d过渡金属元素中的一种或者多种）为主。其中3d过渡金属元素M与周围6个氧形成MO_6八面体，共棱连接组成过渡金属层，Na^+和空位处在过渡金属的层与层之间，形成碱金属层。按照Na^+的配位环境和氧原子的堆积方式不同，Na_xMO_2体系层状氧化物有O3、P2、P3、O2等多相结构，如图6-14所示。其中O和P分别对应Na^+的配位环境（O为八面体，P为三棱柱），数字2、3指的是氧原子的堆积方式（2、3分别对应ABBAABBA…和ABCABC…）。不同相结构的电化学性能有较大差别。目前所研究的钠离子电池层状氧化物主要以O3相和P2相为主。研究表明，P2相结构中Na^+占据三棱柱的空位，具有更大的层空间，Na^+扩散相对容易，同时，P2相发生相变时，需要伴随MO_6八面体π/3角度的旋转，需要断开MO键，这在能量上不利，从而使P2相在脱嵌钠过程中更易保持结构稳定，具有较高的比容量和较好的循环性能。然而，脱钠后的层状Na_xMO_{2+y}在电化学过程中的结构稳定性较差的问题以及P2相材料的首次放电比容量大于充电比容量（库伦效率>100%）造成电池设计方面的困难等问题，在实际应用中仍需采取一定的方案提高层状氧化物的结构稳定性。另外，绝大部分的层状含钠氧化物在空气中容易吸水或不稳定，如何提高其稳定性也是这类材料得到应用所需要解决的问题。目前，可通过过渡金属离子复合或者TM层中实现惰性离子（Li^+、Mg^{2+}、Al^{3+}、Ti^{4+}和Mn^{4+}等）掺杂等方式提高层状氧化物的结构稳定性。例如，2001年报道的P2-$Na_{0.67}Ni_{0.33}Mn_{0.67}O_2$可以在水中稳定存在，在2.7～4.0V电压之间可逆比容量约75mAh·g^{-1}，对应约0.34个Na^+可逆脱嵌，平均储钠电位约为3.5V。2007年，日本三洋公司使用Li取代含Ni、Mn或者Co、Mn的含钠氧化物，制备的P2-$Na_{0.85}Li_{0.17}Ni_{0.21}Mn_{0.64}O_2$材料结构更加稳定，充放电曲线平滑，该材料可逆比容量达到$100mAh \cdot g^{-1}$，且在Na^+脱嵌过程中保持P2相。2011年报道的$Na_{0.85}Li_{0.17}Ni_{0.21}Mn_{0.64}O_2$材料在空气中稳定，该材料在2.0～4.2V电压之间、0.1C（充电时间为1小时时倍率为1C）的倍率下，可逆比容量约为$100mAh \cdot g^{-1}$，曲线平滑。2014报道的Li取代的P2-$Na_{0.80}[Li_{0.12}Ni_{0.22}Mn_{0.66}]O_2$材料在2.0～4.4V电压范围显示$118mAh \cdot g^{-1}$的可逆比容量。

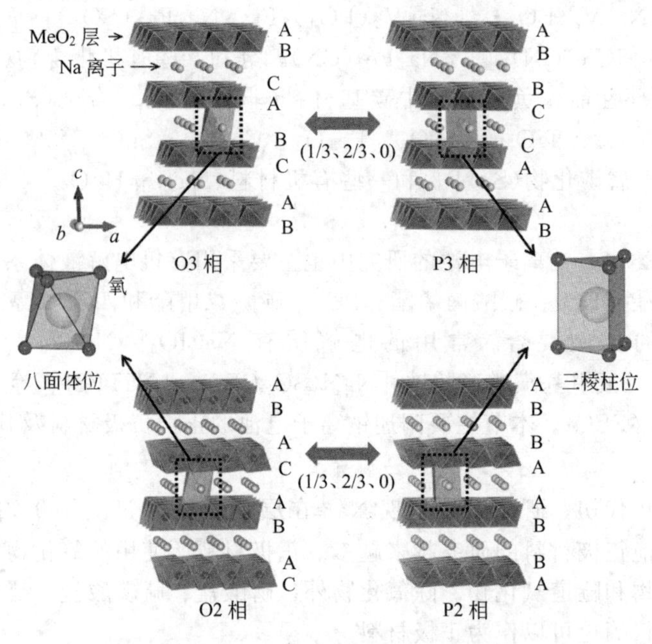

图6-14　钠离子层状氧化物晶格示意图

对于O3相氧化物，Na^+在脱出嵌入过程中材料会发生相变，从而导致循环不稳定，虽然可以通过控制电压进而限制容量使循环稳定，但是O3材料在空气中不稳定的因素限制其规模应用。最近，研究人员通过铜元素取代，制备了O3-$Na[Cu_{1/9}Ni_{2/9}Fe_{1/3}Mn_{1/3}]O_2$和$Na_{0.90}Cu_{0.22}Fe_{0.30}Mn_{0.48}O_2$等系列层状O3相氧化物正极材料。其中$Na_{0.90}Cu_{0.22}Fe_{0.30}Mn_{0.48}O_2$层状材料在空气中稳定，可以实现0.4个$Na^+$的可逆脱嵌，可逆容量达到$100mAh \cdot g^{-1}$，平均工作电压为3.2V，且循环性能优异（100周循环后容量保持率达到97%），达到实用化条件。

（2）隧道型氧化物　正交相的隧道型氧化物$Na_{0.44}MnO_2$具有较高的结构稳定性和较好的循环寿命，然而在电池中只能实现0.22个Na^+的可逆循环，容量较低（约$45mAh \cdot g^{-1}$）。研究发现，通过Ti^{4+}部分取代Mn^{4+}得到的$Na_{0.44}[Mn_{0.61}Ti_{0.39}]O_2$可以再嵌入0.17个$Na^+$，如果将钠的含量提高到0.61，得到$Na_{0.61}[Mn_{0.61}Ti_{0.39}]O_2$，有效地提高了可逆容量。同时，钛的取代改变了材料在充放电过程中的电荷补偿机制，打破了材料中Mn^{3+}/Mn^{4+}的电荷有序性，得到了较为平滑的充放电曲线。在此基础上，利用具有高电位的Fe^{3+}/Fe^{4+}氧化-还原电对替换部分低电位的Mn^{2+}/Mn^{3+}，设计出了空气中稳定的Fe基隧道型氧化物正极材料$Na_{0.61}[Mn_{0.27}Fe_{0.34}Ti_{0.39}]O_2$。该正极材料在2.5～4.2V电压范围内首次可逆容量可达$90mAh \cdot g^{-1}$，且表现出了较高的放电电压（3.56V）。

（3）磷酸盐正极材料　具有三维结构以及良好的结构稳定性和热稳定性。此外，由于

PO_4^{3-} 四面体的诱导效应，磷酸盐中过渡金属 M^{n+} 具有较高的氧化还原电位，因此，磷酸盐作为钠离子电池正极材料已得到了广泛研究。1976 年，Goodenough 等提出一类三维离子通道的快离子导体材料（NASICON）。该材料既可以作为电极材料还可以作为固体电解质等，由于该系列材料具有较好的倍率以及循环性能，对具有此结构材料的探索逐渐增多。现已报道钠离子电池正极材料中典型 NASICON 结构的磷酸盐化合物有 $Na_3V_2(PO_4)_3$ 等。2002 年日本科学家首先报道 $Na_3V_2(PO_4)_3$ 作为钠离子电池正极材料的电化学性能，发现该材料在 3.4V 对应 Na^+ 的脱出电位，在 1.6V 左右对应 Na^+ 的嵌入电位，理论上该材料既可作为正极材料又可作为负极材料。然而，该材料由于电子电导率低，实际电化学性能较差。后来，经过碳包覆、纳米化和多孔设计等优化，该材料的性能得到很大提高。

$NaFePO_4$ 热力学稳定的结构并非橄榄石结构，而是水钙镁橄榄石结构（Maricite）。Maricite-$NaFePO_4$ 缺少 Na^+ 离子传输通道，因此，该材料一般表现为电化学非活性。橄榄石型的 $NaFePO_4$ 虽然沿 b 方向具有一维的 Na^+ 离子传输通道，其理论比容量达到 $154mAh \cdot g^{-1}$。然而，该材料一般难以直接合成得到，需要通过软化学方法制备。例如，可以采用橄榄石型的 $LiFePO_4$ 化学或电化学脱 Li^+ 后再通过电化学嵌 Na^+ 的方法制备得到榄石型的 $NaFePO_4$，研究表明，Na^+ 离子在橄榄石型的 $NaFePO_4$ 中可逆嵌入和脱出，其比容量约为 $139mAh \cdot g^{-1}$，平均电位为 3V。

氟磷酸盐早期作为锂离子电池正极材料得到了广泛的研究，它具有比较高的储锂电位和稳定的循环性能。早在 2002 年，科学家就合成了具有对称结构的 $NaVPO_4F$，研究表明，该材料作为钠离子电池的正极材料表现出 $95mAh \cdot g^{-1}$ 的比容量。尽管当时得到的材料循环性能较差，经 30 次循环其容量保持率仅为 50%，但由于该材料具有较高的放电平台（与硬碳构筑的全电池开路电压达到 3.7V），因此受到重视。后来，通过碳包覆和元素掺杂，大大提高了该材料的循环性能。最近，多种氟磷酸盐类材料如 Na_2FePO_4F（3V，$120mAh \cdot g^{-1}$）、$Na_2Fe_{0.5}Mn_{0.5}PO_4F$（3V 和 3.53V，$120mAh \cdot g^{-1}$）、$Na_3V_2O_{2x}(PO_4)_2F_{3-2x}$（3.6V 和 4.0V，$100mAh \cdot g^{-1}$）和 $Na_3V_2(PO_4)_2F_3$（3.7V 和 4.2V，$120mAh \cdot g^{-1}$）作为钠离子电池的正极材料得到了广泛关注，其中 Na_2FePO_4F 和 $Na_3V_2(PO_4)_2F_3$ 动力学性能较好。

（4）硫酸盐正极材料　2013 年，法国科学家首次发现了 Bloedite 型的 $Na_2Fe(SO_4)_2 \cdot 4H_2O$（M=Fe、Co）可作为钠离子电池正极材料。该类材料充放电过程中约 0.6 个 Na^+ 可以进行可逆脱嵌，对应着 3.3V 的工作电压，非原位的 XRD 结果表明充电过程中该材料逐渐变为无定形。同时，日本科学家报道了 Krohnkite 型 $Na_2Fe(SO_4)_2 \cdot 2H_2O$ 的电化学性能，该材料具有层状结构，工作电压为 3.25V，充放电过程高度可逆，在 1.5～4.2V 的电压内，低电流密度下放电比容量接近 $70mAh \cdot g^{-1}$。随后，研究又发现了具有单斜晶系的 $Na_2Fe_2(SO_4)_3$ 可作为钠离子电池的正极材料，该材料中的 Fe 在充电过程中由+2 变到+3。电化学性能显示，在 2.0～4.5V 电压之间，其可逆比容量为 $100mAh \cdot g^{-1}$，平均放电电压为 3.8V。最近美国科学家研究表明，Eldfellite 型 $NaFe(SO_4)_2$ 也可作为钠离子电池的正极材料，该材料在低温下可以合成且在空气中可以稳定存在 2D 结构，且材料中 Fe 为+3 价。在 2.0～4.0V 电压之间，材料可逆比容量约为 $80mAh \cdot g^{-1}$，其平均储钠电位为 3.2V。作为正极，该材料没有可以脱出的 Na^+；作为负极，储钠电位较高，导致实际电池能量密度较低，实用价值不高。一般来说，硫酸盐材料的热稳定性较差，从而使电池存在较大的安全隐患。然而，硫酸盐材料中的 Fe 以及 SO_4^{2-} 原材料成本低廉、容易合成，因此硫酸盐作为非水以及水溶液钠离子电池的电极材料具有一定优势，近期对于硫酸盐材料的研究也在逐渐增加。

(5) 普鲁士蓝 (Prussian blue) 正极材料　分子通式为 $A_xM_A[M_B(CN)_6]\cdot H_2O$ (A 为 Li、Na、K、Rb 等碱金属，M_A 和 M_B 代表 Fe、Co、Ni、Cu 等过渡金属)。自 1704 年发现以来，其一直作为性能优异的染料得到广泛应用。近年来，该类材料在水系/有机体系钠离子电池中的储钠性能引起了广泛关注。如图 6-15 所示（彩图见封四），在普鲁士蓝三维立方框架晶体结构中，过渡金属原子 M_A、M_B 位于面心立方结构的顶点位置，Na^+ 则占据图中立方体空隙的位置；立方体空隙的尺寸较大 (4.6Å)，有利于钠离子的快速迁移。普鲁士蓝具有开放的骨架结构、三维的 Na^+ 传输通道、高的理论比容量以及可调的氧化还原反应电位，使其成为钠离子电池中一种极具应用潜力的正极材料。

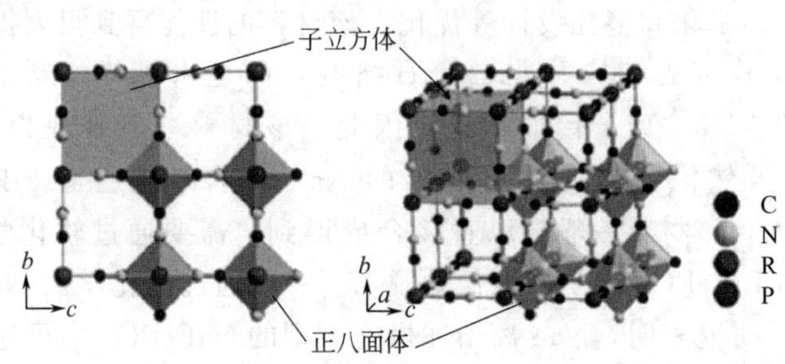

图 6-15　普鲁士蓝及其衍生物晶体结构示意图

普鲁士蓝类材料在钠离子电池中的应用获得较大关注起始于 2011 年报道的普鲁士蓝类材料 $K_{0.71}Cu[Fe(CN)_6]_{0.72}$，由于该化合物晶格内部应力小且结构稳定，因此在水系电解液 ($1mol\cdot L^{-1}$ 的 KNO_3 + $0.01mol\cdot L^{-1}$ 的 HNO_3) 中表现出优异的倍率和循环性能。随后不久，研究者发现了普鲁士蓝类材料在有机电解液中 [$1mol\cdot L^{-1}$ $NaClO_4$ + EC∶DEC (1∶1)] 的储钠性能。发现在室温下用常规的沉淀反应制备的 $KMFe(CN)_6$ (M=Mn、Fe、Co、Ni 和 Zn) 材料于低倍率下充放电条件下，其比容量普遍高于 $70mAh\cdot g^{-1}$，其中，$KFe_2(CN)_6$ 作为正极材料在低电流密度下的实际放电比容量可达到 $95mAh\cdot g^{-1}$ 且循环 30 圈后容量保持率达到 99%。基于这些开创性工作，围绕如何提高普鲁士蓝类材料在钠离子电池中的电化学性能、如何大规模制备该类材料、如何提高材料的一致性和控制材料的含水量等展开了相关研究。

2. 负极材料

石墨是锂离子电池常用的商业负极材料，其可逆比容量约为 $350mAh\cdot g^{-1}$，储锂电位约为 0.1V(vs. Li^+/Li)。但可能由于热力学或者碳层间距的原因，在常规酯类电解液中，Na^+ 难以嵌入到石墨层间。尽管后来的研究发现溶剂化的钠离子可以在醚类电解液中可逆地嵌入石墨，获得较高的比容量和良好的循环性能，但是石墨很难作为实用型的钠离子电池负极材料。因此，探索合适的负极材料成为开发高性能钠离子电池的紧迫任务之一。

(1) 嵌入型负极材料　是指钠离子通过在该类材料中的嵌入和脱出实现充放电，通常包含软碳、硬碳、钛酸钠等材料。软碳是指易于使材料高度石墨化的一种无定形碳。石油焦、煤焦、沥青焦等经热处理可制得软碳。早在 1993 年，热解石油焦得到的软碳首次被提出作为储钠材料。软碳属于一种长程有序度较高的碳材料，其储钠机理与储锂机理类似，但与储锂比容量相比，其储钠比容量较低。目前通过表面改性和掺杂等方法对软碳进行改性是提高其比容量的常用方法。

与软碳和石墨相比，硬碳材料的石墨化程度低、晶粒取向不规则，层状结构不发达，层间距较大，比较适合半径较大的钠离子嵌入和脱出。同时，硬碳作为钠离子电池负极材料，也表现出较高的容量。常见的硬碳材料包括有机聚合物热解碳（PFA、PVDF和PAN等）、树脂碳（酚醛树脂、环氧树脂等）、炭黑及有机物/生物质热解碳等。例如，通过热解葡萄糖得到的硬碳材料比容量达到300mAh·g^{-1}。该材料充放电曲线可以分为平台和斜坡两个区域。后来，采用原位X射线粉末衍射（XRD）和X射线小角散射（SAXS）的方法研究硬碳的储钠机制得出，充放电曲线上的斜坡段对应Na^+嵌入到硬碳材料的平行层或接近平行层之间（也有人认为该区域对应钠离子在硬碳表面缺陷部位上的吸附，关于硬碳储钠的机理，还需进一步研究），而充放电曲线上的接近于0V的平台部分则对应于Na^+嵌入碳材料纳米孔中，如图6-16所示。然而，钠的沉积电位只有−0.03V，硬碳平台所对应的电位接近于钠沉积电位，过充或快充都会造成钠沉积，使该材料作为钠离子电池负极材料存在一定的安全隐患，同时，材料的首圈库伦效率偏低，也不利用实用化。目前，通过调配电解液中的溶剂比例和种类以及添加电解液添加剂的策略，可以提高硬碳材料的充放电效率和循环稳定性。另外，热解法制备硬碳材料的产率偏低，造成硬碳成本相对偏高，不利于材料的大规模应用。基于此现状，研究者提出了把低成本的软碳和高性能的硬碳有机结合起来的思路，开发了一类新型的无定形碳材料作为钠离子电池的负极材料。他们采用成本低廉的无烟煤作为前驱体，通过粉碎和一步碳化得到了储钠比容量达到220mAh·g^{-1}、首圈效率超过83%的软碳负极材料。合成此种碳负极材料的原材料资源丰富、廉价易得、产碳率较高且制备工艺相对简单，有望实用化。后续研究将围绕提高材料的充放电效率（尤其是首圈效率）、比容量、倍率性能、振实密度以及平衡极片活性物质的质量等方面开展。在碳结构中引入杂原子会产生缺陷部位吸收钠离子并改善电极-功能化碳表面的电解质相互作用，因此，通过引入杂原子（B、N、P和S），制备杂原子掺杂的碳基材料作为钠离子电池负极材料以提高材料的比容量、倍率性能和循环性能的方法近年来得到重视。

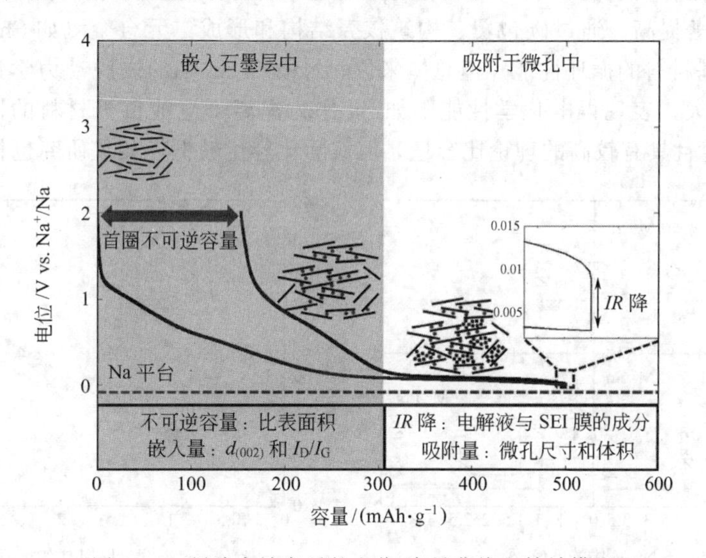

图6-16 硬碳中钠离子的电位-容量曲线和储钠模型

硬碳作为钠离子电池的负极材料综合性能比较好，但是其储钠电位平台比较低，存在安全隐患。四价钛元素在空气中可以稳定存在，且Ti^{4+}/Ti^{3+}的氧化还原电位处于0～2V之间（不同结构中表现出的储钠电位有所差别，可查阅相关文献进一步了解），合适的电位使含Ti的氧化物（钛酸钠、尖晶石钛酸盐和二氧化钛等）作为钠离子电池的负极得到广泛研究。2011年，研究人员首次报道了具有“Z”字形通道的单斜层状氧化物$Na_2Ti_3O_7$的嵌钠行为，该材料在充放电过程中有两个Na^+进行可逆脱嵌，对应理论比容量约为

200mAh·g^{-1}，储钠电位约为0.3V。但是该材料的导电性比较差，需要添加较多的导电添加剂来提高电子电导率。中国科学家等首次利用$Li_4Ti_5O_{12}$材料作为钠离子电池负极材料进行了研究，结果表明，该材料在充放电过程中有3个Na^+进行可逆脱嵌，对应理论比容量约为150mAh·g^{-1}，平均嵌钠电压为0.9V。在对尖晶石结构的$Li_4Ti_5O_{12}$嵌钠机理认识的基础上，他们设计出了P2-$Na_{0.66}$［$Li_{0.22}Ti_{0.78}$］O_2零应变负极材料。该材料在0.4～2.5V之间，可逆比容量约为110mAh·g^{-1}，平均储钠电位约为0.75V。近年来，不同晶型的二氧化钛（包括锐钛矿型、金红石型、板钛矿型和B型二氧化钛）作为钠离子电池的负极材料也得到广泛关注和研究。其中，因为钠离子嵌入锐钛矿晶格的活化能与锂离子相当，因此大多数研究集中在锐钛矿型二氧化钛方面。总体来说，钛基负极材料的比容量偏低，需要通过碳层包覆和纳米化等策略改善材料的电化学性能（尤其是倍率性能），在很大程度降低了它们的实用性。

（2）合金类材料　由于合金类材料的高比容量可以有效提高电池的能量密度，因此钠合金负极材料也得到了广泛的研究。Na可以与很多金属或半导体元素形成合金，如Si、Ge、Sn、Pb、P、As、Sb和Bi等。在ⅣA族元素中，由于Na^+在Si中的嵌脱动力学缓慢以及荷迁移电阻大的原因，Si不适合用于钠离子电池的负极材料，这与Si广泛应用于锂离子电池负极材料截然不同。Na-Sn体系的电化学合金化-脱合金化发生在一系列的步骤中（Sn→$NaSn_5$→NaSn→Na_9Sn_4→$Na_{15}Sn_4$），其中最后一个阶段对应于847mAh·g^{-1}的理论比容量，如图6-17所示。然而，合金化-脱合金化过程中～400%的体积变化导致其循环性能差。利用可三维交联的黏结剂如聚丙烯酸（PAA）和羧甲基纤维素钠（CMC）等可减少电极的形变，可获得优于聚偏氟乙烯（PVDF）做黏结剂时的循环性能。另外，截止电压的设置对Sn嵌脱钠的循环性能也有明显的影响，例如，当充电电压的上限从1.5V降低到0.8V时，循环时容量保持率会显著提高。通过碳包覆、构筑核壳结构和形成二元合金（如$Sn_{0.9}Cu_{0.1}$和SnSb）也可以改善Sn基材料的循环性能。但总体来说，Na^+在Sn中的嵌脱动力学过程比Li^+缓慢，电荷迁移电阻较大，表现得电化学性能不如Sn作为锂离子电池负极材料的性能。Ge、Pb与Na也能形成合金且具有较高的理论比容量，但实际比容量较低，相关研究也相对较少。

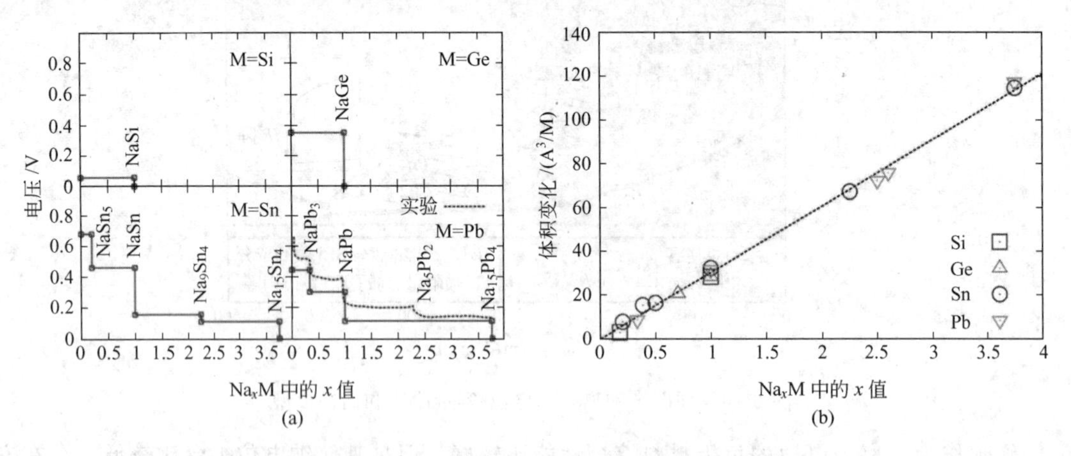

图6-17　使用DFT和已知的Na-M晶体结构得出的Na-M电压曲线（M=Si、Ge、Sn和Pb）（a）与嵌钠后的体积变化（b）

（3）转换型负极材料　与插层反应和合金化反应中金属原子可逆地往返于主晶格中不同的是，转化反应涉及单原子或者多原子化合物在嵌脱钠过程中从最初的物质通过电化学反应形成新的化合物。在整个电化学反应中，物质的晶体结构发生变化。一些过渡金属氧化物

(Fe_2O_3、Fe_3O_4、CoO、Co_3O_4、CuO、MoO_3、$NiCo_2O_4$、SnO、SnO_2 和 Sb_2O 等)、过渡金属硫化物（主要包括层状的二硫化物如 SnS_2、MoS_2、WS_2 和非层状的硫化物如 SnS、FeS、Ni_2S_3、Sb_2S_3 等）以及过渡金属磷化物（MP_x，M＝Ni、Fe、Co、Cu 和 Sn）通过转化反应可以获得高的比容量，被认为可以作为钠离子电池的负极材料。然而，这类化合物由于自身导电性差以及在嵌脱钠电化学过程中存在体积的膨胀/收缩很大，进而加速电极结构的损坏和容量的下降。另外，钠离子尺寸较大的原因导致其在电化学反应过程的迁移速率较慢，进而限制了这类材料的理论容量难以充分发挥。近年来，为了解决这些问题，引入了诸如纳米技术、设计特殊结构和碳包覆等策略，促进了这类材料朝着高性能方向发展。

3. 室温钠离子软包电池

南开大学研究团队于 2015 年率先以 $Na_3V_2(PO_4)_2F_3$ 为正极、$MnFe_2O_4/C$ 为负极、1mol・L^{-1} $NaClO_4$/PC＋5%（质量分数）FEC 为电解液组装出了能量密度为 77.8Wh・kg^{-1}的软包电池。该电池循环 100 圈后能量保持率高达 96.5%。几乎同时，中国科学院物理研究所的研究团队利用自主开发的 $Na_{0.90}Cu_{0.22}Fe_{0.30}Mn_{0.48}O_2$ 为正极材料、无烟煤基软碳为负极材料和 $NaPF_6$/EC＋DMC 为电解液，在实验研制出 1～2Ah 钠离子软包电池。该电池能量密度达到 100Wh・kg^{-1}，平均工作电压为 3.1V，循环和倍率性能优良（500 周后容量保持率为 86%以上，1*C* 充放电倍率下的容量是 0.1*C* 下的 80%），能量转换效率高达 90%。同时，该电池低温性能很好（－20℃ 和－30℃ 下放电容量分别是室温放电容量的 86% 和 80%），自放电率很低，满电态电池室温搁置 30 天，荷电保持率 96.6%，荷电恢复率 99.6%；满电态电池 55℃ 搁置 6 天，荷电保持率 90%，荷电恢复率 99.8%；通过针刺、挤压、短路、过充、过放等适于锂离子电池的安全实验测试发现，该电池的安全性优良。在此基础上，他们于 2108 年研制出了一个 72V、80Ah（5.76kWh）的钠离子电池组，并将它装配到低速电动车上进行示范运行。此项工作为推动钠离子电池的实用化奠定了坚实的基础。

4. 水系钠离子电池

水系钠离子电池多采用中性的钠盐溶液作为电解液，安全环保，且资源丰富。水系钠离子电池与有机系钠离子电池相比，能够降低有机系电解液的操作条件严格等带来的劣势。与水系锂离子电池相比，钠离子电池具有价格更加低廉、资源更加丰富、更加绿色环保等优势。因此，在大型储能方面，水系钠离子电池具有较好的实用前景。水系钠离子电池的结构与有机体系相似，一般使用可溶于水的钠盐（Na_2SO_4）作电解液。受限于水的热力学电化学窗口为 1.23V，水系钠离子电池的电压在考虑析氢和析氧动力学因素条件下也很难超过 1.5V。为了防止氢、氧析出等副反应的干扰，正极嵌钠反应的电势应低于水的析氧电势，而负极嵌钠反应的电势应高于水的析氢电势，因此，许多高电势的储钠正极材料、低电势的储钠负极（如 Sn、Sb、P 及其合金化合物）则不适合于用作水溶液钠离子电池体系。当前，通常会用到的钠离子电池正极材料有锰氧化物材料（Na_xMnO_2）和普鲁士蓝类材料［$Na_xMFe(CN)_6$，M＝Fe、Co、Ni、Cu］等，而常用的负极材料有磷酸盐类材料和碳基类材料等。通过材料的优化和电极的匹配，目前已经成功获得一系列水系钠离子电池，如 $Na_2NiFe(CN)_6$-$NaTi_2(PO_4)_3$ 水系钠离子全电池表现出 1.27V 的平均工作电压和 42.5Wh・kg^{-1}的能量密度，同时，该电池具有优异的倍率和循环性能（10*C* 倍率下充放电 1000 圈后容量保持率达到 90%且库仑效率接近 100%）。常见的水系钠离子电池相关性能如表 6-8 所示。水系钠离子电池的研究是新电池体系的一个优化和前进过程，在实际应用中还面临着诸多挑战，需要人们继续在制备工艺、电极材料的选择改进以及全电池的匹配上作出更多的努力，真正实现水系钠离子电池的规模生产和应用。目前，我国恩力能源科

表 6-8 常见的水系钠离子电池相关性能

水系钠离子全电池	电解质	平均电压/V	能量密度/($Wh \cdot kg^{-1}$)	容量保持率(倍率－循环圈数)
$NaMnO_2$-AC	Na_2SO_4	1.0	19.5	97%(2C-10000)
$Na_{0.44}MnO_2$-$NaTi_2(PO_4)_3$	NaCl	1.1	33	60%(5C-7000)
$Na_2NiFe(CN)_6$-$NaTi_2(PO_4)_3$	Na_2SO_4	1.27	42.5	90%(10C-1000)
$Na_2CuFe(CN)_6$-$NaTi_2(PO_4)_3$		1.4	48	90%(10C-1000)
$Na_2CoFe(CN)_6$-$NaTi_2(PO_4)_3$		1.45	67	90%(20C-800)

技有限公司已经研制和开发出自主知识产权的水系钠离子电池。

6.2.2.4 金属空气电池

金属空气电池（metal air battery，MAB）由具有反应活性的负极和空气正极经电化学反应耦合而成，其正极是用之不尽的空气。金属空气电池是一类特殊的燃料电池，也是新一代绿色二次电池的代表之一，被称为是“面向 21 世纪的绿色能源”。在某些情况下，金属空气电池具有很高的质量和体积能量密度。这一体系的极限容量取决于负极的安时容量和反应产物的贮存与处理技术。按照负极所用的金属来分类，常见的有如下几种：锌空气电池、铝空气电池、铁空气电池、镁空气电池和锂空气电池，目前主要的对象是锌空气电池和锂空气电池。表 6-9 列出了一些代表性金属空气电池的理论开路电压和理论比能量。

表 6-9 不同金属空气电池理论性能比较

金属空气电池	理论开路电压/V	理论比能量/($Wh \cdot kg^{-1}$)	
		包含氧气	不包含氧气
Li-O_2	2.91	5200	11400
Na-O_2	1.94	1677	2260
Mg-O_2	2.93	2789	6462
Ca-O_2	3.12	2990	4180
Zn-O_2	1.65	1090	1350

1. 锌空气电池

在金属空气电池中，锌是最受人们关注的对象之一。这是因为在水溶液和碱性电解质中比较稳定且添加适当抑制剂后不发生显著腐蚀的金属中，锌具有较低的电势。锌在碱性电解质中相对稳定且是能够从电解质水溶液中电沉积出来的最活泼金属，因此对可充电的金属空气电池体系而言，锌空气电池具有吸引力。开发循环寿命长的可充电锌空气电池，将为许多应用领域（如计算机、通讯设备和电动汽车）提供有前景的化学电源。

一般情况，锌空气电池由锌电极、电解液、隔膜、空气电极四个部分组成。其中空气电极又包含集流体、气体扩散层和催化层三个部分，如图 6-18 所示。锌空气电池又可以分为一次锌空气电池和二次锌空气电池（可充电式）。一次锌空气电池具有价格便宜、贮存寿命长、能量密度高和安全性高等特点，但是放电电流较小且只能使用一次。二次锌空气电池在使用过程中可以多次充放电，能够反复使用。

目前，商品化的锌空气电池有扣式原电池、20 世纪 90 年代后期的 5～30Ah 的方形电池及更大的工业原电池。可充电锌空气电池被认为既可便携式使用，又可供电动汽车使用，但锌的充电（替换）控制和有效的双功能空气电极的开发仍是一个挑战。在一些设计中，使用

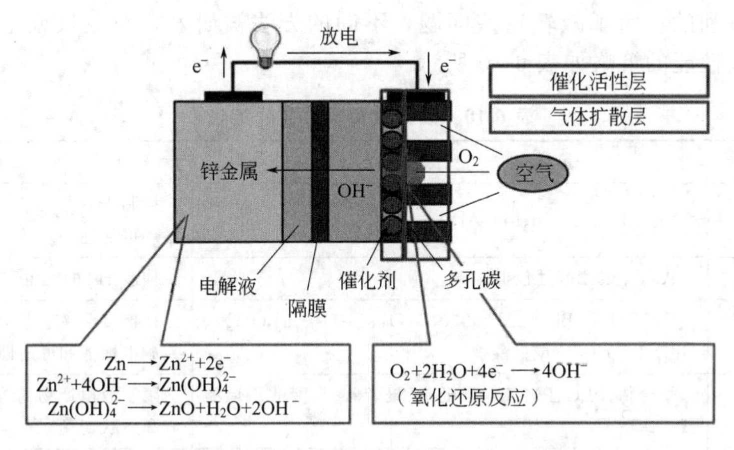

图 6-18　水系锌空气电池的工作原理图

第三氧气逸出电极给电池充电或者在电池外进行充电，从而不需要使用双功能的空气电极。避开再充电难题的另一个方法是“机械式”充电，即取出耗完的锌电极和放电产物，替换新的电极。

可充电锌空气电池是通过锌金属与来自空气中的氧气在碱性电解液中发生电化学反应来提供动力。发生的电化学反应可以通过以下的氧化还原反应来表示，简单来说就是锌单质与氧气生成氧化锌的过程（以放电反应为例）：

锌电极：　$Zn+4OH^- \longrightarrow [Zn(OH)_4]^{2-}+2e^-$

$[Zn(OH)_4]^{2-} \longrightarrow ZnO+2OH^-+H_2O$

空气电极：　$O_2+2H_2O+4e^- \longrightarrow 4OH^-$

总反应：　$2Zn+O_2 = 2ZnO$

在放电过程中，在锌电极上发生氧化反应，即锌与氢氧根发生反应，生成锌阳离子，同时释放电子。释放的电子通过外部负载转移到空气电极，同时，大气氧扩散到多孔空气电极中，氧气在空气电极处发生氧还原反应（ORR），即氧分子获得电子并与水结合形成 OH^-，该反应是在催化剂的协助下进行的，而且发生在三相界面上。所述三相界面是指氧气（气体）、电解质（液体）和电催化剂（固体）的界面。产生的氢氧根离子从空气正极迁移到锌负极，形成锌酸盐 $[Zn(OH)_4]^{2-}$，随着氧还原反应的不断进行，$[Zn(OH)_4]^{2-}$ 的浓度会逐渐增加，当其在电解液中达到饱和时，$[Zn(OH)_4]^{2-}$ 进一步分解成不溶性 ZnO。整个反应过程可以简单地表示为 Zn 与 O_2 结合形成 ZnO。在充电过程中，正负极发生的反应与放电过程完全相反。金属锌电极发生还原反应，即 $Zn(OH)_4^{2-}$ 被还原成金属锌而沉积在锌电极的表面，同时产生氢氧根离子；空气电极则发生氧化反应，即氢氧根离子被氧化生成氧气，即为氧析出反应（OER）。最终发生 ZnO 分解为 Zn 与 O_2 的反应。

由于锌在电解质水溶液中是热力学不稳定的，可与电解质发生腐蚀反应，或者发生如下的金属氧化析氢反应：

$$Zn+2H_2O = Zn(OH)_2+H_2$$

这种腐蚀副反应会消耗电解液，降低锌电极的库伦效率和使用率，造成电池的容量损失并最终缩短电池寿命。由于在放电过程中不希望发生这种析氢反应（HER），阻止此类析氢反应则被认为是重要的研究方向。研究者们已经做出了许多努力来减缓或抑制自腐蚀现象。对于可充电的锌空气电池需要开发可循环的锌电极。锌在碱性电解质中易发生可逆的电化学反应，但其不均匀地溶解和沉积通常会导致电极形状改变或锌枝晶生长，这对电池性能和循环寿命是非常不利的。为了减轻这些问题，不同的方法被研发，对电极或电解液进行了改进。改善锌负极性能的策略如表 6-10 所示。

表 6-10 改善锌负极性能的策略

策略		效果
合金化	Pb、Cd、Bi、Sn、In、Mg、Al、Ni	抑制 H_2 生成，减少枝晶形成，提高循环可逆性
表面包覆	Al_2O_3 或硼酸锂包覆	抑制 H_2 的产生和自放电
无机添加剂	$Ca(OH)_2$、Bi_2O_3、Tl_2O_3、Ga_2O_3、In_2O_3、$In(OH)_3$、HgO、PbO、CdO 或硅酸盐	抑制 H_2 的析出，减少枝晶形成，提高放电性能和可逆性
聚合物添加剂	聚合物、PEG、PMMA、聚吡咯、聚苯胺、聚醋酸乙烯酯或聚碳酸酯	限制放电产物的溶解，减少枝晶的形成和形状变化
表面活性剂添加剂	全氟表面活性剂、CTAB、TBABr、四烷基氢氧化铵、三乙醇胺或木质素磺酸盐	抑制 H_2 生成和电极腐蚀，减少枝晶形成

锌空气电池的空气电极是透气、防漏和导电的，同时可保持活性，并且在高充放电电流密度下稳定。一般来讲，空气电极由以下几个部分组成：

① 特氟龙膜，装在空气一侧，具有高透气率。该膜保护空气正极免受电解质泄漏到集流体。

② 集流体，一般为镍网，也有更便宜的具有镍涂层的铜网或昂贵的泡沫镍。据报道，泡沫镍通常具有较高的比表面积，确保了空气正极的更好性能。

③ 气体扩散层（gas diffusion layer，GDL），主要由具有低 BET（Brunauer-Emmett-Teller）比表面积和与聚四氟乙烯（polytetrafluoroethylene，PTFE）混合的乙炔黑（acetylene black，AB）组成。具有较高疏水性的乙炔黑的使用促进了气体扩散层的疏水性质。

④ 催化剂层，由催化剂与表现出高 BET 比表面积的炭黑和用于疏水化的 PTFE 混合而成。

空气电极的多孔结构可以形成氧气的扩散路径并且用作催化剂的基底。因此，诸如活性炭（AC）、碳纳米管（CNT）和石墨烯（graphene）的碳材料可以用作空气电极的基底。保持疏水性是非常重要的，这使得气体扩散层可渗透的是空气而不是水。催化活性层由催化剂、碳材料和黏合剂组成。常用催化剂有 Pt/C、纳米金属氧化物和金属氮化物等，在催化活性层中发生氧还原反应（ORR）和氧析出反应（OER）。可以通过合理地设计每种材料的类型、数量以及空气电极的结构，达到影响空气电极性能的效果。

2. 锂空气电池

从表 6-9 可以看出，锂空气电池的理论能量密度高达 11400Wh·kg^{-1}，远超其他金属空气电池，而且，锂空气电池的结构与锌空气电池类似，具有成本较低、安全性较好、污染小等优点。因此，近年来许多研究者对锂空气电池产生了浓厚兴趣，并加入锂空气电池的实用化进程来。若能够成功解决锂空气电池的安全、腐蚀及相关材料的规模化制备问题，实现锂空气电池的实用化，不仅电动汽车的长距离行驶能力将大幅改善，更多需要使用高容量电池的行业也将得到很大发展。

由于早期的二次电池多使用含电解质的水溶液作为电解液，锂空气电池起初被提出时也使用了水系电解液。1976 年，研究者提出了一种新的电池体系：使用金属锂作负极，空气中的氧气作正极活性物质，在水系电解液中进行电化学循环。此时的锂空气电池被称作锂水电池（lithium water battery）。由于实验条件的限制，该电池的金属锂负极会被扩散出的水系电解液腐蚀掉，导致电池无法稳定工作。较差的性能未能引起研究者们太多的兴趣，此后一段时间，有关锂空气电池的研究鲜有报道。

直到1996年，科学家才首次报道了一种使用有机电解液的锂空气电池。该电池体系利用添加有机溶剂和锂盐的凝胶聚合物作为电解质，以酞菁钴作为空气电极的催化剂和高纯氧作为空气电极，其开路电压（open circuit voltage，OCV）在3V左右，工作电压在2.0～2.8V之间，比能量为250～350Wh·kg^{-1}。同时，过氧化锂（Li_2O_2）为反应产物。2002年，研究者详细地研究了锂空气电池的放电机理并探究了多种因素对电池放电容量、倍率性能以及循环性能造成的影响，认为电解液的组成对电池的性能和放电产物的沉积行为有重要影响，并首次提出以醚类溶剂作为锂空气电池的电解液，大大提高了其能量密度。2006年，英国科学家在空气电极中引入了α-MnO_2纳米线作为催化剂，使电极的比容量达到了3000mAh·g^{-1}；同时，在限制比容量为600mAh·g^{-1}的情况下，实现了超过50次的循环并保持比容量不衰减，标志着真正具备实际意义的可循环锂空气电池已初步形成。从此，全球各地大量的研究者加入锂空气电池的研究热潮中。同时，各大商业公司也表现出了对锂空气电池的兴趣。根据使用的电解液的不同，锂空气电池分成四类：非水体系、水体系、杂化体系和固态电解质体系。由于使用电解液体系的性质不同，组建电池的方式、电池内部发生的反应机理以及需解决的主要问题也不尽相同。

有机体系锂空气电池采用有机液体作为电解质。常用的有机液体包括碳酸酯类电解液、醚类电解液、砜类电解液和离子液体类电解液等。在该类电池中，锂与氧气反应生成不溶于电解液的过氧化锂，因此需要使用具备多孔结构的正极材料来承受过氧化锂的沉积。其电化学反应为：

阳极： $Li \longrightarrow Li^+ + e^-$

阴极： $2Li^+ + 2e^- + O_2 \longrightarrow Li_2O_2$ （$E^\ominus = 2.96V$ vs. Li/Li^+）

水系锂空气电池采用电解质水溶液作为电解液。在组装该类电池前，要先在负极金属锂的表面包覆一层人工SEI膜，以防止锂接触电解液后被腐蚀造成电池的失效。在不同pH的水溶液中，该类电池的工作原理也不同：

碱性溶液： $O_2 + 2H_2O + 4e^- \longrightarrow 4OH^-$ （$E^\ominus = 3.43V$ vs. Li/Li^+）

酸性溶液： $O_2 + 4H^+ + 4e^- \longrightarrow 2H_2O$ （$E^\ominus = 4.26V$ vs. Li/Li^+）

混合体系锂空气电池在正极侧的电解质为水系电解液，而在负极侧为有机电解液。为同时利用这两种性质迥异的电解液，还需要在正负极中间放入防水的锂离子陶瓷固态电解质。

固态锂空气电池采用可传导锂的固态电解质材料作为电解质。常用的固态电解质包括无机电解质、聚合物电解质、类固态电解质等。固态锂空气电池与有机体系锂空气电池相比主要的优势在于高安全性。由于该类电池起步较晚，目前其工作原理仍不甚明了。

目前来看，对这四种锂空气电池的研究有着不同的重心。有机体系锂空气电池的主要问题在于反应的低速率和不可溶放电产物造成的电极堵塞，对此，需要使用高效催化剂加快反应速率和采用多孔正极材料来承载放电产物。水系和混合体系的锂空气电池中，必须有一层足够致密的负极保护层，以避免金属锂被腐蚀。这也正是此类电池的研究难点，目前并没有比较合适的保护层材料。固态锂空气电池作为全固态电池的一种，存在电解质离子电导率不够高的问题，其界面阻抗问题也较难解决。针对有机体系锂空气电池的探究为当前研究最多且最深入的方向。尽管研究取得了较好进展，但有机体系锂空气电池仍面临着许多问题。综述起来，主要表现如下：

① 锂空气电池在空气中使用时，要防止一些气体杂质进入内部。因部分电解液暴露在空气中很容易吸收空气中的水和CO_2，导致锂负极在空气中腐蚀，另外，H_2O和CO_2会导

致在产物中生成一些 Li_2CO_3，其在电化学反应中是不可逆的，容易引起锂空气电池循环性能下降。

② 电解液不稳定。早期使用的碳酸酯类电解液在放电过程中容易分解，目前最为常用的溶剂四乙二醇二甲醚（TEGDME）、二甲醚（DME）和二甲基亚砜（DMSO）在 4V 以上也不稳定，能在富氧气氛中与活性氧物质（超氧根离子 O_2^- 和过氧根离子 O_2^{2-}）和锂氧化物发生反应，生成 LiOH 和 Li_2CO_3 等一系列副产物。

③ 锂空气电池的反应必须在三相界面上进行，电解液需要具备一定的溶氧能力，而溶解在其中的氧气也会移动至负极金属锂一端，与金属锂反应，而造成负极的消耗，影响电池的安全性和循环性。

④ 锂空气电池作为开放系统或者半开放系统，电解液处于氧气或者其他气体氛围中，容易挥发。可以通过增加黏度的方式（比如使用离子液体、增加锂盐浓度等）减少挥发，但同时又会影响锂离子的传输。

⑤ 空气正极导致的实际比容量低、极化严重、循环寿命短和倍率性能差等一系列问题。由于放电产物 Li_2O_2 不溶于有机电解液，所以放电时新生成的产物只能留在正极上。当过多的放电产物聚集在一起时，正极结构中原有的孔隙通道逐渐被堵塞，外部电解液中游离的锂离子和氧气难以进入正极内部，只能在表面区域继续反应。同时，Li_2O_2 电子的传导能力很差，因此正极的电导率随着放电过程的进行逐渐降低，最终导致比容量达到一定值后反应难以继续进行，极化电压迅速增加，循环寿命缩短。

⑥ 正极材料与放电产物的副反应。多孔碳材料质量轻、价格便宜、好制备，是锂空气电池常用的正极材料，但是 Li_2O_2 直接在 C 表面进行生长，与 C 接触的部分会生成 Li_2CO_3，而 Li_2CO_3 分解电位高于 4.0V，且难以完全分解并导致电解液分解。另外使用的黏结剂聚偏氟乙烯（PVDF）或聚四氟乙烯（PTFE）也都不稳定，可能会脱氟化氢后形成 LiF 和 LiOH。

值得指出的是，与金属空气电池的原理相似，金属二氧化碳电池也得到了科学家的关注。金属二氧化碳电池是以电极电位较负的金属（如锂、钠、铝、镁等）作负极，以空气中的二氧化碳作为正极活性物质，以有机化合物作为电解液的储能装置。该类电池提供了一种既可以捕捉二氧化碳又可以储存能量的新方法，因此，金属二氧化碳电池未来在动力电池上的应用也推动着电动汽车产业向更加经济、环保、可持续的方向发展。同时，由于火星上96%的气体都是二氧化碳，因此针对金属二氧化碳电池的研究对于人类移民火星也具有十分重要的意义。目前，金属二氧化碳电池的相关机理还不够明确，室温条件下性能不佳，需要进一步研究。

练习题

1. 简述单个电池的主要组成部分及其作用。
2. 电极电势如何产生的？在实际电池中有何作用？如何理解电池的极化？
3. 容量、能量和功率分别表征电池哪些方面的性能？
4. 影响电池实际能量密度的重要因素是哪些？如何有效提高电池的实际能量密度？
5. 酸性锌锰电池与碱性锌锰电池的性能差别很大，为什么？
6. 金属锂一次电池有哪些优点？

7. 写出铅酸蓄电池的电极反应和电池反应，简述其特点和发展趋势。

8. 查阅相关资料，简述锂离子电池的种类、生产过程、优缺点以及未来一定时期内的发展方向。

9. 锂离子电池有哪些安全问题？如何辩证地看待使用锂离子电池带来的一些负面效应？

10. 钠离子电池的电极材料主要有哪些？与锂离子电池对比，钠离子电池的优势和劣势有哪些？

11. 查阅相关资料，阐述石墨不适合用作钠离子电池负极材料的原因，并探讨硬碳作为钠离子电池负极材料的机理和改善策略。

12. 比较不同结构特征的材料用作钠离子正极材料的优缺点。

13. 查阅相关资料，谈谈金属空气电池发展的瓶颈问题。

14. 写出锂空气电池分别在水系和有机体系下的电极反应。

15. 举例说明发展新型绿色电源技术的必要性和可行性。

第7章

氢气与氢能源利用

能源是人类生存和发展的重要物质基础，是从事各种经济活动的原动力，也是社会经济发展水平的重要标志。国民经济的发展、人口的增长以及生活水平的提高都迫切需要更多的能源。经过漫长的地质年代所形成的矿物燃料（如煤、石油、天然气）是一类非再生性能源，储量极其有限。因此，开发新能源是当今人类面临的十分重要的课题。在所有可能的新能源中，氢气有许多优势，例如氢作为燃料，其产物是水，对生态环境没有污染，产生的热值高（142.14kJ · kg^{-1}），同时，氢的来源广泛，制取途径多样。因此，氢气被认为是理想的二次能源。从地球资源、生产技术以及环境保护诸方面来看，氢能源是未来最有希望的理想能源。自进入21世纪以来，氢能的开发利用步伐逐渐加快，尤其是在一些发达国家，都将氢能列为国家能源体系中的重要组成部分，人们对其寄予了极大希望和热忱。随着燃料电池技术的不断完善，以燃料电池为核心的新型产业将使氢能的清洁利用得到最大限度的发挥，主要表现在氢燃料电池汽车、分布式发电、氢燃料电池叉车和应急电源产业化等领域。此外，针对太阳能和风能等可再生能源的不稳定性而导致的电力线上网难、弃光和弃风等问题，目前许多国家开始借用氢能技术消纳可再生能源的方式来推动可再生能源的发展。最后，氢气还是化石能源清洁利用的重要原料。成熟的化石能源清洁利用技术对氢气的需求量巨大，其中包括炼油化工过程中的加氢裂化、加氢精制以及煤清洁利用过程中的煤制气加氢气化、煤制油直接液化等工艺过程，推进氢能在这些方面的应用有望加速氢能的规模化利用。

7.1 氢气的制备

制备氢气的方法有很多种，常用的工业上的制氢气方法有化石燃料制氢、电解水制氢、生物质制氢、太阳能制氢和热解法制氢等。其中甲烷水蒸气重整制氢和煤制氢属于化石燃料制氢。目前我国90%以上的氢气来源是通过化石燃料得到的，但是新型制氢方法的研究得到研究者的广泛关注。

7.1.1 化石燃料制氢

迄今，全球90%以上的氢气是由化石燃料（煤、石油或天然气等）制备的。例如，炽热的焦炭同水蒸气作用得到水煤气［$CO(g)+H_2(g)$］，在催化剂（氧化铁）的作用下，水煤气与水蒸气反应，CO转化为CO_2，分离出CO_2，可得氢气。另外，在石油化学工业中，

烷烃脱氢制取烯烃可以产生氢气（$C_2H_6 \longrightarrow C_2H_4 + H_2$）。然而，在化石燃料制氢的路线中，甲烷（天然气）水蒸气重整（SRM）自1926年开始应用至今，经过90多年的工艺改进，是目前工业上天然气制氢应用最成熟、最简单、最经济的制氢工艺。其主要化学反应式如下：

$$CH_4(g) + H_2O(g) \rightleftharpoons CO(g) + 3H_2(g) \quad \Delta H = 206.29 kJ \cdot mol^{-1} \tag{7-1}$$

$$CO(g) + H_2O(g) \rightleftharpoons CO_2(g) + H_2(g) \quad \Delta H = -41.19 kJ \cdot mol^{-1} \tag{7-2}$$

从热力学角度分析，甲烷水蒸气重整存在可逆平衡，温度、压力及水蒸气和甲烷的比例对反应平衡组成有影响。由于该反应是一个强吸热过程，因此提高温度有利于提高转化率，但考虑到反应装置能承受的温度以及式(7-2)是放热反应，所以反应通常在750～1100℃进行。另外，式(7-1)是气体分子数增多的反应，压力较低有利于提高转化率，但是压力太低，反应速率较低，反应容器要求很大，所以一般采用2～3MPa的压力。水碳物质的量之比（简称水碳比）也是影响制氢效率的关键因素之一，研究表明，随着水碳比的提高，甲烷的转换率增加，但是过高的水碳比会增加能耗、降低设备生产能力。所以在工业上通常将水碳比定在2.5～3.5之间。所以，从热力学角度分析，高温、低压以及高的水碳比有利于提高转换率。

甲烷水蒸气重整的实际工艺流程比较复杂，而且有不同的改进工艺以降低成本和提高产率。但整个工艺流程包括四大单元，即原料气处理、甲烷蒸气重整、CO变换和氢气提纯。原料气经脱硫预处理后进入转化炉进行水蒸气重整反应。在重整中，由于催化剂的存在，该反应是气固相催化反应，存在气固相之间的质量和热量传递，还有反应组分在催化剂内的扩散和催化剂颗粒的传热过程。这些因素都会对反应速率产生重大影响。由于实际的反应器内气体流速很大，因此普遍认为气固两相之间的质量和热量传递的外扩散影响可以忽略不计，而内扩散有着显著影响。研究表明，催化剂的种类、颗粒大小、比表面积、活性和寿命对反应速率、产物的产率和纯度、成本具有重要的影响。现代工业采用的甲烷水蒸气重整催化剂多为负载型催化剂，活性组分主要是Ni、Co、Fe、Cu等非贵金属和Rh、Ru、Pt等贵金属，前者较后者的活性和抗积碳性能稍差，但由于其价格低廉、原料易得，所以被广泛应用，尤其是以Ni作为活性组分的催化剂，以其活性最高成为研究热点。由于甲烷水蒸气重整在高温下进行，催化剂活性组分在高温下容易烧结、晶粒长大、活性降低。因此，催化剂的助剂及载体直接影响催化剂的性能、强度、密度和耐热性能等。合适的助剂可以抑制催化剂的熔结过程，防止活性组分晶粒的长大，能够增加活性中心对反应物的吸附，从而增强了甲烷的活化裂解过程和催化剂的抗积碳性能，并延长了使用寿命。当前催化剂选用的助剂已从Na_2O和K_2O等碱金属、MgO和CaO等碱土金属、ZrO_2等稀有金属氧化物发展到CeO_2和La_2O_3等稀土金属氧化物。载体对催化剂的活性组分不仅起物理支撑及分散作用，而且通过载体与金属间的电子效应及强相互作用（SMSI）可以使催化剂物理化学性能得以改善，载体需要具有良好的机械强度和抗烧结能力。目前，研究较多的载体有Al_2O_3、TiO_2、ZrO_2、La_2O_3、MgO、SiO_2、CaO、ZSM-5沸石分子筛、镁铝尖晶石等。由于催化剂在整个反应中起着显著的作用，因此，寻求活性高、稳定性好、抗积碳性能强的催化剂可有效降低能耗，是甲烷水蒸气重整技术的重点研究方向。甲烷水蒸气重整制得的是合成气（$V_{H_2}/V_{CO}=3:1$），该合成气进入水气置换反应器，经过两端温度的变换反应，将CO转化为CO_2和额外的氢气，提高氢气产率。高温变换温度一般在350～400℃，而中低温变换温度低于350℃。制备的氢气经过物理过程的冷凝-低温吸附法/低温吸收-吸附法/变压吸附法/钯膜扩散法提纯后得到纯净氢气。

传统的化石燃料制氢气都伴有大量的CO_2排出（常用K_2CO_3溶液吸收CO_2生成

$KHCO_3$）。近年来科学研究已经转向开发无 CO_2 排放的化石燃料制氢气技术，不向大气排放 CO_2（转化为固体炭），制得的氢气纯度高，减轻了对大气环境的污染。其中，通过催化裂解 CH_4 同时制备不含碳氧化物的 H_2（可直接借助质子交换膜燃料电池使用）和碳纳米管（CNTs，具有非常优良的机械强度、导电性与导热性）/炭黑这两种非常重要产品的技术路线成了研究的热点。该过程不产生二氧化碳，是连接化石燃料和可再生能源之间的过渡工艺过程。目前，甲烷催化裂解制氢处于实验室研究阶段，在推向工业化过程需要解决以下几个重要问题：

① 选择合适的催化剂制备工艺，制备具有一定比表面积、良好稳定性和机械性能的催化剂材料。

② 合理控制催化反应条件。在甲烷催化裂解的过程中，影响甲烷转化率的因素很多，包括反应温度、时间、催化剂用量、甲烷流速等，这些影响对甲烷裂解效率的影响非常复杂。

③ 甲烷催化裂解制氢的催化机理需深入研究。目前对甲烷裂解的机理有多种说法，大多是对其进行理论的推测，有些说法只能解释个别现象，因此，深入的研究甲烷裂解机理对指导选择合适催化剂至关重要。

④ 深入研究甲烷裂解的催化剂失活机制并建立有效的抑制方法。载体材料上沉积的碳被普遍认为是引起催化剂失活的主要原因，但是催化剂失活的原因可能还有其他方面，需要进一步深入研究。

7.1.2 电解水制氢

目前，世界上超过90%的氢气来源于化石燃料重整，这不可避免地会排放二氧化硫、二氧化碳等环境污染物。在人类未来能源蓝图中，有望利用太阳能、风能等可再生清洁能源发电，通过电解水制取氢气。利用氢气作为新型能源载体，最大程度缓解可再生能源发电过程不稳定、不连续的问题；还可以通过规模化储能，实现气体能源远距离输送。电解水制氢过程完全摆脱对含碳的化石燃料的依赖，对于促进能源结构调整与能源转型，发展绿色交通与城市新能源，具有重要战略价值与现实意义。

电解水过程可包含两个半电池反应，分别为阴极上的析氢反应（hydrogen evolution reaction，HER）与阳极上的析氧反应（oxygen evolution reaction，OER）。在不同介质下，析氢与析氧的反应途径不同。

在酸性（H_2SO_4）介质中，反应式为：

阴极：$$4H^+ + 4e^- \longrightarrow 2H_2$$

阳极：$$2H_2O \longrightarrow 4H^+ + O_2 + 4e^-$$

在碱性（KOH 或 NaOH）介质中，反应式为：

阴极：$$4H_2O + 4e^- \longrightarrow 2H_2 + 4OH^-$$

阳极：$$4OH^- \longrightarrow 2H_2O + O_2 + 4e^-$$

总反应：$$2H_2O \xlongequal{} H_2 + O_2$$

在标准状态下，水的理论分解电压为1.23V。在实际操作中，由于阴极的极化过电位（η_a）和阳极的极化过电位（η_c）以及电解液内阻引起的电压降（η_Ω）等原因，电解水电压远高于1.23V。所以，通常情况下电解水所需操作电压（E_{op}）为：

$$E_{op} = 1.23V + \eta_a + \eta_c + \eta_\Omega \tag{7-3}$$

电解水过程能耗正比于操作电压，降低电解水过程中的极化过电位（η_a、η_c）对于降低

能耗具有要的意义。

目前，电解水制备氢气已有三种不同种类的电解槽，分别为碱性电解槽、聚合物薄膜电解槽和固体氧化物电解槽。

7.1.2.1 碱性电解槽

碱性电解槽是发展时间最长、技术最为成熟的电解槽，具有操作简单、成本低的优点，其缺点是效率最低，槽体示意图如图7-1所示。该工艺使用质量分数为30%的氢氧化钾水溶液作为电解液，并在一对惰性电极之间设置防止氢气通过的隔膜。在80℃条件下，电解液中的水分子被解离为氢气和氧气；当输出氢气的压强为0.2～0.5MPa时，电解反应的效率可达65%。碱性电解工艺的电能消耗量较大，每生产$1m^3$（标准条件下）氢气的平均耗电量约为5.3kWh（理论相应电耗为$2.95kWh \cdot m^{-3}$），导致制氢成本较高。目前，国外知名的碱性电解水制氢公司有挪威留坎公司、格洛菲奥德公司和冰岛雷克雅维克公司等。电解槽一般采用压滤式复极结构或箱式单极结构，每对电解槽压在1.8～2.0V，循环方式一般采用混合碱液循环方式。

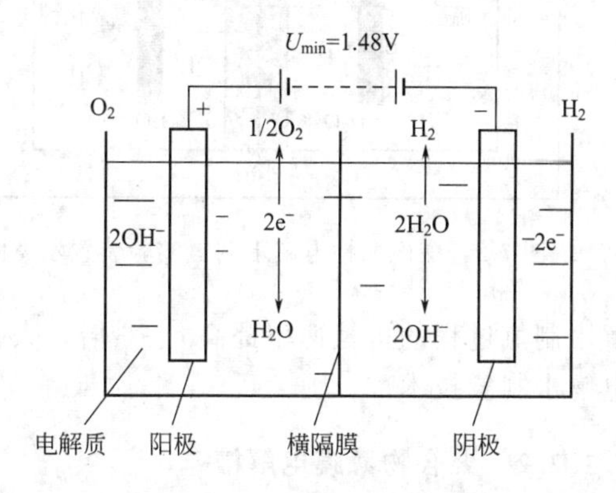

图7-1 碱性电解槽示意图

电极材料的使用寿命和能耗是衡量碱性电解槽优劣的关键因素。目前国内外广泛采用镍、镍网或镍合金作为碱性电解槽阴极的活化涂层。贵金属氧化物中RuO_2、IrO_2和RhO_2等具有较好的析氧催化活性，但这些氧化物在碱性介质中耐腐蚀性较差，且价格昂贵。除了贵金属之外，钴、锆、铌、镍等金属也具有较高的析氧催化活性，其中镍以具有很好的耐蚀性、价格便宜等优势在电解水阳极材料中应用较为广泛。另外，具有尖晶石结构的氧化物如$NiCo_2O_4$和$CoFe_2O_4$等复合金属氧化物也可用于碱性电解水阳极。

除了阴、阳极电极材料之外，隔膜质量的好坏直接关系到氢气和氧气的纯度和电耗问题。理想的电解隔膜应满足如下条件：能使离子透过，但气体分子无法透过；隔膜的物理化学性质均一，机械性能良好和耐蚀性好等。在电解水工业中应用最广的是石棉隔膜，但是由于石棉隔膜的溶胀性和化学稳定性差、寿命短以及本身的毒性问题，使得石棉隔膜的应用越来越受到限制。一些改性的石棉隔膜应运而生，如聚四氟乙烯树脂改性石棉隔膜的耐蚀性和机械性能都得以提高。

为了降低电解水制氢过程的能耗，根据酸性条件下易于析氢、碱性条件下易于析氧的原理，人们利用双极膜分解水过程，于2016年提出酸碱两性电解水制氢新原理。双极膜是一种新型的膜材料，由阴离子交换层和阳离子交换层紧密结合而成。在直流电作用下，膜外的水分子能够渗透到中间层，该中间层位于阴离子交换层和阳离子交换层的交界面上，水分子在该交界面上被解离成氢离子（H^+）和氢氧根离子（OH^-）。在酸碱两性电解水制氢过程中，将双极膜置于电解槽的析氢电极和析氧电极之间，析氢电极置于装有酸性水溶液的阴极腔室，析氧电极置于装有碱性水溶液的阳极腔室（图7-2）。膜两侧分别使用酸性和碱性水溶液，采用双极膜将电解槽分隔成互不连通的阳极室和阴极室，以保证阴极室内酸性环境下发生析氢反应，阳极室内碱性环境中发生析氧反应。利用双极膜解离水产生氢离子与氢氧根离子。研究结果表明，与现有的碱性水溶液电解水制氢相比，在槽电压1.8V时，双极膜电

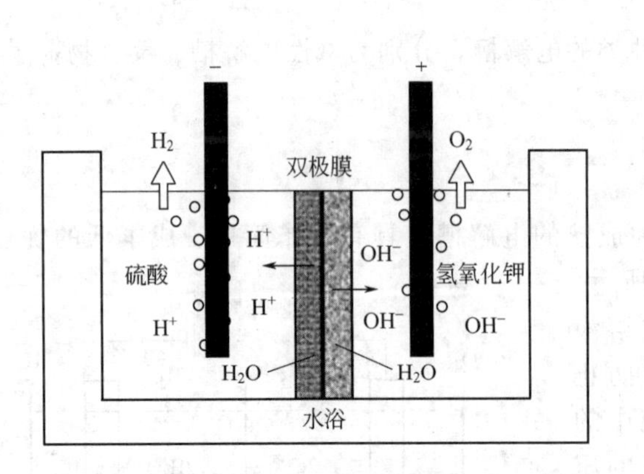

图 7-2 酸碱两性电解水制氢实验装置示意图

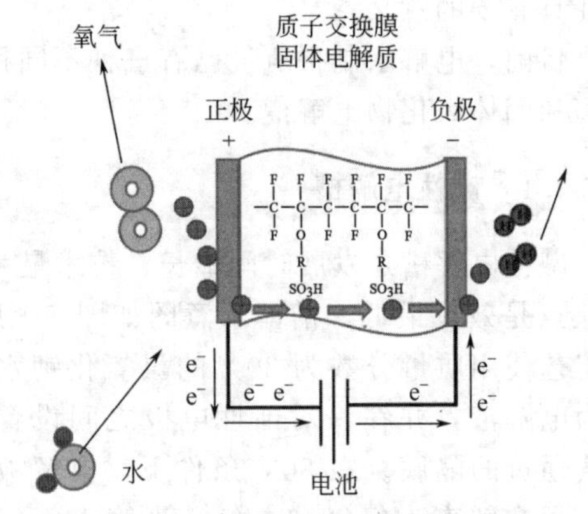

图 7-3 聚合物薄膜电解槽示意图

解水制氢过程的析氢速率提高 4～6 倍，大幅度降低制氢能耗，有望成为国内外下一代高效电解水制氢技术。

7.1.2.2 聚合物薄膜电解槽

聚合物薄膜电解槽的电解效率优于碱性电解槽，这是因为聚合物具有良好的化学和机械稳定性，并且电极和隔膜之间的距离为零，提高了电解效率。该电解槽主要由两个电极和聚合物膜组成，质子交换膜（PEM）通常与电极催化剂成一体化结构，即多孔的铂材料作为催化剂结构的电极是紧贴在交换膜表面的，如图 7-3 所示。薄膜由仅允许氢离子通过的全氟磺酸膜组成。该电解槽不需要添加其他电解质，只需要纯水作为电解液，比碱性电解槽更安全可靠。由于内阻较低和过电位较低，有利于大电流条件下工作。然而所使用的质子交换膜和催化剂的成本太高，导致聚合物薄膜电解槽的成本昂贵，难以工业化。目前的研究主要集中在开发稳定、高效和价格低廉的催化剂和隔膜。

世界上第一台聚合物薄膜电解槽是 1966 年由美国通用电气公司开发的，最初用在海军潜艇中供氧。目前美国汉密尔顿标准及联合技术能源公司制造的聚合物薄膜电解槽在压力为 2.8×10^6 Pa 时，产氢速率可达到 $26m^3\cdot h^{-1}$。聚合物薄膜电解技术作为日本 WE-NET 计划的重要组成部分，在日本发展极为迅速。由莫斯科国立动力学院、法国国家科学研究中心等欧洲研究机构联合支持的 GenHyPEM 计划始于 2005 年，目前已制备出产氢速率为 $5Nm^3\cdot h^{-1}$的聚合物薄膜电解堆。

7.1.2.3 固体氧化物电解槽

固体氧化物电解槽（solid oxide electrolyzer cell，SOEC）是从 1972 年开始发展起来的，目前还处于早期研发阶段。相比较而言，碱性电解槽和聚合物薄膜电解槽的工作温度均在 80℃左右，而 SOEC 的工作温度为 800～950℃。由于在高温下工作，部分电能由热能代替，电解效率高；使用的材料为非贵金属，成本较低。SOEC 结构多样，最早用于高温电解制氢研究的 SOEC 是管式结构的，这种电解槽连接简单，不需要密封，但能量密度低，加工成本高；平板式 SOEC 因具有能量密度高、加工成本低等特点，是近年来研究的主要方向。SOEC 的结构示意图如图 7-4 所示。阴极材料一般采用 Ni/YSZ 多孔金属陶瓷，阳极材料主要是钙钛矿氧化物材料，中间的电解质采用 YSZ 氧离子导体。混有少量氢气的水蒸气从阴极进入（混氢的目的是保证阴极的还原气氛，防止阴极材料 Ni 被氧化）电解槽，在阴

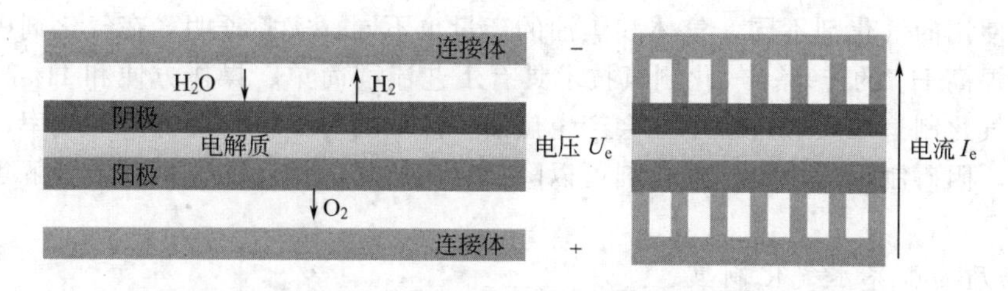

图 7-4　固体氧化物电解槽示意图

极被分解为 H^+ 和 O^{2-}，H^+ 得到电子生成 H_2，而 O^{2-} 则通过电解质 ZrO_2 到达外部的阳极，生成 O_2。在这个过程中，电解质的主要作用为选择性地使氧离子或质子透过但防止氧气和氢气透过，因此，一般要求电解质致密且具有高的离子电导率。目前，SOEC 研究技术仍处于实验阶段，高温运行时，所发生的电极/电解质、电极/双极板和双极板/电解质等许多界面反应导致材料的稳定性难以保证，因此，电堆的性能随运行时间延长衰减明显，从而制约了 SOEC 的商业化进程。这将需要从研制高新材料和优化控制系统方面深入研究并带来技术突破。然而，由于制氢效率较高，随着技术的成熟，高温 SOEC 电解水制氢有望在化工、分布式能源等领域获得较为广泛的应用。

7.1.3　生物质制氢

生物质是指直接或间接利用光合作用形成的各种有机物的总称，具有储量丰富、低污染性和可储存性等优点，是具有发展前景的可再生能源之一。农业及林业废弃物如秸秆、稻壳、纤维素、锯屑、动物粪便等是常见的生物质，均可通过一定的技术方法和手段实现二次利用，因此受到越来越多研究者的青睐。将生物质能转化为清洁的氢能来替代化石能源是氢能发展的必然趋势。目前，生物质制氢技术主要有生物质热化学制氢法、生物制氢法和电解生物质制氢。接下来简单介绍前两种。

7.1.3.1　生物质热化学制氢法

生物质热化学制氢法是指在一定的热力学条件下，将生物质转化为富含氢的可燃性气体，将伴生的焦油催化裂化成小分子气体，将 CO 通过催化重整转化为 H_2 的过程。按照具体制氢工艺的不同，生物质热化学制氢技术主要分为生物质热裂解制氢、生物质气化制氢和生物质超临界水气化制氢。

1. 生物质热裂解制氢

生物质热裂解制氢是在隔绝空气的条件下，对生物质进行间接加热，使其转化为生物焦油、焦炭和气体，对烃类物质进一步催化裂解，得到富含氢的气体并对气体进行分离的过程。在热裂解过程中，可以通过升高温度、提高加热速率和延长挥发组分的停留时间来提高气体产率。生物质热裂解的效率主要与反应温度、停留时间和生物质原料特性有关。生物质热裂解制氢工艺流程简单，对生物质的利用率高。在使用催化剂的前提下，热解气中 H_2 的体积分数可达 30%～50%。在热解过程中会有焦油的产生，腐蚀设备和管道，造成产氢效率下降。目前研究的热点主要集中在反应器的设计、反应参数优化、开发新型催化剂等方面，以提高产氢效率。

2. 生物质气化制氢

生物质气化制氢与热裂解制氢不同，它不需要隔绝空气，高温下生物质与气化剂在气化炉中反应，产生富氢燃气。生物质气化制氢过程要用到气化剂，常用的气化剂有空气、O_2、水蒸气等，使用的气化剂不同，气体和焦油的产量也不同。实验证明，在气化剂中添加适量的水蒸气可提高 H_2 的产率。气化制氢技术具有工艺流程简单、操作方便和 H_2 产率高等优点。生物质气化制氢在反应过程中也会产生焦油，焦油的产生不仅降低反应效率，还会腐蚀和损害设备，阻碍制氢的进行。催化剂可以降低反应所需的活化能，低温下分解焦油，降低焦油含量。

3. 生物质超临界水气化制氢

生物质超临界水气化制氢是在超临界的条件下，将生物质和水反应，生成含氢气体和残炭，然后将气体分离得到 H_2 的过程。与热裂解制氢和气化制氢相比，超临界水气化制氢反应效率高、能耗低、原料适应性强、产氢率高，产生的高压气体便于储存和运输，被认为是非常具有发展前景的制氢技术之一，引起了国内外科研机构的广泛关注。目前，科研工作者对其反应路径、反应热力学及动力学、催化剂的催化机理等进行了持续研究，并分析了不同种类气化原料（实际生物质和模型化合物）和不同操作条件（反应温度、反应压力、反应物浓度、反应时间、催化剂等）对超临界水气化转化影响的规律。然而，超临界水制氢存在设备投资和运行费用高、超临界水氧化性高、容易腐蚀设备等缺点，因此目前还没有进行大规模的工业应用。

除了上述传统的热化学制氢技术外，在其基础上衍生出了生物质微波热解气化制氢、高温等离子体制氢等新型的制氢技术，这些技术也都处于实验室研发阶段。

7.1.3.2 生物制氢法

生物制氢法是利用微生物对环境中生物质（有机物）的代谢过程，在不同制氢酶的作用下来制取氢气的一项技术。该制氢技术相对于其他制氢工艺，具有制氢原料广、制氢成本低、基质转化效率高、环境污染低等优点。同时，微生物制氢技术还能将环境污染治理、氢能生产、太阳能利用等诸多热点技术相结合，是非常有发展前景的技术。产氢微生物包括：藻类（绿藻、蓝细菌）、光合细菌和暗发酵细菌三类。绿藻和蓝细菌在光照条件下，利用体内光合色素，通过生物代谢分解水产生氢气和氧气，该途径被称为光解水产氢反应。光合细菌能在厌氧和光照条件下，利用小分子有机酸代谢产生氢气，该途径被称为光合产氢法。暗发酵细菌，能在缺氧和黑暗环境下，通过分解大分子有机物产生小分子有机酸和还原性氢气，该途径被称为暗发酵产氢反应。

1. 藻类光解水制氢

藻类光解水制氢，是指绿藻和蓝细菌在厌氧条件下利用光合作用吸收环境中的 CO_2，将其固定，转化为自身有机基体，同时，通过光合作用分解水产生氧气和氢气，其生物产氢机理如反应方程：

$$2H_2O \xlongequal{\text{光照}} 2H_2 + O_2$$

藻类含有两个光合作用系统，光合系统Ⅰ(PSⅠ)，主要负责为微生物体内的各种生化反应提供还原力，并对从外界所吸收的 CO_2 进行固定；光合系统Ⅱ(PSⅡ）的作用是接受太阳光，并利用太阳能破坏水分子中氢和氧原子间的化学键，最终产生电子、H^+ 和 O_2。

2. 光合细菌光发酵法制氢

光合细菌光发酵法制氢，是在光照环境下，厌氧光合细菌通过对有机物进行新陈代谢来产生氢气，如图 7-5 所示。和藻类光解水制氢原理不同，光合细菌不具有能进行光解水功能的光合系统Ⅱ(PSⅡ)，不能将水分解为氢气和氧气；由于光合细菌只有光合系统Ⅰ(PSⅠ)，在光合细菌光发酵制氢途径中，只能利用环境中的有机物的分解代谢来产生电子供体。光合

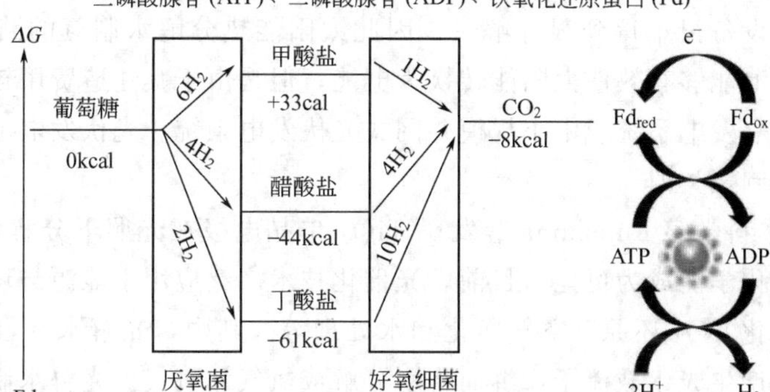

图 7-5 光合细菌光发酵法制氢示意图

[1cal=4.1868J]

细菌光发酵法制氢的优点是产氢过程中不产氧气，不会对产氢酶产生抑制效应，不存在氢气和氧气的分离问题。

3. 厌氧暗发酵生物质制氢

厌氧暗发酵生物质制氢，是微生物在厌氧环境下通过氮化酶或氢化酶将大分子有机物分解为小分子有机酸和氢气的过程。能在暗黑环境下进行产氢的厌氧细菌种类很多，包括梭菌属（*Clostridium*）、肠杆菌属（*Enterobacter*）、杆菌属（*Bacillus*）、埃希氏菌属（*Escherichia*）。

厌氧酸化细菌，在暗黑、无氧条件下利用大分子有机物作为产氢基质，大分子有机物先被水解为糖（如葡萄糖），糖进一步被分解产生丙酮酸，丙酮酸又被氧化成乙酰辅酶 A，最终产生能量 ATP 和各种有机酸。氧化反应伴随着 Fd（铁氧化还原蛋白）的还原反应，反应中产生的 H^+ 接受 Fd 还原后放出的电子产生氢气。最终反应产物包括：乙酸、丙酸等各种小分子有机酸，硫化氢，较大分子的糖类等。固体废弃物中存在大量不同结构的有机物，这些有机物通常都能被暗发酵菌利用，进行生长繁殖、产生氢气，同时也治理了环境污染。

理论上，暗发酵制氢的反应通过反应式 $C_6H_{12}O_6+6H_2O \longrightarrow 12H_2+6CO_2$ 进行，在这个反应中，即 1mol 葡萄糖被彻底氧化成 6mol CO_2 时，理论上能产生 12mol 的 H_2，这是微生物体外酶法，在接近理想状态的实验中已证实。该暗发酵制氢技术，实际产氢速率快，不需要光照条件，工艺简单，能利用各种含碳水化合物的生活垃圾、工业有机废水、农业废弃物为产氢底物。但实际上，暗发酵制氢技术的最大缺点却是底物的实际制氢转化率低，1mol 葡萄糖的实际产氢量仅为 0.5～2.5mol。实际的暗发酵制氢按照反应 $C_6H_{12}O_6+2H_2O \longrightarrow 2CH_3COOH+4H_2+2CO_2$ 进行。以葡萄糖为产氢基质时，发酵葡萄糖产生了大量小分子有机酸（如乙酸等），这些小分子有机酸大部分被用于微生物自身的生长，合成细胞机体，而没有被用于产生氢气。另一方面，反应液中大量有机酸的积累，导致发酵液严重酸化，大量微生物生长受到抑制。

7.1.4 太阳能光催化制氢

太阳能具有总量丰富（1h 照射到地球表面的太阳光的能量比人类一年所消耗的能量还要多）、清洁和广泛持久存在的优势，是人类应对能源短缺、气候变化与节能减排的重要选择之一。但太阳能不能被直接利用，需要转换为热能、电能或化学能。因此，太阳能制氢可以分为太阳能热分解水制氢、太阳能光伏发电后再利用电解水制氢以及太阳能光催化水解制氢三类。然而，太阳能热分解水制氢的实际操作温度太高（通常高于 2500K），太阳能集热获取高温的途径和设备很难得到很好解决，因此太阳能热分解水制氢的路线难以规模化应用。光伏太阳能电池能够有效使太阳能转换为电能，但是由于其建造费用较高，目前光伏系统大多为分散式独立发电系统或中小规模并网式光伏发电系统。光伏发电电解水制氢原理和设备同普通电解水制氢类似。

自 1972 年日本科学家 Fujishima 等发现 TiO_2 单晶电极在光照下分解水产生氢气以来，太阳能直接转换为化学能成为可能。目前，光催化技术广泛应用于能源与环境两大领域，如光解水制氢、光催化 CO_2 还原、空气净化和水处理等。其中，光解水制氢是通过光催化剂或电极吸收太阳能产生光生载流子，继而将水分解成氢气和氧气。光解水制氢为太阳能直接转化为清洁、可存储的化学能提供了可能的途径，被认为是化学界的“圣杯”，通过太阳能光催化制取氢气应用前景广阔。实现水的光解至少需要吸收 $286kJ \cdot mol^{-1}$ 的能量，这相当于 250nm 的紫外光，因此太阳光不能直接光解水。若在水中加入少量光催化剂，则可实现用太阳光分解水制氢。

7.1.4.1 光催化直接分解水的机理

光催化分解水产氢是把光能转化为化学能的能量转化过程，在此过程中，半导体光催化剂起着至关重要的作用。如图 7-6 所示，当以光子能量等于或高于半导体禁带宽度的光照射半导体时，半导体的价带电子将会跃迁至导带（CB），同时价带（VB）位置产生空穴。光生空穴和电子迁移至光催化剂表面时，在适当的条件下会与吸附在催化剂表面的物质发生氧化还原反应；在光催化分解水产氢体系中，迁移至催化剂表面的电子可以将 H^+ 还原，并释放出氢气。但是，光催化分解水制氢体系十分复杂，对半导体催化剂的要求也较为苛刻。例如：半导体的导带位置必须与水的还原电位相匹配，即构成半导体导带的最上层能级必须比水的还原产氢电位（$E_{H^+/H_2}=0.0V$）更负，这样电子才有足够的能力进行水的还原；此外，还要求半导体材料对 H^+ 具有良好的吸附作用，且反应后的氢气容易从催化剂表面脱附；同时光生载流子在半导体体相和表面的运输速率及寿命等对光催化反应也具有重要影响。因此，新型高效复合催化剂的设计合成是提高光催化产氢效率的关键。

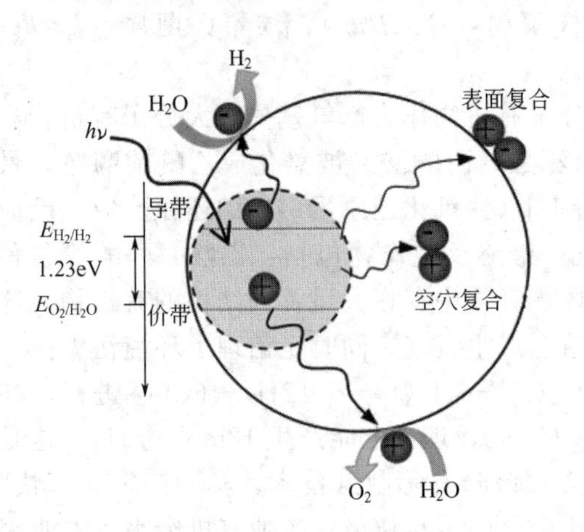

图 7-6 光催化分解水作用原理

7.1.4.2 产氢效率影响因素

在光催化分解水体系中，产氢效率受多种因素的影响和制约。简单地说，主要包括催化剂种类、半导体材料的能带结构、催化剂晶粒大小及形貌、光催化反应条件等。同时，逆反应及催化剂的光腐蚀等也会影响产氢效率。

1. 半导体的能带结构

半导体的能带结构是限制产氢能力的最根本因素，价带、导带位置直接决定了半导体催化剂是否具备分解水的能力。由于水是一种稳定的化合物，分解水产氢、产氧在热力学上是

一个非自发过程，需要标准吉布斯自由能增加 237kJ・mol^{-1}。为了在热力学上满足整体分解水条件，半导体催化剂的价带位置必须在氧的电极电位（E_{O_2/H_2O}=1.23V vs. NHE，pH=0）之下（＞1.23V），导带位置必须在氢的电极电位（E_{O_2/H_2O}=0V vs. NHE，pH=0）之上（＜0V），即催化剂的能带结构至少需要大于 1.23eV。一般来说，催化剂导带位置越负，导带电子所具备的还原能力越强；价带位置越正，价带空穴所具备的氧化能力越强。然而，催化剂的能带结构和位置对不同波段光的利用率也有影响，从而影响着光催化产氢效率。禁带宽度较宽的催化剂（＞3.2eV）只能利用紫外光（λ＜400nm），如 TiO_2、ZrO_2、$SrTiO_3$、Ga_2O_3、CeO_2、ZnS 和 GaN 等，为了更充分地利用太阳光，应尽量开发可见光响应催化剂。图 7-7 展示了一些催化剂的能带结构与水分解氧化还原电势的关系图，理论上，多种催化剂满足同时产氢产氧条件，WO_3、MoS_2、Fe_2O_3 等催化剂的导带位置低于氢的电极电位而不能实现光催化产氢，ZrO_2、$SrTiO_3$、$KTaO_3$ 等催化剂的禁带宽度较大而无法利用可见光。

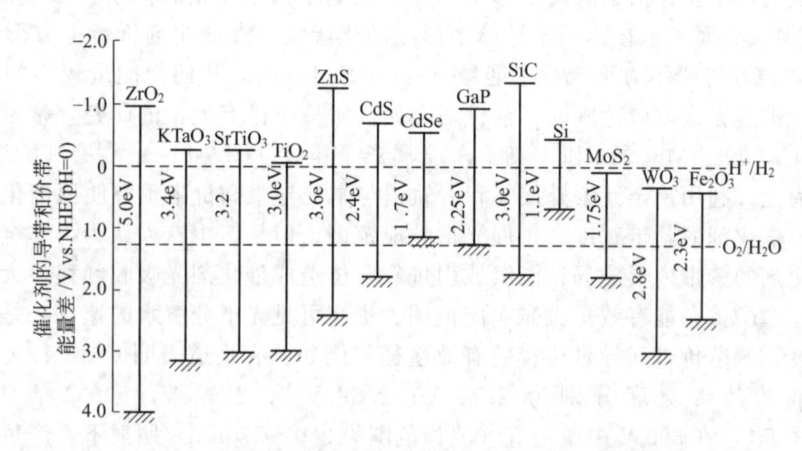

图 7-7 催化剂能带结构与水分解氧化还原电势关系图

2. 催化剂的其他物理化学性能

光催化分解水产氢过程中，催化剂的晶体结构、结晶度、颗粒大小、形貌等物理化学性能很大程度上影响着催化剂的光催化性能。以 TiO_2 为例，具有亚稳态晶型的锐钛矿相（A-TiO_2）往往比具有稳定晶相的金红石相（R-TiO_2）表现出更优异的光催化性能。同时，催化剂的结晶度越好，晶体内部缺陷越少，晶体内部电子-空穴复合越少，光催化效果越好。催化剂颗粒越小，电子-空穴对迁移到表面的距离越短，也可能减少晶体内部电子-空穴对的复合。催化剂的晶粒大小、形貌、孔径分布等因素共同决定了催化剂的比表面积及表面活性位点的多少，进而影响整个催化反应过程。一般来说，晶粒尺寸较小、分散较均匀的催化剂拥有较大的比表面积，从而更有利于光催化反应。通过采用不同的制备方法及制备条件，可以制备出不同结晶度及形貌的催化剂，如制备纳米片状、多孔状及具有不同晶面暴露的催化剂等，改善光催化性能。

3. 光催化反应条件

在光催化分解水过程中，体系中牺牲剂的选取、环境温度、pH、过电势等反应条件均会对产氢效率产生一定的影响。由于实现整体分解水是困难的，通过加入牺牲剂（电子给体或电子受体）实现间接分解水成为研究的主流，即产氢或产氧“半反应”。在产氢“半反应”中，加入的牺牲剂能消耗空穴，从而阻止光生电子与空穴的复合，加速产氢速率。常见的空穴捕集剂有甲醇、乙醇、腐殖酸、丙三醇等。另外，对于 CdS、ZnS 等硫族催化剂，在光催化反应过程中本身存在光腐蚀问题（$CdS+2h^+ \longrightarrow Cd^{2+}+S$），常需添加 S^{2-}/SO_3^{2-} 等作为牺牲剂，减缓催化剂的光腐蚀，从而增强体系的析氢能力。通过改变光催化体系中的温度条件来改变催化剂表面氢气的脱附能力，同样可以改变催化体系的析氢能力。

7.1.4.3 光催化制氢催化剂的修饰与改性

可用于光催化分解水的催化剂很多，但多数催化剂缺乏合适的能带结构，且光生电子-空穴对易复合，从而导致光催化产氢效率低，尤其是可见光产氢效率不理想。为了实现催化剂的可见光化、提高光催化产氢效率，通常需要对催化剂进行修饰与改性，有效调变催化剂的能带结构、降低电子-空穴对的复合速率、提高催化剂的稳定性。

1. 催化剂掺杂改性

催化剂掺杂改性的主要目的是在催化剂中引入杂质能级，缩短禁带宽度，从而实现催化剂的可见光激发，主要包括金属离子掺杂和非金属离子掺杂。金属离子掺杂［图 7-8(a) 和 (b)］是通过引入金属离子在本征半导体中形成杂质能级，在催化剂价带上方形成施主能级（donor level）或在导带下方形成受主能级（acceptor level），从而使能量较小的光子也能激发掺杂能级，扩展光谱响应范围。目前针对金属离子掺杂已有大量的研究，常见的掺杂金属有 Fe、Cu、Cr、Ni、Mn、Sn 和 V 等。非金属离子掺杂［图 7-8(c)］主要以 C、N 和 S 等小半径原子为主，利用掺杂元素外层 s 和 p 轨道与本征导带和价带重叠使原催化剂的价带上移，从而缩小催化剂的禁带宽度，扩展光谱响应范围。但是，也有人认为，非金属离子掺杂后在基底催化剂的禁带内形成局域能级或引进氧空位造成催化剂光吸收红移。大量计算和实验结果表明，离子掺杂能有效扩大光响应范围、提高可见光下分解水的速率，是一种调变半导体禁带宽度、调节价带和导带位置的有效途径。例如：有报道表明 Ce、N、Ce/N 共掺杂 TiO_2 催化剂的禁带宽度分别为 2.76eV、2.58eV 和 2.52eV，500℃ 条件下制备的 Ce(0.6%)-N-TiO_2 在 500W 中压汞灯（波长范围为 260～570nm）照射下，产氢速率是未掺杂 TiO_2 的 20 倍。另外，某些掺杂离子成为光生电子-空穴对的复合中心，从而影响产氢效率，通常可以通过共掺杂抑制复合中心的形成。例如：研究发现紫外光下 Ni-$SrTiO_3$ 的产氢效率较单纯的 $SrTiO_3$ 低，主要是由 Ni^{3+} 成为电子-空穴对的复合中心并捕获了光生电子造成的；可见光照下，$SrTiO_3$ 并没有产氢能力，而 Ni-Ta-$SrTiO_3$ 及 Ni-$SrTiO_3$ 具有了产氢能力，且 Ni-Ta-$SrTiO_3$ 的产氢能力较 Ni-$SrTiO_3$ 的高，这主要是由于离子掺杂扩大了 $SrTiO_3$ 的可见光吸收能力，且 Ni、Ta 共掺杂后 Ta^{5+} 起到了电荷补偿的作用，从而抑制了 Ni^{3+} 电子-空穴对复合中心的形成。

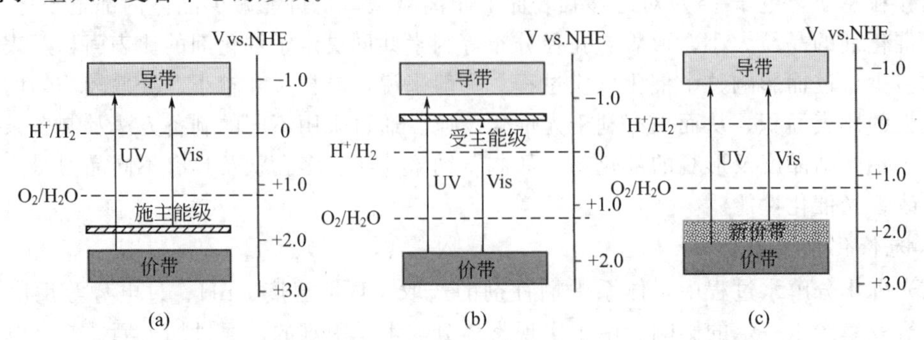

图 7-8 (a)、(b) 金属和 (c) 非金属离子掺杂改变催化剂能带结构示意图

2. 助催化剂

助催化剂负载作为一种有效的催化剂表面修饰技术得到了广泛的研究。常见的光催化分

解水产氢助催化剂主要有贵金属（Au、Pt、Rh、Ru、Pd 等）、过渡金属氧化物（NiO、RuO_2 等）、过渡金属硫化物（PdS、WS_2 等）。对于光催化分解水产氢系统，助催化剂的作用包括多个方面：第一，促进基底催化剂内部光生电子和空穴分别向还原助催化剂和氧化助催化剂转移，从而加速催化剂内部电子-空穴对的分离效率，提高光催化活性；第二，在基底催化剂表面为产氢和产氧反应提供活性位点；第三，增强催化剂的稳定性，降低催化反应活化能；第四，在助催化剂活性位点上产氢或产氧，可抑制逆反应（氢气和氧气结合重新形成水）的进行。研究发现 Pt/CdS 的光催化产氢能力高于单纯的 CdS 催化剂，这是由于 Pt 的功函数（把一个电子从固体内部刚刚移到此物体表面所需的最少能量）大于 CdS，Pt 负载在 CdS 上后，促使 CdS 上光生电子向 Pt 转移，加速了电子-空穴对的分离。PdS/CdS 的光催化产氢性能较 Pt/CdS 更高，且其光催化稳定性比 Pt/CdS 更好。这主要是由于 PdS 作为一种氧化助催化剂，促进 CdS 内部光生空穴向 PdS 转移，从而加速了电子-空穴对的分离。同时，PdS 能有效抑制 CdS 催化剂的光腐蚀，增强基底催化剂的稳定性。而 Pt-PdS/CdS 的产氢效果较 PdS/CdS 进一步提高，且其同样具有较好的稳定性。这主要是由于 Pt 还原助催化剂和 PdS 氧化助催化剂的协同作用更有利于催化剂内部光生电子和空穴的分离，从而提高了光催化产氢效率。

3. 催化剂形貌修饰

通过制备一些具有特殊形貌的催化剂来获得一些新的性能，如更大的比表面积、更多的活性位点、更稳定的催化性能等，同样是光催化领域的研究热点。常见的特殊形貌有纳米线、纳米片、纳米薄膜、纳米管、纳米棒、纳米纤维、介孔结构、核壳结构、空心结构等。例如：金盏花结构的 N-TiO_2 由于具有很大的比表面积，催化活性大大增强；在无氟条件下利用二乙醇胺（DEA）作为封端剂及表面控制剂合成的具有不同比例（101）及（001）晶面的锐钛矿相 TiO_2，因其（001）、（101）晶面分别被认为是氧化位点和还原位点，光生空穴和电子分别流向（001）、（101）晶面，从而加速了电子-空穴对的分离，提高了光催化活性。

部分硫族化合物具有较窄的禁带宽度，理论上其导带电子和价带空穴具有较强的氧化还原能力，然而由于其自身的光腐蚀作用，大大影响了可见光催化产氢效率。通过制备核壳结构催化剂，可以避免光腐蚀，提高光稳定性，使可见光得到有效利用。研究表明，在没有表面活性剂的情况下，通过一步水热法制备的 CdS@ZnS 核壳结构催化剂（ZnS 壳具备孔状结构），由于 CdS 的光生空穴转移至 ZnS 导带中的 Zn 空位和间隙 S 上，而光生电子留在 CdS 上并参与产氢反应，形成了一种特殊的空间电荷分离体系。可见光下，CdS/ZnS 核壳结构的产氢效率分别是 ZnS 和 CdS 的 169 和 56 倍，且即使在参与反应 60 小时之后，CdS@ZnS 核壳结构的光催化产氢性能仍保持稳定。

4. 异质结

两种具有不同能带结构的半导体复合后可能形成异质结构。由于不同半导体的导带和价带的差异，一方面使光生电子在一种半导体的导带上积累，另一方面使光生空穴在另一种半导体的价带上聚集，相应地提高了光生电子和空穴的分离率，扩展了光谱的吸收范围，从而表现出比单个半导体更好的稳定性及更高的光催化活性。例如：具有 α/β-Bi_2O_3 异质结的 Bi_2O_3 纳米线在光照和内建电场的作用下，α-Bi_2O_3 的导带电子转移至 β-Bi_2O_3 的导带上，而 β-Bi_2O_3 的价带空穴转移至 α-Bi_2O_3 的价带上，从而阻止了光生电子-空穴对的复合，有效提高了 Bi_2O_3 的光催化性能。

5. 固溶体

固溶体能够调变催化剂的能带结构并获得更高的光催化效率，因此受到了广泛的关注。

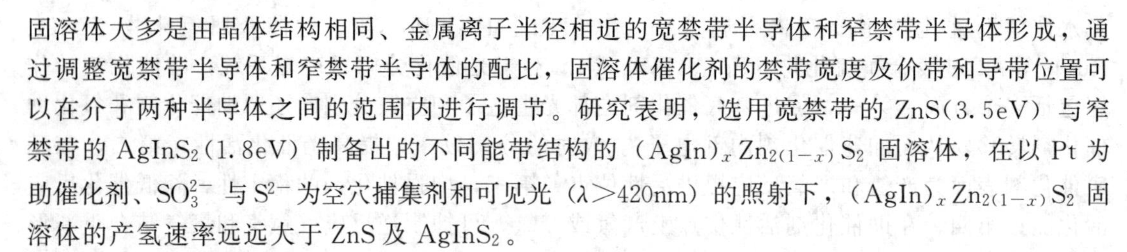
固溶体大多是由晶体结构相同、金属离子半径相近的宽禁带半导体和窄禁带半导体形成，通过调整宽禁带半导体和窄禁带半导体的配比，固溶体催化剂的禁带宽度及价带和导带位置可以在介于两种半导体之间的范围内进行调节。研究表明，选用宽禁带的 ZnS(3.5eV) 与窄禁带的 $AgInS_2$(1.8eV) 制备出的不同能带结构的 $(AgIn)_xZn_{2(1-x)}S_2$ 固溶体，在以 Pt 为助催化剂、SO_3^{2-} 与 S^{2-} 为空穴捕集剂和可见光（$\lambda>420nm$）的照射下，$(AgIn)_xZn_{2(1-x)}S_2$ 固溶体的产氢速率远远大于 ZnS 及 $AgInS_2$。

6. 修饰与改性组合技术

光催化剂的修饰与改性研究过程中，为了进一步加速电子-空穴对分离效率，提高催化剂的光催化活性，常常采用催化剂修饰与改性组合技术，如：掺杂＋助催化剂、掺杂＋异质结、异质结＋助催化剂等。

总之，针对传统光催化产氢催化剂稳定性差、可见光利用率低、产氢速率低等问题，科学家们在催化剂的修饰与改性方面进行了大量的研究，如：掺杂改性、贵金属负载、制备特殊形貌催化剂等，并取得了许多重要的研究成果。但是，光催化分解水产氢效率，特别是可见光下分解水产氢效率仍远未达到工业应用的要求。为了进一步提高光催化产氢效率、克服光催化分解水领域的诸多问题，在催化剂制备方面，未来可以从以下几个方面加以考虑：第一，研究改善催化剂晶型、结晶度、表面活性、形貌等，开发新型可见光响应催化剂，提高光催化产氢效率；第二，进一步研究新型的催化剂修饰与改性技术，克服目前催化剂的修饰与改性技术存在的一些缺陷（催化剂掺杂常常会引进电子-空穴对复合中心）；第三，进一步研究催化剂修饰与改性组合技术，有效提高催化剂内部电荷分离效率、改善光催化剂可见光产氢性能；第四，结合理论计算等辅助手段研究催化剂的能带结构及组成，用于预测潜在的高效光催化剂，同时用于光催化反应机理探索。随着研究的进一步深入，光催化剂存在的缺点将逐渐被克服，光催化产氢效率将不断提高，相信在未来的能源市场上光催化产氢将占有一席之地。

7.2 氢气的储存、运输和安全

氢气密度小、体积大、难压缩液化、易扩散和易爆炸，所以氢气的储存和运输是一个至关重要的技术，已经成为氢能利用走向规模化的瓶颈。储氢问题涉及氢气生产、运输和最终应用等所有环节。现阶段，常用的储氢方式有高压气态储氢、低温液态储氢、玻璃微球储氢和金属氢化物储氢等。

7.2.1 高压气态储氢

高压气态储氢是指氢气被压缩后在钢瓶里以气体形式储存，其成本相对低廉、充放氢气速度快，而且在常温下就可以操作，是最常见的一种储氢技术，也是最成熟的储氢技术。由于氢气密度小，因此其储氢效率很低，加压到 15MPa 时，质量储氢密度≤3%。对于移动用途而言，加大氢压来提高储氢量将有可能导致氢分子从容器壁逸出或产生氢脆现象，造成安全隐患。对于上述问题，高压气态储氢技术近年来的研究工作主要体现在两个方面。第一，对容器材料和结构进行改进提高容器的压力以增大储氢密度，同时，使容器自身质量更轻，以及减少氢分子透过容器壁，避免产生氢脆现象等。过去 10 年来，在储氢容器研究方面已取得了重要进展，储氢压力及储氢效率得到不断提高。目前，容器耐压与质量储氢密度分别可达 70MPa 和 7%～8%。所采用的储氢容器通常以锻压铝合金为内胆，外面包覆浸有树脂的碳纤维。这类容器具有自身质量轻、抗压强度高及不产生氢脆等优点。第二，在容器中加入某些吸氢物质，大幅度提高压缩储氢的储氢密度，甚至使其达到“准液化”的程度，当压力降低时，氢可以自动释放出来。这项技术对于实现大规模、低成本、安全储氢具有重要的意义。

7.2.2　低温液态储氢

常压下，液氢的熔点为－253℃，汽化潜热为921kJ·mol^{-1}。在常压和－253℃下，气态氢可液化为液态氢，液态氢的密度是气态氢的845倍。液氢的热值高，1kg氢热值为汽油的3倍。因此，液氢储存工艺特别适宜于储存空间有限的运载场合，如航天飞机用的火箭发动机、汽车发动机和洲际飞行运输工具等。若仅从质量和体积上考虑，液氢储存是一种极为理想的储氢方式。但是由于氢气液化要消耗很大的冷却能量，液化1.0kg氢需耗电4～10kWh，增加了储氢和用氢的成本。常压27℃氢气与－253℃氢气焓值差为23.3kJ·mol^{-1}，室温液化氢气理论做功值为23.3kJ·mol^{-1}，实际技术值为109.4kJ·mol^{-1}，它约是氢的最低燃烧热（240kJ·mol^{-1}）的一半。液氢储存容器必须使用超低温用的特殊容器。如果液氢储存的装料和绝热不完善则容易导致较高的蒸发损失，因而其储存成本较高，安全技术也比较复杂。高度绝热的储氢容器是目前研究的重点。目前，有一种壁间充满中空微珠的绝热容器已经问世。这种二氧化硅的微珠直径约为30～150μm，中间空心，壁厚1～5μm。在部分微珠上镀上厚度为1μm的铝可抑制颗粒间的对流换热，将部分镀铝微珠（一般约为3%～5%）混入不镀铝的微珠中可有效地切断辐射传热。这种新型的热绝缘容器不需抽真空，但绝热效果远优于普通高真空的绝热容器，是一种理想的液氢储存罐，美国宇航局已广泛采用这种新型的储氢容器。

7.2.3　玻璃微球储氢

空心玻璃微球具有在低温或室温下呈非渗透性，但在较高温度（300～400℃）下具有多孔性的特点。按照当今技术水平，采用中空玻璃球（直径在几十至几百微米之间）储氢已成为可能。在高压下（10～200MPa），加热至200～300℃的氢气扩散进入空心玻璃微球内，然后等压冷却，氢的扩散性随温度下降而大幅度下降，从而使氢有效的储存于空心微球中。研究发现，这种材料在62MPa氢压条件下，储氢可达10%（质量分数），经检测，95%的微球中都含有氢，而且在370℃时，15min内可完成整个吸氢或放氢过程。使用时，加热储器，即可将氢气释放出来。微球成本较低，由性能优异的耐压材料构成的微球（直径小于100mm）可承受1000MPa的压力。与其他储氢方法相比，玻璃微球储氢特别适用于氢动力车系统，是一种具有发展前途的储氢技术。其技术难点在于制备高强度的空心微球，工程应用的技术难点是为储氢容器选择最佳的加热方式，以确保氢足量释放。

7.2.4　金属氢化物储氢

元素周期表中，除惰性气体以外，几乎所有元素都能与氢反应生成氢化物。某些过渡金属、合金、金属间化合物由于其特殊的晶格结构等原因，在一定条件下，氢原子比较容易进入金属晶格的四面体或八面体间隙中，形成金属氢化物。研究发现，有些合金可以在温和条件下，可逆地同氢气反应生成金属氢化物，把氢气储藏起来，然后在一定条件下使金属氢化物分解放出大量氢气，所形成的氢化物的储氢密度甚至高于液态氢。人们把这些合金称为储氢合金材料，这类合金在氢气的储存、输送和应用等方面起着十分重要的作用。

7.2.4.1 储氢合金的工作原理

储氢合金是指在一定温度和压力下能够可逆吸、放氢的金属间化合物。合金的吸氢过程主要分为几个阶段：氢气分子吸附在合金的表面；吸附的氢分子解离成氢原子并进入到合金的晶格里，形成含氢的固溶体（α 相）；吸氢量进一步增加，固溶体与氢反应，生成氢化物（β 相）；继续提高氢气压力，合金中的氢含量略有增加。上述过程是一个可逆反应，并且在氢化反应过程中伴随着热量的变化，吸氢时放热，放氢时吸热。因此，吸、放氢反应与温度和压力密切相关。当温度一定时，氢化反应具有恒定的平衡压力。储氢合金与氢气的平衡相图可由压力（*P*）-浓度（*C*）等温线（*PCT* 曲线）表示，如图 7-9 所示。图中横轴表示氢与合金的原子比；纵轴表示氢气的压力。在恒温条件下，从点 *O* 开始，随着氢气压力的增加，合金吸氢并形成 α 相。图中 *A* 对应的横坐标表示氢在合金中的极限固溶度。当合金中氢的浓度超过 *A* 点时，α 相与氢反应，并开始生成 β 相。此时，继续加氢，β 相的含量不断增加，多余的氢气被合金不断吸收，并保持氢气压力恒定。当 α 相完全转变为 β 相时，氢化物的浓度达到 *B* 点。*AB* 段之间的区域表示（α+β）的两相共存区，与 *AB* 段曲线相对应的恒定压力称为平衡氢压。当氢化物的组成完全变成 β 相后，如果继续提高氢气压力，合金中的氢含量仅有少量增加，*B* 点以后为第 3 步，氢化反应结束。

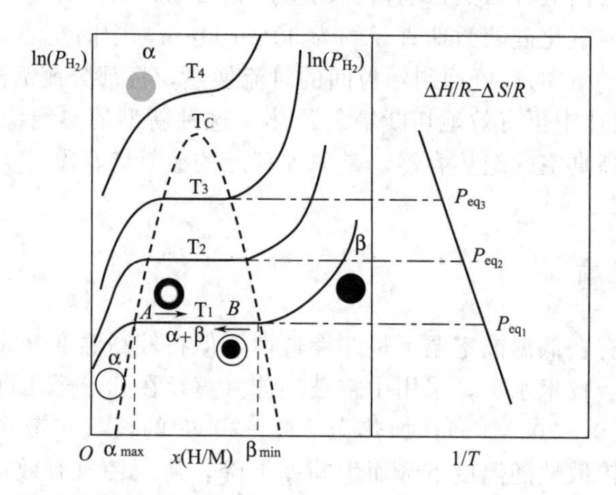

图 7-9 储氢合金的 *PCT* 曲线与 van't Hoff 方程的关系

实用的储氢合金应具备如下特性：①吸氢能力大，即单位质量或单位体积储氢量大；②金属氢化物的生成热适当；③平衡氢压适中，最好在室温附近只有几个大气压，便于储氢和释放氢气；④吸氢、释氢速度快；⑤传热性能好；⑥对 O_2、H_2O 和 CO_2 等杂质敏感性小，反复吸氢、释氢，材料性能不至于严重衰减；⑦在储存与运输中性能可靠、安全、无害；⑧化学性质稳定、经久耐用；⑨价格便宜。

7.2.4.2 储氢合金的热力学

储氢合金必须具有合适的氢化物稳定性。合金的 PCT 曲线与热力学特征密切相关。通常情况下，具有可逆吸、放氢能力的储氢合金，合金与氢之间的结合能应在 25～50kJ·mol^{-1}，结合能太大，氢化物的稳定性太强，氢不容易释放出来；结合能太小，氢化物的稳定性太弱，不容易生成稳定的氢化物。合金和氢的结合能，可以根据不同温度的 PCT 曲线，通过 van't Hoff 方程($\ln P_{H_2}=-\Delta H/RT+\Delta S/R$，其中：$\Delta H$ 是焓变，ΔS 是熵变，R 是气体常数，T 是绝对温度）计算得到。

7.2.4.3　储氢合金的主要类型

近 30 年来，储氢合金得到了广泛的研究。根据元素与氢的吸引作用不同，可以将储氢合金的组成元素分成 A 侧元素和 B 侧元素两类，其中，A 侧元素的作用是使合金能够生成稳定的金属氢化物，主要包括 La、Ce 等稀土元素以及 Ca、Mg、Ti、Zr 等元素；而 B 侧元素的作用是使合金形成的氢化物不稳定，从而保证已吸收的氢能够顺利放出，同时，保证储氢合金在吸、放氢过程中具有稳定的晶体结构，该类元素主要包括 Ni、Co、Mn、Al、Fe、Cu 等。对于具有优良可逆吸、放氢性能的储氢合金来说，应既包含 A 侧元素，又包含 B 侧元素，A、B 两侧的元素共同决定了储氢合金优良的吸、放氢性能。根据合金储氢特性和晶体结构的不同，可以将储氢合金分成以下几种类型：具有 $CaCu_5$ 型晶体结构的稀土镍基 AB_5 型储氢合金，具有 Laves 相结构的钛基、锆基 AB_2 型储氢合金，镁基 A_2B 型、钛基 AB 型以及具有超晶格结构的稀土-镁-镍基储氢合金。这里简单介绍一下前两种合金的结构。

$LaNi_5$ 是 AB_5 型储氢合金的典型代表，是最早商业化的储氢合金。该类合金具有 $CaCu_5$ 型的晶体结构，其结构示意图如图 7-10 所示（彩图见封四）。

其单位晶胞具有三个八面体间隙和三个四面体间隙，一个 $LaNi_5$ 最多可以吸收 6 个氢原子，形成 $LaNi_5H_6$。

$$LaNi_5 + 3H_2 \xrightleftharpoons[\text{放氢(吸热)}]{\text{吸氢(放热)}} LaNi_5H_6$$

可逆反应过程中，氢化反应（正向）吸氢，为放热反应；逆向反应放氢，为吸热反应。改变温度与压力条件可使反应按正反方向反复交替进行，实现材料的吸放氢功能。人们感兴趣的是 H_2 在合金中究竟以何种状态存在，Ni 和 La 在其中扮演什么角色。实验研究表明，H_2 能被 $LaNi_5$ 所吸附，首先需要 H_2 原子化即 H_2 分子在合金表面解离为 2 个 H 原子，以原子状态进入合金内部。那么 H_2 分子的化学键是怎样断开的呢？这是因为 Ni 活化了 H_2 分子。当 H_2 吸附在 $LaNi_5$ 表面上，H_2 的 σ_{1s}^* 反键轨道和 Ni 的 d 轨道（如 d_{xy}）对称性匹配、相互叠加，Ni 的 d 电子进入 H_2 的 σ_{1s}^* 反键轨道，从而削弱了 H—H 键，使 H_2 分子发生分离，如图 7-11 所示。

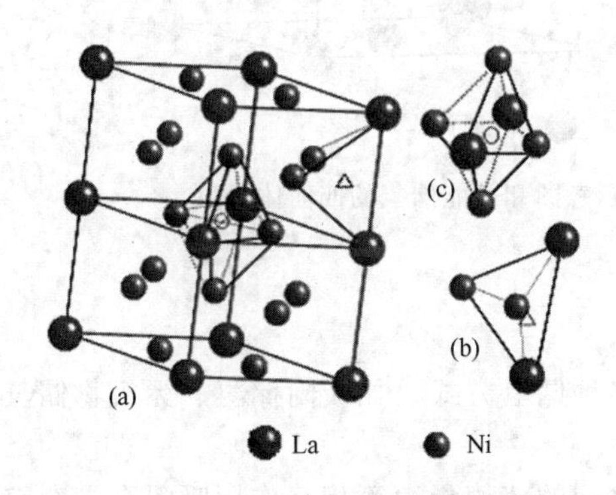

图 7-10　(a) 为 $LaNi_5$ 合金的晶体结构；(b) 和 (c) 分别为 H 占据四面体和八面体位置

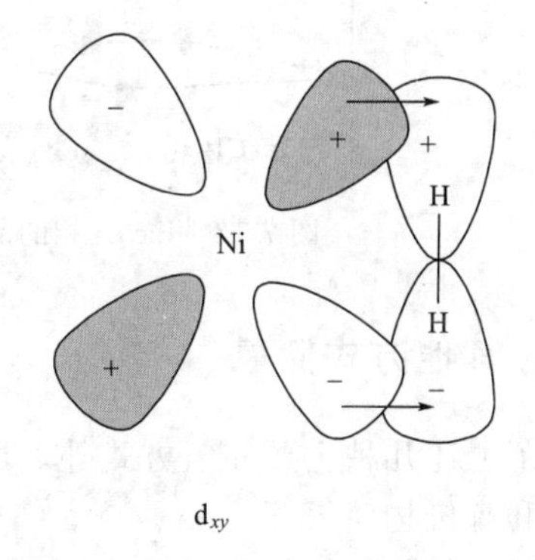

图 7-11　Ni 活化 H_2 的过程示意图

AB_5 型储氢合金储氢量大，易活化，吸附和脱附均极快，反应是可逆的，可实现迅速、安全地储氢，并具有抗杂质气体中毒特性。同时，该类合金存在吸氢后晶体体积膨胀较大（约 23.5%），合金容易粉化的缺点，成本也较高。目前，主要通过三种方式对其性能进行改善。第一，元素替代，用 Ce、Pr、Nd、Y 等对 La 进行部分替代，以改善储氢合金的抗

腐蚀性能，然而，稀土元素对La的替代，会导致合金的平衡氢压升高；Ni元素改善合金的电催化性能，Ni含量的增加会导致合金的平衡氢压升高；Co降低合金的平衡氢压，降低吸、放氢前后的体积膨胀，提高合金的循环寿命；Mn降低合金的平衡氢压，改善合金的电化学动力学性能；Al降低平衡氢压；Fe、Cu降低合金的平衡氢压，改善合金的循环稳定性。第二，非化学计量比设计，非化学计量比有利于合金中第二相的形成，增加晶界和内部氢原子的扩散通道，降低氢化物的稳定性，提高氢化物电极的电催化活性。第三，合金纳米化，减小合金颗粒尺寸和氢的扩散距离，增大比表面积和氢的扩散通道，提高氢扩散动力学性能。

AB_2 型储氢合金的A侧元素主要由Zr和Ti组成，B侧元素主要由V、Cr、Mn等元素组成。AB_2 型储氢合金的结构主要可分为3种不同的Laves相，分别是六方的C14相（$MgZn_2$ 型结构）、立方的C15相（$MgCu_2$ 型结构）和六方的C36相（$MgNi_2$ 型结构），AB_2 型Laves相为典型的密堆结构，A和B两种元素理想的原子半径比为1.225。通常来说，C14相（$ZrMn_2$ 和 $TiMn_2$）和C15相（ZrV_2）具有优良的吸、放氢性能，而C36相基本不吸氢。C14和C15相的结构如图7-12所示（彩图见封四），晶体结构中分别有 A_2B_2、AB_3 和 B_4 三种类型的四面体间隙，其中，A_2B_2 四面体具有最大的吸氢配位数，具有强烈的吸氢倾向，是 AB_2 合金的吸氢位置。二元的 AB_2 型合金的氢化物具有很高的稳定性。而多元合金化和非化学计量比是改善 AB_2 型合金氢化物稳定性的重要技术手段。合金化的主要元素有Ti、Zr、V、Ni、Co、Mn、Cr、Al、Fe等，其中，Ti、Zr和V为形成氢化物的元素，Ni、Co、Mn、Cr、Al和Fe等被用于改善合金催化活性和循环寿命。

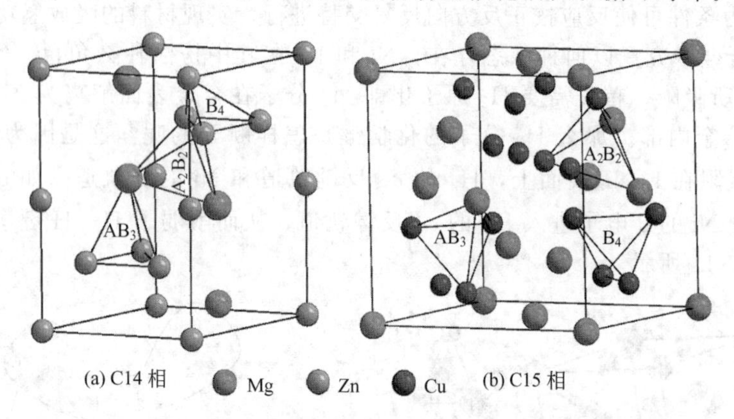

图7-12　Laves相的晶体结构示意图和可能储氢的四面体间隙

7.2.5　其他方式储氢

除了上述几种主要储氢方式外，还有许多种储氢方式，如吸附储氢、无机物储氢、水合物储氢和有机物储氢等。

吸附储氢是指氢气分子通过与吸附表面之间的范德华力等相互作用吸附在具有较高比表面积的多孔材料中，是近年来出现的新型储氢方法。由于其具有安全可靠和储存效率高等特点而发展迅速。吸附储氢方式分为物理吸附和化学吸附两大类，所使用的材料主要有分子筛、高比表面积活性炭、碳纤维、碳纳米管和新型吸附剂（纳米高分子材料）等。由于该技术具有压力适中、储存容器自重轻、形状选择余地大等优点，已引起广泛关注。

无机物储氢是通过化学键结合并释放的原理储氢，一些离子型非金属氢化物，如络合金属氢化物 NH_3BH_4 和 $NaBH_4$ 等。类似于储氢合金的原理，可以通过加热释放存储在其中的氢气。由于非金属氢化物质量较低，其理论质量储氢密度比储氢合金高数倍，如NH_3BH_4、$NaBH_4$的储氢密度高达19.35%和10.57%，是储氢合金的5～8倍。此类化合物主要缺点是价格昂贵而且在吸、放氢速度的控制、氢化物循环利用等方面需要更完善的控制方案，现阶段难以达到商用氢能设备（例如汽车）的使用需求。

水合物储氢是指氢气在一定的温度和压力下与水作用生成一种非固定计量的笼状晶体化合物，在氢气水合物中，水分子通过氢键作用形成一种空间点阵结构，氢分子则填充在点阵间的晶穴中，氢气与水分子没有固定的化学计量比，两者之间的作用力为范德华力。采用水合物的方式储存氢气具有很多的优点。首先，储氢和放氢过程完全互逆，储氢材料为水，放氢后的剩余产物也只有水，对环境没有污染，而且水在自然界中大量存在并价格低廉。其次，形成和分解的温度、压力条件相对较低，速度快，能耗少；水合物生成时，从粉末冰形成氢水合物只需要几分钟，从块状冰形成氢水合物只需要几小时；水合物分解时，因为氢气以分子的形态包含在水合物孔穴中，所以只需要在常温常压下氢气就可以从水合物中释放出来，分解过程非常安全且能耗少。然而，水合物储氢存在的主要问题是生成氢气水合物的条件与周围环境差别太大，而且测量水合物中储氢量的技术不成熟，其储氢量并不明确。

一些有机液体化合物也可以作为储氢介质，现阶段最常见的是苯和甲苯，基本原理是苯（或甲苯）与氢反应生成环乙烷（或甲基环已烷），环乙烷（或甲基环已烷）在1.01×10^5Pa、室温条件下呈液态。用此种方式将氢气储运不需要耐压容器和低温设备，需要释放时可通过催化剂进行脱氢反应产生氢。因为有机介质质量低，质量储氢密度可达到7%，同时储运要求低，已逐渐成为一项备受关注的储氢技术。

总的来说，作为氢能利用的一项关键技术，氢气储存的成本、效率以及含量等都直接决定着氢能是否能得到更好地利用。虽然从实际情况来看，现阶段氢气存储在技术、材料等方面距离氢能实用化还有很长的道路要走。但在科学技术不断发展的背景之下，氢气储存领域也取得了不小的进步。以氢气储存方式来说，在现实中氢气储存行业上有着多种方式：①压缩的方式相比于液化具有众多优点，比如效率高、成本低以及环境污染小等；②液化储氢方式虽然成本相比于压缩成本要高得多，但其能量密度却很高，所以它被应用在航空以及军事领域当中；③金属氢化物储氢缺点在于成本较高，但其优点则是体积储氢密度是当前所有方式中最大的，高达$100kg\cdot m^{-3}$；④碳质吸附方式是氢气储存领域最新的技术，虽然其仍处在初期研究阶段，但碳质吸附方式具有储氢机理和条件简单、储氢含量高等诸多优点，使其成为氢气储存行业中的一个重要发展方向。另外，氢气储存今后一个重点发展方向在于实现更高的安全性，为此当前在存储介质材料、安全标准等方面也有着很广泛的研究。

7.2.6 氢气的运输

氢气的运输主要包括压缩氢气的运输、液态氢的运输、利用储氢介质运输、利用管道运输和制造原料运输。

压缩氢气的运输是把氢气压缩成高压气体后进行输送，适用于往离站制氢型加氢站输送。该方法的特点是在运输、储存、消费过程中不发生相变，能量损失小，但一次输送的量也比较少，因此适合距离较近、输送量少的情况。液态氢运输的原理和压缩氢气差不多，主要区别在于储存罐装的液态氢对保温性能要求更高。因为液态氢制造时的液化率不高，造成整体运输的能量效率降低。利用储氢介质运输是利用储氢技术把氢吸收于载体中进行运输的方法。但是7.2.4和7.2.5节提到的几种储氢载体的质量储氢密度较低，这就意味着运输相同质量的氢，该种方法的总质量较大。管道运输无论是在成本上还是在能量消耗上都将是非常有利的方法。在大型工业联合企业，氢气的管道运输已被实用化。

由于氢气的储存和运输或多或少有着技术上或者经济上的问题，所以直接把制氢原料运送到加氢站，然后制备氢气直接使用或储存也是一种比较好的方法。常见原料有各种烃类物质、甲醇等，这些原料的运输技术相对成熟，成本也相对较低。但要求加氢站的规模较大，才能有好的经济效益。

7.2.7 加氢站

加氢站是氢能供应的重要保障。加氢站之于燃料电池汽车，犹如加油站之于传统燃油汽车、充电站之于纯电动汽车，是支撑燃料电池汽车产业发展必不可少的基石。燃料电池汽车的发展和商业化离不开加氢站基础设施的建设。氢燃料电池汽车能否快速投入市场且被大众所接纳，建设和发展便捷、安全、低成本的加氢站起到重要作用。

由于储存技术的限制，目前的加氢站主要是高压压缩氢气加氢站，其工艺流程大体如图 7-13所示，主要包括氢源、纯化系统、压缩系统、储氢系统、加注系统、安全及控制系统。通常，氢气加注是通过将不同来源的氢气经氢气纯化系统、压缩系统，然后储存在站内的储存系统（高压储罐），再通过氢气加注系统为燃料电池汽车加注氢气。根据供氢方式不同，加氢站各系统的设备有所不同，但大致相同。加氢站的主要设备有泄气柱、压缩机、储氢罐、加氢机、管道、控制系统、氮气吹扫装置以及安全监控装置等，其主要的核心设备是压缩机、储氢罐和加气机。

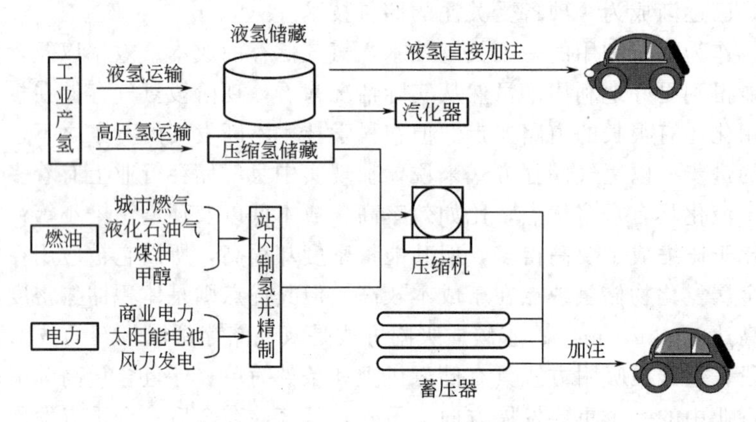

图 7-13 加氢站基本系统

欧洲、日本、美国高度重视加氢站建设，逐渐从起步进入一个快速发展阶段。自 1999 年 5 月，世界上第一座加氢站在德国慕尼黑国际机场建成，此后世界各国相继开始推动加氢站的建设。据 H_2stations.org 于 2017 年 2 月 21 日发布的第 9 期全球加氢站统计报告，截至 2017 年 1 月，全球正在运营的加氢站达到 274 座，其中欧洲 106 座、亚洲 101 座、北美 64 座、南美 2 座、澳大利亚 1 座。这些加氢站中有 188 座对外开放，占全球加氢站总数的2/3。其次，加氢站分布数量最多的国家是日本、美国和德国，分别为 91 座、60 座和 31 座。同时，日本、美国和德国都有加氢合建站的范例，如戴姆勒、壳牌和林德公司合作建立的不来梅市加氢站。

我国在加氢站建设与行业布局相关方面的发展明显落后于日本、美国和欧洲。截至 2017 年，我国共建成加氢站 9 座，在运营的加氢站有 6 座，分别在北京、上海、郑州、大连、云浮和佛山，仅占全球运营数量的 2.2%。另外 3 座为大型赛事或活动而建，赛事活动

结束后被拆除，分别是上海世博会加氢站、广州亚运会加氢站和深圳大运会加氢站。

7.2.8　氢能的安全性

与常规能源（甲烷、丙烷和汽油等）相比，氢有很多特性，其中既有不利于安全的属性，也有有利于安全的属性。不利于安全的属性有：更宽的着火范围（常温、常压和干燥空气中，氢气的燃烧下限是 4%，燃烧上限是 75%），更低的着火能（非常微弱的静电火花也可以点燃氢气），更容易泄漏，更高的火焰传播速度，更容易爆炸。有利于安全的属性有：更大的扩散系数和浮力，单位体积的燃烧热小（为甲烷的 1/3，丙烷的 1/8 左右），单位体积能量的爆炸能更低。

在室外，氢气的快速扩散对安全是有利的，虽然氢气的燃烧范围很宽，但由于氢气密度小，扩散很快，轻微的泄漏很少出现非常严重的后果。在室内，轻微的扩散可能有利也可能有害。如果泄露很少，氢气会快速与空气混合，保证在着火点下限之下；如果泄漏的量很大，快速扩散会使混合气体容易达到着火点，带来安全隐患。

根据美国国家航空航天管理局（NASA）的资料，氢气事故引发燃烧和爆炸的原因分为三大类：高热源（吸烟、火、焊接、内燃机排气等），机械因素（容器或钢瓶的破坏产生的冲击波、容器等的碎片、摩擦、机械振动或流体系统的共鸣震动），电气因素（电气的短路、分体或二相流中的静电和雷电）。为了避免这些危害，在氢气制备、运输、储存、使用环节中必须遵守“防漏、通风、消除火源”的用氢安全三原则。具体防护措施请参考专业资料。

7.3　氢能的利用

氢气的用途很广（图 7-14），在化工方面，可作为化工原料合成氨以及生产化学品，也可用作多种冶炼的还原剂等。成熟的化石能源清洁利用技术对氢气的需求量巨大，其中包括炼油化工过程中的加氢裂化、加氢精制，煤清洁利用过程中的煤制气加氢气化，煤制油直接液化等工艺过程。在民用方面，氢气可用作城市燃气，用管道输送到千家万户。罐装氢燃料也可用于家庭烹饪、供取暖和冷气空调。氢气可以直接用来发电，用作特定化学能（例如内燃机/涡轮机、镍氢电池和燃料电池）。最后，氢气还可以作为清洁燃料用于航天工业。随着时代的发展，氢能源的开发和应用会越来越引起人们关注。本节主要介绍氢能在镍氢电池和燃料电池领域的应用。

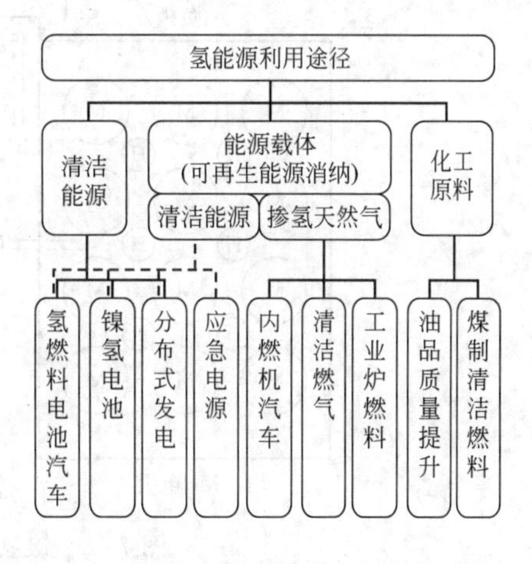

图 7-14　氢能源的利用途径

7.3.1　镍氢电池

镍氢电池由苏联学者于 1964 年首次研制成功。这种电池保持了镍电极的先进性，以 H_2 作为负极的活性物质。20 世纪 70 年代中期，美国开发了功率大、质量轻、寿命长、成本低的镍氢电池，并于 1978 年成功应用在导航卫星上。早期的镍氢电池由于充电后电池内部气体压力太高（3～5MPa），不能长期在充电条件下储存。

为了更好地利用镍氢电池，1985 年，人们采用新型储氢材料（钛镍、镧镍和镁镍合金）作为负极，制备了低压镍金属氢化物电池（简称镍氢电池，用 MH-Ni 表示）。新型镍氢电池于20世纪90年代中期开始进入市场。迄今为止，人们利用资源丰富的稀土资源M_m替代合金中的镧，并对合金中的另一个元素用多元合金替换，优化$LaNi_5$系合金的储氢性能，降低了合金的成本，推动了以储氢合金为负极的MH-Ni电池的产业化。

MH-Ni电池是一种碱性蓄电池：储氢合金做负极，$Ni(OH)_2$做正极，电解液为KOH水溶液，电池的充放电通过电位变化时合金的吸、放氧的功能来实现。充放电时，正负极及电池反应为：

正极：　$Ni(OH)_2+OH^- \longrightarrow NiOOH+H_2O+e^-$　　($E^\ominus=0.39V$ vs. Hg/HgO)

负极：　$M+H_2O+e^- \longrightarrow MH+OH^-$　　($E^\ominus=-0.93V$ vs. Hg/HgO)

电池反应：$Ni(OH)_2+M \rightleftharpoons NiOOH+MH$

M表示储氢合金，MH表示金属氢化物。镍氢电池的理论电动势为1.32V，实际工作电压约1.2V，比能量和比功率分别可达到$95Wh \cdot kg^{-1}$和$900W \cdot kg^{-1}$。通过优化储氢合金的组成和电解液中KOH的含量，镍氢电池的使用温度可以拓宽到$-40\sim45$℃的范围。

表面上看，上述电极反应中不产生可溶性金属离子，也无额外电解质的生成与消耗，只是氢原子在正负极间的移动。放电时负极的氢原子转移到正极成为质子，充电时正极的质子转移到负极成为氢原子，没有氢气产生，整个电池反应是固溶体反应，如图7-15所示。其机理是质子的溶解和嵌脱，属于活性材料结构基本保持不变的氧化还原体系，可通过镍电极中质子的嵌入和脱出过程来解释：当镍电极进行充电时，$Ni(OH)_2$与溶液中的H^+构成双电层，在电极发生极化时，$Ni(OH)_2$通过电子和空穴导电，电子通过$Ni^{2+} \longrightarrow Ni^{3+}$向导电骨架方向移动，质子通过界面双电层转移到溶液中，并与溶液中的OH^-结合成H_2O，固相形成NiOOH；当镍电极进行放电时，在电极固相表面层生成H^+，并向固相扩散，与O^{2-}相结合形成OH^-，从而完成$NiOOH \longrightarrow Ni(OH)_2$的转变过程。相应地，储氢合金电极本身并不作为活性物质进行反应，而是作为活性物质氢的储存介质和电极反应催化剂。充电时，水分子在储氢合金负极M上放电，分解出的氢原子吸附在电极表面上，并扩散到储氢合金内部而被吸收形成氢化物电极MH；放电时，储存在合金中的氢通过扩散到达电极表面并重新被氧化生成水或者H^+，储氢合金作为阳极释放的氢被氧化成H_2O。

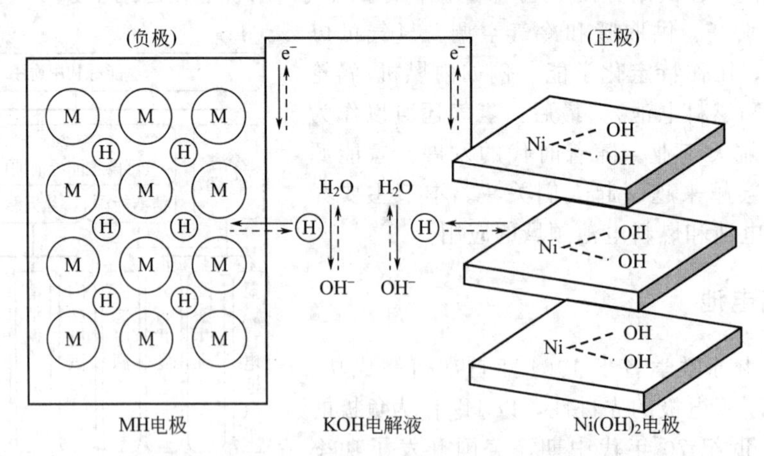

图7-15　镍氢电池的电化学反应过程示意图

镍氢电池总反应中没有水的消耗，电解质不参加电极反应，然而，当过充电时，正极上的$Ni(OH)_2$全部转化为NiOOH，充电反应按照电解水析氧方式进行（过充电时，正极：$4OH^- \longrightarrow 2H_2O+O_2+4e^-$），负极上除生成水的析氢反应外，还存在$2H_2O+O_2+4e^- \longrightarrow 4OH^-$反应，具有消耗氧气的功能。实际上，在充电中后期，由于掺杂元素或者杂质的存在，$Ni(OH)_2$ 在没有完全氧化为 NiOOH 时就已经发生析氧反应，充电电流大部分用来产生氧气，此时充电电压不再升高而是出现了充电平台。过放电时，正极上化学活性的 NiOOH 全部转化成 $Ni(OH)_2$，电极反应为电解水生成氢气的反应（过放电时，正极：$2H_2O+2e^- \longrightarrow H_2+2OH^-$），负极储氢合金的部分金属元素发生溶解，正极产生的 H_2 可以非常容易地在负极发生复合（过放电时，负极：$2M+H_2 \longrightarrow 2MH$ 或 $MH+OH^- \longrightarrow M+H_2O+e^-$）。

对于镍氢电池析出气体而造成的如内压增高和电极膨胀等问题，其根本解决方法在于电化学体系的选择以及电池体系的设计、电极材料的改性和气体的复合以降低电池内压等方面。对于镍氢电池，产生内压的原因主要有两点：充电后期正极的析氧和负极的析氢。目前，在降低电池内压问题上，主要有以下几种途径：

① 优化电池体系的设计以减少过充时氧气的析出。常用的手段包括控制负极容量过剩、贫电解液、透气性能好的隔膜、极板制作工艺、添加电解液添加剂等，减少正极上氧气的析出，同时提高电池内部气体的传输速率，加快气体的复合速率以降低内压。电解液添加剂通常使用锂盐，加入锂盐后，Li^+ 渗透到活性物质的晶格中，改变活性物质的晶粒度；同时 Li^+ 的掺入还可以抑制 K^+ 的掺入。锂的加入使得活性物质里的游离水稳定存在于晶格中，因此提高了镍电极的利用率。另外，Li^+ 的加入可以消除掺杂 Fe 后引起的析氧过电位降低的缺点。

② 镍电极材料的改性抑制过充时氧气的析出，通常在镍电极的制作过程中加入一些能降低镍电极充电电位、提高氧气析出过电位、提高镍电极活性物质的利用率和改善电化学性能的正极添加剂。对镍电极的研究起步早，添加剂的种类繁多。Weininger 在总结前人研究的基础上，把研究过的添加剂进行了归纳，如表 7-1 所示。对于添加剂而言，重现性差的局限性造成目前对添加剂的深入研究仅限制在少数几种。钴是目前研究最为深入的添加剂。钴的作用主要是降低镍电极充电电位和提高活性物质的利用率，延长镍电极的寿命。通常钴的加入量在15%以内［相对于 $Ni(OH)_2$ 的 $Co(OH)_2$ 的质量分数］。当含量增大时，镍电极活性物质氧化态和还原态之间交换电子数增大。

表 7-1　镍电极活性物质 $Ni(OH)_2$ 添加剂

周期表序号	Ⅰ	Ⅱ	Ⅲ	Ⅳ	Ⅴ	Ⅵ	Ⅶ	Ⅷ
2	Li	Be	B					
3	Na	Mg	Al	Si				
4	K/Cu	Ca/Zn	Sc		As	Cr/Se	Mn	Fe、Co
5	Rb/Ag	Cd		Sn	Sb	Mo		
6	Cs	Ba/Hg	稀土金属	Pb	Bi	W		

③ 提高合金储氢速率。负极充电时产生的 $H_{(ad)}$ 大部分扩散至合金内部生成金属氢化物 $MH_{(ad)}$。因此提高合金的储氢速率对减少内压非常有效。一般来说，可以通过改进合金的制备工艺和调整合金的组分来达到目的，例如，在合金中添加少量 V、In、Tl、Ga 等元素对降低内压有利。其中 V 提高 $CaCu_5$ 型晶体的晶格常数，加快 H 原子在固相中的扩散；In、Tl 和 Ga 使析氢过电位升高而抑制快充电时 H_2 的产生。

④ 研制高效气体复合催化剂。一般来说，在目前碱性电池体系中，由于采用正极控制，在充电中后期，电池析出的气体中氧气比例较高，氧气通过与负极发生化学复合（$4MH+O_2 = 4M+2H_2O$）或电化学复合（$H_2O+O_2+4e^- \longrightarrow 4OH^-$）反应而消耗掉；而负极

自放电氢气的积累以及氢气后期析出，要靠催化剂与氧气重新复合成水，可以减少电解质中水的损失，同时延长燃料电池的循环寿命。

⑤ 对储氢合金及储氢电极表面进行改性。由于 O_2 的复合、H_2 的析出与储氢合金表面特性密切相关，因此有很多研究致力于储氢合金及储氢电极的表面改性。研究表明，储氢合金经化学镀铜或者镀镍后，电池的内压明显降低。这是因为化学镀铜和化学镀镍能迅速把电子传递到合金表面，有利于电极表面电化学反应顺利进行，同时抑制氢的脱附，有利于氢原子向体相扩散。此外，合金的酸碱性、表面化学还原处理以及储氢电极的表面涂覆也用来提高合金表面的电催化活性，从而降低电池内压。

⑥ 优化充放电方法。根据电池体系的特点，控制电池的充、放电电压和电流，以有效地减少气体的析出量。

早期的镍氢电池是以镍镉电池的替代品身份出现的，由于其安全性、稳定性、环保性特点突出，迅速占领了便携式电器、电动工具、应急电源等市场，特别是 1997 年由日本丰田公司生产的 Prius 混合动力汽车（HEV）使用镍氢电池后，将镍氢电池的发展推向了高峰。当前，镍氢电池正在面临着锂离子电池、新型燃料电池等多方面的挑战，但是在传统电动工具、混合动力汽车等领域仍占有一些优势。镍氢电池作为 HEV 的辅助能源，是 HEV 的关键零部件。在汽车起步、加速和上坡时，将制动时或制动踏板未被踩下时再次充入的电能提供给电动机。如今，市场上主要使用的镍氢动力电池分为两种：a. 方形电池，内部由 6 只单体电池串联而成，整个单体模块的额定电压达到 7.2V，28 个模块串联组合在一起，形成 201.6V 直流电压的电池组；b. 圆柱形电池，单体电池的额定电压为 1.2V，常规的组织方式是先串联成电池棒，然后根据要求组合成具有不同额定电压范围的电池组。通常来说，圆柱形电池组合成的电池组更省空间，但就电池的性能和制备技术而言，方形电池的内阻更低、比功率更高、电池生产工艺更复杂、技术要求含量更高。

7.3.2 燃料电池

氢能是一种理想的清洁能源，其在燃料电池领域的应用是发展氢能清洁利用的关键。燃料电池将氢气直接氧化产生电能，不受热机效率的限制，能量利用可以高达 80%以上。除此之外，利用燃料电池得到电能还可避免地球的“温室效应”。因此，在充分利用燃料的能量和保护环境方面，采用燃料电池进行能量转换有着无可比拟的优越性。

燃料电池的开发历史悠久，1802 年，Davy 试验了碳氧电池，以碳和氧为燃料和氧化剂，硝酸为电解质，提出制造燃料电池的可能性。1839 年，英国科学家格罗夫（Grove）通过水的电解可逆过程转而发现了燃料电池的原理，利用铂黑作为电催化剂，以氢气为燃料，以氧气为氧化剂，进而获得电能。自此，燃料电池的发展被拉开帷幕。1889 年，英国科学家蒙德（Mond）和郎格尔（Langer）首先提出了燃料电池（fuel cell）这一概念，他们利用氢气为燃料和氧气为氧化剂，采用浸有电解质的多孔非传导材料为隔膜，并以铂黑为电催化剂和多孔的铂或者金片为集流体，成功组装出燃料电池。1894 年德国化学家 W. Ostwald 从理论上论证了燃料电池的直接发电效率可达到 50%～80%。20 世纪 30 年代英国的培根（Bacon）开始改进 Mond 和 Langer 的燃料电池装置，并于 1959 年成功研发了多孔镍电极，并制备了第一个实用性的碱性燃料电池系统。基于此，现代燃料电池的技术思想得以正式奠定。20 世纪 60 年代，人类首次登月的“阿波罗号”（Apollo）飞船的主电源就采用了普拉特·惠特尼（Pratt & Whitney）公司研制的燃料电池系统。20 世纪 70 年代，由于中东战争后出现的能源危机，迫使人们考虑替代能源的问题，因此，燃料电池基于自身的优势得到美国和日本等发达国家的重视并制订了发展燃料电池的长期计划。1977年美国杜邦公司研制出燃料电池专用的高分子电解质隔膜——Nafion膜，极大地促进燃料电池的发展；1993年加拿大的巴拉德动力系统（Ballard Power System）公司推出了第一辆以质子交换膜燃料电池为动力的电动汽车，标志着燃料电池进入汽车领域。期间，熔盐碳酸盐燃料电池（MCFC）和固体氧化物燃料电池（SOFC）也得到较快发展，尤其是在20世纪90年代，质子交换膜燃料电池（PEMFC）采用立体化电极和薄的质子交换膜后，电池技术取得一系列的突破性进展，极大地推动了燃料电池的实用化进程。近年来，燃料电池技术的不断完善带动了以燃料电池为核心的新兴产业的快速发展，其中，氢燃料电池汽车、分布式发电、氢燃料电池叉车以及应急电源的应用已产业化。目前，交通用燃料电池的批量生产成本已大幅下降，这大大加速了氢燃料电池汽车的推广。2013年3月，现代汽车ix35燃料电池车批产型号在韩国蔚山工厂下线，现代成为全球首个批量生产氢燃料电池车的汽车企业。同年，日本三大车企分别与其他巨头结盟，推进燃料电池汽车的商业化，它们是丰田和宝马、本田和通用、日产和戴姆勒及福特，先后于2014～2018年间实现燃料电池汽车上市。在国内，氢燃料电池汽车开发也紧随其后，在北京奥运会、上海世博会、广州亚运会及深圳大运会期间都开展了燃料电池汽车的示范项目。《联合国气候变化框架公约》指出，氢能源驱动的汽车预计将在2050～2100年得到大幅度开发，以减少 CO_2 的排放。

7.3.2.1 燃料电池的作用原理

燃料电池与一般电池不同。一般电池是将活性物质全部贮存在电池体内部，而燃料电池是把燃料不断输入负极作活性物质，把氧或空气输送到正极作氧化剂，产物不断排除。由于正、负极不包含活性物质，只是个催化转换元件，燃料电池是名副其实的将化学能转换为电能的“能量转换器”。下面以氢氧燃料电池为例来说明燃料电池的作用原理。

氢氧燃料电池中有两个具有催化性能的电极，电极材料可用镍、银、铂或钯等金属粉末压制，电极是多孔的，以保证具有更大的活性面积。工作时将氢气通入负极，氧气通入正极，电解液可以是酸性溶液或碱性溶液，也可以是熔融盐或固体电解质。具有水溶性电解液的氢氧燃料电池用电池符号表示为：

$$(-)H_2|\text{酸性或碱性电解液}|O_2(+)$$

对于酸性电解液氢氧燃料电池，其电极反应和总反应分别为：

负极反应： $H_2 \longrightarrow 2H^+ + 2e^-$

正极反应： $1/2O_2 + 2H^+ + 2e^- \longrightarrow H_2O$

电池总反应： $H_2 + 1/2O_2 = H_2O$

对于碱性电解液氢氧燃料电池，其电极反应和总反应分别为：

负极反应： $H_2 + 2OH^- \longrightarrow 2H_2O + 2e^-$

正极反应： $1/2O_2 + H_2O + 2e^- \longrightarrow 2OH^-$

电池总反应： $H_2 + 1/2O_2 = H_2O$

酸性电解液氢氧燃料电池与碱性电解液氢氧燃料电池的电极反应不同，但总反应相同。

在燃料电池中，化学能直接变为电能的能量转换效率原则上可达到很高的值。对于可逆电池，平衡电压与电池反应的自由能变化关系为 $\Delta G = -nFE$。化学能转换为电能的理想最大效率定义为：

$$\varepsilon_{max} = \frac{\Delta G}{\Delta H} = -\frac{nFE}{\Delta H} \tag{7-4}$$

298K时 ΔG 通常接近于 ΔH，理想最大效率接近于1。氢氧燃料电池的 $\Delta H^\ominus =$

$-241.95kJ \cdot mol^{-1}$，$\Delta G^{\ominus}=-228.72kJ \cdot mol^{-1}$，$\varepsilon_{max}=0.945$。

燃料电池有电流通过时电极发生极化，溶液中存在欧姆电压降，其电池的工作电压低于电池电动势（即开路电压），因此实际的能量转换效率低于理想最大效率。如果将上式中的电池电动势 E 用实际工作电压 U 代替，即可得到实际能量转换效率的计算式：

$$\varepsilon=-\frac{nFU}{\Delta H}=-\frac{nF(E-\eta_a-\eta_k-IR)}{\Delta H} \tag{7-5}$$

氢氧燃料电池在电流密度为 $2kA \cdot m^{-2}$ 时放电的端电压为 0.9V，其实际能量转换效率 $\varepsilon=0.72$。由于电池的端电压随电流密度增大而减少，实际能量转换效率也随电流密度增加而降低。因此，燃料电池也只有在小电流密度放电时才会有较大的能量转换效率。电池放电电流越大而取自电池的功率也越大，但由于电池中各电极反应的超电势和溶液内阻的存在，燃料电池内部损耗的能量也增加。因此，由式(7-5) 和功率表示式 $P=IU$ 可知，增大燃料电池能量转换效率和功率的办法是设法降低电极反应的超电势 η 和溶液的内阻 R。

7.3.2.2 燃料电池的优点

作为一类特殊的能量转换装置，燃料电池具有如下优点：

1. 能量转换效率高

燃料的化学能转化为电能一般要经过化学能→热能→机械能→电能这许多步骤才能实现。作为燃料的碳氢化合物与空气中的氧发生化学反应，产生的热使外界气体膨胀，膨胀的气体推动活塞运动，活塞运动带动发电机，发电机切割磁极间的磁力线而在衔铁中感应生电。在这种漫长的转化途径中，热能转化为机械能阶段受热机效率的限制而能量损失很大，甚至按照热力学上最有利的卡诺循环，这种转化的利用系数也不超过 50%。在实际过程中，热电厂的气体和蒸汽涡轮机的有效系数约为 40%，而柴油发动机只有 30%、汽油发动机只有 20%、火车头蒸汽机不到 10%。燃料电池由于直接将燃料的化学能转换为电能，中间不经过热能转换，转换效率不受热力学卡诺循环的限制；由于没有机械能的转换，可免除机械传动损耗；再加上转换效率不因发电规模大小而变化，故燃料电池具有较高的转换效率。英国航天飞机应用的 10～20kW 的碱性燃料电池系统，以纯氢为燃料，纯氧为氧化剂，其转换效率可达 60%；美国联合技术公司出售的 40kW 磷酸型燃料电池，用甲烷作燃料，以空气为氧化剂，其转换效率达 40%～50%。若将余热加以利用，则其总能量转换效率可达 80%。工作温度高的熔融碳酸盐型和固体电解质型燃料电池，排放的余热还可用于二次发电，利用余热进行电热联供或进行联合发电，燃料电池的综合利用效率可达 70%～80%。

2. 噪声低

燃料电池在化学能转换为电能的过程中，没有机械运动的部件，只是控制系统有一部分小型运动部件，故它是低噪声的。据对美国 40kW 燃料电池相距 3m 测定的结果，噪声只有 68dB。

3. 污染较小

燃料电池还是低污染的能源。如果以氢气做燃料，放电产物只有水，可以做到真正的“零排放”。同时，燃料电池的燃料按照电化学原理发电，不经过燃烧过程，其工作室的氮氧化物、硫氧化物以及粉尘非常少。以磷酸型燃料电池为例，它排放的硫氧化物、氮氧化物和颗粒数都低于美国规定标准两个数量级。表 7-2 为燃料电池与火力发电的大气污染情况比较。

表7-2 燃料电池与火力发电的大气污染情况比较 单位：kg/10^6 kWh

电站燃料类型	SO_x	NO_x	烃类	粉尘
火力(天然气)	2.5～230	1800	20～1270	0～90
火力(石油)	4550～10900	3200	135～5000	45～320
火力(煤)	8200～14500	3200	30～10000	365～580
燃料电池	0～0.12	63～107	14～102	0～0.014
美国环保局限制值	1240	464	—	155

4. 适应性强、燃料多样性

燃料电池可以使用各种含氢燃料，如甲烷、甲醇、乙醇、沼气、石油气、天然气和合成煤气等，氧化剂则是取之不尽、用之不竭的空气。燃料电池可以做成一定功率（如40kW）的标准组件，按照用户的需要组装成不同的功率和形式，安装在用户最方便的地方。如果需要也可以装成大型电站，与常规供电系统并网使用，这将有助于调节电力负荷。另外，由于单位电量的燃料电池重量轻、体积小、比功率高，移动起来比较容易，所以特别适合在海岛上或偏远地区建造发电站或分散型电站。

5. 建设周期短、维护简便

燃料电池在形成工业化生产之后，发电装置的各种标准组件，可在工厂进行连续化生产。其运输方便，还能在发电站现场进行组装。有人估算40kW磷酸型燃料电池的维护量，仅为同等功率柴油发电机的25%。

尽管燃料电池优点很多，但其大规模使用仍然存在一些技术难点，主要表现为：燃料电池的运行成本过高，商业推广较困难；高温工作时电池寿命短，稳定性欠缺；缺少完善的燃料供应体系（加氢站）等。

7.3.2.3 燃料电池的类型

根据负极作用物质的不同物态，燃料电池可分为气体燃料电池（H_2、CO、气态碳氢化合物）和液体燃料电池（甲醇、甲醛、联氨）。根据工作温度不同，又有低温（25～100℃）、中温（100～500℃）和高温（500～1000℃）之分。传统燃料电池按电解质分类，可分为碱性燃料电池（alkaline fuel cell，AFC）、磷酸燃料电池（phosphoric acid fuel cell，PAFC）、熔融碳酸盐燃料电池（molten carbonate fuel cell，MCFC）、质子交换膜燃料电池（proton Eexchange membrane fuel cell，PEMFC）和固体氧化物燃料电池（solid oxide fuel cell，SOFC）。表7-3列出了五种不同电解质类型的燃料电池的综合性能比较。

表7-3 五种常见燃料电池的综合性能比较

项目	碱性燃料电池	磷酸燃料电池	熔融碳酸盐燃料电池	固态氧化物燃料电池	质子交换膜燃料电池
电解质类型	KOH溶液	H_3PO_4溶液	熔融Li_2CO_3-K_2CO_3	ZrO_2-Y2O_3固体	全氟磺酸膜
导电离子	OH^-	H^+	CO_3^{2-}	O^{2-}	H^+
阴极(正极)	Pt/Ni	Pt/C	Li/NiO	Ni/YSZ	Pt/C
阳极(负极)	Pt/Ag	Pt/C	Ni-Al、Ni-Cr	Sr/$LaMnO_3$	Pt/C
燃料气	氢气	氢气、重整气	天然气、煤气、重整气	天然气、煤气、	氢气、甲醇、重整气
氧化剂	氧气	空气	空气	空气	氧气、空气

续表

项目	碱性燃料电池	磷酸燃料电池	熔融碳酸盐燃料电池	固态氧化物燃料电池	质子交换膜燃料电池
工作温度	50～200℃	150～200℃	600～700℃	800～1000℃	室温～100℃
工作压力	<0.5MPa	<0.8MPa	<1MPa	常压	<0.5MPa
发电效率	60%～90%	40%	>50%	>50%	50%
优点	启动迅速；低腐蚀	对 CO_2 相对不敏感；成本相对较低	废热可以利用；不受CO影响	可在常压下工作；废气可利用；不受CO影响	室温工作；功率密度高；体积小、质量轻；使用固体电解质
缺点	需纯氧；成本高	CO会导致催化剂性能下降；启动较慢	工作温度高	工作温度高	对CO非常敏感；反应物需加湿
应用领域	航天和特殊地面	分布式电站、热电联系统	分布式电站、热电联系统	分布式电站、交通工具电源、便携式电源	分布式电站、交通工具电源、便携式电源

接下来，简单介绍一下目前研究最为广泛的质子交换膜燃料电池。

PEMFC的发展可以追溯到20世纪60年代，美国国家航空航天管理局委托美国通用电气公司研制载人航天器的电池系统。但受当时技术的限制，EMFC采用的聚苯乙烯磺酸膜在使用时易降解，导致电池寿命很短，而且反应生成的水中掺杂了对人体有毒的物质。通用电器公司随后将电池的电解质膜更换为杜邦公司的全氟磺酸膜，部分解决了上述问题，但是“阿波罗号”飞船却最终搭载了另一类燃料电池——AFC。受此挫折之后，PEMFC技术的研发一直处于停滞状态。直到1983年，加拿大巴拉德动力系统公司在加拿大国防部资助下重启PEMFC的研发。随着材料科学和催化技术的发展，PEMFC技术取得了重大突破。铂/碳催化剂取代纯铂黑，并且实现了电极的立体化，即阴极、阳极和膜三合一组成膜电极组件（membrane electrode assembly，MEA），降低了电极电阻，增加了铂的利用率。20世纪90年代以后，电化学催化还原法和溅射法等薄膜电极的制备技术进一步发展，使膜电极铂载量大幅降低，性能的提升和成本的下降也促使PEMFC逐渐从军用转为民用。同时，PEMFC有望成为未来电动汽车的发动机而受到更为广泛的关注。目前，PEMFC的大规模使用还面临着成本高和寿命短等问题。

1. PEMFC工作原理

质子交换膜燃料电池有时也叫聚合物电解质膜燃料电池。在这类电池中，电解质是一片薄的聚合物膜，例如聚全氟磺酸和质子能够渗透但不导电的全氟磺酸膜，而电极基本由碳组成（Pt/C或者Pt-Ru/C作为催化剂）。氢流入燃料电池到达阳极，裂解成质子和电子。氢离子通过电解质渗透到阴极，而电子通过外部网络流动，产生电流。以空气形式存在的氧气供应到阴极，与电子和质子结合形成水。

阳极： $2H_2(g) \longrightarrow 4H^+ + 4e^-$

阴极： $O_2(g) + 4H^+ + 4e^- \longrightarrow 2H_2O$

电池总反应： $2H_2(g) + O_2(g) \xlongequal{} 2H_2O$

该电池理论电动势为1.23V，实际工作电压约为0.8V。当温度升高时，电极催化剂活性提升，且质子交换膜的氢离子迁移速率增加，导电性增强，因此提高温度有利于电池性能提升。但温度太高使得质子交换膜中的水蒸发变快，水的流失会导致其电导率下降，从而影

 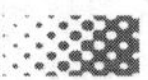

响电池工作。因此，PEMFC的工作温度一般保持在80℃左右。

2. PEMFC的电极和催化剂

目前，PEMFC依然普遍使用贵金属Pt基催化剂，将其制成高度分散的纳米颗粒负载到碳基载体上，然而，Pt基催化剂在燃料电池电堆中所占的成本比例高。使用价格昂贵、资源匮乏的Pt贵金属作为催化剂活性组分将极大地增加燃料电池的成本，严重阻碍燃料电池的大规模商业化应用。以氢燃料电池中常用的Pt/C催化剂为例，阳极侧的Pt负载量只需0.05mg·cm^{-2}就可以满足燃料电池的需要，而阴极侧的Pt负载量则需要0.35mg·cm^{-2}。因此，降低阴极氧还原催化剂的Pt负载量对于降低整体PEMFC的成本至关重要。

另外，电池所用的燃料富氢重整气中含有一定量的CO，可能导致碳载铂催化剂发生中毒反应，损害电池性能。为解决这个问题，可以使用含铂的二元合金（Pt-Ru/C、Pt-Sn/C、Pt-Mo/C和Pt-Co/C等）或者三元合金（Pt-V-Fe/C和$Pd_{45}Pt_5Sn_{50}$等）作为电极催化剂，如Pt-Ru合金催化剂就具有较好的CO耐受性。但此类催化剂成本仍然过高，目前还难以被大量利用。改进催化剂的微观结构，降低Pt的负载量，同时兼顾其催化活性和稳定性，开发Pt高度分散的新型碳载体，优化Pt基催化剂制备方法，特别是研制低成本、高效低铂的核壳型催化剂并开发相应的Pt基催化剂批量化制备工艺将是PEMFC催化剂的研究方向。另外，非铂催化剂，如过渡金属大环化合物、过渡金属簇合物、过渡金属氮化物和其他贵金属催化剂（如Ir-V/C、Au-MnO_2/MWNT和PdFe纳米材料）等几类催化剂也得到较多关注。

PEMFC的电极是典型的气体扩散电极，一般由催化层与气体扩散层构成。催化层由碳载铂催化剂与PTFE组成，气体扩散层主要对催化层起支撑作用，一般以多孔碳纸为基底，通过涂覆炭黑和PTFE制得。

3. PEMFC的电解质

PEMFC的电解质为固态的质子交换膜。它只能为质子的迁移和输送提供通道，使得质子经过膜从阳极到达阴极，与外电路的电子转移构成回路。质子交换膜作为燃料电池的核心材料，其性能的高低直接影响燃料电池的稳定性和耐久性。

根据氟含量，可以将质子交换膜分为全氟质子交换膜、部分氟化聚合物质子交换膜、非氟聚合物质子交换膜、复合质子交换膜4类。其中，由于全氟磺酸树脂分子主链具有聚四氟乙烯结构，因而具有较好的热稳定性、化学稳定性和较高的力学强度；聚合物膜寿命较长，同时由于分子支链上存在亲水性磺酸基团，具有优异的离子传导特性。非氟质子膜要求比较苛刻的工作环境，否则将会很快被降解破坏，无法具备全氟磺酸质子交换膜的优异性能。表7-4描述了几类质子交换膜的主要特点。全氟类质子交换膜包括普通全氟化质子交换膜、增强型全氟化质子交换膜、高温复合质子交换膜。

表7-4 各类质子交换膜主要特点比较

质子交换膜类型	优点	缺点
全氟磺酸膜	机械强度高，化学稳定性好，在湿度大的条件下导电率高；低温时电流密度大，质子传导电阻小	高温时膜易发生化学降解，质子传导性变差；单体合成困难，成本高；用于甲醇燃料电池时易发生甲醇渗透
部分氟化聚合物膜	工作效率高；单电池寿命提高；成本低	氧溶解度低
新型非氟聚合物膜	电化学性能与全氟磺酸（聚四氟乙烯和全氟-3,6-二环氧-4-甲基-7-癸烯-硫酸的共聚物）膜相似；环境污染小；成本低	化学稳定性较差；很难同时满足高质子传导性和良好机械性能

续表

质子交换膜类型	优点	缺点
复合膜	可改善全氟磺酸膜导电率低及阻醇性能差等缺点，赋予特殊功能	制备工艺有待完善

4. PEMFC 的双极板

双极板是质子交换膜燃料电池核心部件之一，占据了电池组很大一部分的质量和成本，且承担着均匀分配反应气体、传导电流、串联各单电池等功能。为了满足这些功能需要，理想的双极板应具有高的热/电导率、耐蚀性、低密度、良好的力学性能以及低成本、易加工等特点。最近研发的双极板材料主要分为三大类：金属双极板、石墨双极板以及复合双极板。

（1）金属双极板材料　目前，金属基体材料中研究最多的有不锈钢、钛合金以及铝合金三种。不锈钢具有价格低、力学性能优异等优点，是基体材料中的首选。钛合金和铝合金的比强度高、耐腐蚀性好，可以用于特殊用途的质子交换膜燃料电池的双极板材料。金属和合金材料强度高、韧性好，且具有良好的导电性和加工性能，基本可以满足双极板的力学性能要求。例如，金属双极板的导电性可达石墨的 10～100 倍，并且由于具有优异的力学性能，金属双极板的厚度可以小于 1mm，从而可大幅度降低电池组的体积，但是，在使用中金属表面容易形成钝化膜，虽然这些钝化膜减缓了腐蚀速率，但这些钝化膜的电导率低，从而导致燃料电池的输出功率和使用寿命降低。金属材料在使用中的导电性和耐蚀性具有矛盾性，如何解决这种矛盾，实现材料的导电性和耐蚀性的合理匹配，是金属双极板技术提升的一大瓶颈。目前，解决导电性与耐蚀性问题的最有效方法是金属表面进行涂层改性，常见的涂层材料有 NbC、高分子聚合物（如聚吡咯和聚苯胺等）、Ni-Mo、Ni-Mo-P 等。最近研究表明，通过在碳膜中掺杂 Cr 元素形成的涂层材料表现出十分优异的耐腐蚀性和电导率，这种通过掺杂的方式形成的新型涂层材料的性能较其他单层涂层优异，并且摒弃了复合涂层工艺的复杂性，可以作为金属双极板优良涂层的备选材料之一。涂层后的金属双极板能在保证良好导电性的同时提高双极板的耐蚀性，保障整个体系的使用寿命提升。然而，不同金属材料表面涂层改性后表现出的性能各有差异，因此，选择合适的基材与涂层材料是金属双极板实现广泛应用的关键。

（2）石墨双极板材料　石墨是最早开发的双极板材料。相比金属及合金双极板而言，石墨双极板具有低密度、良好的耐蚀性、与碳纤维扩散层之间有很好的亲和力等优点，可以满足燃料电池长期稳定运行的要求。但是，石墨的孔隙率大、力学强度较低、脆性大，为了阻止工作气体渗过双极板，且满足力学性能的设计，石墨双极板通常较厚，这导致石墨材料的体积和质量较大。另外，由于石墨材料的加工性能差、成品率低，使得制造成本增加。近几年的研究虽然使得石墨双极板的力学性能和成本有了很大改善，但还是不能满足双极板的力学性能和成本要求，这仍是限制石墨双极板广泛运用的最大瓶颈。

（3）复合双极板材料　一般由高分子树脂基体和石墨等导电填料组成，其中，树脂作为增强剂和黏结剂，不仅可增强石墨板的强度，还可以提高石墨板的阻气性。相比金属双极板和石墨而言，复合双极板综合了上述两种双极板的优点，具有耐腐蚀、易成型、体积小、强度高等特点，是双极板材料的发展趋势之一。但是目前生产的复合双极板的接触电阻高、成本高，这是科研工作者目前正在攻克的难题。

练习题

1. 氢能源有何特点？为什么说氢能源是未来的清洁能源？

2. 常见的制备氢气的方法有哪些？列举不同方法制备氢气的原理和优缺点。

3. 在利用太阳能制氢的过程中，如何更好地设计催化剂？请举例说明。

4. 目前大规模使用氢能源存在哪些问题？

5. 什么是储氢材料？以储氢合金 $LaNi_5$ 为例，说明其储氢机理。

6. 简述燃料电池的特点。燃料电池与储能电池的主要区别是什么？

7. 简述燃料电池的分类以及不同类型燃料电池的作用原理和优缺点。

8. 质子交换膜燃料电池的核心部件有哪些？查阅相关资料，阐述哪类质子交换膜最具发展潜力？

9. 查阅相关资料，阐述哪种燃料电池最具发展前景？

10. 结合本章和第 6 章学过的知识，谈谈你对无机材料在当今清洁能源利用和储存中的认识。

第8章

金属有机骨架材料

8.1 概述

金属有机骨架（metal-organic frameworks，MOFs），也称多孔配位聚合物（porous coordination polymers，PCPs），是由金属离子或金属簇与有机配体通过配位组装形成的一类具有周期性多维结构的多孔有机-无机杂化材料。1989 年，澳大利亚 Robson 教授首次报道了一系列多孔配位聚合物的晶体结构和阴离子交换性能。1995 年美国 Yaghi 教授课题组使用一价铜离子和 4,4′-联吡啶为原料，通过水热合成法制备了具有金刚烷型网状结构的配位聚合物 MOF-1，并首次提出 MOFs 的概念。之后，该课题组合成了许多具有代表性的 MOFs 系列，例如，1999 年该课题组在 Nature 上发表了由锌离子和对苯二甲酸构建的 MOF-5，又称 IRMOF-1（图 8-1），该材料对气体和有机分子表现出良好的吸附能力，并且比表面积高达 $2900m^2 \cdot g^{-1}$。同年，香港科技大学 Williams 教授在 Science 上发表了由硝酸铜和均苯三甲酸构建的另一著名的金属有机骨架 HKUST-1，又称 MOF-199（图 8-2），该材料具有 9nm×9nm 孔道的三维网状结构以及较高的热稳定性（>240℃）。此后，由于 MOFs 结构与功能的多样性，该类材料迅速引起广泛的研究兴趣，成为高速发展的新兴研究领域和重要的研究前沿。

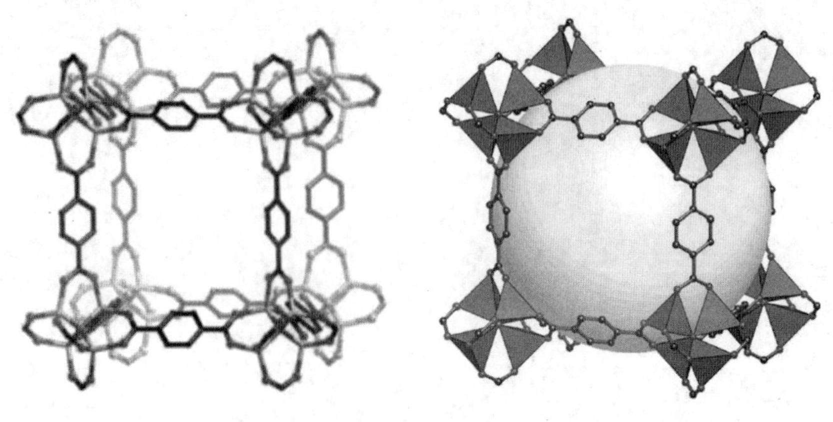

图 8-1　MOF-5 的结构单元

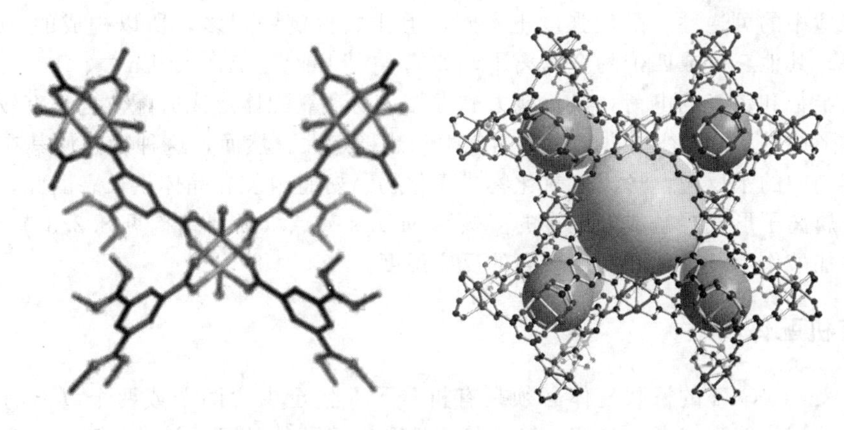

图 8-2　HKUST-1 的结构单元

与传统纯无机的分子筛（沸石、介孔二氧化硅等）以及多孔碳材料相比，MOFs 具有如下重要特点：

① MOFs 是由配位键组装构建，属于高度结晶态的固体化合物，这有利于采用单晶及多晶衍射测定其精准的空间结构。

② 基于较长的桥联有机配体，MOFs 具有高的孔隙率和比表面积，个别 MOFs 的孔隙率高达 94%，比表面积可以高达 $7000m^2 \cdot g^{-1}$。这是其他多孔材料无法实现的。

③ MOFs 的结构单元可以为不同的金属离子或金属簇，因而具有不同的配位结构，而有机桥联配体也具有不同的尺寸、形状、刚柔性以及不同的配位原子。同时，从这些金属离子/簇和有机桥联配体配位几何可以预知，采用合理的分子设计及合成组装方法，可以构建出特定结构的 MOFs，即 MOFs 具有结构多样性和可设计性。

④ 多孔 MOFs 可以具有纯有机或有机-无机杂化的孔表面，因此可以体现出更丰富多彩的表面物理化学性质。同时，由于有机分子的结构多样性，可以按需设计特别的孔道和表面结构，从而具备特殊的性能。

⑤ 配位键具有可逆性，而有机配体可以携带各种具有反应性的功能基团。因此，许多 MOFs 上的金属中心和有机配体均具有一定的可修饰性。通过化学修饰，可以改变、提升 MOFs 及其孔道表面的结构与功能，即 MOFs 具有可裁减和可修饰性。

以上特点赋予了 MOFs 材料多种重要功能和潜在的应用前景，因此 MOFs 已经成为无机化学、功能材料、能源化学等领域的研究热点。然而，MOFs 也有一些缺点。例如，MOFs 的物理化学稳定性往往低于传统的无机分子筛和多孔碳材料，主要是因为配位键比较弱，导致不少 MOFs 的化学稳定性（例如对水、对酸/碱的稳定性）比较差，这在一定程度上限制了 MOFs 材料的应用范围。本章将主要介绍具有代表性的 MOFs 设计、合成、表征及应用。

8.2　MOFs 的结构设计

8.2.1　金属离子特性

元素周期表有近一百种金属元素，除了锕系外，大多已经用于构建 MOFs。基于成本、毒性、结晶性等考虑，最常用的金属离子是二价离子，特别是第一过渡系的 Mn^{2+}、Fe^{2+}、Co^{2+}、Ni^{2+}、Cu^{2+}、Zn^{2+}。这些金属离子具有合适的软硬度，与氧、氮等常见给体原子的配位具有适中的可逆性。配位强度也不差，但比共价键弱得多，所以构成的 MOFs 化学稳定性较差。其他三价或四价的金属离子，如 Cr^{3+}、Fe^{3+}、Al^{3+}、Ln^{3+}、Ti^{4+}、Zr^{4+} 等，具有较小的半径和较高的电荷，极化能力非常强，与含氧配体形成的配位键具有较大的共价成分，所以形成的 MOF 往往具有很高的化学和热稳定性。然而，这种特性使其在合成过程中容易与溶剂中的水反应，形成氢氧化物或氧化物，妨碍组装和晶体生长。因此，为了使这些高价态金属离子形成羟基或氧连接的多核簇 MOFs 节点（具体结构见 8.2.3 节），合成过程往往需要加酸作为调节剂和使用较高的反应温度。

8.2.2 有机配体特性

根据定义，MOFs 的桥联配体必须是有机分子，且至少含两个或两个以上的配位官能团，具有多端配位能力。考虑到配位键的稳定性和有机配体的可设计性，羧酸根和吡啶类配体是合成 MOFs 的主流（图 8-3）。羧酸根是硬碱，可以和各种常见的金属离子形成较强的配位键。当金属离子是三价/四价离子时，成键能力尤其强。而且羧酸根具有负电荷，可以中和金属离子和金属簇的正电荷，使得孔道中不必包含抗衡阴离子，有利于提高孔隙率和稳定性。不过，羧酸根的配位方式繁多（图 8-4），不太容易预测和控制。在绝大多数知名的 MOFs（MOF-5、HKUST-1、MIL-101、UiO-66 等，具体结构见 8.2.3 节）结构中，每个羧酸根通常采取顺式双齿桥联模式与一个多核金属簇配位。吡啶（以及多氮唑）中氮原子是 sp^2 杂化的，包含一对孤对电子，具有简单和方向明确的配位模式。但是，吡啶和大多数金属离子的配位能力较弱，而且吡啶不带电荷，需要其他成分平衡金属离子的正电荷。有些多

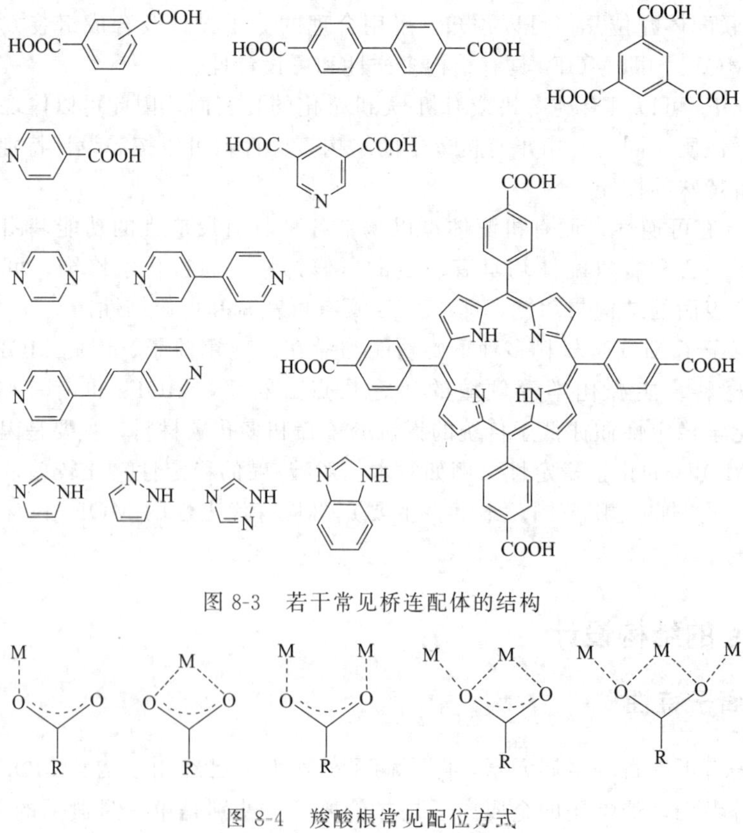

图 8-3 若干常见桥连配体的结构

图 8-4 羧酸根常见配位方式

核金属簇同时包含双齿和单齿封端配体，因此，吡啶官能团可以和羧酸根组合，或两种配体混合使用，满足特定多核金属簇的配位和电荷需求。咪唑、吡唑、三氮唑、四氮唑等多氮唑分子中，其中一个氮原子还连接了一个氢原子，可以脱去一个质子形成阴离子型的多端配体，故其同时具备羧酸根和吡啶类配体的优点。同时，这些多氮唑阴离子配体的碱性较强，往往能和金属离子形成较强的配位，从而大大提高所得 MOFs 的稳定性。由于集成了简单组成和可控配位的优点，金属多氮唑类 MOFs 的孔表面性质可以较容易调控。如果全部氮原子给体参与配位，可以形成疏水性 MOFs；反之，如果氮原子给体没有完全参加配位，则可以增加孔道的亲水性，且这些未配位氮原子给体可以作为客体结合位点。

在 MOFs 中，可以通过调整多端配体的桥联长度实现孔径、孔形、孔容和比表面的调控，如图 8-5 所示网状金属有机骨架（isoreticular metal-organic framework，IRMOFs）系列。羧基、吡啶和吡唑阴离子等作为配位官能团，可以连接不同有机基团，实现配体的扩展。例如，这些基团与苯环 1,4 位连接，可以实现配体的直线形扩展；与苯环的 1,3,5 位连接，可以实现配体的三角形扩展；与 sp^3 杂化碳原子连接，可以实现四面体扩展；与卟啉连接，可以实现平面四边形扩展。多羧酸配体的延长扩展通常采用碳-碳偶联反应、酯水解反应等，如图 8-6 所示。咪唑和三氮唑本身是多端桥联配体，其桥联距离难以扩展，通常用侧基来调控节点之间的连接方式和空间位阻，以改变拓扑，形成不同的框架结构。

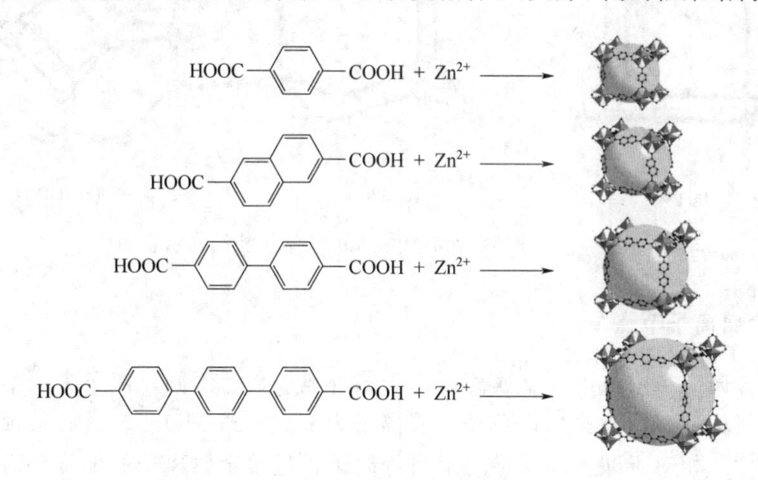

图 8-5 具有不同孔径的 IRMOFs 系列结构

8.2.3 拓扑与几何设计

为了描述 MOFs 丰富多彩的结构，并指导设计合成，可以采用描述无机沸石拓扑结构的方法，将此类高度有序的结构抽象为拓扑网络。通常可以把金属离子或金属簇当作节点(node)，将有机配体当作连接子（linker）。当然，当三端或三端以上的有机桥联配体在 MOFs 中起 3 连接子或者更高连接子的作用时，也可以将该多端有机桥联配体作为节点，如均苯三甲酸、金刚烷四羧酸等。拓扑网络通常采用三字母符号进行标记。其中，具有分子筛拓扑的网络采用分子筛类型记号，即三个大写字母，如 SOD 是方钠石网络；其他网络型采用 RCSR 符号，即三个粗体小写字母，如 **dia** 代表金刚石网络。图 8-7 给出了三种具有代表性且比较简单的三维拓扑结构，即简单立方（**pcu**）、金刚石（**dia**）、方钠石（SOD）拓扑结构。有了拓扑结构的概念，不仅可以比较方便地描述和理解 MOFs 结构，而且可以基于节点的几何结构，选择不同长度的连接子来设计、构建具有特定网络结构的 MOFs 材料。

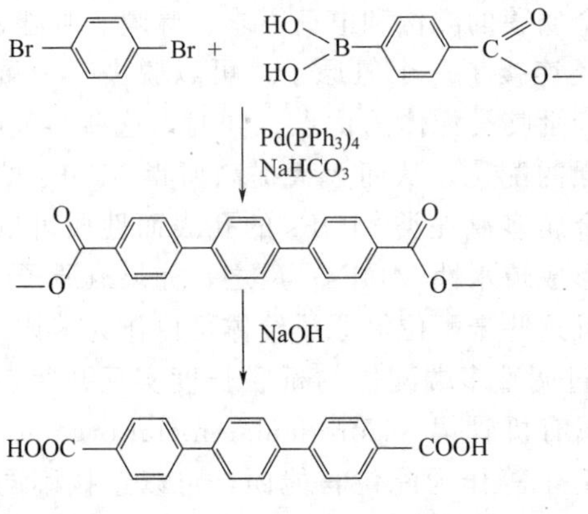

Br
Br +
HO
HO
B
O
C
O
Pd(PPh3)4
NaHCO3
NaOH
HOOC
COOH

图 8-6 延长配体合成路线示例

(a) **pcu** (b) **dia** (c) SOD

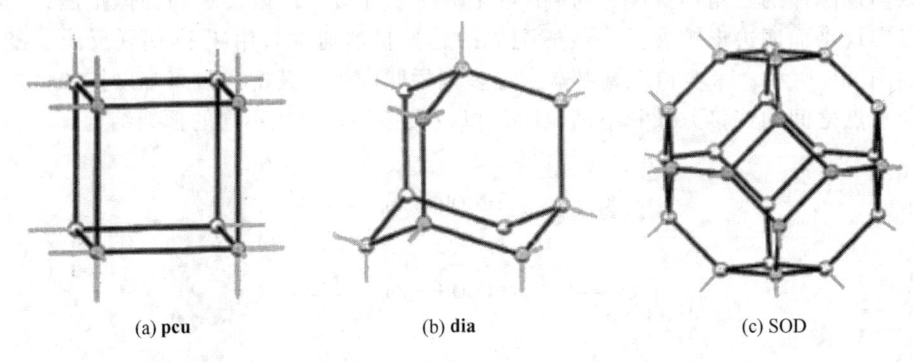

图 8-7 三种简单而有代表性的三维拓扑结构示意图

8.2.3.1 单金属离子节点

常见过渡金属离子中，不同金属离子由于核外电子数目不同、离子半径不同，可以形成不同的配位几何构型（图 8-8）。以单个金属离子为节点构筑 MOFs，就必须预先知道该金属离子的配位特性。相对于碱金属、稀土金属等离子，过渡金属离子的配位几何比较明确，因此比较好预测。例如，Cu^{+}/Ag^{+} 容易形成直线形/稍微弯曲的 2 配位结构或者 T/Y 形 3 配位结构，Zn^{2+} 可以形成比较规则的 4 配位四面体或者 6 配位八面体结构，Cu^{2+} 容易形成 5

直线形
三角形
平面四边形
四面体形
四角锥形
八面体形

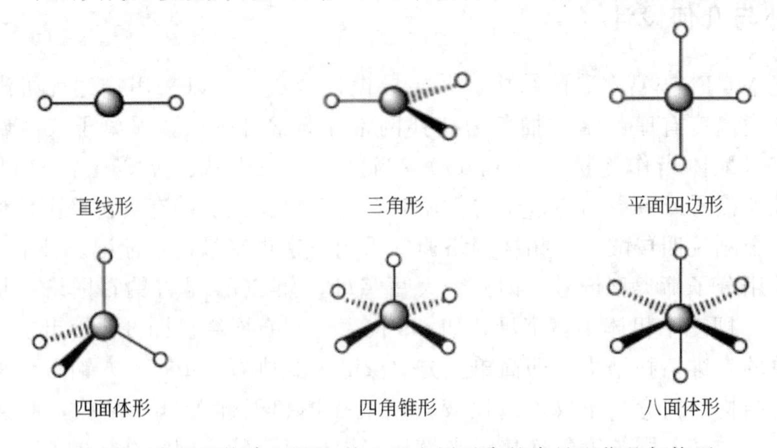

图 8-8 常用于构建 MOFs 的 d 区金属元素的常见配位几何构型

配位四方锥结构。除了 2～6 配位的金属离子外，还有更高配位数的金属离子，如稀土离子的配位数可以达到 9，甚至更高。显然，以单个金属离子为节点来构筑具有特定网络结构的 MOF，必须选择具有合适配位结构的金属离子，再选择合适的桥联配体。例如，将具有四面体配位几何的金属离子与直线形双端配体进行组装，可以获得具有金刚石网络结构的三维 MOFs。

理论上，采用弯曲双端配体与正四面体配位金属离子可以破坏理想的四面体 T_d 对称性，导致其他 4 连接网络结构的产生，包括经典的无机分子筛拓扑结构。例如，脱质子咪唑（Him）中两个氮原子的配位键夹角（145°）和无机分子筛中 Si—O—Si 角度（约 144°）很接近（图 8-9），可以用来构筑具有经典无机分子筛拓扑结构的 MOFs。不过，采用不含取代基团的咪唑并不容易形成经典无机分子筛拓扑结构的 MOFs，而是倾向于形成无孔结构。相反，采用具有取代基的咪唑衍生物与 Zn^{2+} 配位则容易形成多种多孔而且具有高对称性和分子筛拓扑结构的 MOFs。例如，2-甲基咪唑（Hmim）和 Zn^{2+} 盐通过扩散法、水热反应等途径作用，可以得到具有 SOD 型拓扑结构的［$Zn(mim)_2$］（MAF-4，或称 ZIF-8），见图 8-10。

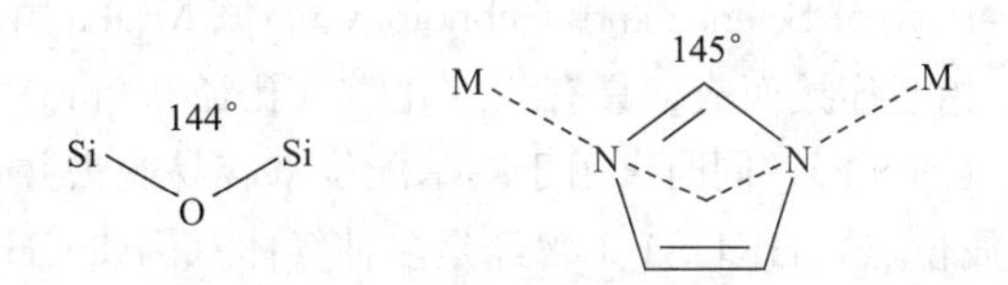

图 8-9　无机分子筛中 Si—O—Si 角度和咪唑中两个氮原子的配位键夹角

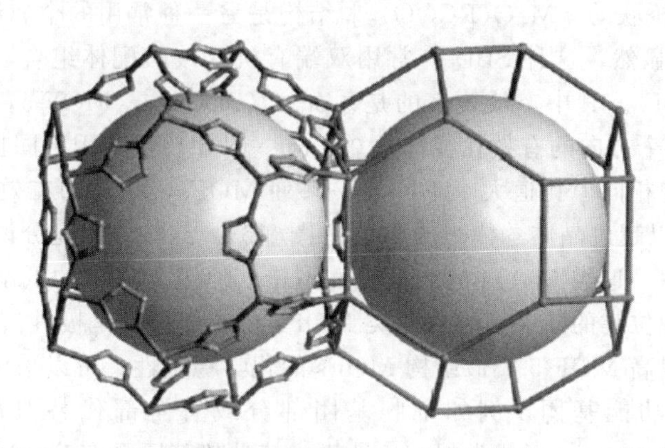

图 8-10　2-甲基咪唑与四面体配位 Zn 离子组装的 SOD 型结构
［咪唑上的甲基未显示］

8.2.3.2　基于金属簇节点

许多多核金属簇的外侧是由羧基双齿配体或水等单齿配体封端的。如果用多端桥联配体取代这些端基配体，就能将多核金属簇连接形成 MOFs。由于金属簇化合物通常具有刚性，其外侧配位点与有机配体的键合方向非常明确，因此，以金属簇来组装 MOFs，可设计性通常很高。这些金属簇往往可以简化为拓扑学的节点，也可以称为二级构造单元（secondary building unit，SBU）。显然，SBU 的配位几何对 MOFs 的网络结构具有重要的影响。可以作为节点与有机桥联配体进行组装形成 MOFs 的金属簇很多，本书仅介绍几种典型金属簇基 SBU。

最常见的簇基 SBU 为羧基配位的过渡金属簇，特别是四羧基双金属离子形成的轮桨状双核簇［$M_2(COO)_4$］、μ_4-氧心六羧基［$M_4O(COO)_6$］四面体簇、μ_3-氧/羟基六羧基桥联

[$M_3(O/OH)(COO)_6$] 三角簇和 μ_3-氧 μ_3-羟基十二羧基桥联 [$M_6O_4(OH)_4(COO)_{12}$] 八面体簇（图 8-11）。选择合适的多端羧酸配体，可以将这些 SBU 连接成具有特定结构的 MOFs 材料。

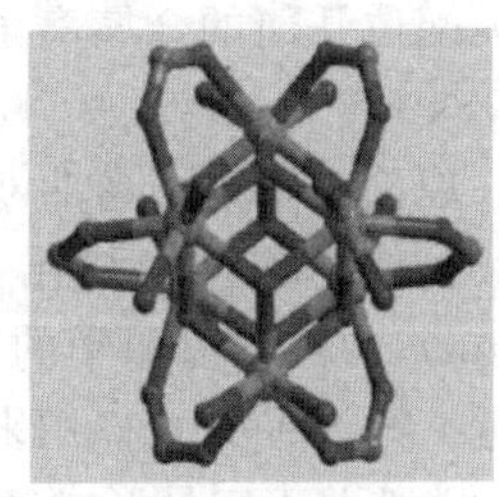

[$Cu_2(COO)_4$]　[$Zn_4O(COO)_6$]　[$Cr_3O(COO)_6$]　[$Zr_6O_4(OH)_4(COO)_{12}$]

图 8-11　典型的羧基金属簇 SBU

含轮桨状双核 SBU 的 MOFs 中，最著名的是 [$Cu_3(TMA)_2(H_2O)_3$](HKUST-1，HKUST 代表 the Hong Kong University of Science and Technology)。该 MOFs 由均苯三甲酸根（TMA^{3-}）为桥联配体与轮桨状 SBU 相互连接而成，具有三维孔道（孔径 0.9nm），且具有一定的热稳定性和化学稳定性，容易合成（图 8-2）。同时，由于端基配位水容易脱去并保持骨架稳定，具有易于结合客体分子的开放型金属位点，HKUST-1 曾经是多种气体（例如 CH_4 和 C_2H_2）吸附量的纪录保持者，被广泛研究和用于吸附储存、分离、催化等领域。

μ_4-氧心六羧基桥联的 [$M_4O(RCOO)_6$] 结构是另一种常用的金属簇基 SBU，具有 O_h 对称性（图 8-11）。显然，这种 SBU 与常用双端有机双羧酸配体组合，可以得到具有三维 **pcu** 拓扑结构的 MOFs。其中，最著名的是 [$Zn_4O(BDC)_3$]（MOF-5，BDC^{2+} 为对苯二甲酸根）。该 MOFs 三个方向的有效孔径都是 0.8nm（图 8-1）。采用不同长度的有机双羧酸配体，可以构筑出结构相同但孔道大小不同的一系列 MOFs，孔径的有效尺寸范围为 0.38～2.88nm，孔隙率可以超过晶体总体积的 90%（图 8-5）。这些数据充分说明了 MOFs 结构的可设计性和可调控性。这类 MOFs 的热稳定性不错，但因为簇中的低配位金属中心易被极性溶剂进攻，发生配位键的断裂，导致此类 MOFs 在溶剂特别是极性溶剂（如 H_2O）中的稳定性较差。为了提高 MOF-5 类似结构 MOFs 的化学稳定性，可以采用含有与羧基相似配位几何的其他有机功能基团，例如吡唑基团部分或者全部代替双羧基配体中的羧基（图 8-12），与 [$M_4(\mu_4\text{-}O)$] 形成类似 **pcu** 骨架，其吡唑基团含有疏水的甲基，可以明显降

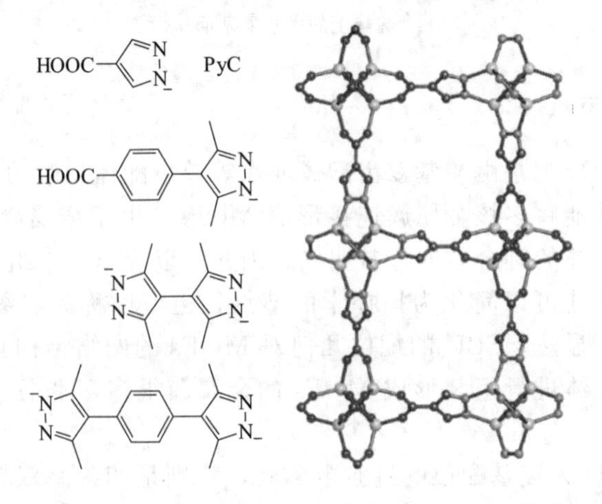

图 8-12　含吡唑基团桥连配体及 $ZnO(PyC)_6$ 结构

低极性溶剂等对配位键的破坏能力，从而有效提高材料的溶剂稳定性，并改善或改变相关性能。

μ_3-氧/羟基六羧基 [$M_3(\mu_3$-O/OH)(COO)$_6$] 簇是另一类常见的 6 连接 SBU，具有 D_{3h}对称性的三棱柱形状。采用线形双端双羧基配体与该 SBU 连接，可以形成多种与 **pcu** 不同的 6 连接三维网络 MOFs。上述 6 连接三棱柱形 SBU 的 MOFs 中，最著名的为 [$M_3(\mu_3$-O)X$(H_2O)_2$(BDC)$_3$]（MIL-101，MIL 代表法国 Matérial Institut Lavoisier）。根据粉末 X 射线衍射分析，MIL-101 中三核 SBU 通过与对苯二甲酸根（BDC^{2-}）相连首先形成四面体笼，四面体笼再共用顶点连接形成具有分子筛 MTN 的拓扑网络结构（图 8-13）。MIL-101 含有两种有效内径，分别约为 2.9nm 和 3.4nm 的空穴，分别通过有效直径约 1.2nm 和 1.4nm 的窗口连通成为三维孔道结构，还具有高达 5900$m^2\cdot g^{-1}$的比表面积，故被广泛研究和使用。

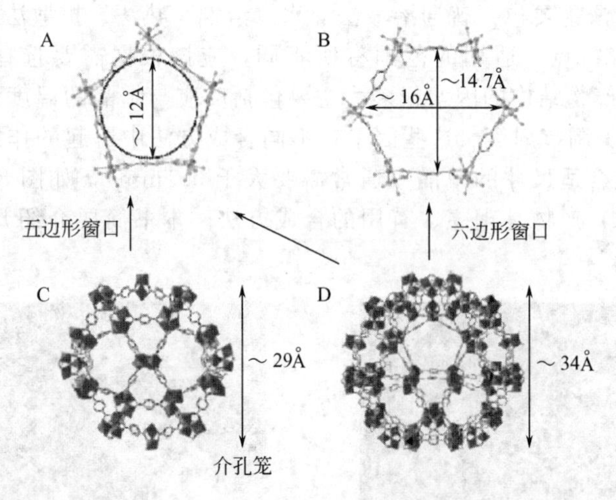

图 8-13　MIL-101 中的两种介孔笼和窗口尺寸

μ_3-氧-μ_3-羟基十二羧基桥联 [$M_6(\mu_3$-O)$_4(\mu_3$-OH)$_4$(COO)$_{12}$] 八面体簇是一类常见的 12 连接 SBU，其中非常著名的是以线形二羧酸为连接子与六核 $Zr_6(\mu_3$-$O_4)_4(\mu_3$-OH)$_4$簇形成的 UiO-6x 系列（UiO 代表 University of Oslo）见图 8-14。这一六核 SBU 起 12 连接子的

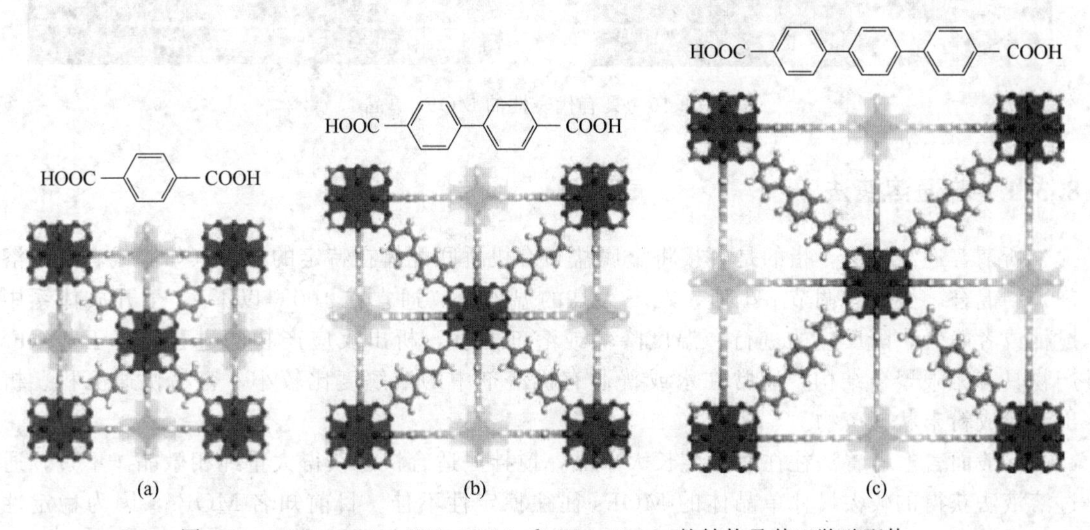

图 8-14　UiO-66(a)、UiO-67(b) 和 UiO-68(c) 的结构及其双羧酸配体

作用，与 BDC^{2-} 构筑面心立方配位网络（**fcu**），其中含有八面体和四面体笼子。UiO-66 具有优异的热稳定性（540℃），且对包括水在内的各种常见极性和非极性溶剂均非常稳定。此外，与 MOF-5 类似，可以用更长的双端羧酸配体，形成更加空旷的多孔结构，如 UiO-67 和 UiO-68。不过，具有较长配体的 UiO 型 MOFs 结构的化学稳定性比较差。

此外，金属离子还可以通过配体连接成链状结构的 SBU，再用线形配体相互连接成三维 MOFs 结构。由于链状 SBU 中相邻配位点往往靠得比较近，线形配体之间的距离比较短，相当于阻隔了晶体中的两个方向，所以，这类 MOFs 也往往可以任意延长线形配体的长度，不会发生互穿现象。

8.3 MOFs 的合成方法

MOFs 的合成方法主要包括普通溶液法、水（溶剂）热法、扩散法、微波法、后合成修饰等。这些方法各有特点，适用的范围有所不同，应该根据需要选择合适的方法来制备 MOFs。通常，影响产物结构的因素很多，主要包括反应与结晶的温度、原料配比、溶液的 pH 值、溶剂、模板、调节剂等。这些因素在不同合成方法中所起的作用不同。对于 MOFs 研究而言，能够产生合适尺寸的单晶（通常需要大于 0.1mm），如图 8-15 所示，或者纯相的单晶或微晶（粉末）产物是理想、有用的合成方法。本书简要介绍几种常见的 MOFs 合成方法。

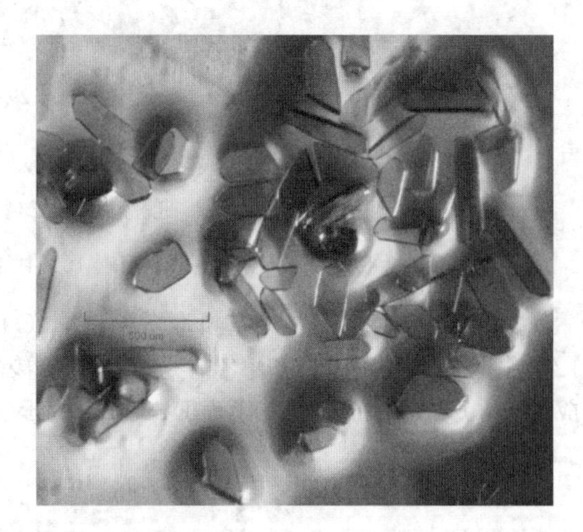

图 8-15 具有代表性的 MOFs 单晶

8.3.1 普通溶液法

所谓普通溶液法，指的是直接将金属盐与有机桥联配体在特定的溶剂（如水或者有机溶剂）中混合，必要时调节 pH 值，在不太高的温度下（通常在 100℃以下），于开放体系中搅拌或者静置，随反应的进行、温度降低或溶剂蒸发，析出反应产物的过程。由于 MOFs 产物具有无限聚合结构，通常在水或普通有机溶剂中的溶解度比较小，容易快速沉积、析出，形成粉末状的产物。

一般而言，静置法往往适合生长大单晶，搅拌法适合快速获得大量纯相微晶。不过，通过溶液法获得的较大尺寸单晶体的 MOFs 往往稳定性不佳。目前知名 MOFs，因为稳定性高、溶解度低，通常难以用溶液法制备较大尺寸的单晶，不利于晶体结构表征。因此，这一方法也不太适合未知 MOFs 的研究。不过，普通溶液法优点在于操作简单、快捷，非常有利于大量、快速制备粉末态 MOFs，且非常节能，适合为性质研究和器件制作等提供大量样品。

8.3.2　水（溶剂）热法

所谓水热法（hydrothermal method）或溶剂热法（solvothermal method），通常指的是直接将金属盐与有机配体在特定的溶剂（如水或有机溶剂）中混合，放入密闭的耐高压聚四氟乙烯反应釜，如图 8-16(a) 所示，通过加热，反应物在体系的自产生压力下进行反应。对于 MOFs 而言，反应及晶化温度通常在 60～200℃之间。在采用高沸点溶剂和较低反应温度（<120℃）时，也可以使用带盖的在耐高温玻璃瓶［图 8-16(b)］作为反应容器。传统的加热方法采用热平衡原理，将反应容器置于烘箱中，通常进行一次反应需要半天至数天时间。

(a)

(b)

图 8-16　用于水（溶剂）热反应的聚四氟乙烯反应釜（a）和耐高温玻璃瓶（b）

由于相对较高的压力和温度，水（溶剂）热法有利于 MOFs 产物的单晶生长，通过合理的反应时间、温度等条件控制，可望获得较大尺寸、适用于单晶 X 射线衍射实验的 MOFs 单晶，这是该方法的优点及其被广泛采用的主要原因。

8.3.3　扩散法

扩散法是指将反应物分别溶解于相同或不同的溶剂中，通过一定的控制，让含有反应物的两种流体在界面或特定的介质中，通过扩散而相互接触，从而发生反应，形成 MOFs 产物。由于反应物需要通过扩散才能相互接触，因此反应速率降低，有利于难溶产物的晶体生长，以便获得较大尺寸的单晶。不过，扩散法通常产率较低，反应时间长，且难以进行大量的合成。扩散法有多种不同的操作形式。最简单的是溶液界面扩散法。如果 MOFs 由两种反应物反应生成，这两种反应物可以分别溶于不同的溶剂中，则可以采用溶液界面扩散法。将含有配体 L 的溶液小心地加到含有金属离子的溶液中（或者反过来，取决于两种溶液的密度），化学反应将在这两种溶液的接触界面开始，MOFs 单晶体就可能在溶液界面附近产生，如图 8-17(a) 所示。

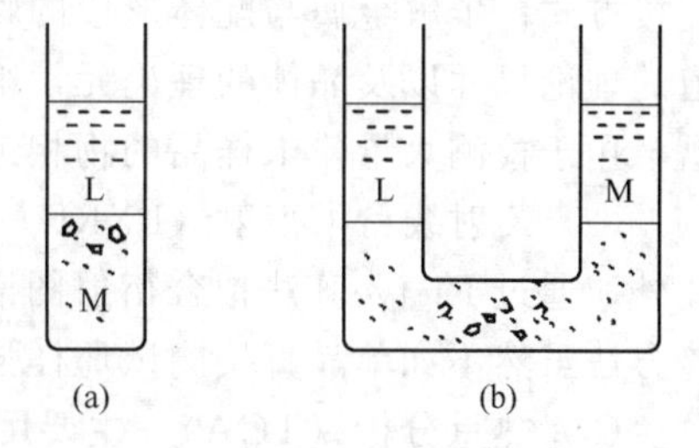

图 8-17　溶液界面扩散法（a）与凝胶扩散法（b）示意图

为了避免两种反应物直接接触产生沉淀，往往在两种溶液之间先加上一层密度介于配体和金属离子溶液之间的空白溶剂。扩散法还可以采用凝胶作为反应物接触的介质，称为凝胶扩散法，见图 8-17(b)。由于增加凝胶作为介质，进一步降低了扩散速率，从而可以应用于反应或结晶速率非常快、产物溶解度非常低的化学反应，以求获得较大尺寸的单晶产物。此外，还有气相扩散法。这种方法中，金属离子和有机配体前体已经预先混合在溶液中，由于 pH 值低等因素，不会立即生成 MOFs 并沉淀析出。这时将一种能改变反应平衡的反应物（例如氨气或者有机胺）通过气相扩散进入反应液，从而调节反应平衡，控制目标 MOFs 晶体的生长。

8.3.4 后合成修饰

MOFs 研究的终极目标是实际应用。因此，通过结构设计、结构调控以实现优异性能是重中之重。作为分子基材料，MOFs 在一定程度上显示出优异的设计性，可以通过原料分子的设计来实现特定的结构和功能。不过，由于反应的复杂性等原因，MOFs 的可设计性也不可能达到任何必要的官能团都能够通过反应原料直接引入的程度。在水（溶剂）热合成法的条件下，有机桥连配体所带的官能团有诸多限制，如热不稳定性、溶解性差或者容易与中心金属离子配位。再者，引入新的官能团必须改变相应的实验条件（如反应温度、时间、溶剂等），才能得到预想的骨架结构，这是一项相当耗时耗力的尝试。鉴于直接合成法的种种缺点，后合成修饰（post-synthetic modification，PSM）的方法被广泛用于对 MOFs 的化学改性。PSM 是指在合成了 MOFs 之后，在保持原有基本骨架结构的前提下，对 MOFs 进行化学修饰，让骨架具有更好的官能团和活性中心，以便实现特定功能性质。也就是说，化学修饰针对的是已经成型的材料骨架，而非其前驱体分子。

使用 PSM 方法对 MOFs 进行修饰的优点有：①这种方法适用于许多受直接合成法条件限制的官能团，大大拓宽了官能团的适用范围；②与其他无机材料相比，MOFs 含有有机配体的组分，因此可以通过有机转化反应引入各种有机官能团；③MOFs 具备多孔性，引入的基团通过扩散进入孔道内部，可以同时实现材料表面和内部的改性，而多数无机材料只能在表面改性更有优势。

值得指出的是，MOFs 的后合成修饰反应，往往需要液体或溶液的参与，其反应进程是难以监控的。也就是说，MOFs 被修饰的程度或 MOFs 中成分的比例是很难直接控制的。

8.4 MOFs 的组成和结构表征

结合已有报道，MOFs 的组成和结构表征主要有以下几种常用手段：

（1）X 射线单晶衍射（SCXRD） 通过单晶衍射可以获得 MOFs 的微观结构与空间拓扑连接方式；了解金属与配体形成的骨架中各自的配位模式、形成的孔道形状和尺寸；计算孔道的理论尺寸以及晶体的理论元素组成。同时，可以理论模拟 MOFs 的粉末 X 射线衍射图谱，用于检测大量粉末样品的物相纯度。

（2）X 射线粉末衍射（PXRD） 与 SCXRD 结合，可以判断 MOFs 的结构和物相纯度。此外，通过 Rietveld 法拟合衍射图谱数据与实验信息进行对比来确定晶胞参数和晶格类型。该方法虽然不如单晶直接测试那样强大，但其优点是不需要培养单晶。

（3）热重分析（TGA） 主要用于研究 MOFs 的热稳定性和热分解温度。该稳定性是在特定测量条件下（惰性气体，如氮气）的化学稳定性，并不能说明 MOFs 的骨架和孔道稳定性，除非结合变温 PXRD 技术。

(4) 气体吸附 (GA)　研究MOFs对某一种气体（氮气、氢气、甲烷、二氧化碳等）或蒸气（水、甲醇、苯、环己烷等）的吸附量与压力的关系。通过吸附-脱附曲线可以判断孔道的性质、孔道的大小，推算比表面积和孔径分布，还可判断MOFs活化前后孔道的变化，如吸附能力变弱可能是因为骨架结构坍塌。

(5) 元素分析 (EA)　主要测定催化剂中C、H、N、S等非金属元素的元素质量比。结合元素分析以及测定金属含量的电感耦合等离子体原子发射光谱（ICP-AES）、原子吸收光谱（AAS）和X射线荧光光谱（XFS）可以计算出MOFs的组成。

(6) 紫外-可见吸收光谱 (UV-vis)　可用于MOFs对有紫外-可见光信号的物质（如有机染料）的吸附研究。通过吸附前后UV-vis信号的变化可以算出被吸附物质的量。这一数值的大小可以说明不同大小孔道的吸附性能。

(7) 扫描电子显微镜 (SEM)　可以查看MOFs的微观形貌、尺寸和物相变化。

(8) 透射电子显微镜 (TEM)　可以查看MOFs形貌变化，判断晶型的变化，还可判断金属纳米颗粒是否被负载进入MOFs孔道或表面等。

(9) X射线能量分散光谱 (EDS)　可以检测MOFs包含的化学元素的种类，通过对比，可以得到MOFs吸附客体分子的情况。

(10) X射线光电子能谱 (XPS)　可以测定MOFs的元素种类和各个元素的半定量含量比例，通过计算元素的键合能可以判断MOFs中特定元素（如负载的贵金属离子或单质）的价态变化。

8.5　MOFs的应用

经过多年的广泛深入研究，人们已经制备了不同结构、类型的MOFs材料，并在气体吸附与分离、催化反应、化学传感、药物缓释、质子传导等领域得到广泛应用。随着MOFs材料种类的日益增多以及复合MOFs材料的逐渐兴起，MOFs材料将有不可估量的应用前景。在气体吸附方面，合成具有更高吸附性能的MOFs材料用于能源气体（甲烷和氢气）的储存、温室气体（二氧化碳）的捕获、有毒有害气体的吸附，可解决部分正在面临的日益严重的环境问题。在催化应用方面，利用金属有机配体和不同金属混合构建具有高效催化功能的复合MOFs材料将进一步提高催化效率。另外，在分离领域，制备具有磁性的复合MOFs材料可用于有毒有害物质和重金属的吸附与分离、复杂体系中目标蛋白质的提取与分离。在生物医学领域，由于其可控的孔径大小、官能团以及良好的生物兼容性，制备纳米级MOFs材料用于活细胞中药物缓释与代谢、生命体活动的实时监测等，对人们了解生物体内重要的生命活动（如蛋白质的功能、蛋白质间的相互作用）、调控蛋白质的激活机制以及重大疾病相关的蛋白质调控路径等具有重大的生物学意义。质子传导方面，MOFs具有精确的结构信息，其结构的易设计和易修饰性，非常有利于了解材料的离子导电性质和其结构之间的构效关系，从而进一步有目的地调控结构，探求高性能导电材料。因此，开发具有功能多样性的MOFs以及复合MOFs材料，并应用于不同领域，将极大地促进学科间的相互发展。本书主要介绍MOFs材料在气体（氢气、甲烷和二氧化碳）吸附和多相催化方面的应用。

8.5.1　气体吸附

气体的吸附是MOFs材料最重要的应用领域之一。对于MOFs材料的吸附应用，主要集中在氢气、甲烷和二氧化碳等燃料和温室气体上。由于传统矿物能源（如石油、煤炭等）

日益消耗，全球气温不断升高，能源的可持续发展和控制温室气体等问题已成为人类社会普遍关注的焦点和必须尽快解决的重大难题。为了解决这些问题，世界各国均投入大量的人力和物力来开发新能源和减低碳排放。作为清洁、可持续、高效的新能源，氢气、甲烷等的开发和利用已越来越受到人们的关注和重视，但是至今在质量和体积存储密度、动力学、工作温度、可逆循环性能、经济性和安全性等方面，还达不到实用化的要求。近年来，多孔MOFs材料取得了突飞猛进的发展，新型功能材料为新能源的开发提供了可能，为满足国民经济、环境保护和社会发展提供了契机。本节将简要介绍一些代表性MOFs在氢气、甲烷和二氧化碳吸附方面的研究成果。

1. 氢气吸附

MOF-5是众多MOFs中的一个典型范例，其骨架［$Zn_4O(BDC)_3$］是［$Zn_4O(COO)_6$］单元与对苯二甲酸根（BDC^{2+}）相互连接形成的具有**pcu**拓扑的三维网络。MOF-5在真空下可以稳定到400℃。Long等在严格无水无氧条件下制备的MOF-5样品，其高压H_2吸附测试显示在7K、4MPa下，H_2超额吸附量为76mg/g。当压力为17MPa时，H_2绝对吸附量高达130mg/g，体积存储密度为77g·L^{-1}。

Yaghi课题组利用［$Zn_4O(COO)_6$］单元与两种羧酸配体H_3bte［1,3,5-三(4-羧基苯基乙炔基)苯］和H_2bpdc（联苯二甲酸）构建了MOF-210（图8-18），即［Zn_4O（bte)$_{4/3}$(bpdc)］。经超临界CO_2活化后，该MOFs的BET比表面积高达6240m^2·g^{-1}。在77K、6MPa条件下，MOF-210的H_2吸附量为86mg/g，相当于79%（质量分数），绝对吸附量高达176mg/g，相当于150%（质量分数）。这甚至超过了甲醇、乙醇、戊烷、己烷等典型燃料的含氢量。

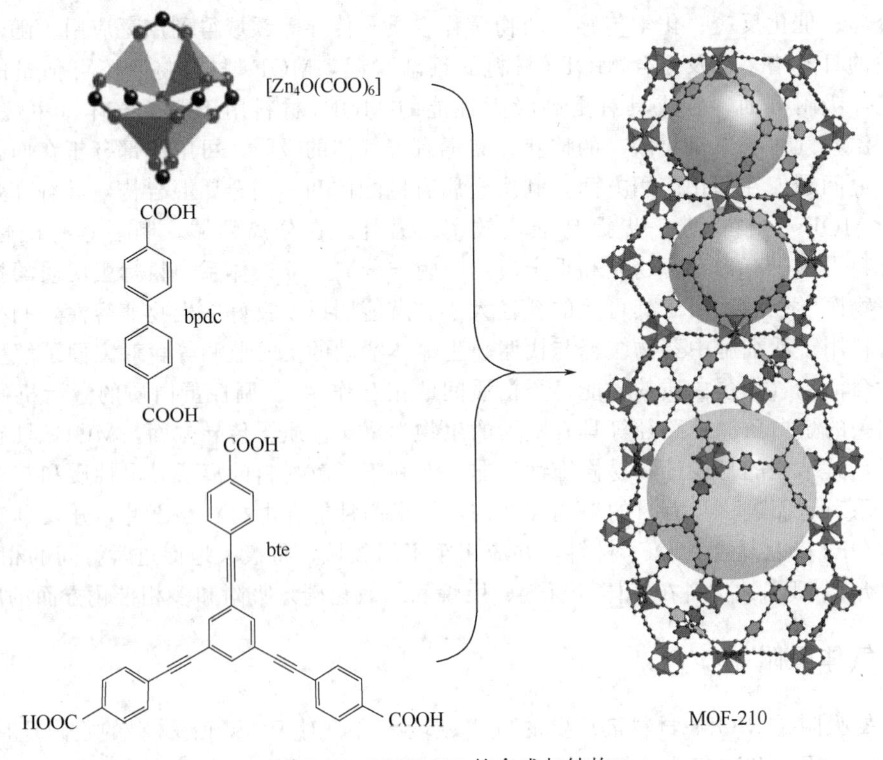

图8-18 MOF-210的合成与结构

MOFs材料虽然在低温下表现出较高的储氢能力，但在接近室温下的储氢能却不理想。例如，MOF-5在77K、1.7MPa下的H_2绝对吸附量可达130mg/g，而在25℃、6MPa时绝对吸附量只有3.0～4.5mg/g。为提高MOFs与H_2之间的相互作用力，提高其接近室温下的储氢能力，大量在孔尺寸和形状优化、孔表面官能化等方面的研究工作已报道。然而，MOFs材料在接近室温下实际可行的储氢应用仍有待取得更大突破。

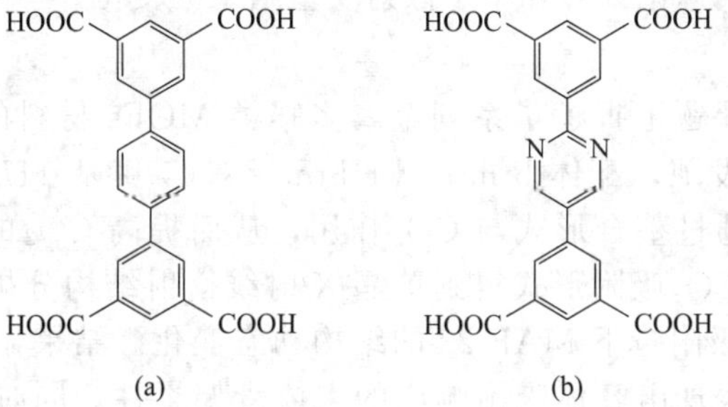

图8-19　合成NOTT-101所需配体（a）和合成UTSA-76所需配体（b）

2. 甲烷吸附

HKUST-1是研究最多的MOFs材料之一，其骨架是由［$Cu_2(COO)_4$］单元与三羧酸配体TMA相互连接形成的具有**tbo**拓扑的三维网络结构（图8-2）。在HKUST-1中有三种类型的八面体形孔笼，孔径分别为0.5nm、1.0mm和1.1nm。这些八面体形孔笼通过共用面的形式相互堆积形成HKUST-1的三维孔道结构。移除客体和配位水后，HKUST-1孔表面具有配位不饱和金属离子活性位点。77K下N_2吸附显示HKUST-1的BET比表面积为$1850m^2 \cdot g^{-1}$，孔体积为$0.78cm^3 \cdot g^{-1}$。已有多个课题组研究过HKUST-1的甲烷高压吸附，然而，报道的数据不完全一致，这可能是由样品合成方法与活化方式存在差异导致的。最近，Hupp等重新测试了HKUST-1的甲烷高压吸附，结果显示HKUST-1具有很高的甲烷吸附存储能力，超过当时其他已知MOFs材料。在25℃、3.5MPa下HKUST-1的甲烷吸附量为$227cm^3/cm^3$，在25℃、6.5MPa下其吸附量高达$267cm^3/cm^3$。尽管其基于质量的吸附量只有0.216g/g，但HKUST-1基于体积的甲烷吸附量已经超过了美国能源部的目标（在室温下，体积存储密度不低于$0.188g \cdot cm^{-3}$，相当于吸附剂的体积存储能力需要达到$263cm^3/cm^3$；质量存储密度不低于0.5g/g，相当于吸附剂的质量存储能力需要达到$700g/cm^3$）。然而，这一体积上的甲烷吸附量是基于HKUST-1完美单晶密度计算得到的。实际上，粉体堆积后形成的吸附剂的密度将明显降低。为了提高HKUST-1的堆积密度，他们通过加压将粉末样品压制成片状样品。然而，加压后样品的甲烷吸附能力明显下降，表明HKUST-1的多孔结构在加压过程中已遭到部分破坏。

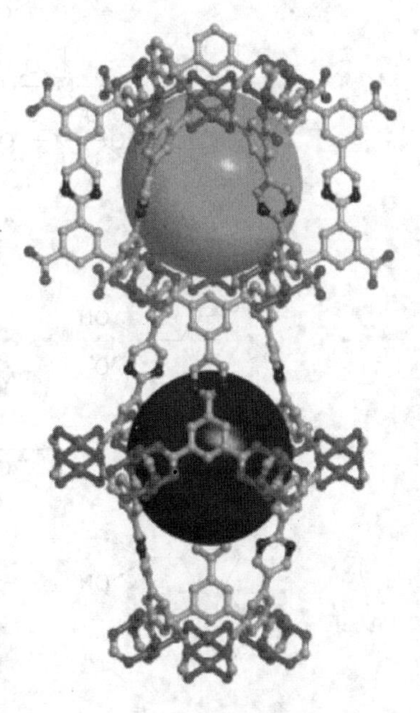

图8-20　UTSA-76的孔道结构

Chen课题组发现在合成NOTT-101和UTSA-76所需配体（图8-19）上引入Lewis碱性的吡啶和嘧啶氮原子导致MOFs对甲烷的吸附存储能力上升。其中，配体上含有嘧啶氮原子的UTSA-76（图8-20）在25℃、

6.5MPa 下吸附量达到了 $257cm^3/cm^3$。尽管基于质量的吸附量只有 0.263g/g，但 UTSA-76 在 0.5～6.5MPa 的有效甲烷吸附量达 $200cm^3/cm^3$，是目前最高纪录。NOTT-101 和 UTSA-76 结构相同，它们之间唯一区别为配体上部分位置分别是碳原子和氮原子，相同条件下 NOTT-101 的甲烷吸附量（$237cm^3/cm^3$）相对低一些。他们认为 UTSA-76 配体的氮原子对提高甲烷吸附量起到重要作用，含氮原子的芳香环在高压下可以调整取向以优化甲烷的堆积，这种推测得到了理论计算和中子散射实验结果的支持。

3. 二氧化碳吸附

中山大学的张杰鹏课题组报道了系列金属多唑类 MOFs 材料的 CO_2 选择性吸附研究。以 MAF-23 为例，他们发现，配体 btm^{2-} ［Hbtm＝双(5-甲基-1*H*-1，2，4-三唑-3-基)甲烷］上的两对未配位氮原子通过螯合形式与 CO_2 作用，从而提高 CO_2 的吸附热和 CO_2/N_2 的吸附选择性。这一特殊的 CO_2 吸附形式得到单晶 X 射线衍射结构分析的证实。他们还通过单晶结构分析了不同 CO_2 吸附量下 MAF-23 的结构动态变化。结果显示 MAF-23 在吸附 CO_2 后晶胞变大并且扭曲，表现出客体吸附响应的主体骨架柔性。同时，随着 CO_2 吸附量的增加，骨架上 N—N 和 N—C 键的变化导致较窄的螯合形式逐渐变宽，较宽的螯合形式慢慢变窄。由于这些结构特征，虽然比表面积不高，但 MAF-23 表现出优异的 CO_2 选择性吸附能力，室温、1 个大气压下 CO_2 吸附量达 $56.1cm^3/g$，对应于 110％（质量分数），基于 Henry 吸附常数计算的 CO_2/N_2 选择性达 107。

北京科技大学的李建荣课题组通过配体 Hndb ［3，3′(萘-2，7-二基)二苯甲酸］和 ［$Cu_2(COO)_2$］设计构筑了具有捕获单个 CO_2 分子性能笼状“单分子阱”SMT-1。如图 8-21

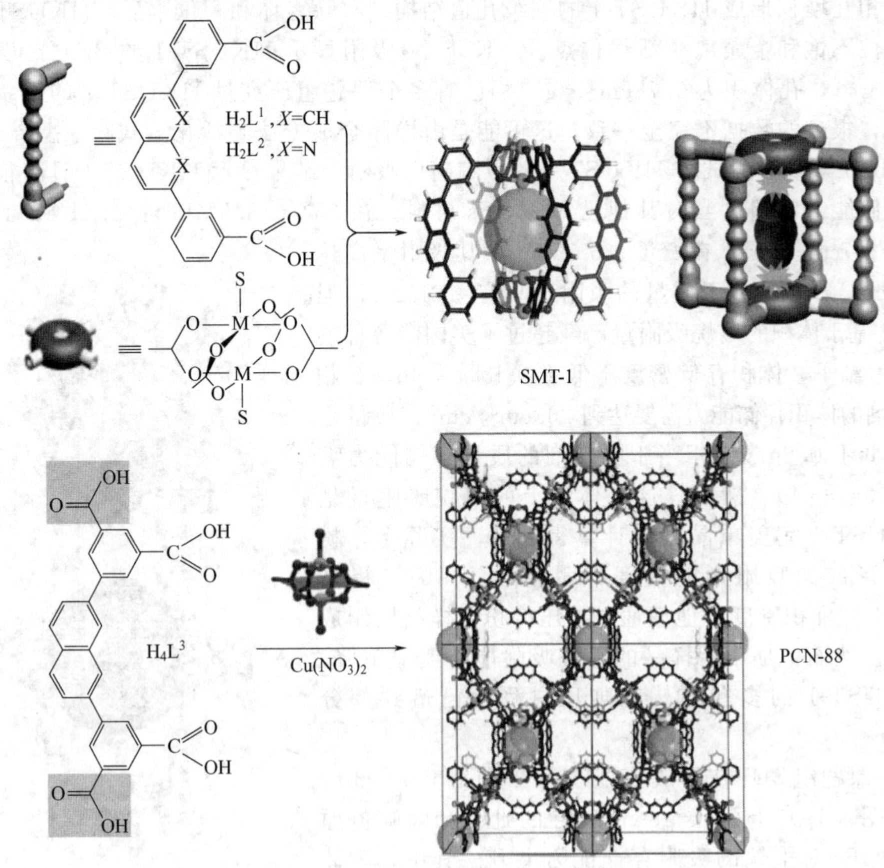

图 8-21　SMT-1 和 PCN-88 的合成与结构

所示，SMT-1孔笼内配位不饱和金属离子间距为0.74mm。这种孔笼预期对CO_2具有强静电作用，但不形成化学键，而且由于尺寸限制，孔笼吸附CO_2分子后，可以有效排除其他分子（N_2、CH_4等）的同时吸附，从而实现CO_2吸附的高选择性。这一设计思想在实验上得到证实。吸附测试结果显示，室温下SMT-1对CO_2的吸附量为0.63mmol/g，对应于每个孔笼捕获1个CO_2分子。相比之下，SMT-1在196K或更高的温度下对于N_2和CH_4的吸附量都在仪器检测限以下。此外，他们还将这种"单分子阱"扩展构筑到三维MOFs材料，合成了PCN-88"单分子阱"，选择性吸附CO_2的性质在PCN-88中得到了保留，在室温、15kPa下，PCN-88的CO_2吸附量［3.04%（质量分数）］比SMT-1［0.79%（质量分数）］更大。

8.5.2 多相催化

在MOFs的功能应用中，多相催化是发展最为迅速的应用领域之一。MOFs结构中存在高密度的、均匀分散的催化活性位点，这些活性位点主要来自MOFs的三个重要组成部分，即金属节点、功能有机配体和孔道（包括孔道内的客体），如图8-22所示。同时，MOFs的高孔结构极大地便利了催化反应底物和产物的传输，保证了每个催化活性中心的可接触性。已有研究表明，MOFs结合了均相催化剂和多相催化剂的优势（分别为催化反应的高效性和催化剂的可回收利用性）。此外，MOFs催化剂还存在以下优越性：

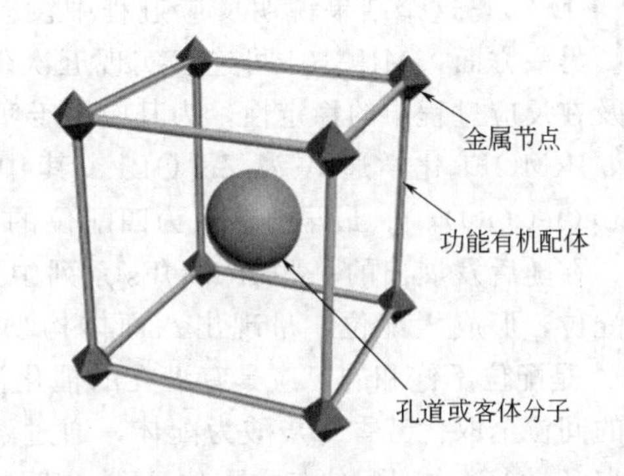

图8-22 MOFs催化剂的三个重要组成部分

① 孔道的形状和大小的可选择性。由于MOFs的有机配体的可设计性，中心金属原子的配位数以及与配体连接形式的多变性，导致MOFs的孔道大小和形状可以很方便地调节。而这些不同的孔道可以对催化反应底物、产物进行尺寸甚至形状上的选择。

② 催化位点的多样性。可以通过预先选择含有特定官能团的有机配体，获得具有这些官能团修饰的MOFs，官能团的存在可能会影响催化反应的产率或选择性。另外，这些特定的催化位点也可以通过PSM的方法对MOFs进行功能化。

③ MOFs的孔结构使得它能与其他催化活性中心方便地复合，从而使得构建新型MOFs复合材料催化剂成为可能。

1. 基于金属节点的催化

HKUST-1金属节点中的两个Cu^{2+}的轴向方向分别与两个弱配位的水分子相连，使得Cu^{2+}呈现四方锥配位构型（图8-23）。通过简单的加热活化可除去轴向配位的水分子，从而使Cu^{2+}的不饱和配位点暴露在MOFs孔道中，显示出Lewis酸催化活性。到目前为止，含有［$Cu_2(COO)_4$］结构的MOFs已被广泛应用于包括醛的氰硅化、烯烃环氧化、环碳酸酯化以及Henry反应等各类有机催化当中。Kaskel课题组报道了HKUST-1在醛的氰硅化反应中的应用。在催化反应之前，首先把合成得到的样品在100℃高真空环境下活化，以除去弱配位的水分子（图8-23）。反应结果证明，活化后的样品可以有效地催化醛的氰硅化反应。随后，该课题组进行了反应的异相性验证。通过分离溶液中的滤液和滤渣，作者发现反应8h后分离出来的滤液不会进一步再发生反应，表明滤液当中没有被溶解的催化剂，从而证明了该反应是以异相的形式进行。

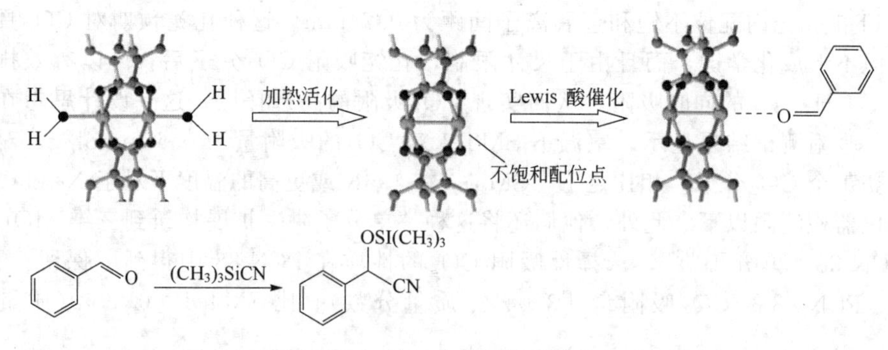

图 8-23 HKUST-1 的活化及其催化醛的氰硅化反应

类似地，MIL-101 中与 Cr^{3+} 配位的封端水分子也可以通过活化方式除去，使其暴露出不饱和配位点，从而发挥 Lewis 酸催化作用。2009 年，Ahn 课题组报道了利用 MIL-101 催化四氢萘合成四氢萘酮的反应。以氧气和过氧叔丁醇作为氧化剂，MIL-101 表现了很高的产率以及选择性。该课题组通过 ICP-MS 发现，反应后溶液中只有微量的 Cr^{3+} (1.2×10^{-5} $mg\cdot L^{-1}$)，这个结果说明反应过程中没有催化活性中心的滤出，证明了该反应的非均相性。另一方面，MIL-101 可连续实现五次催化循环而不丧失活性。该催化剂的高催化活性以及在反应过程中的稳定性，为其应用于实际生产过程提供了潜在的可能性。

IRMOFs 化学通式为 Zn_4OL_3，其中 L 一般为苯基二羧酸类配体，金属节点为 $[Zn_4O(COO)_6]$。最早普遍认为四配位的 Zn^{2+} 已经达到饱和，是不具有催化活性的。然而，在随后发展出的一些 IRMOFs 系列中发现，Zn_4O 簇中的 Zn^{2+} 还能额外和溶剂分子进行配位，形成六配位，呈现出八面体构型。这个结果表明，常见的 IRMOFs 中的四配位 Zn^{2+} 是配位不饱和的，应具有潜在的催化活性。例如，华南理工大学的任颜卫等以设计合成的间位全取代芳香二羧酸为配体，通过溶剂诱导的单晶-单晶转化，成功实现了 IRMOFs 节点 Zn_4O 簇中四配位与六配位 Zn^{2+} 之间的可逆转变，首次为 Zn_4O 簇基 MOFs 具有 Lewis 酸催化活性提供了直接的结构证明（图 8-24，彩图见封一）。同时，他们利用该 MOFs 和四

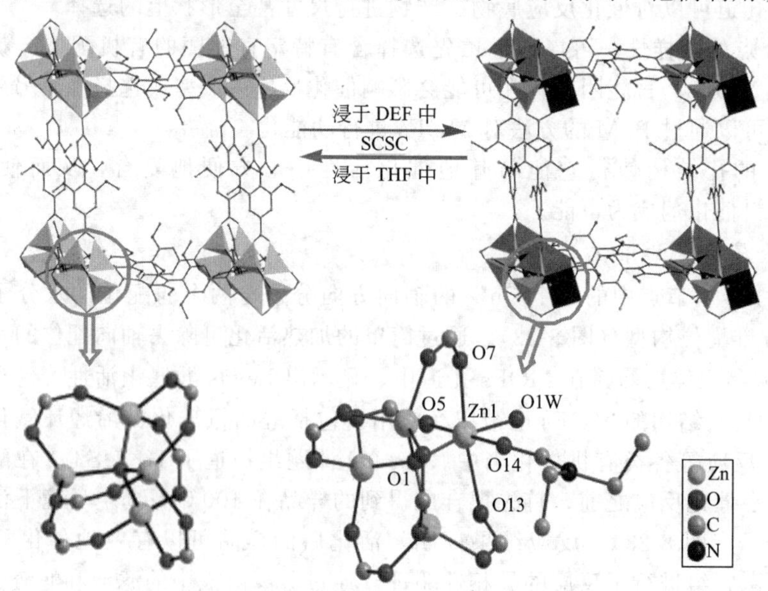

图 8-24 IRMOFs 节点 Zn_4O 簇中四配位与六配位 Zn^{2+} 之间的可逆转变

丁基溴化铵组成的双催化体系，在温和条件下实现二氧化碳与环氧化物的环加成反应，进一步证实 Zn_4O 簇具有 Lewis 酸催化活性。与基于轮浆双核铜的 MOFs 和 MIL 系列中的金属节点不同的是，IRMOFs 的金属节点不需要经过活化过程便能发挥其催化活性，可直接作为非均相 Lewis 酸催化剂用于有机反应中。

理论上，MOFs 金属节点含有的不饱和配位点都具有潜在的催化活性。然而，需要指出的是，MOFs 金属节点作为催化位点对其主体骨架的稳定性有一定的影响。决定一种 MOFs 结构是否稳定在于其金属节点与配体间的配位键强度，而利用金属节点作为催化位点时，中心金属和底物直接进行配位活化，一定程度上会影响其与配体间的作用，从而不利于整个骨架的稳定性。对于一些金属节点与配体间配位键强度较弱的 MOFs，其骨架结构容易在反应过程中坍塌，从而失去其催化活性，而这也是直接利用 MOFs 金属节点催化的一大弊端。但是，MOFs 金属节点的多样性以及可调控性，仍旧使得其成为 MOFs 非均相催化中最常见的一种方式。

2. 基于有机金属配体催化

有机金属配体是指一类自身已经与某一催化活性金属配位，但仍具有第二配位点，可进一步与其他金属离子或金属簇进行配位自组装的特殊配体。使用该类配体构建 MOFs 有着其独特的优势：首先，由于配体自身已与活性金属配位，其整体结构呈现更高的刚性及稳定性，因此，利用该类配体构建的 MOFs 通常具有较高的稳定性以及永久孔道；其次，有机金属配体可以方便地在 MOFs 中引入另一催化活性金属中心，而这种含有双金属中心的 MOFs 具有其特殊的性质且很难由一般方法合成得到；最后，有机金属配体的中心金属离子可根据特定需求进行调控，可方便地实现由功能导向的 MOFs 合成。到目前为止，利用有机金属配体来合成 MOFs 并应用于多相催化，已经取得了很大的进展。与自身作为均相催化剂相比，把有机金属配体固载在 MOFs 中，不仅可以有效地分散单个金属催化中心，避免均相催化剂的自聚猝灭，实现单位点催化，而且可以通过合理地调控中心金属，实现协同催化或串联催化过程。当前，最常用来构建 MOFs 的有机金属配体包括金属卟啉、金属 salen、金属联二萘酚、金属联吡啶等（图 8-25）。

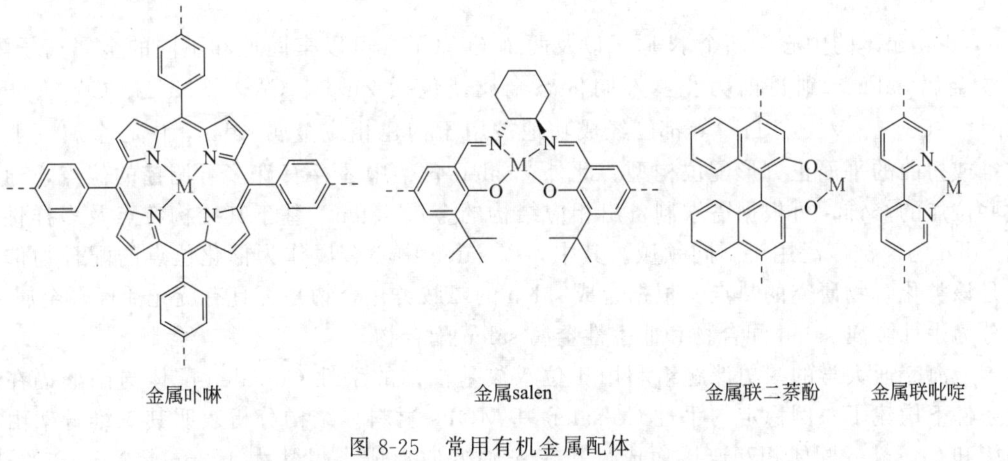

金属卟啉　　金属salen　　金属联二萘酚　　金属联吡啶

图 8-25　常用有机金属配体

[虚线代表用于构建 MOFs 的配位基团，如羧基、吡啶等]

卟啉是一类含有刚性共平面大环结构的有机发色团结构，其大环中心含有可供配位的四个吡咯氮原子，而外部则由可调控的侧链基团组成。根据实际用途，卟啉大环内部可装载不同金属种类，而大环外部则可引入不同配位基团（如羧基、吡啶等），用于构建 MOFs。卟啉结构的这种高度可调控性为定制合成具有特殊性质的 MOFs 提供了潜在的应用平台。到目前为止，中心含有不同价态的金属（Zn^{2+}、Cu^{2+}、Ni^{2+}、Pd^{2+}、Co^{3+}、Fe^{3+}、Mn^{3+}、V^{4+}，Ti^{4+}，Sn^{4+}）卟啉已经成功地被用于构建含有不同性质的 MOFs 中，其中，卟啉基 MOFs 在非均相催化中展现出了独特的优势。

美国的 Zhou 课题组报道了一例由 6 连接的 $Zr_6(OH)_8$ 簇通过四苯甲酸基钴卟啉配体连接而成的三维网络结构 PCN-224，该 MOFs 具有一个大小为 1.9nm 的正方形通道。每个 $Zr_6(OH)_8$ 簇由六个位于八面体顶点的 Zr^{4+} 组成，八个面上都有一个 μ_3-OH。Zr_6 八面体的十二个边中的六个边通过卟啉配体的羧基连接起来，剩下的位置由端基 OH^- 占据，每个 Zr^{4+} 上配位两个 OH^-。PCN-224 骨架可以在 pH 为 0～11 的溶液中保持结构不变。作者测试了该 MOFs 在 CO_2 与环氧丙烷的环加成反应中的催化活性（图 8-26）。反应以四丁基氯化铵为溶剂，CO_2 为两个大气压，PCN-224 的 TON 值（周转次数）为 460 以上，这样的催化效果与均相钴卟啉催化剂的效果相当。这是因为骨架存在较大的孔道（1.9nm），底物可以接触所有的钴卟啉中心，然后产物也容易出来。PCN-224 可以循环使用三次以上，催化活性保持不变。

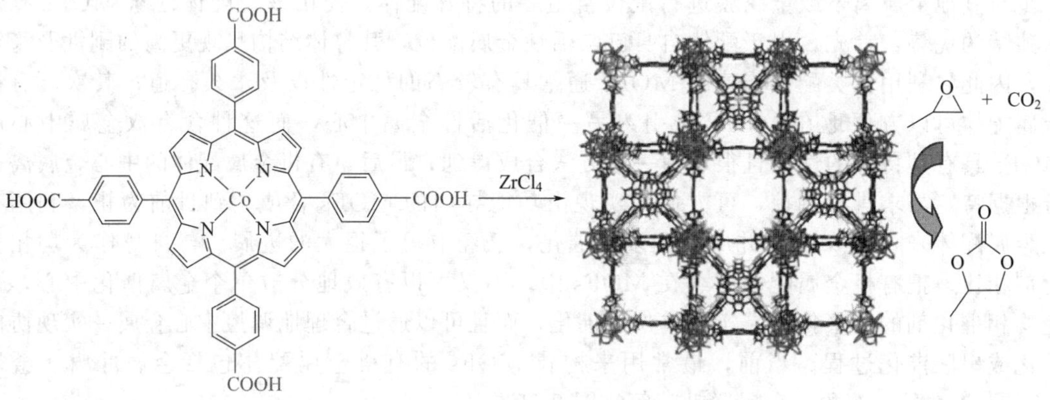

图 8-26　PCN-224 的合成以及在 CO_2 与环氧丙烷的环加成反应中的应用

salen 配体的中心含两个 N 原子以及两个 O 原子，可以牢固地和不同的金属离子配位，形成金属 salen。到目前为止，不同价态金属，包括 Zn^{2+}、Cu^{2+}、Ni^{2+}、Co^{3+}、Fe^{3+}、Mn^{3+}、Cr^{3+}、V^{4+}、Ti^{4+} 等都已经成功地被用于构建相应金属 salen，中心金属一般为四方锥或扭曲的平面正方形配位构型。此外，salen 骨架中还存有许多可调控的位点，通过对这些位点的修饰，可根据需求制备出相应结构的金属 salen。基于其结构特点及多样性，金属 salen 已经被广泛用于不同领域。其中，以 salen 中心金属作为催化位点的配合物催化一直是该类化合物研究的热点。根据合成 salen 的二胺类化合物是否具有旋光活性，金属 salen 可分为手性金属 salen 配合物和非手性金属 salen 配合物。

上海交通大学的崔勇课题组利用 4 位双羧基修饰的手性 Co-salen 配体与硝酸镉在溶剂热条件下构建了一例稳定的手性 Co-salen 基 MOFs 材料。结构分析表明其三维骨架由四核镉簇和 Co-salen 配体相互连接而成，并在 a 轴方向形成了尺寸为 1.2nm×0.8nm 的孔道。重要的是，催化活性位点 Co-salen 均匀地分布于孔道内表面。XPS 表明骨架中钴以三价的形式存在，TG 分析表明该骨架材料可以在 350℃左右稳定存在，PXRD 结果表明在完全去除客体分子后 MOFs 依然能保持晶型完整。鉴于此，作者将该 MOFs 用于环氧化物的动力学水解拆分，发现其对具有吸电子基团或给电子基团的一系列苯氧基环氧化物均可以取得较

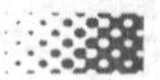

好的转化率（54%～57%）和较高的对映体选择性（87%～95.5%）。为了验证环氧化物底物的活化是否发生在MOFs孔道内部，作者采用了体积更大的三苯基氧环氧丙烷在相同条件下进行该催化实验，发现反应72h后仅仅获得不到5%的转化率，远低于相应均相催化剂的活性，这表明尺寸较大的底物难以进入MOFs的孔道内部并接近活性位点实现活化。循环催化实验表明该MOFs至少可以循环使用5次且没有明显催化活性的降低（图8-27）。

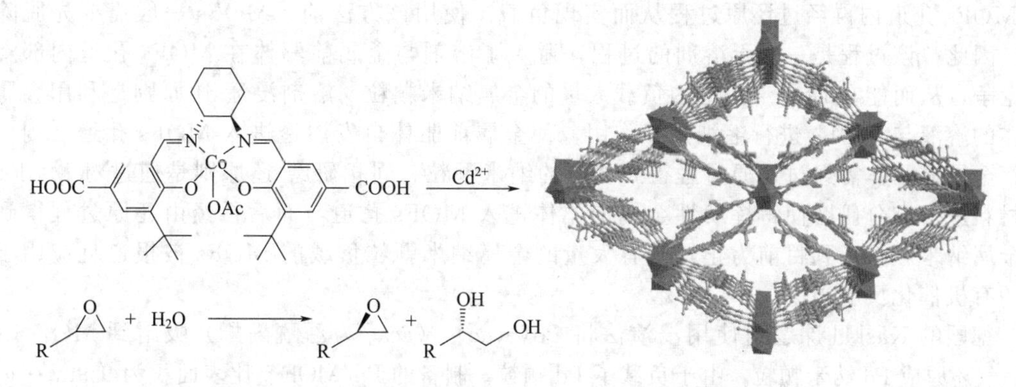

图8-27　Co-salen基手性MOFs的构建及其用于环氧化物的水解动力学拆分

华南理工大学的江焕峰课题组采用四羧酸官能化Cu-salen配体构建了一例新颖的多孔手性Cd-MOFs（图8-28）。通过后合成$NaBH_4$还原，该MOFs中salen配体上的C═N被还原成C—N，致使手性诱导基团的易变性和骨架的碱性增强，从而使不对称Henry反应的活性和对映选择性大幅提高（高达98%）。此外，该MOFs具有较好的循环使用性能（重复利用五次以上，活性和结构几乎不变）以及较宽的底物适用性（吸电子、给电子芳香醛，杂环醛以及脂肪醛均可）。值得注意的是，还原后的MOFs可以高效催化具有潜在配位原子的底物（如吡啶-2-甲醛），而在同样的反应条件下，相应均相催化剂的活性和选择性则很低。

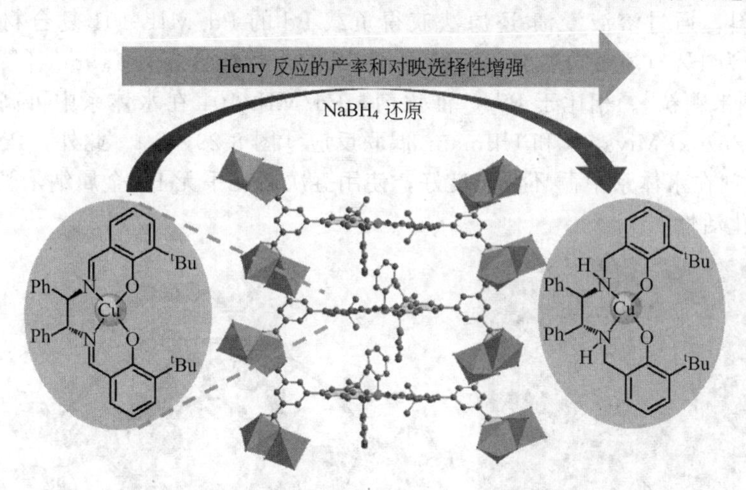

图8-28　Cu-salen基MOFs的后合成$NaBH_4$还原

3. 基于MOFs载体催化

得益于MOFs的主客体化学特性，可通过不同的方式在MOFs孔道内引入各种客体分子，从而有效地修饰主体MOFs的功能性质。金属纳米颗粒是一种催化活性极高的金属物质，可用于各类有机反应当中。然而，在常规环境下，这种颗粒容易迁移、聚集，从而导致失活。MOFs孔道的限域效应能有效防止金属纳米颗粒的迁移与聚集现象，且通过对主体

MOFs的有效筛选，可选择性地定制合成与MOFs孔道尺寸大小相似的金属纳米颗粒，进而用于特定的催化反应当中。因此，在MOFs孔道内掺杂金属纳米颗粒是MOFs催化的另一种常见形式。

通常有三种方式可以在MOFs孔道内负载金属纳米颗粒：化学气相沉积-还原、溶液浸渍-还原以及固相研磨-还原。化学气相沉积-还原指在一定的蒸气压下，金属前驱体挥发扩散至MOFs孔道内再经过还原过程从而实现负载。使用该方法前，MOFs一般需要先脱除溶剂，因此，该过程是一个无溶剂的过程，避免了溶剂与金属前驱体在MOFs孔道内部空间的竞争，从而能在MOFs孔道内负载大量的金属纳米颗粒。溶剂浸渍-还原则是利用金属前驱体的溶液与MOFs进行毛细相互作用，使金属前驱体自发渗透进入MOFs孔道之内。同样，金属前驱体需经过还原过程得到相应的纳米颗粒。固相研磨-还原则是通过对MOFs固态材料进行充分研磨使得挥发性金属前驱体进入MOFs孔道，而后再经由还原过程得到相应金属纳米颗粒。到目前为止，已有大量的金属纳米颗粒负载的MOFs被报道且应用于不同的有机催化反应当中。

德国的Kaskel课题组使用浸渍法将$Pd(acac)_2$（acac为乙酰丙酮）吸附到MOF-5中，通氢气还原成Pd纳米颗粒。由于负载了Pd颗粒，制备的Pd/MOF-5比表面积为$959m^2 \cdot g^{-1}$，小于原始的MOF-5样品。作者测试了该MOFs复合物对苯乙烯、1-辛烯和环辛烯的催化加氢还原反应。实验表明，在H_2为一个大气压、温度为308K、催化剂为1%时，苯乙烯的氢化反应效果要优于Pd/C催化剂，1-辛烯的氢化反应效果良好，而且没有碳-碳双键异构物。而对环辛烯的氢化活性较低，原因可能是MOF-5的孔道尺寸选择性，体积较大的环辛烯更难进入孔道中，从而降低了其氢化反应的速率。反应后没有观察到Pd含量的减少，且循环利用三次后催化活性没有明显的降低。不足之处是MOF-5对水敏感，当暴露在空气中反应时，反应后材料的PXRD图谱显示MOF结构坍塌。

华南理工大学的李映伟课题组选用了另一种具有更好化学稳定性的MIL-101作为载体，以硝酸钯为原料，通过溶液浸渍-还原法获得负载Pd的Pd/MIL-101复合材料。该材料中Pd的负载量约为1%（质量分数），TEM显示Pd纳米颗粒直径为1.9nm［图8-29(a)中黑色圆点为Pd纳米颗粒］。相比于Pd/C催化剂，Pd/MIL-101在水体系中可高效异相催化氯代芳烃参与的Suzuki-Miyaura和Ullmann偶联反应［图8-29(b)］。此外，PXRD、TEM和AAS显示催化剂在水体系中循环性能良好，使用五次后几乎无Pd金属纳米颗粒的流失，并保持同样的催化活性。

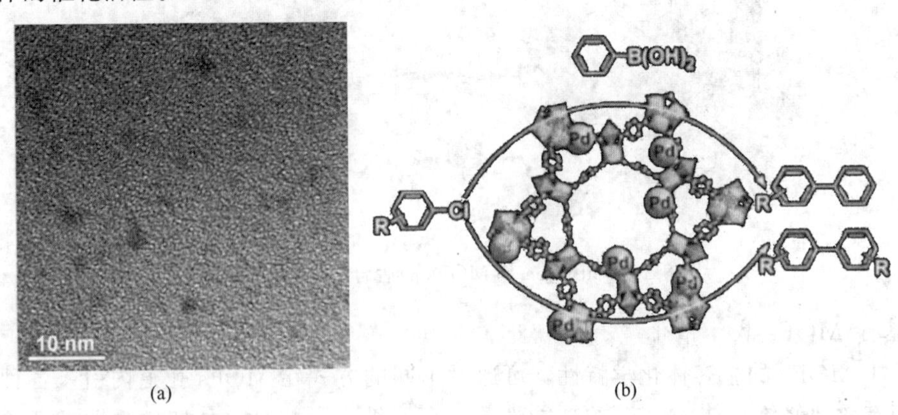

图8-29　Pd/MIL-101复合材料的TEM图（a）及其催化反应（b）

日本的Xu课题组首次用液相浸渍法获得ZIF-8稳定的具有核壳结构的双金属纳米颗

粒。如图8-30所示，作者先还原Au前驱体，再引入Ag前驱体并还原，得到核壳结构Au@Ag纳米颗粒。反之，先引入Ag纳米颗粒后再引入Au前驱体，由于金属间的置换反应，会形成核壳结构的Au@AuAg纳米颗粒。这些颗粒大小为2～6nm，比ZIF-8的孔径要大，证明尽管ZIF-8对纳米颗粒起到一定的稳定作用，但是可能相当一部分金属纳米颗粒处在MOFs的外表面并有少量的团聚。Au@Ag/ZIF-8可以在水体系中催化$NaBH_4$还原4-硝基苯酚成为4-氨基苯酚。Au/ZIF-8基本没有活性，而Ag/ZIF-8反应速率很慢，但是Au@Ag/ZIF-8则展现出非常好的双金属协同效应和高的催化反应活性。

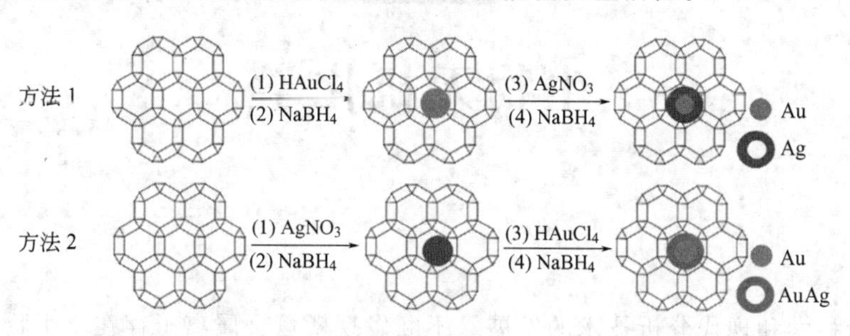

图8-30　合成Au@Ag/ZIF-8和Au@AuAg/ZIF-8的方法

理论上，不同的金属纳米颗粒都可以负载在MOFs的孔道中，发挥其催化活性。常见的几种负载方式，化学气相沉积法、溶液浸渍法、固相研磨法，可得到含有不同特性的金属纳米颗粒。另一方面，MOFs载体的选择同样可以诱导出不同的功能特性。因此，有效地选择负载金属纳米颗粒的种类以及相应MOFs类型，可定制合成一些具有特定功能的MOFs催化材料。

练习题

1. 简述MOFs材料与小分子配合物、有机聚合物、无机多孔材料（分子筛、碳纳米管）的区别，请举例说明。
2. MOFs材料合成方法都有哪些？各有什么优缺点。
3. 制备MOFs材料常用哪些有机配体？
4. 通过文献查阅，列出图8-19中两种有机配体的合成路线。
5. MOFs材料合成后，常用的表征技术有哪些？用途分别是什么？
6. 如果要构建具有**pcu**拓扑结构的MOFs，常用哪些金属簇节点和有机连接子？并画出结构图。
7. 能否采用增加刚性配体长度来达到制备具有大孔道的MOFs的目的？为什么？
8. 举例说明多孔MOFs在气体吸附方面的应用。
9. 简要介绍多孔MOFs和分子筛在多相催化方面的优势和缺点。
10. 查阅10～20篇关于发光MOFs材料合成、结构及应用的文献，撰写一篇小综述。

第9章

生物无机化学

随着生命科学和现代分析技术的发展，不断发现微量金属离子存在于生物分子中，生物分子的功能直接依赖金属离子的参与。这些新发现打破了长期以来人们认为生、老、病、死只与蛋白质、核酸、脂类、多糖、维生素等生物有机分子相关的观念。基于研究物质（包括生物分子）结构、构象和分子能级的化学方法和近代物理实验方法的飞速进展，使得揭示生命过程中的生物无机化学行为成为可能。

随着无机化学和生物学相互融合，一门独立新学科——生物无机化学于20世纪60年代诞生（图9-1）。其主要标志是1970年美国化学会第一次举行了生物无机化学专题讨论会，1971年创立了国际学术期刊——*Journal of Inorganic Biochemistry*。

图9-1 与多学科关联的生物无机化学

生物无机化学是当代自然学科中十分活跃的领域之一，交叉融合了无机化学、生物化学、环境科学、医学等多学科，运用无机化学的理论和方法研究生命体系中无机元素（主要是金属离子）及其化合物与生物分子之间的作用，为人们从分子水平上了解生命过程、揭示生命过程的奥秘提供理论支撑。生物无机化学主要研究无机元素的生物学效应，即生物体内存在的各种元素，尤其是微量金属元素与体内有机配体所形成的配位化合物的组成、结构、形成、转化以及在一系列重要生命活动中的作用。为便于研究，也常用人工模拟的方法合成具有一定生理功能的金属配合物。生物无机化学问题和规律的探索、研究有助于进一步揭示生命的奥秘，其研究成果将改善人类的生活环境，保护人类健康。

9.1 生命元素和生物配体

9.1.1 生命元素

生命元素是指在生物体内维持正常生物功能的元素，按其性质可分为非金属元素和金属元素。基于能通过共价键和其他结合模式构成生命大分子，非金属元素（碳、氢、氧、氮等）是生物体的主要组成部分。同样地，以游离的离子形态或配合物形态存在于生物体内的金属元素在生物体的构成方面承担着不可替代的作用。按元素在人体的含量可分为11种常量元素和70种微量元素。根据构成人体组织、参与机体代谢、维持生理功能的必需性，微

量元素又分为必需微量元素、可能必需元素和非必需微量元素（表 9-1）。

表 9-1　人体内的常量元素和微量元素

常量元素	碳、氢、氧、氮、钙、钾、钠、镁、磷、硫、氯		占人体总量的 99%以上
微量元素	必需微量元素	碘、锌、铁、铜、硒、钴、钼、铬等	其中氟、硅、钒、铬、锰、铁、钴、镍、锂、铝、铜、锌、硒、锡、钼、碘、砷、镉共 18 种元素约占人体总量 0.01%
	可能必需元素	锰、硅、硼、矾、镍	
	非必需微量元素	氟、铅、镉、砷、铝、锂、锡、汞等	

必需微量元素是指维持人体正常活动所必需的元素，缺乏这类元素将导致机体生理功能失常、组织结构异常变化、发生相应的病理变化，临床表现为种种疾病。界定某元素是否为必需元素是一件比较复杂的研究工作，其公认标准为：

① 这种元素存在于一切健康机体的所有组织之中；

② 在组织中的浓度相当恒定；

③ 缺乏该元素时，能在不同组织中产生相似的结构、生理功能异常；

④ 补充该元素能够防止此类异常变化；

⑤ 补充该元素可使失常的功能及结构恢复正常。

以铁为例说明必需微量元素缺乏或过多对人体的影响。铁对分子氧的运送、电子传递等非常重要，铁的供应或吸收不足，满足不了血红蛋白的合成需要，将导致缺铁性贫血；反之，如铁过多也会致病，微量元素在体内积聚过多一般是由于遗传性运输机制失灵所致，如血色病就是遗传性铁平衡失调，导致患者一生中缓慢累积铁，过剩的铁聚集且不被排出体外时，则铁在体内将催化活性氧自由基产生，结果损害胰腺（导致糖尿病）、损害肝脏（导致肝硬化）、损害皮肤（导致皮肤青铜症）等。

受体内平衡机制的调节和控制，微量元素摄入量过低，会导致某种元素缺乏症；摄入量过高，微量元素积聚在生物体内也会出现急、慢性中毒，甚至成为潜在的致癌物质。因此，法国科学家 G. Bertrand 提出“最适营养浓度定律”（图 9-2）。当浓度在 $0 \sim a$ 范围内，表示生物对该元素缺乏，生物效应随浓度增加而逐渐提高；当浓度在 $a \sim b$ 范围内，生物效应达到一个平台，这是最适浓度范围，平台的宽度对不同的元素是不同的；在 $b \sim c$ 浓度范围内，生物效应下降，表现为生物中毒甚至死亡。

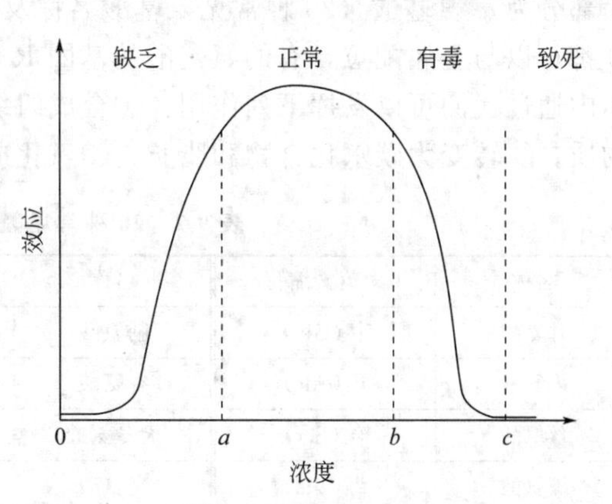

图 9-2　微量元素最适营养浓度定律示意图

构成生命的 11 种常量元素（C、H、O、N、S、Ca、P、K、Na、Cl、Mg）都是主族元素。其中 C、H、O、N、P 和 S 是组成生物体内蛋白质、脂肪、碳水化合物和核糖核酸的主要元素；K、Na、Cl 是组成体液的重要元素；Ca 是骨骼的主要组成部分。生命体自然选择的过渡元素绝大多数都属于第一过渡系元素。元素是如何被生物选择的？这是一个有趣而未被完全解决的问题。首先，从生物进化的角度考虑，生物体系的演化过程会优先使用自然界丰度高、易利用的元素，将其称为“丰度规则”。生命演化之初，单细胞生物从海洋中诞生，并逐渐进化为多细胞聚集体。因为自然界海洋中丰度高的元素更易于被生物体利用，海洋中具有足够的钠盐、钾盐、镁盐、钙盐，这4种金属元素正是海水中质量分数最高的元素。另一方面，生命细胞为了维持一定的体积需要控制细胞内外的水分平衡。由于细胞内蛋白质的吸涨作用，细胞内及细胞环境需要一定浓度的盐溶液以维持渗透平衡。其次，生物选择元素还需要考虑良好的流动性和扩散性。生物选择的过渡元素绝大多数都属于第一过渡系列。第二、三过渡系列常具备分布稀散、难以分离利用的特点，如铂系贵金属、锆与铪伴生难分离。除难以满足“丰度规则”外，第二、三过渡系列元素的原子半径增大，其电子云更加松散，离子性降低，不易溶于水形成简单离子排出，而易在体内累积导致中毒；另外，作为“软”酸，离子势低，容易与“软”碱结合，如汞离子极易与蛋白质的巯基稳定结合导致蛋白质变性而危害神经系统。

9.1.2 生物配体

无机元素的生物学效应大多是通过无机元素与生物大分子的相互作用而发生的，而这种作用，在本质上都属于配位化学范畴，因此把那些具有生物功能的配体称为生物配体。生物配体大体上可以分为三类：

① 简单阴离子，如 X^-（X＝F、Cl、Br、I）、OH^-、SO_4^{2-}、HCO_3^-、HPO_4^{2-} 等；

② 小分子配体，如 H_2O、H_2、NH_3、卟啉、核糖、碱基、核苷、核苷酸和氨基酸等；

③ 大分子配体，如蛋白质、核酸、多糖及糖蛋白等。

其中，除简单阴离子和无机小分子之外的生物配体就是生物分子。重要的生物分子大致分为四类：氨基酸和蛋白质类、核苷和核酸类、酶类、卟啉类。

9.1.2.1 氨基酸、肽、蛋白质

氨基酸是构成动物营养所需蛋白质的基本物质。是含有碱性氨基和酸性羧基的有机化合物。氨基连在 α-碳上的为 α-氨基酸，可用通式 $NH_2CHRCOOH$ 表示。组成蛋白质的氨基酸大部分为 α-氨基酸（20种常见氨基酸名称及中英文缩写见表9-2）。氨基中的N和羧基中的O都可以与金属配位，有的氨基酸的基团R中N、O、S也可以成为配位原子。氨基酸在人体内通过代谢可以发挥下列作用：①合成组织蛋白质；②变成酸、激素、抗体、肌酸等含氨物质；③转变为碳水化合物和脂肪；④氧化成二氧化碳、水及尿素，产生能量。

表9-2 20种常见氨基酸名称及中英文缩写

名称	中英文缩写	名称	中英文缩写	名称	中英文缩写
甘氨酸	甘(Gly)	脯氨酸	脯(Pro)	半胱氨酸	半胱(Cys)
丙氨酸	丙(Ala)	谷氨酸	谷(Glu)	苯丙氨酸	苯丙(Phe)
丝氨酸	丝(Ser)	天冬氨酸	天(Asp)	酪氨酸	酪(Tyr)
缬氨酸	缬(Val)	亮氨酸	亮(Leu)	色氨酸	色(Trp)
苏氨酸	苏(Thr)	异亮氨酸	异亮(Ile)	赖氨酸	赖(Lys)
天冬酰胺	天胺(Asn)	组氨酸	组(His)	精氨酸	精(Arg)
谷氨酰胺	谷胺(Gln)	蛋氨酸	蛋(Met)		

氨基酸相互聚合而成的化合物称为肽。聚合方式为一个氨基酸分子的羧基与另一个氨基酸分子的氨基脱去一分子水，形成肽键，其过程如下：

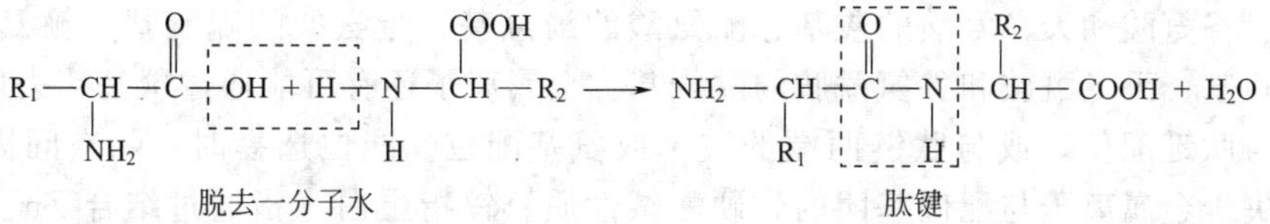

$$R_1-\underset{NH_2}{CH}-\overset{O}{\overset{\|}{C}}-OH + H-\underset{H}{N}-\overset{COOH}{CH}-R_2 \longrightarrow NH_2-\underset{R_1}{CH}-\overset{O}{\overset{\|}{C}}-\underset{H}{N}-\overset{R_2}{CH}-COOH + H_2O$$

脱去一分子水　　　　　　　　肽键

两个氨基酸通过肽键结合成的分子称为二肽，三个氨基酸通过两个肽键结合成的分子称为三肽，多个氨基酸聚合成的链状分子称为肽链。蛋白质就是由一个或多个肽链按各自特殊的方式组合而成的大分子。

从氨基酸到肽，体现了从量变到质变的飞跃，从简单的多肽到蛋白质又是一个飞跃。蛋白质已不是一个简单的有机化合物。蛋白质的分子量可高达 10^6，结构十分复杂。

蛋白质的一级结构是指氨基酸如何连接成肽链及它们在肽链中的顺序。一个肽链的羧基氧和另一个肽链的亚氨基氢通过氢键结合使蛋白质盘旋或折叠，称为蛋白质的二级结构。许多蛋白质是球形或近乎球形的，这种三维空间构象是以共价键或其他键（如二硫键、酯键、配位键、氢键及静电引力等）来维系，这种三维空间构象称为蛋白质的三级结构（图 9-3）。含有两条（各自具有一、二、三级结构）肽链的蛋白质分子彼此以氢键、分子间作用力等非共价键结合，这种空间构象称为蛋白质的四级结构。

蛋白质是一切生命的物质基础，是机体细胞的重要组成部分，是人体组织更新和修补的主要原料。人体的每个组织：毛发、皮肤、肌肉、骨骼、内脏、大脑、血液、神经、内分泌等都是由蛋白质组成。载体蛋白维持机体正常的新陈代谢和各类物质在体内的输送。如血红蛋白输送氧（红细胞更新速率为 250 万个/秒）。抗体的免疫依赖于白细胞、淋巴细胞、巨噬细胞、抗体（免疫球蛋白）、补体、干扰素等。蛋白质构成人体必需的催化和调节功能的各种酶。蛋白质提供生命活动的能量。

氨基酸是许多金属离子的天然配体，常以氨基和羧基作为双齿配体同金属离子形成五元环结构的螯合物（图 9-4）。

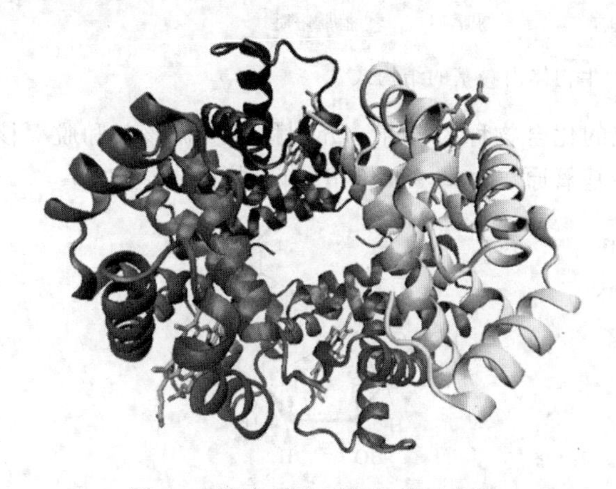

图 9-3　蛋白质的三级结构示意图

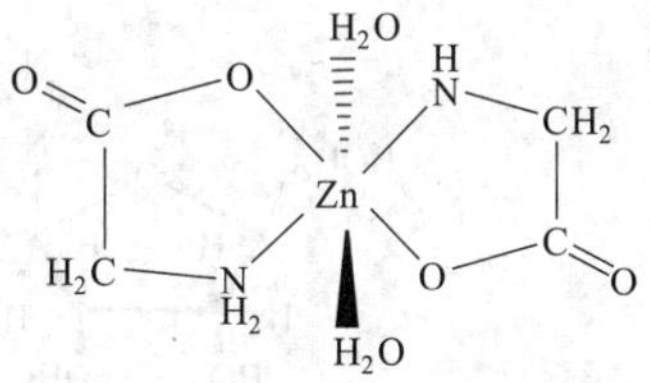

图 9-4　$Zn(Gly)_2 \cdot 2H_2O$

肽与金属离子配位时，除末端氨基、末端羧基和氨基酸残基侧链的某些基团外，肽键中的羧基和亚氨基也可参与配位。当然金属离子与肽形成配合物分子的结构比较复杂。

蛋白质与金属离子作用分为两种情况：

① 多数情况下，金属离子直接与蛋白质内源配体（氨基酸侧链基团）配位结合到蛋白质分子中，形成金属活性中心。虽然构成蛋白质肽链的氨基酸残基有 20 多种，但发现实际上能与金属离子配位的氨基酸残基并不多。最有可能配位的基团有半胱氨酸的巯基、组氨酸

的咪唑基、谷氨酸和天冬氨酸的羧基、酪氨酸的酚羟基、蛋氨酸的硫醚基、赖氨酸的氨基、精氨酸的胍基、天冬酰胺和谷氨酰胺的酰氨基。金属离子还有可能通过羰基、去质子化的氨基氮原子与肽键配位，或与肽链两端的羧基或氨基配位。配位选择时，除空间因素有影响外，还取决于金属离子与配位基团的软硬酸碱性质。锌指蛋白（指通过结合 Zn^{2+} 形成的稳定的、短的、可以自我折叠的"手指"结构的一类蛋白质）就是这种结合方式的典型代表。

② 金属离子与蛋白质结合的另一种方式，是金属离子与一些外源配体（如水分子、酸根离子、有机小分子如卟啉环等）先形成具有特定配位结构的单核或多核金属中心、金属簇，作为金属辅基，插入到蛋白质的特定结构部位，直接或间接地与肽链相结合，形成金属活性中心。血红蛋白就是这类蛋白的典型代表。其中铁与卟啉构成的配位结构就是血红素辅基。除此之外，以镁的卟啉衍生物为辅基的金属蛋白，就是我们熟知的高等植物和大多数藻类进行光合作用的叶绿素。

9.1.2.2 核苷、核苷酸、核酸

生物体内的碱基是指嘌呤和嘧啶类含氮的杂环化合物，这些化合物都具有弱碱性，图 9-5 列出了生物体内碱基结构式。

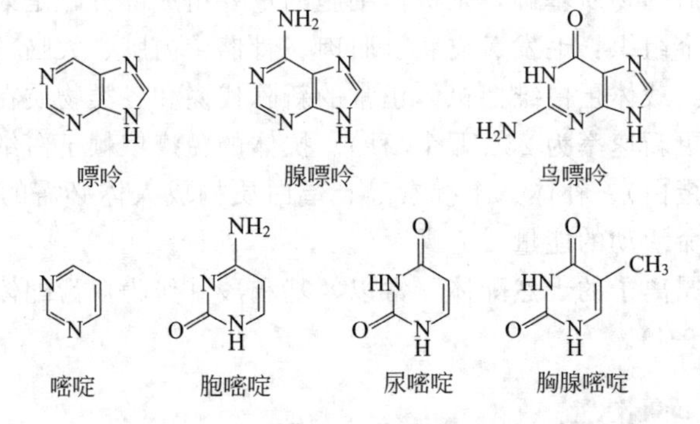

图 9-5 生物体内碱基的结构式

由碱基和核糖或脱氧核糖缩合而成的化合物称为核苷，分别称为核糖核苷和脱氧核糖核苷，二者区别仅在于呋喃环上的一个羟基氧原子。图 9-6 给出了两种核苷结构式。

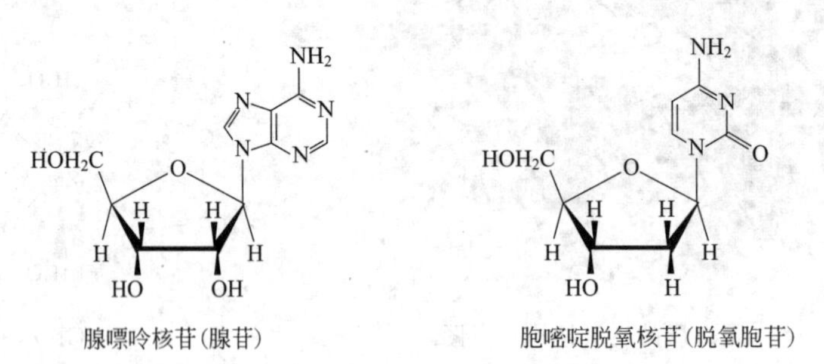

图 9-6 两种核苷的结构式

由磷酸和核糖核苷或脱氧核糖核苷缩聚而成的称为核糖核苷酸或脱氧核糖核苷酸。图 9-7 给出了两种核苷酸的结构式。

核酸是核苷酸借助磷酸二酯键互相联结的聚合物。核糖核酸简称 RNA，其完全水解产物是磷酸、碱基和核糖。脱氧核糖核酸简称为 DNA，其完全水解产物是磷酸、碱基和脱氧核糖。

DNA 是由两条核酸链通过氢键形成的双螺旋结构。每条链通过 3′,5′-磷酸二酯键连接

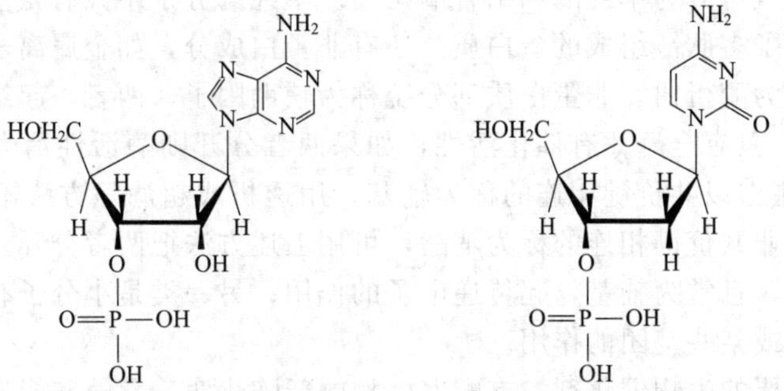

腺嘌呤核苷酸(腺苷酸)　　　　胞嘧啶脱氧核苷酸(脱氧胞苷酸)

图 9-7　两种核苷酸的结构式

两个相邻核苷酸的脱氧核糖基，链的走向一条由 3′端→5′端，另一条正好相反，两条链的碱基以氢键配对结合。DNA 的空间构象很像一个螺旋梯。螺旋梯的扶手是脱氧核糖和磷酸缩聚而成的脱氧核糖核苷酸链，螺旋梯里的踏板是碱基对 A-T 或 G-C。维持 DNA 双螺旋结构的主要作用力是碱基堆积力，由碱基 π 轨道相互作用所致。

除少数病毒的 RNA 之外，大多数 RNA 都是单链。RNA 分子有局部双螺旋，它是由核苷酸链自身回折形成的。链的回折使可以配对的碱基 A 与 U、G 与 C 相遇形成氢键，碱基不能配对的链段形成突环。因此 RNA 的碱基组成没有严格规律。

核酸是生物遗传的物质基础，与生物的生长、发育等正常生命活动以及癌变、突变等异常生命活动相关。根据半保留复制学说，复制过程中，DNA 分子的两条多核苷酸链逐步拆开为两条单链，每条单链分别作为模板各合成一条与自身有互补碱基的新链，并与新链配对形成两个新的双螺旋的子代 DNA 分子。

核酸是聚阴离子，相反电荷的加入会稳定其结构。把 DNA 的稀盐溶液加热到一定温度（70～80℃）时，DNA 的双螺旋会解离为两条单核苷酸单链，变成无规线团，这一温度称为 DNA 的熔点。适当条件下，如缓慢冷却，两条因受热分开的多核苷酸单链恢复为双螺旋结构的过程称为复卷。Mg^{2+} 使 DNA 熔点升高，这是因为 Mg^{2+} 中和了磷酸基的部分负电荷，使 DNA 双螺旋结构稳定性增强，但 Mg^{2+} 不能使分开后的多核苷酸单链复卷。Zn^{2+} 不仅使 DNA 熔点升高，还能使溶解的 DNA 在缓慢冷却时复卷，可能是由于碱基能与 Zn^{2+} 配位，溶解过程 DNA 并未真正解链，仅发生了某些变形。Cu^{2+} 会使 DNA 熔点降低并抑制其复卷，原因是 DNA 的碱基和磷酸基可与 Cu^{2+} 配位，使链间氢键减少，导致 DNA 双螺旋稳定性降低。但当 Ca^{2+} 位于相邻的鸟嘌呤和胞嘧啶之间，碱基的配位又能使 DNA 结构更加稳定。

DNA 需要在 Mg^{2+}、Mn^{2+}、Co^{2+} 和 DNA 聚合酶作用下进行复制。转录过程中，Mg^{2+}、Mn^{2+}、Co^{2+} 对 RNA 聚合酶都有激活作用。Mg^{2+} 还能使 RNA 聚合酶具有识别核糖苷的能力，保证转录过程合成的 RNA 没有脱氧核糖苷的混入。Mg^{2+} 的存在使 RNA 具有识别密码的翻译能力，当 Mg^{2+} 浓度过大时，会使 RNA 的翻译能力消退，造成识别密码错误。

9.1.2.3　酶类

酶是由活细胞产生、对其底物具有高度特异性和高度催化效能的蛋白质或 RNA。由于酶的作用，生物体内的化学反应在极为温和的条件下也能高效地进行。酶属于生物大分子，分子量至少在 1 万以上，大的可达几百万。

按照酶的化学组成可分为单纯酶和结合酶两类。单纯酶分子中只有氨基酸残基组成的肽链。结合酶分子中除了多肽链组成的蛋白质，还有非蛋白成分，如金属离子、铁卟啉等。结合酶的蛋白质部分称为酶蛋白，非蛋白质部分统称为辅助因子，两者一起组成全酶（全酶＝酶蛋白＋辅助因子）；只有全酶才有催化活性，如果两者分开则酶活性消失。非蛋白质部分（如铁卟啉）若与酶蛋白以共价键相连的称为辅基，用透析或超滤等方法不能使它们与酶蛋白分开；反之两者以非共价键相连的称为辅酶，可用上述方法把两者分开。辅助因子有两大类，一类是金属离子，且常为辅基，起传递电子的作用；另一类是小分子有机化合物，主要起传递氢原子、电子或某些基团的作用。

酶是一类极为重要的生物催化剂，支配着生物的新陈代谢、营养和能量转换等许多催化过程。与生命过程关系密切的反应大多是酶催化反应。酶使人体所进食的食物得到消化和吸收，并且进行细胞修复、消炎排毒、新陈代谢、能量产生、血液循环等。如米饭在口腔内咀嚼时，咀嚼时间越长，甜味越明显，是由于米饭中的淀粉在口腔分泌出的唾液淀粉酶的作用下，水解成了麦芽糖。

与一般催化剂一样，酶也是通过降低反应活化能的机制来加快化学反应速率的。酶与底物定向结合生成复合物是酶催化作用的第一步。酶活性中心官能团与底物相互作用时形成的多种非共价键，如离子键、氢键、疏水键，也包括范德华力，因此酶对底物的结合有选择性。第二步，与酶结合的底物分子由原来的基态转变成过渡态。第三步，过渡态不稳定，它再分解为产物和酶。与一般催化剂相比，酶有下列特性：①催化效率高，以分子比表示，酶促反应速率比非催化反应高 10^8 ～ 10^{20} 倍，比其他催化反应高 10^7 ～ 10^{13} 倍；②高度专一性，一种酶通常只作用于一类或一种特定底物；③反应条件温和，酶促反应在常温常压、近中性环境中进行；④酶比一般催化剂脆弱，受某些物理因素（加热、紫外线照射等）和化学因素（酸、碱、有机溶剂）作用会失去活性。

在已发现的3000多种酶中，1/4～1/3需要金属离子参与才能充分发挥催化功能。酶的结构中含有金属离子，则称为金属酶，金属在酶中的个数比较固定且与蛋白质结合比较紧密（结合常数一般大于 $10^8 L \cdot mol^{-1}$）。如果酶中金属与蛋白质结合不够紧密（结合常数一般小于 $10^8 L \cdot mol^{-1}$），金属可以去除，但失去金属后酶也就失去活性，与金属再结合又恢复活性，这种酶称为金属激活酶。

酶中的金属离子有多方面功能，可以改变酶蛋白的电荷分布，是酶活性中心的组成成分；可以促进酶与底物相互匹配的空间构象；也可以把反应基团引入到合适位置使酶与底物相连接，发挥桥梁作用；还可以传递电子等。

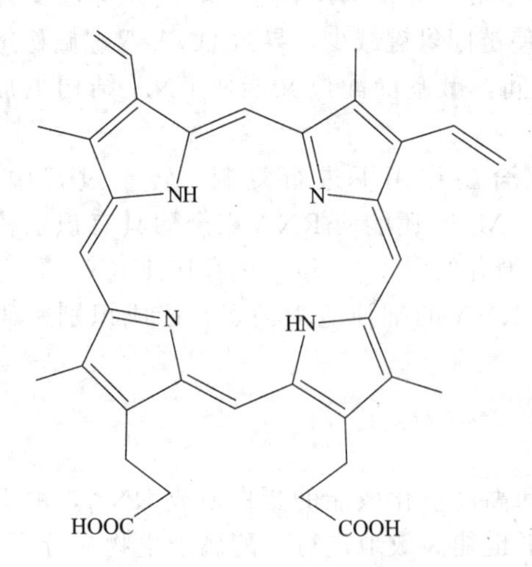

图 9-8　原卟啉Ⅸ的结构

9.1.2.4　卟啉类

四个吡咯环的 α-碳原子通过四个次甲基（—CH═）桥相连，具有多个双键和高度共轭的大 π 键体系，称为卟吩，是卟啉的骨架。四个吡咯环和四个次甲基都能被取代，生成各种各样的卟吩衍生物，所有卟吩衍生物统称为卟啉。它们与金属结合形成的金属配合物称为金属卟啉。

原卟啉、中卟啉和血卟啉等是常见的天然卟啉。存在于血红蛋白、肌红蛋白和多种细胞色素中的原卟啉Ⅸ结构如图 9-8 所示。

卟啉是重要的生物配体，哺乳动物体内约 70%的铁元素与卟啉形成配合物，卟啉分子共有 11 个共轭双键，受吡咯环及次甲基的取代基电子效应，卟啉表现出各不相同的电子光谱。卟啉通过其环上的 4 个吡咯氮原子表现酸、碱性，当 N 上氢电离，表现为酸性；当 N 质子化，表现为碱性。

由于金属离子大小不同，卟啉环骨架又具有一定程度的刚性，因此中心离子不一定位于卟啉环平面内。如果金属离子大小合适，它会与四个吡咯氮形成严格的平面正方形结构，如次卟啉镍(Ⅱ)、四苯基卟啉锡(Ⅳ)，如图 9-9(a) 所示。某些中心金属离子位于卟啉环平面的上方 [图 9-9(b)]。当中心金属离子半径小到一定程度时，可能使吡咯氮原子形成的平面变形。

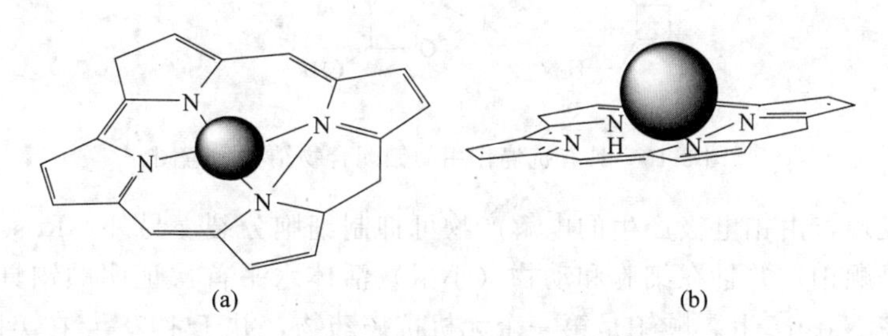

图 9-9　金属离子与卟啉环平面的相对位置

在卟啉环上改变取代基，调节四个氮原子给予或接受电子的能力，或引入不同的中心离子（或不同的轴向配体），会使金属卟啉具有不同的性质和功能。

9.2　金属药物

早在公元前 2500 年，就有了以金作为各种药物和营养品的记载，不过，这些应用都比较简单。随着分子生物学和生物无机化学的快速发展，金属药物化学领域开始关注：①如何排出偶然进入生物体内的有毒金属离子？②为了诊断和治疗疾病，如何有目的地引入金属离子及配合物？正如英国的 Peter Sadler 指出的那样，周期表中大部分金属元素具有作为无机药物的潜能。

9.2.1　铂类抗癌药

具有抗癌作用的铂配合物结构示意图如图 9-10 所示。

9.2.1.1　第一代铂类抗癌药——顺铂

被誉为“抗癌药里的青霉素”的顺铂（图 9-10），是一种广谱抗癌药，对睾丸癌的治愈率几乎可达 100%，对肺癌、头颈癌、骨癌和早期卵巢癌也有很好的疗效。1995 年世界卫生组织（WHO）对上百种抗癌药物进行排名，顺铂的综合疗效位居第 2。另据统计，在我国以顺铂为主或有顺铂参加的化疗方案占所有化疗方案的 70%～80%，可见顺铂在抗癌界的地位。顺铂抗癌作用的发现具有偶然性。1965 年，物理学家 Rosenberg 离开纽约大学物理系，转去密西根州立大学建立生物物理系，对生物学外行的 Rosenberg 从头学习生物学。细胞分裂与电磁场本无本质上的相似，但 Rosenberg 却想，在细胞分裂中或许有类似偶极子的物质参加，那么用共振频率的电磁辐射去影响这种偶极子，它就会吸收能量而影响细胞。通过实验，Rosenberg 发现，在电场的作用下，大肠杆菌竟然变成比正常长 300 倍的丝状物。

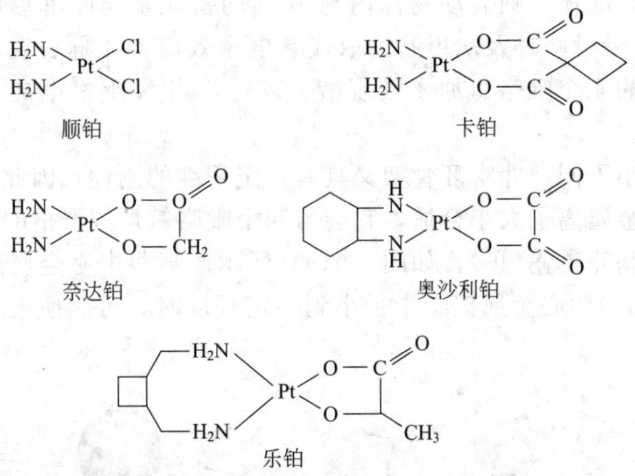

顺铂　卡铂

奈达铂　奥沙利铂

乐铂

图 9-10　具有抗癌作用的铂配合物结构示意图

进一步的实验发现，由铂电极产生的电解产物可抑制细胞分裂。另外，Rosenberg 等还证实了起作用的就是顺铂，并且在细胞和动物（小鼠）活体水平首次证明顺铂具有抗肿瘤作用，这一成果发表在 Nature 上。顺铂是第一个无机抗癌药物，并于 1978 年在美国首次获批临床使用，为癌症的治疗带来一次革命。

随后，科学家用多种现代化学和生物分析方法研究铂类配合物的抗癌机理。例如原子吸收光谱测定结果表明，DNA 是铂配合物作用的主要靶分子。同位素标记技术等证明，顺铂经水解、体内运输后，与 DNA 形成稳定的配合物，从而阻止其复制和转录，诱导细胞凋亡或坏死，是其具有抗癌活性的主要原因。顺铂与 DNA 相互作用可能有三种机理。

1. 链间交联机理

顺铂有两个相距 0.33nm、可被亲核基团取代的氯原子，能与癌细胞 DNA 双链上两个相邻面上的鸟嘌呤 N7 原子产生链间交联，阻碍 DNA 复制从而抑制癌细胞分裂。但进一步的定量研究显示，顺铂与 DNA 作用产生链间交联的概率只有 1/400，说明顺铂通过链间交联阻碍 DNA 复制的可能性太小。然而，反铂（顺铂的反式异构体）也能与 DNA 产生链间交联，这种机制无法解释反铂完全不具有抗癌活性的事实。

2. 螯合机理

鸟嘌呤的 N7 与 C6 羰基氧相距 0.32nm，和顺铂的 2 个氯原子距离接近。顺铂可与 DNA 同一条链上同一鸟嘌呤的 N7 及 C6 羰基氧整合，使鸟嘌呤的 C6 羰基氧与另一条链的胞嘧啶 N3 间的氢键断裂，致使 DNA 复制发生障碍［图 9-11(a)］；而反式铂无法与同一鸟嘌呤形成螯合物［图 9-11(b)］。

3. 链内交联机理

顺铂与 DNA 同一条链上相邻鸟嘌呤的 N7 原子配位而导致 DNA 功能受到阻碍，这称为链内交联机理。核磁共振与 X 射线衍射都清楚地显示，与 DNA 结合后，顺铂上的两个氨分子仍然和铂结合，2 个氯原子确实被相邻的两个鸟嘌呤上的 N7 取代。顺铂与更长的 DNA 片段结合同样证明顺铂水合物能迅速进攻 DNA 上鸟嘌呤的 N7，形成 1,2-交联复合物。其实，铂类药物在人体内的作用机理要复杂得多。

近年来，人们已开始注意到，虽然 DNA 是顺铂的关键靶分子，但并不是唯一的靶分子。王夔曾教授提出金属-细胞相互作用的多靶模型，顺铂向细胞进攻时，从接近细胞表面到深入染色体过程必然与多种生物分子相遇，细胞蛋白质、膜蛋白和磷脂都可能成为靶分

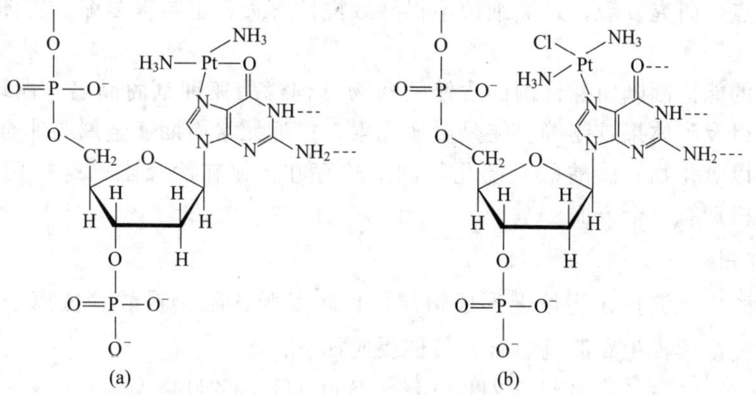

(a) (b)

图 9-11 顺铂（a）和反铂（b）与 DNA 的一个鸟嘌呤形成的配合物

子。早期，人们一直认为顺铂是以扩散方式进入细胞，而近来的研究表明，大部分顺铂和卡铂是通过铜传输蛋白进入细胞内的。

9.2.1.2 第二代铂类抗癌药——卡铂和奈达铂

顺铂虽然疗效高，但它的肾毒性以及引起呕吐等副反应影响了进一步推广应用。因此，在解决顺铂毒副作用的同时，寻找新的铂类抗癌药也成了一项意义重大的工作。例如，卡铂是1,1-环丁二羧酸二氨合铂(Ⅱ)的简称，其结构如图 9-10 所示。

卡铂的特点：化学稳定性好，溶解度比顺铂高 16 倍，除造血系统外，其他毒副作用低于顺铂，作用机制与顺铂相同，可替代顺铂用于某些癌瘤的治疗，但与顺铂交叉耐药，与非铂类抗癌药物无交叉耐药性，故可与多种抗癌药物联合使用。

奈达铂的化学名称是顺式乙醇酸二氨合铂(Ⅱ)，其结构如图 9-10 所示。该药对小鼠 P388 白血病、B16 黑色素瘤、Lewis 肺癌的治疗效果优于顺铂。骨髓抑制是其毒副作用，辅以水化和利尿之后，用该药后肾功能不出现异常。

9.2.1.3 第三代铂类抗癌药——奥沙利铂和乐铂

奥沙利铂的化学名称是草酸-(反式-L-1,2-环己二胺）合铂，是十分稳定的化合物，水中溶解度为 $8mg \cdot mL^{-1}$，介于顺铂和卡铂之间，其结构见图 9-10。

在小鼠白血病模型中，奥沙利铂抗肿瘤活性优于顺铂，对大肠癌、卵巢癌以及乳腺癌等多种动物和人类肿瘤细胞株均有显著的抑制作用。由于奥沙利铂在治疗中晚期结（直）肠癌中有很好的效果，而结肠癌为几大死亡率最高的癌种之一，因此奥沙利铂市场前景十分广阔。乐铂是环丁烷乳酸盐二甲胺合铂(Ⅱ)的简称，其结构见图 9-10。研究表明，该药抗肿瘤效果与顺铂、卡铂相当，甚至更好，毒性作用与卡铂相当。

迄今为止，铂类抗癌药物仍是治疗恶性肿瘤最有效的药物，尤其对睾丸肿瘤、卵巢肿瘤和小细胞肺癌疗效更好。总的说来，铂类抗癌药物的研究方兴未艾。

9.2.2 治疗胃溃疡的含铋药物

慢性胃炎、胃溃疡和十二指肠溃疡等消化性溃疡一直是困扰人类的常见疾病，发病率很高，但过去对其病因却一直不清楚。自 1983 年澳大利亚两位科学家 Marshall 和 Warren 发现了幽门螺杆菌与慢性胃炎和消化性溃疡的直接关系以来，臭名昭著的幽门螺杆菌成为全世界医学研究热点。研究发现，这类细菌不仅导致慢性胃炎，也与胃萎缩、胃溃疡，甚至胃癌有关。

目前常用的能抑制幽门螺杆菌的含铋的药物有枸橼酸铋钾（商品名：丽珠得乐）、雷尼替丁枸橼酸铋以及胶体果胶铋等。铋是金属元素，接近元素周期表金属与非金属交界处，无毒，在自然界以氧化物、碳酸盐及硫化物的形式存在。铋在治疗幽门螺杆菌引起的胃溃疡时，主要作用机理有三个方面。

1. 屏蔽作用

B_2^{3+} 在胃酸中沉淀，在病灶上形成覆层，保护黏膜，阻止胃酸（氢离子）侵蚀溃疡病灶，有助于溃疡黏膜再生和溃疡愈合。具体反应如下：

$$Bi^{3+}+2H_2O \longrightarrow Bi(OH)_2^{+}+2H^{+}$$

$$Bi(OH)_2^{+}+Cl^{-} \longrightarrow BiOCl+H_2O$$

2. 抑菌作用

形成沉淀薄膜，附着在细菌表面，直接抑制细菌生长。进入细菌内部，可能通过抑制幽门螺杆菌中铁的代谢来抑制细菌生长。阻止幽门螺杆菌黏附在表层细胞上和抑制幽门螺杆菌分泌的各种酶，如蛋白酶、脂酶和磷脂酶等。

3. 刺激胃黏膜分泌

使病灶部位得到快速修复，防止细菌进一步侵袭。但幽门螺杆菌在体内对多种抗菌药非常敏感，因此使用单一的药物几乎无效，很难清除幽门螺杆菌，现阶段治疗方案就是打组合拳，或称为鸡尾酒疗法——铋剂＋二联抗生素或质子泵抑制剂等强抑菌剂＋二联抗生素。

9.2.3 治疗躁郁症的含锂药物

躁郁症是最常见的精神障碍之一。躁郁症的原因很复杂，包括心理、社会和遗传等因素。治疗躁郁症的方法有药物治疗、心理治疗，或两者的结合，加上对患者的支持和帮助。

一个简单的化合物，锂盐，在躁郁症的治疗上非常有效。1949 年，澳大利亚的精神病学家约翰·凯德（John Cade）尝试用豚鼠来分析锂盐的毒性和治疗作用时，发现经过处理的动物变得昏昏欲睡。莫根思·宿克（Mogens Schou）等首次进行了临床试验，确证了锂有稳定情绪的功能。20 世纪 70 年代，美国批准了其在治疗躁郁症中的使用权。

成年人的神经系统非常复杂，包含数百种不同类型的一百多亿神经元（神经细胞），同时神经系统中还有多于神经细胞 5～10 倍的其他类型的细胞（统称为神经胶质细胞）。神经系统是在发育过程中逐步形成的，它起源于一个简单的神经板，而神经板则起源于受精卵。人们一直以为神经系统一旦形成和成熟后，就不会有新的神经细胞生成了。而现在发现，成年人大脑的特定区域有干细胞存在，它们会继续分化，形成新的神经元。此外，成年人现存的神经干细胞可能促使细胞替代来更新一些已损伤或疾病的神经细胞。

在许多动物物种，包括人类的发育过程中，新生成的神经元往往是过剩的，在神经元连接阶段，它们之间互相竞争，一旦达到适当的连接目标，多余的神经元以细胞凋亡方式被淘汰。过多的神经细胞之所以被淘汰是因为大脑中只有限量的神经营养因子。脑源性神经营养因子（BDNF）是神经营养因子蛋白中的一份子，在神经系统的发育和成熟中起着重要的作用，它有助于现存的神经元以及从干细胞中分化出来新的神经元的生存和成熟。实验表明，用锂盐治疗躁郁症会导致患者大脑中 BDNF 的合成增加。因此锂盐可能通过激活神经营养因子的信号传递，保护细胞免于凋亡。

9.3 天然氧载体

血红蛋白、肌红蛋白、血蓝蛋白、血钒蛋白和蚯蚓血红蛋白氧载体是生物体内一类含有金属离子的生物大分子配合物，可以与氧分子进行可逆地配位结合。其功能是储存和运送氧分子到需要氧的生物组织，供细胞内维持生命所必需的各种氧化作用。空气中氧分子在水中的溶解度很低，常温常压下为 $20mL \cdot L^{-1}$；有了氧载体，血液中氧的浓度比水中氧浓度高出 10 倍以上，达到 $250mL \cdot L^{-1}$。目前动物界中已知存在的有四类氧载体：①含血红素辅基的铁蛋白——肌红蛋白和血红蛋白；②不含血红素辅基的铁蛋白——蚯蚓血红蛋白；③含铜蛋白——血蓝蛋白；④含钒蛋白——血钒蛋白。其中高等动物依赖血红蛋白和肌红蛋白运输和储存氧气。在多毛类、曳腮类、星虫类和腕足类等少数较原始的海洋无脊椎动物中依赖蚯蚓血红蛋白运送和储存氧。而无脊椎动物最大的两个门——节肢动物门和软体动物门的部分动物则以血蓝蛋白为呼吸蛋白。血钒蛋白主要存在于海鞘类动物体内，含有三氧化二钒的血液为绿色，含四氧化二钒的为蓝色，含五氧化二钒的为橙色。

9.3.1 血红蛋白和肌红蛋白

9.3.1.1 血红蛋白和肌红蛋白的结构和功能

生物体内，血红蛋白起着运输氧（快递小哥）的作用，肌红蛋白起着储存和分配氧（仓库收发员）的作用。当氧饱和度高的血液离开肺部流经氧分压较低的肌肉组织时，氧从血红蛋白转移到肌红蛋白中储存起来；在氧供应不足时，肌红蛋白再把氧释放出来，实现供氧给肌肉组织的功能。这两种蛋白存在广泛、含量丰富、稳定性好，因此是人们研究得最早、最深入的金属蛋白。血红蛋白含有四个亚基，肌红蛋白只有一个亚基。每个亚基只含有一个血红素辅基，与氧分子的可逆结合（收发快递）发生在血红素的辅基上，即血红素辅基是肌红蛋白和血红蛋白的活性中心。所谓血红素是铁与卟啉衍生物所形成配合物的总称。肌红蛋白由一条含 153 个氨基酸残基的多肽链和一个亚铁血红素即亚铁卟啉辅基组成，分子量为 17500。血红素的 Fe^{2+} 除了与卟啉环的 4 个 N 配位，还与多肽链第 93 位组氨酸残基的咪唑 N 原子在轴向上配位，未氧合时，轴向第 6 个配位位置由 H_2O 占据，氧合时由 O_2 取代 H_2O（图 9-12）。咪唑是一个良好的 π 电子给予体，提高了金属 t_{2g} 轨道的电子给予能力，利于 Fe^{2+} 和 O_2 之间反馈键的形成，促进 O_2 的键合。

研究发现，当一个亚基与 O_2 结合后，另一个亚单位对 O_2 的亲和力增强；当一对亚基与 O_2 结合后，又提高了另一对亚基对 O_2 的亲和力，使后一对亚基的载氧反应平衡常数增加 5 倍，这种现象称为协同效应。这种协同效应可从氧合前后血红素的构象变化得到解释。氧合前，血红素中 Fe^{2+} 处于高自旋状态，而氧合后的 Fe^{3+} 则为低自旋状态。高自旋 Fe^{2+} 的半径较大，不能进入血红素中卟啉环的平面内；而半径较小的低自旋 Fe^{3+} 能够落入卟啉环的平面内。铁离子位置的改变导致包括近侧组氨酸在内的蛋白质链发生一系列变化，并通过亚基间的相互作用传递到其他

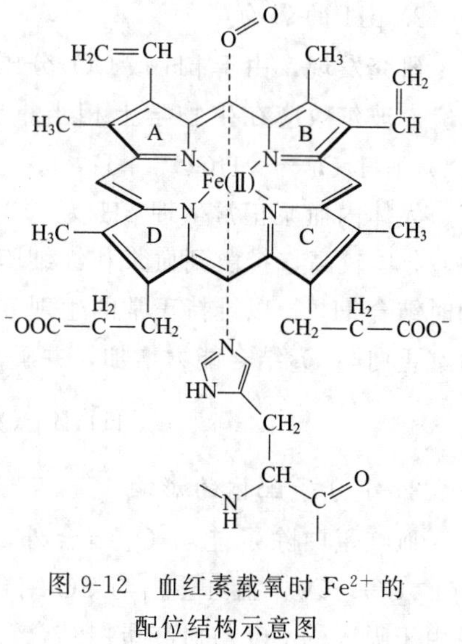

图 9-12 血红素载氧时 Fe^{2+} 的配位结构示意图

亚基，使血红蛋白从不容易与O_2结合的紧张态（tense state）变为易于与O_2结合的松弛态（relaxed state）。这种由于底物分子（O_2）结合而引起蛋白中亚基间的协同作用的现象被称为变构现象或变构效应。

血红素周围大部分亲水基团都向外，而疏水基团则向内，在血红素辅基周围形成一个疏水的空腔，从而保证血红素辅基与氧分子的结合可逆；同时，也使铁在血红蛋白和肌红蛋白中保持以Fe^{2+}形式存在，这对可逆载氧功能意义十分重大。若Fe^{2+}遇氧化剂被氧化成Fe^{3+}，则失去与氧结合的能力。

9.3.1.2 血红蛋白和肌红蛋白与O_2结合的影响因素

1. 氧气分压的影响

血红蛋白和肌红蛋白结合氧分子的程度，常用氧饱和度θ表示。氧饱和度是指氧合血红蛋白或肌红蛋白的实际数量在血红蛋白或肌红蛋白总量中所占的百分比。从图9-13可看出，血红蛋白的氧合量和肌红蛋白的氧合量都随O_2分压升高而增加，在O_2分压下降时便会减少。

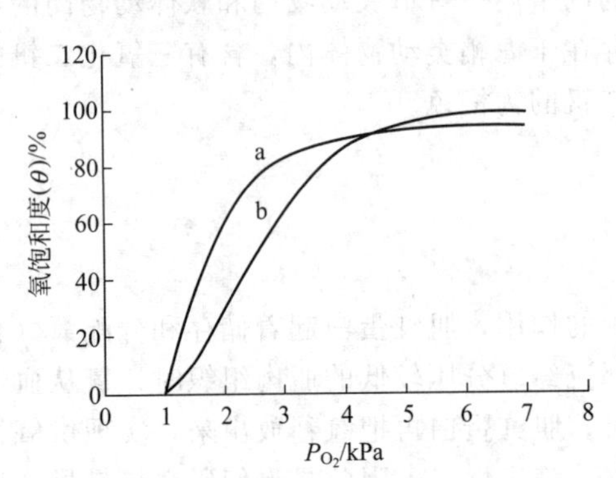

图9-13 肌红蛋白（a）和血红蛋白（b）的氧合曲线

人体肺泡内氧的分压较高（P_{O_2}约为13kPa），有利于血红蛋白与氧分子结合。当静脉血（$P_{O_2} \leqslant 6.5$kPa）流经肺泡时，血红蛋白大量氧合，氧的饱和度显著增加；当血液离开肺部流经氧分压较低（P_{O_2}约为4.7kPa）的肌肉组织时，血红蛋白释放出O_2。静脉的氧分压到0.55～0.65kPa时，供氧给肌肉组织的功能转由肌红蛋白完成。

图9-13还显示，在氧分压较低时，肌红蛋白的氧合能力大于血红蛋白。当血液流经氧分压较低的肌肉组织时，热力学上有利于O_2从血红蛋白转移到肌红蛋白储存起来。在O_2供应不足时，肌红蛋白再把O_2释放出来。

2. pH的影响

研究发现，由于pH或CO_2分压变化，血红蛋白氧合能力发生改变，这种现象称为玻尔效应。玻尔效应在生物学上相当重要。脊椎动物组织中的CO_2分压增加会导致pH降低（$CO_2+H_2O \rightleftharpoons HCO_3^-+H^+$），引起血红蛋白氧合能力下降。

人体内血浆正常生理pH为7.35～7.45，但受CO_2与H_2O反应的影响。肌肉组织中，CO_2分压较高，扩散到血浆和红细胞中，使pH变小，血红蛋白氧合能力下降，释放O_2的同时结合H^+，以维持正常的生理pH；相反，从肺部呼出，肺部CO_2分压较低，pH增大，血红蛋白与O_2结合能力增加，并解离出H^+。肌红蛋白没有玻尔效应。

$$HHB+O_2 \underset{\text{肌肉，pH}=7.2}{\overset{\text{肺，pH}=7.6}{\rightleftharpoons}} HBO_2+H^+$$

3. 小分子配体的影响

血红蛋白除了能与O_2结合外，还能与CO、NO等小分子配体结合，其结合能力为$NO>CO>O_2$。血红蛋白与CO结合能力比与O_2结合能力大200倍以上，一氧化碳中毒就是由于吸入的CO与血红蛋白结合，破坏了血红蛋白的输氧功能。血红蛋白与这些小分子结

合也是通过血红素的 Fe^{2+} 实现的。如果呼吸了含 NO 的空气，NO 和血红素的结合同样会破坏血红蛋白的输氧功能。即使空气中 CO 与 NO 含量甚微，长期吸入也会出现贫血症状。同血红蛋白一样，肌红蛋白中血红素辅基 Fe^{2+} 也能与 CO、NO 配位。

9.3.2 蚯蚓血红蛋白

蚯蚓血红蛋白是唯一的天然非血红素载体，是一种含铁的金属蛋白，存在于为数不多的无脊椎动物体内，并在这些动物体内担负着运送和储存氧的重任。蚯蚓血红蛋白氧合前为无色，氧合后为紫红色。基于多年的研究，人们提出了两种可能的蚯蚓血红蛋白氧合过程中质子和电子的转移机理。第一种认为，质子转移包含在两次单电子转移过程中［图 9-14(a)］。另一种认为，质子转移发生于双电子转移之后［图 9-14(b)］。

9.3.3 血蓝蛋白

血蓝蛋白是以一价铜离子作为辅基的蛋白质。它存在于软体动物（如章鱼、乌贼、蜗牛等）和节肢动物（如螃蟹、虾、蜘蛛、鲎等）的血液里。血蓝蛋白的生理功能是输氧。氧合血蓝蛋白的铜是 Cu^{2+}，并呈蓝色，在 347nm 附近有吸收峰，这是由扭曲四面体场中的 d-d 跃迁产生的，而脱氧血蓝蛋白呈无色。血蓝蛋白分子量很大，结构复杂，且节肢动物与软体动物的血蓝蛋白结构有所差异。节肢动物血蓝蛋白多为由分子质量为 75kDa 的亚基构成的六聚体或以六聚体为单位的多六聚体，呈球形。软体动物血蓝蛋白一般为分子质量为 350kDa 或 400kDa 的亚基构成的十聚体、双十聚体或多十聚体，呈中凹圆柱状。

X 射线衍射技术的发展大大增加了人们对血蓝蛋白的认识。虽然目前仍未测出软体血蓝蛋白的晶体结构，但为节肢动物血蓝蛋白的晶体结构分析提供了活性部位的结构信息。例如，龙虾血蓝蛋白中含有双铜活性单元，每个铜离子与 3 个组氨酸残基的咪唑氮配位(图 9-15)。未氧合时，2 个铜离子相距约 460pm，由于相互作用很弱，没有发现 2 个铜离子之间存在着蛋白质本身提供的桥基（图 9-15)。此时，每个铜离子与 3 个组氨酸基咪唑氮的配位基本上是三角形。氧合后，Cu^{2+} 为四配位或五配位，两个铜离子与两个氧原子（过氧阴离子）和 6 个组氨酸基中最靠近铜离子的 4 个组氨基酸基咪唑氮强配位。此时，在一个近似的平面上，每个铜离子呈平面正方形几何构型，这是 Cu^{2+} 最有利的配位状况。氧分子以过氧桥形式连接两个 Cu^{2+}，两个 Cu^{2+} 相距约 360pm。

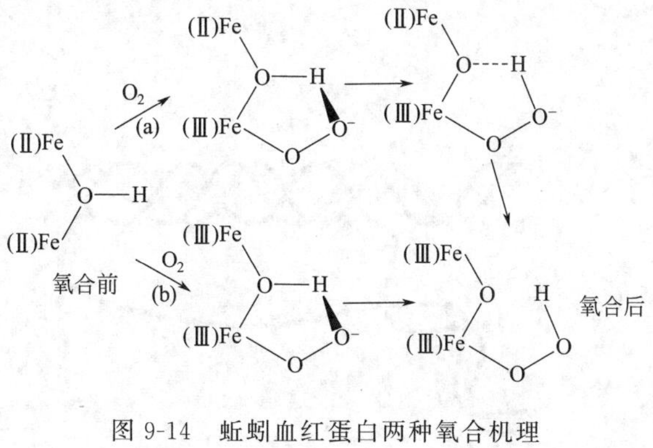

图 9-14 蚯蚓血红蛋白两种氧合机理

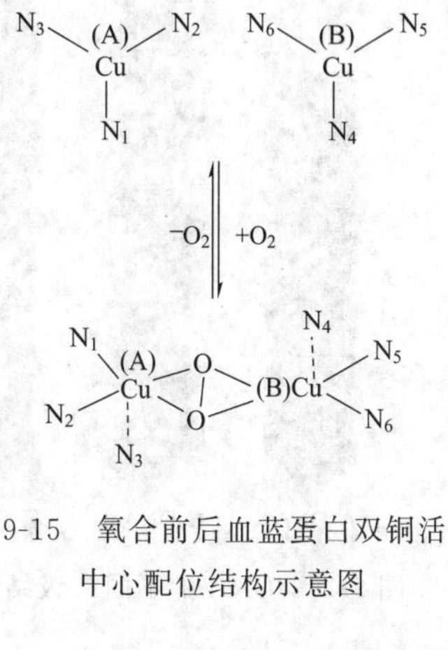

图 9-15 氧合前后血蓝蛋白双铜活性中心配位结构示意图

9.4 金属配合物与核酸的相互作用

9.4.1 核酸的结构特点

DNA是遗传信息真正的携带者，兼具存储和传递遗传信息的双重功能。这些信息指导着细胞的生长、代谢和变异，因此研究DNA的结构和功能，筛选具有调控DNA功能的金属配合物具有更现实的意义。DNA结构中磷酸与碱基按照一定顺序排列，由于扭转角度和各种碱基的排列方式不同而产生各种各样的构型，可分为两类（图9-16）：一类是右手螺旋，如B-DNA、A-DNA等；另一类是局部的左手螺旋，即Z-DNA。人们普遍接受生物体内中绝大多数DNA为B-DNA，也有少部分Z-DNA存在，两种构象存在平衡状态的理论。

经典的B-DNA，碱基位于螺旋的内侧，是疏水性的；而磷酸二酯键形成多核苷酸主链位于外侧，是亲水性的。

与B-DNA相比，A-DNA螺旋较短且紧密，螺距为28Å，大沟狭而深，小沟宽而浅。一般只有脱水的DNA样本中才会出现A-DNA，此外，DNA与RNA混合配对时，也可能出现A-DNA的形式。

Z-DNA单链上出现嘌呤与嘧啶交替排列现象，这种碱基排列方式会造成核苷酸以顺式和反式构象交替存在，嘌呤-嘧啶序列的顺反构象的交替使得DNA骨架采取“Z”字走向。这种螺旋中，大沟基本消失，小沟依然存在。与B-DNA相比，Z-DNA排列更紧密，构象更细长。Z-DNA中碱基G（G为鸟嘌呤）的C8和N7暴露在双螺旋的外侧，受保护程度小，容易受到化学致癌剂的攻击。研究发现，Z-DNA与血癌中染色体位移断点有密切关系。阿尔茨海默病患者的大脑中发现Z-DNA的数量增加，因此，Z-DNA可能与突变、基因表达以及调控有关。

除了双螺旋结构，还有三螺旋构型的H-DNA，又称铰链DNA。它是双螺旋DNA分子中一条链的某一阶段，通过链的折叠与同一分子中的DNA结合而形成（图9-17）。H-DNA可在转录水平上阻止基因的转录。

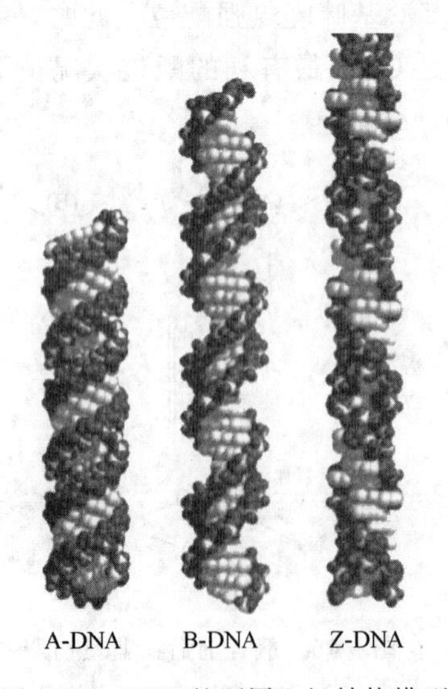

图9-16 DNA的不同二级结构模型

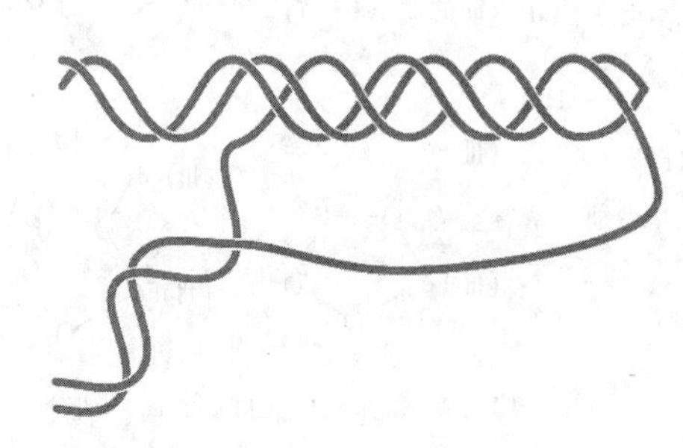

图9-17 三螺旋DNA的结构示意图

获得 2009 年诺贝尔生理学或医学奖的美国科学家 Blackburn E、Greider C 和 Szostak J 在研究端粒和端粒酶如何保护染色体时，提出端粒酶中 G4-DNA（图 9-18）保护染色体不被降解，使得端粒的长度得以维持，延缓细胞衰老。四链 DNA 是由富 G-DNA 单链，在特定离子强度和 pH 条件下，通过单链之间或单链内对应的 G 残基之间形成 Hoogsteen 碱基配对[1]，从而使 4 条或 4 段富 G-DNA 单链旋聚成一段平行右旋的 G4-DNA。研究表明，DNA 各种构象可相互转变及调控，其结构是动态的。人们已经开始把某些癌症病因归结为二级结构转型。DNA 一级结构的测定已有可靠的方法，但二级结构的测定，特别是关于 B-DNA 和 Z-DNA 的识别迄今还未有普遍可接受的可靠方法。

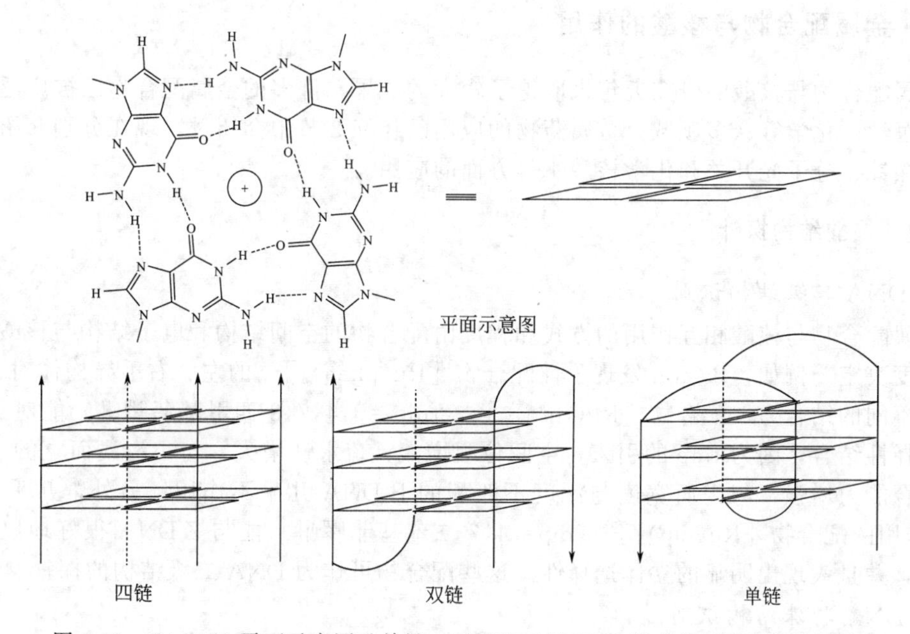

图 9-18 G4-DNA 平面示意图及单链、双链和四链 DNA 形成的不同四螺旋结构

相比与 DNA，RNA 结构更复杂，目前研究不如 DNA 深入。RNA 组学是研究细胞的全部 RNA 基因和 RNA 分子结构与功能的学科，随着新技术的不断产生，RNA 组学将在探索生命奥秘中起着重要的作用。

9. 4. 2 金属配合物与核酸的基本反应

金属配合物与核酸的反应可分为两类：①金属配合物引起的核酸氧化还原反应；②由金属中心与糖-磷酸骨架配位引起的核酸水解反应。

9. 4. 2. 1 氧化还原反应

金属配合物以氧化作用攻击 DNA 的核糖环及碱基，产生各种氧化物，可以直接引起 DNA 单链或双链发生断裂。该类反应典型的机理有 Fenton 反应和 Haber-Weiss 过程。在 Fenton 反应中，金属离子与 H_2O_2 反应，生成羟基自由基。Haber-Weiss 过程则涉及超氧阴离子与 H_2O_2 反应，生成 O_2、OH^- 及羟基自由基。研究表明，Fe、Cu、Mn、Ru、Co、

[1] 一个质子化的胞嘧啶碱基能和 G-C 碱基对中的鸟嘌呤碱基配对建立氢键，胸腺嘧啶能和 A-T 碱基对中的腺嘌呤碱基配对。位于形成氢键位点上的嘌呤碱基中的 N7、O6 和 N6 被称为 Hoogsteen 位置。

Rh 等相应金属配合物都可通过氧化还原反应断裂 DNA，且具有一定的位点选择性。如，$[Cu(phen)_2]^+$ 的主要作用位点在富 A-T 碱基序列。

9.4.2.2 水解反应

由于自由基的高反应性和扩散性，DNA 氧化断裂的特异性一般较差，反应难以控制，产物种类较多。以水解机理断裂 DNA 的试剂必须先与 DNA 结合，金属离子直接或间接与磷酸骨架上氧原子配位，进攻磷酸二酯键，引起水解或酯转移反应，从而导致 DNA 链断裂，其断裂机理与天然核酸酶类似，不损伤碱基和核糖环，DNA 信息得以保存。

9.4.3 金属配合物与核酸的作用

金属配合物与核酸的研究近年来取得了较大的成果，许多的金属配合物已被广泛应用于生物、医学、化学等众多领域。金属药物的应用已在 9.2 节中介绍过，现在分别介绍有关核酸结构探针、分子光开关和化学核酸酶等方面的应用。

9.4.3.1 核酸结构探针

1. DNA 二级结构识别

金属配合物与核酸相互作用的方式和程度由配合物的空间结构和电子结构与核酸结构的匹配程度决定。例如，Barton 发现手性配合物 $[Ru(phen)_3]^{2+}$ 的左、右手异构体对 B-DNA 表现出不同的结合力；配合物 $[Ru(tmp)_3]^{2+}$（tmp＝3,4,7,8-四甲基菲啰啉）能对 A-DNA 进行选择性结合，因为 tmp 的引入，空间位阻增大，疏水性增大，与小沟浅而宽的 A-DNA 沟面结合能力增强，与沟面宽度与深度不匹配的 B-DNA 几乎不作用；另外，几乎不与 B-DNA 作用的配合物 $[Ru(dip)_3]^{2+}$（dip＝4,7 二苯基菲啰啉）能与 Z-DNA 很好地以插入方式结合，并且表现出明显的立体选择性。这些配合物可作为 DNA 二级结构的探针。

2. DNA 特殊结构识别

由于聚合酶的错误或 DNA 受到紫外线辐射、放射性离子辐射、具备基因毒性的化学物质的损伤，基因组会发生碱基错配。大多数情况下，细胞可通过自身的修复体系来修正这些错误，如修复失败，将导致多种遗传疾病的形成。

DNA 的发卡结构［图 9-19(a)］，又称茎环结构，是自身具有互补碱基序列的核酸自然

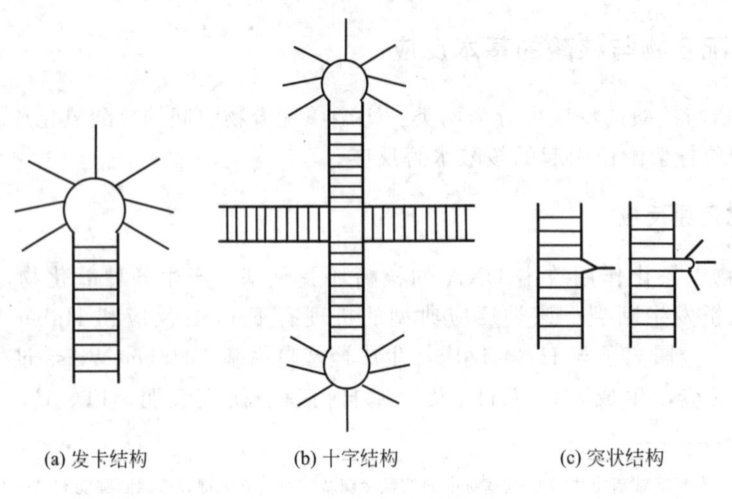

图 9-19 DNA 的特殊结构

 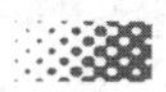

产生的形状，在RNA中该结构广泛存在。十字结构［图9-19(b)］是由两个相对的发卡结构组成的，对基因表达的控制和诱导有机体突变等基本生命过程有一定的影响。当双螺旋DNA的一条链上多出一个或多个另一条链上没有与之互补的碱基时，多余部分就会形成突状结构［图9-19(c)］。最近研究发现，DNA突状结构对DNA修复蛋白的结合比正常双螺旋DNA更加紧密，使DNA突状部位成为治疗试剂潜在的结合位点。研究表明，许多金属配合物对碱基错配、发卡结构、十字结构和突状结构等有特异的识别作用。识别核酸序列的通用方法是将配合物与特定序列的寡聚脱氧核苷酸链共价连接，再利用碱基互补原理，识别另一条核苷酸链上与之互补的序列。

9.4.3.2　分子光开关

$[Ru(bpy)_2dppz]^{2+}$（dppz＝二吡啶[3,2-a:2′,3′-c]吩嗪）是DNA分子开关中最为经典的一种。配合物$[Ru(bpy)_2dppz]^{2+}$在水溶液中没有荧光，当加入双链DNA后，与DNA结合力强，产生很强的荧光，因此可作为DNA的分子光开关。人们认为，这是由于在水溶液中，dppz的吡嗪环上的N原子与水分子容易形成氢键而质子化，使配合物激发态能量容易散失。但DNA存在时，dppz插入到碱基对中，在疏水环境中大大降低了水分子猝灭的可能性，从而产生较强的发光。

9.4.3.3　化学核酸酶

目前断裂核酸的工具酶主要是20世纪70年代发现的限制性内切酶，这种酶可以识别并附着在特定的脱氧核苷酸序列中，并对在每条链中特定部位的两个脱氧核糖核苷酸之间的磷酸二酯键进行切割。但天然酶识别序列短，约为4～8个碱基，对于序列特异性断裂核酸存在很大的局限性，因此人工核酸切断试剂的研究具有重要意义。生理条件下，能借助氧化或光活化产生的活性氧中间产物断裂核酸骨架，显示出与天然核酸酶相同或类似生物活性的过渡金属配合物及其载体衍生物称为化学核酸酶。它既有限制性内切酶的高度专一性，又能在人们预先设计的任何位点断裂DNA/RNA，克服天然酶识别序列短的缺点，还具有分子小、结构简单、易于提纯、成本低等优点，可用于基因分离、染色体图谱分析、大片段基因的序列分析及DNA定位诱变、肿瘤基因治疗与新的化疗的研究等领域。人工核酸酶由两部分组成：第一部分为化学断裂系统，用于催化DNA分子断裂，通常由小分子过渡金属配合物，如EDTA-Fe(Ⅱ)、$[Cu(phen)_2]^{2+}$、Ru(Ⅱ,Ⅲ)或Rh(Ⅲ)配合物、水溶性金属卟啉、铀酰盐、大环镍、铜配合物等构成；第二部分为识别系统，由可识别核酸底物的特定核苷酸序列的一类分子组成，因此，设计化学核酸酶时，通常将识别和断裂功能连接在同一化合物上。

9.5　生物矿化

生物体内存在各种各样的生物矿化材料，从细菌中的磁性体到牡蛎、珊瑚、象牙、骨和牙齿，从纳米尺寸到宏观世界，这种在生命过程中构建以无机物为基础的结构过程称为生物矿化。与一般矿化最大的不同在于，它是生物在特定部位，一定条件下，有机物质（细胞、有机基质）参与下，将溶液中离子转变为固相矿物的过程。表9-3列出了生物器官中存在的主要生物无机固体。不可溶的钙盐，如碳酸盐和磷酸盐，存在于整个生物世界；许多种沉淀物用作支撑特殊的硬组织，其中一些出现在动物的骨骼或其他坚硬部位。生物矿化大致包含两种形式：一种是正常矿化，如骨骼、牙齿、贝壳和鹿角等的形成；另一种是病理性矿化，如泌尿系统结石、胆结石、龋齿等。生物矿化研究是一个从古生物学、海洋化学、沉积学、医学和牙科学中衍生出来的交叉性学科，需要用化学、生物学和材料学的多学科理念去认识。生物矿化的特征和生物矿物形成机理的研究，不仅有助于发现和合成新型的仿生材料，如人工骨、牙种植体，而且有助于治疗病理性矿化引起的疾病。

表 9-3　生物器官中存在的主要生物无机固体

化学式	俗名	实例
$CaCO_3$	方解石	鸟蛋壳、珊瑚、海绵刺
$CaCO_3$	文石	软体动物外壳、贝壳、珍珠
$CaMg(CO_3)_2$	白云石	棘皮动物的牙
$Ca_5(PO_4)_3OH$	羟基磷灰石	骨、牙
$SiO_2(H_2O)_n$	无定形水合硅	植物的纤维、藻类、海绵刺
Fe_3O_4	磁铁矿	细菌中的磁性晶体
Fe_3S_4		细菌中的磁性晶体
CaBR	胆红素钙	色素型胆结石
CaC_2O_4	草酸钙	尿结石
NH_4MgPO_4	磷酸镁铵	尿结石

9.5.1 骨骼

为了适应生物体移动的需要，自然界进化出了各种大小和形状的骨组织。相比于普通的无机材料，骨骼常被认为是“活的”生物矿物材料。骨骼主要有松质骨和密质骨两种。图 9-20 是长骨的分级结构示意图，两端称为骨骺，由松质骨构成；中间称为骨干，由密质骨构成。动物体的骨骼和牙齿的主要成分是矿物质羟基磷灰石和碳酸磷灰石，约占总质量的 65%；有机成分主要是Ⅰ型胶原纤维，约占总质量的 34%；其余为水。从微观结构上，骨的基本单元为厚度 80～100nm、长度 1～10μm 的生物磷灰石和Ⅰ型胶原分子组成的矿化胶原纤维。骨中的生物羟基磷灰石通常都是片状的，并且非常薄，只有 2～4nm。磷酸钙晶体以平行方式穿插在胶原纤维中，而这些胶原纤维则是由胶原的三级螺旋自组装形成的。

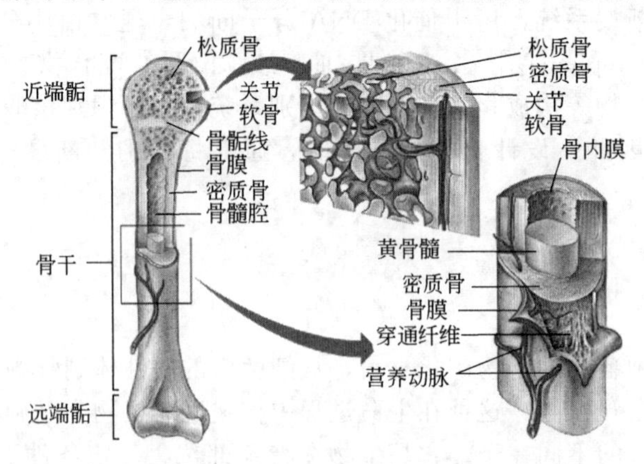

图 9-20　长骨的分级结构示意图

骨具有最复杂的无机体系——磷酸钙系统。其复杂性主要体现在：

① 骨中的无机相具有多型性。骨中最主要的无机相是羟基磷灰石，但含有 CO_3^{2-}、

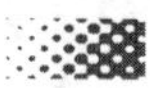

Cl^-、F^-、Na^+、Mg^{2+}等杂质离子，其中CO_3^{2-}含量最高，可取代OH^-或PO_4^{3-}的位置而形成α型或β型碳酸磷灰石。此外，骨中还存在非晶磷酸钙、磷酸八钙、二水磷酸氢钙、磷酸氢钙和六方碳酸钙等多种矿物相，它们被认为是作为磷灰石的前体相而存在。

② 磷酸钙体系各个相之间具有非常接近的晶体衍射峰，为相的鉴别带来困难。磷酸钙盐的主要结晶形式有：羟基磷灰石［$Ca_{10}(PO_4)_6(OH)_2$］，六方结构；磷酸八钙［$Ca_8H_2(PO_4)_6\cdot 5H_2O$］，三斜结构；二水磷酸氢钙（$CaHPO_4\cdot 2H_2O$），单斜结构；磷酸三钙［$Ca_3(PO_4)_2$］，三斜结构。

骨中有机质主要为胶原蛋白和磷蛋白。胶原蛋白是一种糖蛋白，属于结构蛋白质，能使骨、腱、软骨和皮肤具有机械强度，水溶性差。腱的胶原纤维具有很高的抗张强度，约为20～32kg・mm^{-2}，相当于12号冷拉钢丝的拉力。骨骼中胶原纤维为骨骼提供基质，在它周围排列着羟基磷灰石结晶。另有一类可溶性蛋白——磷蛋白，与钙离子结合力强，主要作用是引起和指导矿化。

静态角度看，骨骼的机械性质是由化学组成决定的。骨骼是由碳酸磷灰石和有机基质（胶原纤维、糖蛋白等蛋白质）组成的有机-无机复合材料。不同配比可得到不同韧性的骨骼材料——有机成分越多，骨骼韧性越高；有机成分越少，骨骼硬度越高。例如草原上动作敏捷的麋鹿，基于快速和灵活性的需要，它们骨骼中有机物高达50%；大型海洋哺乳动物鲸鱼，由于没有这一需要，骨骼有机物含量只有20%。

动态角度考虑，骨骼生长和组成是不断变化的，这些变化是由体内的信号调控和外界的应力刺激决定的。骨骼是网状的矿物结构组织，骨细胞黏附于矿物表面并通过矿物间的孔道相互交联。当骨骼表面受到外力刺激后，一些化学和电化学信号会激活一类细胞——成骨细胞来诱导矿化。而另一种情况下，比如，激素的刺激，骨骼中的另一种细胞——破骨细胞也会启动，通过释放一些酸性物质或酶来溶解骨。这两种细胞相互协作，共同维持着生物体中骨骼的生长平衡。骨质疏松的发展过程中，骨的再吸收占主导地位，而骨石化症，则完全是这个的相反过程。这就是为什么成熟的骨是由一些骨片组成的复杂结构，每块骨头都有不同的结构和不同的骨龄。

9.5.2 牙齿

牙齿主要由牙釉质和牙本质构成（图9-21）。牙本质与骨的成分类似，牙釉质含有更多

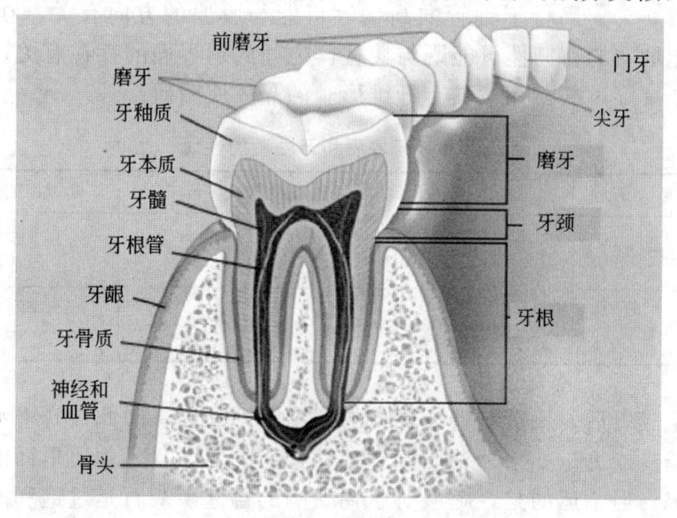

图9-21 人的牙齿结构示意图

的矿物（表 9-4）。牙本质类似骨，结构比骨更均匀，晶体更细，约 2nm×50nm×25nm。牙本质充满了细管，细管由高钙化区包围，位于自由取向的晶体基体上，而晶体镶嵌在黏多糖和胶原中，胶原为片状。

表 9-4　骨、牙本质和牙釉质的成分比较

成分	骨	牙本质	牙釉质
矿物/%	66	70	95
有机物/%	24	20	0.5
水/%	10	10	4.5

牙釉质覆盖于牙冠的表面，暴露于口腔中。牙釉质是一个高度矿化的系统（图 9-22），总质量 96%～97%是无机材料，主要是羟基磷灰石，大部分以晶体存在，有机物不足 1%。牙釉质以其不同寻常的化学组成和高度有序的结构成为脊椎动物中最致密的材料。牙釉质的结构非常复杂，釉质的基本结构是釉柱。釉柱是细长的柱状结构，起于牙本质界，呈放射状贯穿釉质全层，到达牙齿表面。牙釉质的行程并不完全是直线，近表面 1/3 较直，内 2/3 弯曲。釉柱的横断面呈匙孔状。有机基质主要是釉蛋白和成釉蛋白。

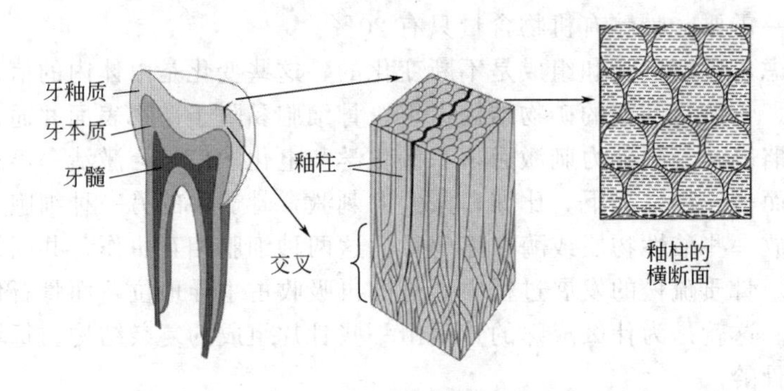

图 9-22　牙釉质的精细结构

牙本质与牙釉质结合在一起，成为 20MPa、咬合 3000 次/天负载的主要承担者，这归结于牙釉质的硬度和刚性与牙本质的韧性和柔顺性。对于牙本质和牙釉质的机械性能已有大量的实验研究（表 9-5）。平行于釉管的高韧性可能与胶原的方向有关，在这个平面上的裂纹穿过胶原层。牙釉质的高韧性可能既与棱柱体之间的弱界面的存在有关，也与裂纹穿过棱柱的路径有关，裂纹穿过的路径被具有纤维形貌的晶体所阻碍。

表 9-5　牙本质和牙釉质的性质

	抗压强度/MPa	刚度/GPa	维氏硬度/($kg \cdot mm^{-2}$)	断裂面的取向 $Wr/(J \cdot m^{-2})$
牙本质	300	12	70	垂直于釉管 270 平行于釉管 550
牙釉质	200	40～50	>300	垂直于釉管 200 平行于釉管 13

牙釉质一旦生成以后，负责制造牙釉质的细胞随即死去，因此在脊椎动物的整个生命过程中即失去自我修复能力。如果牙釉质遭到酸性物质的腐蚀，牙釉质里面的钙缺陷的羟基磷灰石就会随之溶解。但幸运的是，唾液对于钙缺陷的羟基磷灰石是过饱和的，所以经过一段时间，牙釉质表面又会得到恢复。

人们发现，鱼类牙釉质具有和人牙釉质相似的结构，但含有更丰富的氟离子。例如，鲨鱼的牙釉质中氟离子含量比人类高上千倍。氟离子可以整合到羟基磷灰石的晶格中起到稳定晶格的作用，降低羟基磷灰石的溶解度，提高对酸的耐受力。因此，常在饮用水和牙齿用品中添加氟离子。

9.5.3 病理性矿化

人们最为熟知的病理性矿化的例子就是结石，特别是泌尿系统结石。泌尿系统结石是指在泌尿管道内产生一种固体物质，俗称尿结石，包括肾结石、输尿管结石和膀胱结石等（图 9-23）。尿结石属于世界范围的常见病、多发病，其发病率呈上升趋势。尿结石由无机晶体和有机基质两部分组成，其中晶体物质占结石重量的97%～98%，其主要成分为一水合草酸钙、二水合草酸钙和尿酸，也含有一定比例的三水合草酸钙、羟基磷灰石、磷酸三钙、磷酸八钙、磷酸镁铵、尿酸钙和L-胱氨酸等。这些晶体物质因晶体形态、物相和微观结构的不同，又以不同的物质形式出现，因此结石的种类有20种以上。

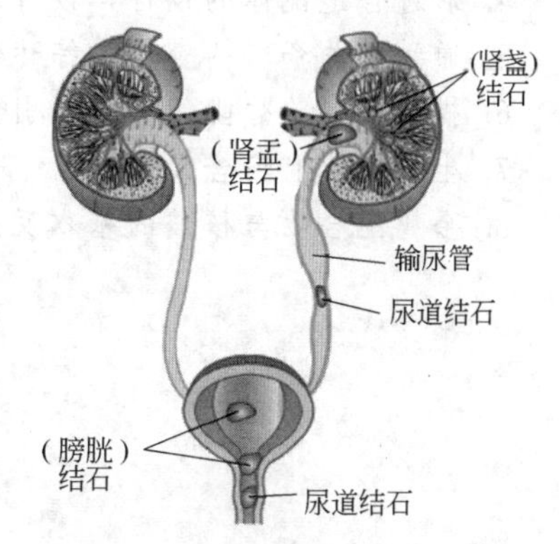

图 9-23 泌尿系统结石分布示意图

根据尿结石的化学性质，可分为酸性结石（尿酸、胱氨酸)、碱性结石（如磷酸镁铵等）和中性结石（如草酸钙等)。此外，不同的尿结石的硬度也不同，莫氏硬度：草酸钙（4～5)≥磷灰石（3～5)＞尿酸（2.5)＞胱氨酸≈磷酸氢钙≈磷酸镁铵（2.0)。

9.5.4 受生物矿化启示的生物医学工程

由于外伤或手术原因，临床上往往需要对骨缺损进行人为修复。最初，人们从结构组成上进行骨修复，使用第一代骨材料——骨水泥。骨水泥是骨黏固剂的常用名，是一种用于骨科手术的医用材料，由于它的部分物理性质以及凝固后外观和性状颇像建筑、装修用的白水泥，便有了此通俗的名称。后来，发展出可在原位诱导骨再生的材料，即第二代骨材料——骨诱导材料。骨诱导，是指来自植床周边宿主结缔组织中的可诱导成骨前体细胞，在诱导因子的作用下可被诱导定向产生骨原细胞，经成骨细胞形成新骨。

在骨骼、牙齿和贝壳的形成过程中，蛋白自组装成为有序结构在控制矿物沉积中起着关键的作用。有研究组考察了牙釉蛋白在体外自组装成纳米小球，这些小球进一步连接成高度有序的条带状结构。这些条带状蛋白组装体以亲水头基作为诱导基团，有效诱导羟基磷灰石在 c 轴的取向沉积。这一过程在牙齿早期矿化过程中起着重要的作用，它向人们阐释了体内牙齿矿化的分子机制，为牙组织修复以及仿生材料的合成提供了可以借鉴的策略。

在生物进化中，大自然已经给我们呈现了各式各样的无机结构。每一个物种合成了带有它们物种特色的生物矿物。这些生物矿化过程是由生物从基因到蛋白再到物理化学分子水平控制的。随着生物化学、分子生物学以及材料科学的发展，从分子水平解析生物矿化机制成为可能。生物矿化的基本原理和分子机制为进行生物硬组织（骨骼、牙齿）修复和病理性矿化的预防治疗提供思路和方法。

练习题

1. 生物无机化学的研究涉及哪些学科？
2. 举例说明，生物配体有哪些？
3. 铂类抗癌药有哪些？
4. 通过合适配体的设计，设计方案来合成具有治疗癌症的铂配合物。
5. 通过相关资料的查阅，综述铂类抗癌药在治疗癌症过程中可能的作用机理。
6. 描述铋在治疗幽门螺杆菌引起的胃溃疡中可能的作用过程。
7. 生物矿化有何含义？
8. 金属配合物与核酸的基本反应有哪些？

参考文献

[1] 展树中，李朴．无机化学．北京：化学工业出版社，2018.

[2] 项斯芬，姚光庆．中级无机化学．北京：北京大学出版社，2003.

[3] 郑化桂，倪小敏．高等无机化学．合肥：中国科学技术大学出版社，2006.

[4] 刘伟生，卜显和．配位化学．第 2 版．北京：化学工业出版社，2018.

[5] 李珺，雷依波，刘斌，等译．无机化学．第 6 版．北京：高等教育出版社，2018.

[6] 邢其毅，裴伟伟，徐瑞秋，等．基础有机化学．第 3 版．北京：高等教育出版社，2005.

[7] 唐宗薰．中级无机化学．北京：高等教育出版社，2003.

[8] 连文慧，孙园园，王彬彬，等．5, 10, 15, 20-四{对［3, 5′-二-(烷氧基)苯甲酰胺基］苯基}卟啉及基锌配合物的合成表征．有机化学，2012，32：113-120.

[9] 高胜利，陈三平，申泮文．无机合成化学简明教程．北京：科学出版社，2017.

[10] 张克立，孙聚堂，袁良杰，等．无机合成化学．武汉：武汉大学出版社，2018.

[11] 冯守华，徐如人．无机合成与制备化学研究进展．化学进展，2000， 12：445-456.

[12] 纪红兵，佘远斌．绿色化学化工基本问题的发展与研究．化工进展，2007， 25：605-614.

[13] 孙克宁，王振华，孙旺．现代化学电源．北京：化学工业出版社，2017.

[14] 邓远富，曾振欧．现代电化学．广州：华南理工大学出版社，2014.

[15] 丁玉龙，来小康，陈海生．储能技术与应用．北京：化学工业出版社，2018.

[16] 胡国荣，杜柯，彭忠东．锂离子电池正极材料原理、性能与生产工艺．北京：化学工业出版社，2017.

[17] 黄可龙，王兆翔，刘素琴．锂离子电池原理与关键技术．北京：化学工业出版社， 2010.

[18] 计亮年，毛宗，黄锦汪，等．生物无机化学导论．第 3 版．北京：科学出版社，2010.

[19] 宋天佑，程鹏，徐家宁，等．无机化学．第 3 版．北京：高等教育出版社，2015.

[20] 申泮文．无机化学．北京：化学工业出版社，2002.

[21] 陈小明， 张杰鹏．金属-有机框架材料．北京：化学工业出版社， 2017.

[22] 杨频，高飞．生物无机化学原理．北京：科学出版社，2002.

[23] 崔福斋．生物矿化．第 2 版．北京：清华大学出版社，2012.

[24] 郭子建，孙为银．生物无机化学．北京：科学出版社，2006.

[25] 王志鹏，邱天，袁金颖．生命体系中金属元素的作用机理与选择原理．化学教育，2016，37：1-6.

[26] 王本，唐睿康．生物矿化：无机化学和生物医学间的桥梁之一．化学进展，2013，25：633-641.

[27] 郭建阳，郑念耿．铂类金属抗癌药物的研究进展．贵州大学学报（自然科学版）， 2003，20：209-214.

[28] HOSKINS B F， ROBSON R. Infinite polymeric frameworks consisting of three dimensionally linked rod-like segments. Journal of the American Chemical Society， 1989， 111 (15)：5962-5964.

[29] YAGHI O M， LI H. Hydrothermal synthesis of a metal-organic framework containing large rectangular channels. Journal of the American Chemical Society， 1995， 117 (41)：10401-10402.

[30] LI H， EDDAOUDI M， O'KEEFFE M， et al. Design and synthesis of an exceptionally stable and highly porous metal-organic framework. Nature， 1999， 402 (6759)：276-279.

[31] CHUI S S Y， LO S M F， CHARMANT J P H， et al. A chemically functionalizable nanoporous material $[Cu_3(TMA)_2(H_2O)_3]_n$. Science， 1999， 283 (5405)：1148-1150.

[32] ZHANG J P， ZHANG Y B， LIN J B, et al. Metal azolate frameworks：from crystal engineering to functional materials. Chemical Reviews， 2012， 112 (2)：1001-1033.

[33] EDDAOUDI M， KIM J， ROSI N， et al. Systematic design of pore size and functionality in isoreticular MOFs and their application in methane storage. Science， 2002， 295 (5554)：469-472.

[34] HUANG X C， ZHANG J P， CHEN X M. $[Zn(bim)_2]\cdot(H_2O)_{1.67}$：A metalorganic open-framework with sodalite topology. Chinese Science Bulletin， 2003， 48 (15)：1531-1534.

[35] FEREY G， MELLOT-DRAZNIEKS C， SERRE C， et al. A chromium terephthalate-based solid with unusually large pore volumes and surface area. Science， 2005， 309 (5743)：2040-2042.

[36] CAVKA J H, JAKOBSEN S, OLSBYE S, et al. A new zirconium inorganic building brick forming metal organic frameworks with exceptional stability. Journal of the American Chemical Society, 2008, 130(42): 13850-13851.

[37] KAYE S S, DAILLY A, YAGHI O M, et al. Impact of preparation and handling on the hydrogen storage properties of Zn_4O(1, 4-benzenedicarboxylate)$_3$(MOF-5). Journal of the American Chemical Society, 2007, 129(46): 14176-14177.

[38] FURUKAWA H, KO N, GO Y B, et al. Ultrahigh porosity in metal-organic frameworks. Science, 2010, 329(5990): 424-428.

[39] SUH M P, PARK H J, PRASAD T K, et al. Hydrogen storage in metal-organic frameworks. Chemical Reviews, 2012, 112(2): 782-835.

[40] DINCA M, LONG J R. Hydrogen storage in microporous metal-organic frameworks with exposed metal sites. Angewandte Chemie-International Edition, 2008, 47(36): 6766-6779.

[41] HE Y B, ZHOU W, QIAN G D, et al. Methane storage in metal-organic frameworks. Chemical Society Reviews, 2014, 43(16): 5657-5678.

[42] LI B, WEN H M, WANG H L, et al. A Porous metal-organic framework with dynamic pyrimidine groups exhibiting record high methane storage working capacity. Journal of the American Chemical Society, 2014, 136(17): 6207-6210.

[43] LIAO P Q, ZHOU D D, ZHU A X, et al. Strong and dynamic CO_2 sorption in a flexible porous framework possessing guest chelating claws. Journal of the American Chemical Society, 2012, 134(42): 17380-17383.

[44] LI J R, YU J M, LU W G, et al. Porous materials with pre-designed single-molecule traps for CO_2 selective adsorption. Nature Communications, 2013, 4: 1538.

[45] SCHLICHTE K, KRATZKE T, KASKEL S. Improved synthesis, thermal stability and catalytic properties of the metal-organic framework compound $Cu_3(BTC)_2$. Microporous and Mesoporous Materials, 2004, 73(1-2): 81-88.

[46] KIM J, BHATTACHARJEE S, JEONG K E. Selective oxidation of tetralin over a chromium terephthalate metal organic framework MIL-101. Chemcial Communications, 2009, 26: 3904-3906.

[47] LI J W, REN Y W, QI C R, et al. Fully *meta*-Substituted 4, 4′-biphenyldicarboxylate-based metal-organic frameworks: synthesis, structures, and catalytic activities. European Journal Inorganic Chemistry, 2017, 11: 1478-1487.

[48] FENG D W, CHUNG W C, GU Z Y, et al. Construction of ultrastable porphyrin Zr metal-organic frameworks through linker elimination. Journal of the American Chemical Society, 2013, 135(45): 17105-17110.

[49] ZHU C F, YUAN G Z, CHEN X, et al. Chiral nanoporous metal-metallosalen frameworks for hydrolytic kinetic resolution of epoxides. Journal of the American Chemical Society, 2012, 134(19): 8058-8061.

[50] FAN Y M, REN Y W, LI J W, et al. Enhanced activity and enantioselectivity of henry reaction by the oostsynthetic reduction modification for a chiral Cu(salen)-based metal-organic framework. Inorganic Chemistry, 2018, 57(19): 11986-11994.

[51] SABO M, HENSCHEL A, FRODE H, et al. Solution infiltration of palladium into MOF-5: synthesis, physisorption and catalytic properties. Journal of Materials Chemistry, 2007, 17(36): 3827-3832.

[52] YUAN B Z, PAN Y Y, LI Y W, et al. A highly active heterogeneous palladium catalyst for the Suzuki-Miyaura and Ullmann coupling reactions of aryl chlorides in aqueous media. Angewandte Chemie-International Edition, 2010, 49(24): 4054-4058.

[53] JIANG H L, AKITA T, ISHIDA T, et al. Synergistic catalysis of Au@Ag core-shell nanoparticles stabilized on metal-organic framework. Journal of the American Chemical Society, 2011, 133(5): 1304-1306.

[54] 彭佳悦，祖晨曦，李泓．锂电池基础科学问题（Ⅰ）——化学储能电池理论能量密度的估算．储能科学与技术，2013, 2(1): 55-62

[55] 马璨，吕迎春，李泓．锂离子电池基础科学问题（Ⅶ）——正极材料．储能科学与技术，2014, 3(2): 146-163.

[56] 彭佳悦，刘亚利，黄杰，等．锂离子电池基础科学问题（Ⅺ）——锂空气电池与锂硫电池．储能科学与技术，2014, 3(5): 526-543.

[57] 潘慧霖，胡勇胜，李泓，等．室温钠离子储能电池电极材料结构研究进展．中国科学：化学，2014, 44(8): 1269-1279.

[58] 陆雅翔，赵成龙，容晓晖，等．室温钠离子电池材料及器件研究进展．物理学报，2018, 67(12): 120601.

[59] 杨汉西，钱江锋．水溶液钠离子电池及其关键材料的研究进展．无机材料学报，2013, 28(11): 1165-1171.